远远的远

时间边际的宇宙历史

【英】罗伯特·S. 鲍尔　著
张　濛　译
温　涛　评注

電子工業出版社
Publishing House of Electronics Industry
北京·BEIJING

图书在版编目（CIP）数据

远远的远：时间边际的宇宙历史/（英）罗伯特·S. 鲍尔（Robert S. Ball）著；张濛译. —北京：电子工业出版社，2019.10
ISBN 978-7-121-37251-3

Ⅰ. ①远… Ⅱ. ①罗… ②张… Ⅲ. ①天文学—青少年读物 Ⅳ. ①P1-49

中国版本图书馆CIP数据核字（2019）第176500号

责任编辑：郑志宁
印　　刷：北京东方宝隆印刷有限公司
装　　订：北京东方宝隆印刷有限公司
出版发行：电子工业出版社
北京市海淀区万寿路173信箱　　邮编：100036
开　　本：720×1000　1/16　　印张：30.5　　字数：444千字
版　　次：2019年10月第1版
印　　次：2021年4月第2次印刷
定　　价：98.00元

凡所购买电子工业出版社图书有缺损问题，请向购买书店调换。若书店售缺，请与本社发行部联系，联系及邮购电话：（010）88254888，88258888。

质量投诉请发邮件至zlts@phei.com.cn，盗版侵权举报请发邮件至dbqq@phei.com.cn。

本书咨询联系方式：（010）88254210，influence@phei.com.cn，微信号：yingxianglibook。

文前说明

本书的英文原版出版距今已经百年，此次中文版在评注中对部分天文学问题做了补充说明，但为了让读者真切触摸到那扇百年前的天文学的大门，我们保留了原书的数据。故书中部分知识可能与现在新的科学知识相悖，敬请注意！

原版序言

PREFACE

在此书撰稿期间，笔者得到了多方帮助，特在此致谢。

内史密斯先生允许我借用了许多有关月球的美丽图片，这些图片都曾刊登在他与卡彭特先生共同出版的知名刊物上。

笔者还征得了皮克林教授的同意，借用了特鲁夫洛先生在哈佛大学天文台绘制的数张图画，对于他们的热心帮助，笔者不胜感激。

其他还需感谢的诸位包括：兰利教授，德拉鲁先生，T·E. 基先生，斯基亚帕雷利教授，已故的C. 皮亚齐·史密斯教授以及提供图7的钱伯斯先生，该图出自于其《叙述天文学手册》一书，提供图78的斯托尼博士以及提供图72的科普兰博士和德雷尔博士。特别需要鸣谢的是纽康教授和杨教授，我从他们的《通俗天文学》和《太阳》两书中获得了不少宝贵信息。在本书修订期间，笔者还要特别感谢可敬的马克斯韦尔·克洛斯先生给予的热心帮助。

此外，笔者还要感谢在通篇校对过程中提供好心帮助的科普兰博士和斯蒂尔先生，以及卡斯卡特先生的热心帮助，在此一并表示感谢。

罗伯特·S. 鲍尔
都柏林丹辛克天文台
1886年5月12日

目录

CONTENTS

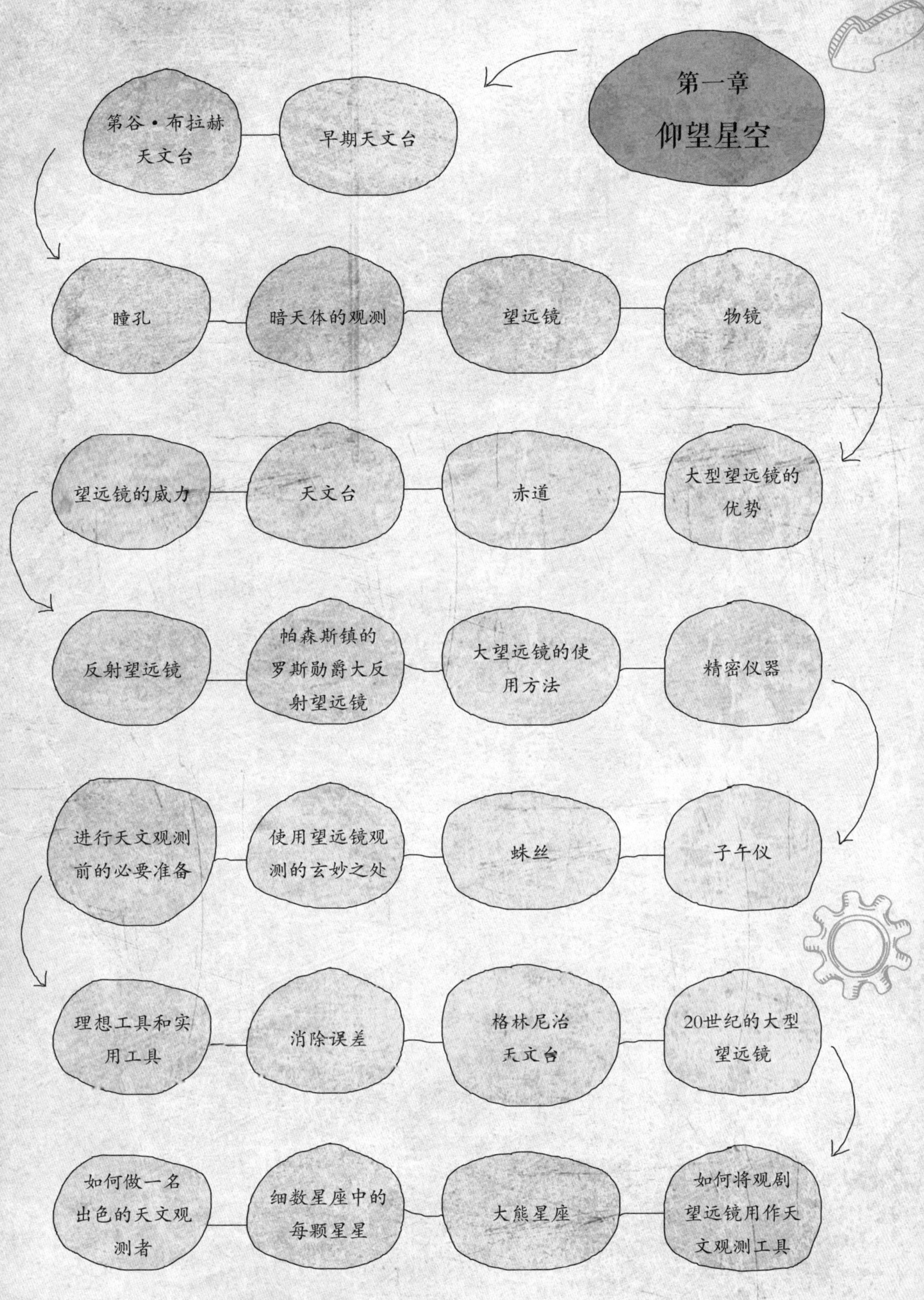
第一章
仰望星空
早期天文台
第谷·布拉赫天文台
瞳孔
暗天体的观测
望远镜
物镜
大型望远镜的优势
赤道
天文台
望远镜的威力
反射望远镜
帕森斯镇的罗斯勋爵大反射望远镜
大望远镜的使用方法
精密仪器
子午仪
蛛丝
使用望远镜观测的玄妙之处
进行天文观测前的必要准备
理想工具和实用工具
消除误差
格林尼治天文台
20世纪的大型望远镜
如何将观剧望远镜用作天文观测工具
大熊星座
细数星座中的每颗星星
如何做一名出色的天文观测者

最早的天文台何时出现，这就像最早的天文发现一样，并不为人所知。很可能人们首次借助工具对天体进行观测是源于一个小实验：测量正午时分柱子的影子长度。影子长度的变化使早期天文学家开始研究太阳的视运动。但在很久以前，那时的天文学家已经开始借助天文设备来获取许多准确的天文信息，这大大丰富了天文学知识，也反映出当时那些设备设计者的独具匠心。

于是，西门·纽康[①]教授写道："当时天文学界的主导者是第谷·布拉赫，他生于1546年，即哥白尼逝世后的第三年。第谷第一次对天文学产生兴趣是源于天文学家成功预测的1560年8月21日的一次日食现象，当时在欧洲的某些地方甚至可以观测到日全食。当听说人类已经可以预测如此壮观的景象之后，第谷无比震惊，于是他开始致力于研究观测方法和预测天文现象的计算公式。1576年，丹麦国王腓特烈二世也为第谷出资建造了著名的天堡天文台，第谷便在那里借助着当时最先进的设备，勤勤恳恳地观测着天体的运动变化，一干就是20年。那时望远镜还未被发明出来，所以当时的天文学家们还未拥有高超的天文设备。因而，第谷的观测结果很快便被接下来几个世纪中更准确的数据所取代，其中最著名也是最重要的，便是约翰尼斯·开普勒发现的行星运动定律。"

伽利略·伽利雷发明的天文望远镜直指星空，这无疑给天体研究注入了一剂"强心剂"。伽利略在天文学的历史长河中绝对是里程碑式的人物，他不仅发明了望远镜[②]，在天文学理论方面也做出了杰出的贡献。1564年，伽利略出生于意大利的比萨城。1609年，第一台用于天文观测的望远镜宣告问世。伽利略于1642年逝世，而同年艾萨克·牛顿诞生。伽利略开创了动力学，并运用诸多原理对天文现象进行了完美解读；他还极力宣传哥白尼的学说，这也为他招致了接受审讯的"恶果"。

望远镜与人类的双眼成像原理相同。要想看见一个物体，该物体发出的光线必须要进入眼中。光线进入眼睛的通道便是瞳孔。白天光线明亮的时候，虹

---

① 西门·纽康（1835—1909，确定天文常数的天文学家）：《通俗天文学》，当代世界出版社 2006 年版，第 66 页。

② 目前公认的说法是，荷兰眼镜制造商汉斯·利伯希在 1608 年 2 月首先做出了望远镜的原型装置。

膜会使瞳孔收缩从而防止过多光线射入眼中。夜晚或光线昏暗的时候，眼睛则会尽可能多地吸收光线，于是瞳孔就会扩张，随着瞳孔的增大，越来越多的光线便会进入眼中。因此，眼睛会根据图像的实际亮度调整成能易于看到的图像。

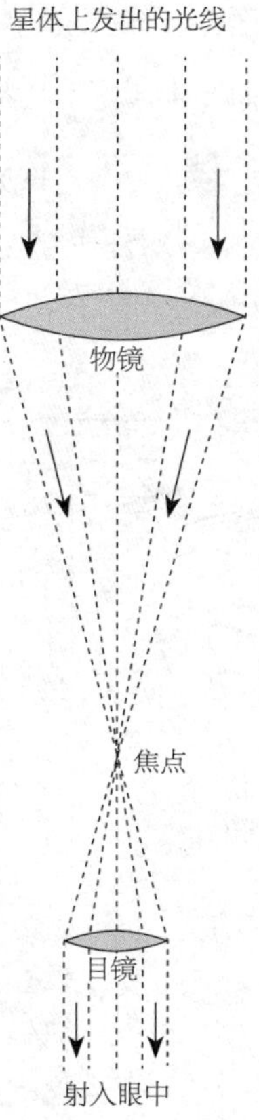

图1 折射望远镜原理

星体将其微弱的光线传到地球，这些光线便形成了我们所看到的星体图像。然而，即使是将瞳孔扩张到再大，也可能因为该星体的图像不够明亮而无法成功刺激视觉。此时我们便需要借助放大镜、望远镜来捕获光束中的所有光线，因其光束的直径太大，无法通过瞳孔。透镜能将所有的光线汇聚成细细的一道光束，也就能进入小小的瞳孔了，这样再出现在视网膜上的图像亮度便被大大增强了。星体发出的光线好像是被一个像望远镜的透镜那么大的瞳孔所全部吸收了。

我们在天文台里会使用两种不同级别的望远镜。更为人所熟知的是折射望远镜①，这种望远镜是通过光的折射来聚集光线的。图1展示的便是折射望远镜的特点。从星体发出的光线落在望远镜底部的物镜上，在通过物镜的过程中，光线发生了折射，汇聚成一道光束，全部相交于焦点。从焦点处散开后，光线会落在目镜上，目镜又将它们再度还原成平行光。那道落在物镜上的巨大的圆柱形光束便被汇聚成一道可以进入瞳孔的小型光束。不过，有一点需要补充的是，由于光具有复合性，望远镜中需要用到比本图中展示的更加复杂的物镜。在折射望远镜中，我们需要使用消色差组合物镜，它们是由一块无色玻璃透镜和一块冠玻璃组合而成，并且需要格外仔细地将二者调整到最匹配的位置。

下列图片展示的，是可以容纳一架常规尺寸的天文望远镜的天文台的外观。

① 目前更流行的是反射望远镜。

图2展示的是在爱尔兰丹辛克天文台建造的，用来放置赤道仪的圆顶，后来詹姆斯·索斯爵士还将该赤道仪的物镜提供给了都柏林三一学院的学会会员们，供其参观。该天文台的主体部分是由圆柱形的墙壁和一个半圆形的屋顶组成的。屋顶上还装有百叶窗，这样内部的望远镜就能通过窗口观测到天空的景象。圆顶是可以旋转的，所以窗口就可以正对着星体所在的那片天空。

图2　爱尔兰都柏林丹辛克天文台建造并用于放置赤道仪的穹顶

图3是穹顶的剖面图，展示的是工作人员在旋转圆顶和望远镜时所使用的机械设备。

观测者双眼靠近目镜，一只手握着一个手柄，正在缓慢地转动望远镜，以此调整望远镜的角度，从而可以准确地对准将要观测的天体。组成望远镜物镜的两片透镜的直径均为12英寸，望远镜的品质好坏便主要取决于这些透镜本身的精准

图3　丹辛克天文台穹顶剖面图

度。目镜则相对来说要简单得多，仅由一两片小透镜组成，根据放大倍率的需要会选择不同的目镜。其实，许多天文观测并不需要很高的放大倍率，而且过高的放大倍率反而不能起到好的作用，所以对于目镜的放大倍率会有明确的限定。物镜只能采集到星体发出的一定数量的光线，如果目镜的放大倍率过高，那么这些有限的光线就将被分散在一个过于巨大的透镜表面，显然观测结果也就不尽如人意了。随着目镜放大倍率的增加，大气干扰也会随之加强，从而影响图像放大的效果。

按照图3中的样子进行装配的望远镜是带有赤道仪的望远镜，这种奇特的支撑望远镜方式的好处就在于其可以轻松地移动望远镜，从而更便捷地追踪到正在绕天运动的星体。赤道仪的转动靠砝码驱动的一套发条装置来完成，所以，一旦望远镜准确对准了某个星体，该星体就将始终保持在观测者的视野之内，完全消除了星体周日视运动给观测带来的影响。对赤道仪类似的改良还包括新的电动装置运用，这样就能够通过天文台的标准钟实现驱动整个仪器。

要论起折射望远镜的功能强弱，则主要取决于其物镜直径的大小。在那个时代，许多发达国家都竞相制造出世界上最先进的折射望远镜。在成功问世的著名望远镜中，最值得一提的是1881年由来自都柏林的霍华德·格拉布爵士于维也纳天文台制造的那一架。据测量，该望远镜的物镜直径竟达到了2英尺3英寸，此外，别具匠心的设计者在该仪器中增添了许多巧妙的设计，成功化解了巨型望远镜使用时可能遇到的不便。

图4 芝加哥叶凯士天文台的折射望远镜（图片摘自《天体物理学杂志》第6期）

在这些望远镜中，望远镜的分度盘通常都会安装在观测者的视野范围之内，且在远离观测者所处的目镜的地方。

即使是微弱的刻度和图像也可以通过小型辅助望远镜而被轻易读取，因为这种望远镜能够通过适当的折射，将分度盘上采集的光束直接传送到观测者的眼中。

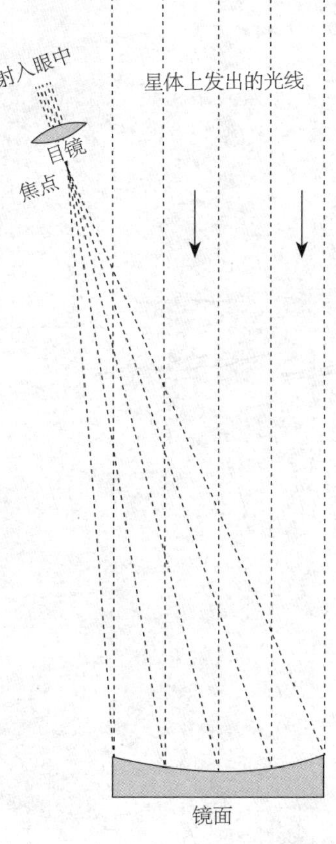

图5　赫歇尔反光望远镜的工作原理

布里奇波特、波士顿和马萨诸塞等地拥有许多精准无比的折射望远镜，它们均出自阿尔万·克拉克父子之手。他们制造的著名的望远镜之一便是如今加利福尼亚州汉密尔顿山上使用的利克望远镜。该望远镜的物镜直径为36英寸，焦距56英尺2英寸。1897年，克拉克父子又一力作问世，那便是为芝加哥大学叶凯士天文台制造的、拥有40英寸口径的折射望远镜。这台望远镜长75英尺，上方是直径为90英尺的旋转穹顶，并且为了使观测者能够不使用很大的梯凳便能便捷地靠近目镜，观测室的地面是通过电动机的作用，使其在22英尺的范围内自由升降（如图4所示）。叶凯士天文台的南部图像在图6中展示。

物镜材质也会影响折射望远镜的尺寸大小。想要生产出适用于望远镜的光学镜片，玻璃制造商似乎要绞尽脑汁。这种镜片既要够大，又要足够纯净、足够均匀。镜片的尺寸每增加一点，他们遇到的困难就越多，因而制造成本也大幅攀升。据估计，利克望远镜物镜的制造成本便超过了1万英镑。

不过，制造望远镜另有其法，而且制造难度也不会因镜片尺寸增大而增加。图5中展示的是最简单的反光望远镜的工作原理，也就是俗称的“赫歇尔棱镜”。所观测星体发出的光线会落在镜片上，经过仔细磨光整形的镜片，反射光线之后

图6　叶凯士天文台的南部

会聚焦于一点，之后又从该焦点散开，直接落到目镜上，目镜将它们转换成平行光，使我们的双眼能接收这些光线。正是基于这一基本原理（尽管在镜筒的上端会放置第二块平面镜，用来将所有的光线折射到特定的角度，落在镜筒中目镜所在的位置），牛顿才发明出了那座如今被皇家学会收藏的小型反射望远镜。1845年，罗斯勋爵在帕森斯镇发明了最著名的反射式望远镜（如图7所示）。后来建造的望远镜的口径尺寸在这之后的150年内再也没能超越罗斯勋爵望远镜的巨型口径，可以说，它从没遇到过能与之媲美的其他望远镜。它的镜片即俗称的反射镜，是一块厚重的金属片，由两部分的铜和一部分的锡混合而成，这种合金质地坚硬易碎，这就使该望远镜在机械操作方面难以驾驭，但却可以进行高度抛光，存取准确数值。

罗斯勋爵望远镜的反射镜直径为6英尺，重达6614磅，安装在一架56英尺长的望远镜底端。它的镜筒被悬挂于两座堞墙之间，成了比尔城堡草坪上一处奇特的景观。罗斯勋爵望远镜并不能旋转观测到天空的每一部分，这一点与我们在使用的安装有赤道仪的望远镜类似。这座巨型望远镜只能沿着子午线的高度上下调整，并轻微地向子午线东西两侧稍做运动。不过，如果选择合适的观测时间，那么在帕森斯镇所处纬度上可见的每一颗星星或每一片星云（那些特别接近极点的除外）都可以用罗斯勋爵望远镜观测到。

在星体抵达特定子午线之前，必须先把望远镜调整到合适的高度上。望远镜的转动是通过固定在墙体北端的绞盘上的铰链完成的，铰链的另一端则连接着望远镜的顶端。通过这种设计，望远镜的高度可以随意调节，而且发明者还设计了一个巧妙的平衡系统，使它能够在任意高度活动自如。观测者只需要在目镜旁的边座上坐下，等到合适的时机出现，星星便会自然映入眼帘。这台望远镜强大的机械装置可以抵消周日运动对星象观测的影响，因此被观测的星体便会一直出现在观测者的视野中，直到观测者结束其测量或绘制工作。

图7 罗斯勋爵望远镜

图8　子午仪

近年来[1]，人们在制作反射式望远镜的时候，较常采用的做法是在玻璃镜片上覆盖一层银制薄膜，相较于金属镜面，这种镜面能反射更多的光线。在这种类型的望远镜中，有两台值得一提，它们的口径分别为3英尺和5英尺，科曼博士正是借助着这两台仪器，获得了不少杰出的成就。

不过对于一个天文台来说，所拥有的设备并不是越大越好，我们也不应该产生这种想法。只有在需要观测亮度异常微弱的星体时，巨型望远镜才会是首选。而如果只需测量那些并不难观测的星体，尺寸较小的望远镜则更加适宜。实际上，天体的基本数据主要借助中等光学功率的望远镜再配备特殊装置就能够获取了。不过，在天文学发展的早期，天体方位的测定的确没有借助任何类似望远镜等的仪器设备。

① 19世纪末。

也许现代天文台获取的最有价值的测量数据都是通过俗称子午仪的精密仪器测得的。要把本书细读一遍，那么就不得不谈到这些对天文研究有重要意义的仪器，因此我们将择其较为简单的类型，为各位读者做一个简短的介绍，以图8中展示的陈列于巴黎天文台的子午仪为例。

这台子午仪的中间部位连接着一根与镜筒相垂直的横轴。横轴两端的支点在固定的支撑物上旋转，因此镜筒只能在子午面内旋转。望远镜的目镜内有许多处于拉伸状态的纤细的垂直纤维。观测者可以看到进入视野的月亮或其他任何星体——借助时钟记录下星体经过子午线的时间，可精准到几分之一秒。其横轴上有一个银圈，等分为不同的度数，可精准到零点几度，这样子午仪观测到的星体高度就能显示出来。不过想要读出银圈上密密麻麻的刻度，放大镜可是必不可少的。这些记录下来的数值对应着与固定在墙上支撑着望远镜一端的口径。对面还有一个照射灯，它发出的光线通过多孔的枢轴，再遇到棱镜发生偏转，可为焦点上的刻线提供必要的光照。

还需稍做解释的是，观测者在望远镜的视野中看到的是拉伸开的纤维。我们需要的是一种非常纤细、有韧性、可伸缩又轻便的材质。任何金属线都无法同时满足上述所有要求，但蜘蛛吐出的美妙的丝线能完美匹配所有的要求。这些细软的纤维经过匠人们的巧手，一条条穿过望远镜的目镜视野，被固定在恰当的位置上。有了如此精美的仪器，现代天文观测的精准度可见一斑。当望远镜对准一个星体时，该星体的图像就是一个微小的光点。当这个光点移动到目镜中心两条蜘蛛丝的焦点时，望远镜就算成功“瞄准”了。之所以用“瞄准”一词，是希望将对准星体的望远镜与瞄准目标的步枪做个了生动的比较。如果我们的目标不是普通的大型靶心，而只是一块手表表盘大小，那么在正常的射程下步枪肯定无法看清目标。但如果使用的是子午仪的望远镜，那么即使远在1英里之外，都能清楚地看见目标。作为一个瞄准装置，子午仪的确能够达到很高的精准度，它甚至能够分别瞄准两个不同的星体，只要这两个星体之间的对向角度不超过某一夹角，这一夹角是距观测者1英里之外的表盘上的两个相邻分钟刻度之间的夹角。

想要达到准确瞄准的目标，光靠这些还不够，还需要其他装置的配合。一旦望远镜准确瞄准目标星体，该星体的位置就可以确定并被记录下来。决定星体位置的其中一个仪器便是天文钟，它能够读出星体穿过中心垂直线的时间，另一个仪器便是刻度盘，它能够读出星体与顶点或头顶正上方位置之间的角距。

“好马配好鞍”，宏大的天文台值得拥有顶级的子午仪，这些仪器不仅被夜夜用于天文探测之中，发现了许多伟大的真理，也为天文学奠定了坚实的基础。制造者们又不断用先进的技艺对它们进行改良，而不辞劳苦的天文学家们却本着精益求精的态度，通过各种方式来验证这些仪器的精准度；机械工程师们也尽其所能地制造出最为严谨的天文设备，以刻度盘上的刻度线为例，那都是用最精准的刻线机雕刻而成，但严谨的天文学家们绝不会仅仅满足于只用机械设备获得的精确数据。子午仪，在门外汉眼中简直是无限精准的巧夺天工之作，所有人都赞叹子午仪制造者那高超的技艺，那些照明以及读数的精妙设计更是锦上添花。而每天都要用到它的天文学家对其却有另一番见解，实际用到的子午仪与他们心目中的完美仪器相比难免有几分差距。但对于能准确领悟所用仪器的建造之美的天文学家来说与完美的仪器相比，即使是最精准的子午仪也显得一无是处。理想的镜筒是绝对坚硬的，而现实中的镜筒却是可以被折断的；理想刻度盘的刻度是完全等分的，而现实中的刻度却做不到；理想的仪器拥有几何学上完美的标准圆形、横平竖直的直线以及绝对垂直的直角，而现实中的设备却只能做到近似的标准圆形、近似的直线以及近似90度的直角。也许蜘蛛丝才是所有部件中最精准的——张开的网格也许是最接近几何上完美直线的定义，但完美也依然无用，因为我们不能将这些美妙的丝线完全均等地分布开来，我们无法用两根丝线在目镜视野中完美地拼出分毫不差的90度直角。

子午仪在使用时带来的不便不仅仅来自仪器本身。它不但要与自己的缺陷做斗争，还要应付那些意想不到的自然现象：最麻烦的当属大气层给观测带来的影响，而每当矫平的时候，我们对于地面是否完全平整都没有十足的把握。众所周知，地面的平整度有时会受到地震的干扰，而实际上地震只是地下发生的持续小规模运动中较为常见的一种，它可能每晚都会对仪器的精准调试造成干扰。

一发现这些偏差的存在，天文学家便立即采取了第一个重大补救举措。只要天文学家和数学家强强联手，测量实际子午仪和理想子午仪之间的误差便成为可能。这样，我们就能估算出异常情况对观测产生的影响程度，并最终成功消除那些影响观测结果准确度的偏差。尽管我们获得的并不是数学意义上完全精准的数据，但它们却已经无限接近完美的、符合几何准确性的理想仪器测得的数据，且无限接近那些在完全平整的地面测量的、不受任何大气干扰的天体数据。

除上述仪器之外，天文学家还会运用其他方法观测天体运动。自1840年首张天文照片问世，摄影技术正逐渐在实用天文学领域扮演着越来越重要的角色。这一门优美的艺术能够用更多精美的图片展示出许多星体的图像，即使是最娴熟的绘图师也无法与之匹敌。摄影还可用于为将要检测的天空的任一部分进行图表记录。通过比较同一区域不同时刻的相片，我们可以探明在图片间隔期间是否有星体发生运动。运动的距离和方向可以通过放置在感光片上的一台精密的测量仪确定。

如果某台反射望远镜是用于拍摄天体照片的，那么它的目镜镜头一定是特制的，因为那些在预置感光片上成像的光线和那些在人类视网膜上成像的光线是不一样的。但反射镜却能把所有的光线全部汇聚到同一个焦点上，既包括具有化学活性的光线又包括那些仅能被人眼看见的光线。因此，同一台反射望远镜既可以用来观测天体，又能将天体的图像呈现在作为人眼替代物的感光板上。

一台普通的照相机，相较于一架长筒望远镜，更能便捷地拍摄出画面更加宽广、更加壮观的星空图像，但若出于准确测量数据的需要，那么后者显然拥有前者无法比拟的优越性能。

毫无疑问，无论何种照相器材，都必须通过精准调试的发条驱动装置以抵消因地球自转而引起的星体周日运动。否则的话，图像将模糊不清，正如在拍摄过程中，如果拍摄目标无法保持静止，那么照片也将模糊不清的道理那样。

在英国的所有天文台中，格林尼治的皇家天文台无疑是最负盛名的。相较于世界上的其他类似机构，皇家天文台以其世代相传的勤勉治学之道闻名于世。格林尼治天文台始建于1675年，起初是为了发展天文和航海而建造的，最开始的观测，主要是尽可能准确地确定那些主要的恒星、太阳、月球和其他星球的位置。不过后来，该天文台见证了许多伟大的天文发现，一代又一代天文学家们在那里孜孜不倦地开辟了新的科学领域，并致力于追求最前沿的研究成果。

格林尼治天文台中最大的一台赤道仪是一架口径28英寸、镜筒28英尺的反射望远镜，由霍华德・格拉布爵士建造。出自同一间著名研究室的另一件综合性仪器随后也成功加入英国的国家天文机构。它由两台望远镜组合而成，一台是为拍摄星体特别建造的、口径为26英寸的巨型反射望远镜（由亨利・汤普森爵士建造）；另一台则是出自科曼博士之手的、筒径达30英寸的反射望远镜。这里每年问世的丰硕的研究成果见证了皇家天文台的所有天文学家和全体工作人员不辞劳苦地利用这些先进的仪器设备进行科研探索的日日夜夜。

南部天空的大部分星象在英国都很难被观测到，但南半球的许多天文台却能清晰地观测到。其中最主要的当属好望角的皇家天文台，那里配有顶级的仪器设备，还有麦克莱恩先生赠予的一台巨型摄像望远镜。好望角天文台的台长——大卫・吉尔博士，将其一生都投入到天文研究中，他的多项研究也极大地推动了天文学的发展。

不过，在实际观测时不一定需要借助这些大型设备才能观星。最适合天文研究入门的设备都是些日常生活中便能找到的。比如说，船长出海时常用的双筒望远镜，如果这个也没有的话，那么去剧场观剧用的望远镜也是可以派上用场的。当然，这些普通望远镜的功能肯定不如专业望远镜那么强大，但它们也有它们的优点。观剧用的普通镜使我们能在一个镜头中看到更加广阔的区域，而通常专业望远镜能看到的视野则要小得多。

假设观测者拿着观剧用的望远镜研究天文，那么第一步便是先从最显眼的星星开始认起（图9中的7颗星俗称北斗七星，但天文学家更愿意将其视为大熊星座的一部分）。这个星座有许多有趣的特征，初学者应学会识别构成这个星座的7颗星星。在大熊头上的两颗星，即α和β被称为“指极星”。因为这两颗星能指引我们找到天空中最重要的那颗星——北极星。

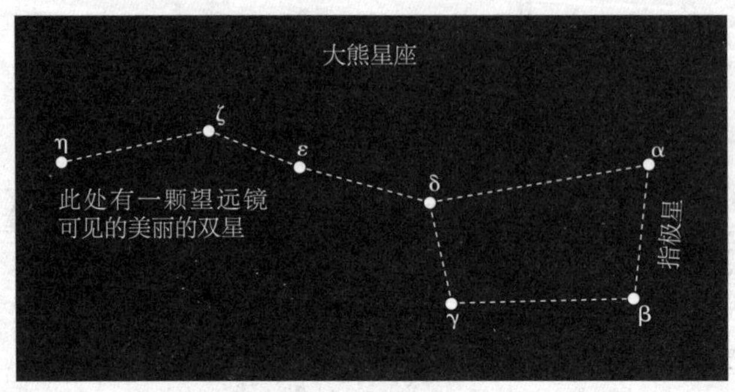

图9　大熊星座

然后请再看大熊星座中那片长方形区域，α、β、γ和δ 4颗星分别位于长方形的四角。在晴朗的夜晚，可以试着数一数那片区域中一共能看见多少颗星星。如果夜空晴朗，又没有月光干扰的话，观测者也许能看到12颗以上的星星（具体多少取决于视觉的敏锐程度）。但如果用观剧镜观测同一片区域的话，则能轻易看到更加壮观的景象，100多颗星星会同时映入你的眼帘。

但观剧用的普通望远镜还不能看到这片区域中所有的星星，更加高级的望远镜能将普通设备无法察看到的数百颗微弱的星星全部显示出来。望远镜口径越大，观测到的星星就越多。所以如果用巨型望远镜观测的话，看到的星星将是数以千计的。

之所以先选择观测大熊星座，是因为它比其他星座名声更大。但大熊星座内的星星数量并不算多。没人能说清其中究竟包含多少颗星星，但人们做出过各种估算。巨型望远镜能观测到的就至少有5000万颗。

如果初学者能拥有一台物镜直径不小于3英寸的折射望远镜，那么在许多晴朗的夜里都能有所收获。若手边再现一本韦伯编写的《通用望远镜天体观测》这样有趣的小册子，那么观测研究无疑将变得意趣盎然。

[今日科学说]　前文提及的罗斯勋爵制造的望远镜自落成之日起就成为世界上最大的望远镜，这个记录到20世纪才被打破。率先做出突破的是美国人，1917年，美国天文学家乔治·海尔主持建设的胡克望远镜在威尔逊山天文台落成，望远镜的口径达到了100英寸。天文学家哈勃利用该望远镜首先证明了所谓仙女座大星云实际上是河外星系，之后还通过一系列观测数据指出宇宙正在膨胀，这两项重大发现改变了20世纪天文学研究的面貌。在1948年以前，胡克望远镜是世界上口径最大的望远镜。

随后，超越胡克望远镜的依旧是海尔主持建造的望远镜。1928年，海尔得到洛克菲勒基金会的资助，开始着手实施新天文台的修建计划。海尔选定加州圣地亚哥的帕洛马山作为新天文台的台址，并计划建造一座口径达200英寸的天文望远镜。由于“二战”爆发等外部因素，望远镜直到1948年才最终落成，此时距离海尔去世（1938年）已有10年的光景。以纪念海尔在天文学领域的卓越贡献，新望远镜被命名为“海尔望远镜”。1949年1月26日，海尔望远镜在哈勃的主持下正式开光。1969年，威尔逊山天文台并入海尔天文台。在海尔望远镜落成后的近半个世纪内，它一直是地面上最优秀的天文望远镜。苏联在1976年建成的BTA-6望远镜在口径上（236英寸）超越了海尔望远镜，但由于存在设计缺陷，分辨率反而不及后者。

在20世纪末，得益于各项新技术的发展，口径大于314英寸的望远镜如雨后春笋般出现，当中的代表要数坐落于夏威夷州莫纳克亚山的凯克天文台。凯克天文台包括两座口径10米的望远镜，每座望远镜的主镜片由36块口径均为70英寸的六角形镜片组合而成。另外，望远镜还配备了自适应光学系统，能够补偿大气抖动产生的影响，使望远镜分辨率得以逼近理论极限。2007年，世界上口径最大的单体望远镜是位于西班牙的加那利大型望远镜，口径为409英寸。①

自人类进入太空时代后，科学家开始设想将望远镜发射至太空。地球大气层

① 就射电望远镜而言，中国的“天眼”取代了美国1963年建造的“阿雷西博”望远镜成为世界上最大的单体射电望远镜。

对于来自外太空的紫外线、可见光以及红外线有着不同程度的过滤与吸收，若能把望远镜移至太空，就能够不受大气干扰，从而得到更丰富更准确的观测数据。美国国家航空航天局曾开展“大型轨道天文台计划”，计划发射四台大型空间望远镜进入太空，当中就包括大名鼎鼎的哈勃空间望远镜。另外三台分别是康普顿伽马射线天文台、钱德拉X射线天文台以及斯皮策空间望远镜，四台望远镜分工明确，有各自擅长的观测波段，哈勃望远镜主要在可见光波段下工作，康普顿则是伽马射线，钱德拉的工作波段集中在软X射线，斯皮策则是一台红外望远镜。未来还会有更多的新型望远镜发射升空，继续为天文学家捕捉更暗弱更遥远的天体，比如哈勃望远镜与斯皮策望远镜的继任者们，詹姆斯·韦伯空间望远镜将于2021年发射。詹姆斯·韦伯空间望远镜的光学主镜片口径达6.5米，远大于哈勃望远镜的2.4米。

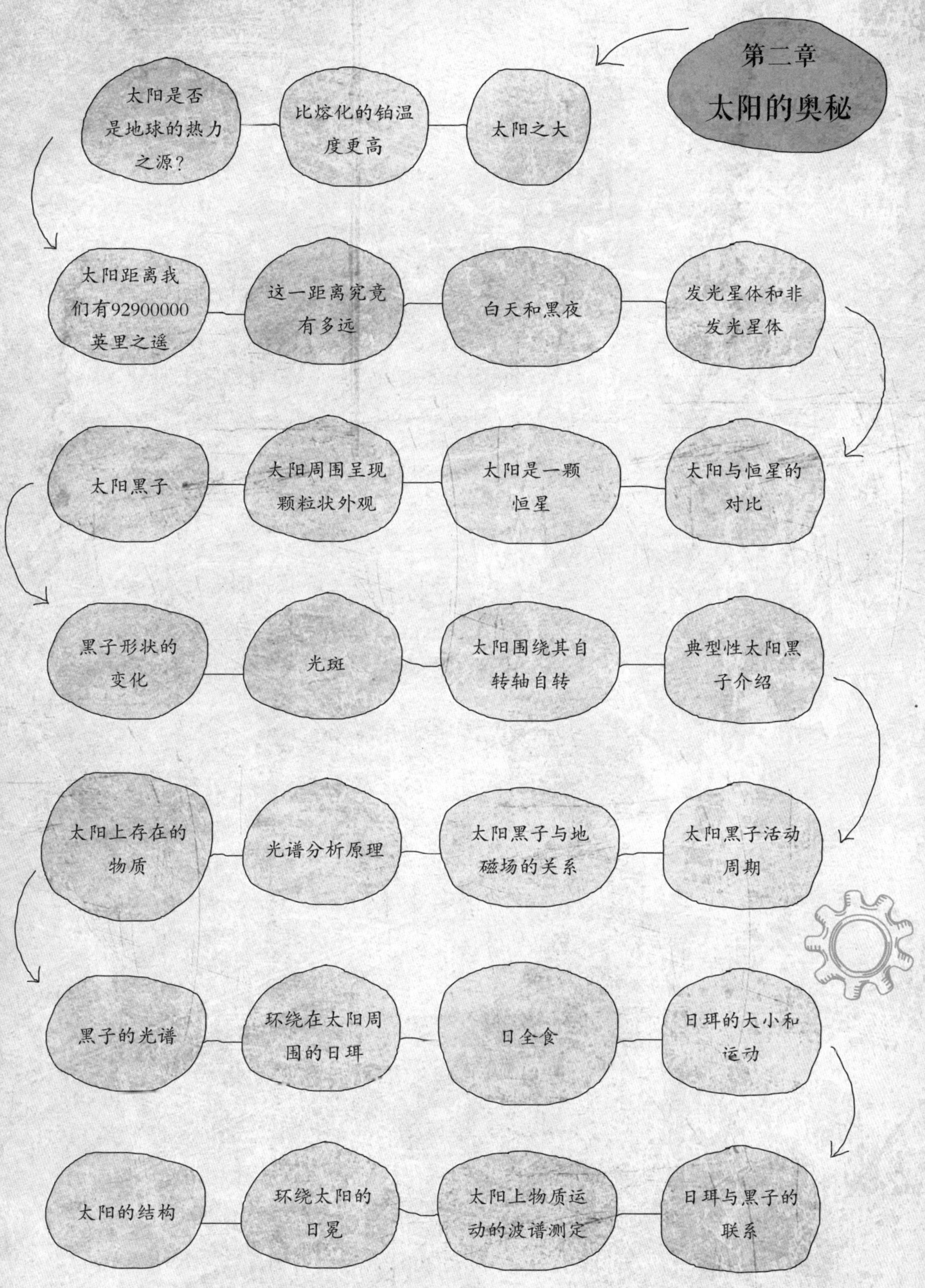
第二章
太阳的奥秘
太阳之大
比熔化的铂温度更高
太阳是否是地球的热力之源？
太阳距离我们有92900000英里之遥
这一距离究竟有多远
白天和黑夜
发光星体和非发光星体
太阳与恒星的对比
太阳是一颗恒星
太阳周围呈现颗粒状外观
太阳黑子
黑子形状的变化
光斑
太阳围绕其自转轴自转
典型性太阳黑子介绍
太阳黑子活动周期
太阳黑子与地磁场的关系
光谱分析原理
太阳上存在的物质
黑子的光谱
环绕在太阳周围的日珥
日全食
日珥的大小和运动
日珥与黑子的联系
太阳上物质运动的波谱测定
环绕太阳的日冕
太阳的结构

说要研究环绕地球运动的天体，就不得不提一下太阳，因为它是无与伦比、独一无二的，且它的耀眼光彩是其他群星不能企及的。

太阳这个天体十分巨大，对我们有着举足轻重的作用。天文学家们费尽千辛万苦，才好不容易得出了太阳尺寸的具体数值，结果群众却根本无法领悟这些巨大数值究竟意味着什么。太阳的直径，即穿过日心、连接太阳两端的轴的长度为866000英里。但仅凭这一简单数字很难直观地让我们体会到太阳究竟有多大。假如我们绕着太阳铺一条铁路，搭乘着时速为60英里的特快列车启程，那么我们要日夜不停地行驶整整五年才能抵达这趟旅程的终点。

即使是在地球面前，太阳也依然是个庞然大物。假如将太阳等分为一百万份，那么每一部分的体积仍将远大于地球的体积。图10上绘有一个大圆和一个小圆，分别标注着“S”和“E”，这两个圆就代表着太阳和地球的相对大小。如果拿一个巨大的天平，一边放上太阳，另一边放上30万个跟地球一样重的天体，天平才将保持平衡，但太阳的平均密度小于地球。

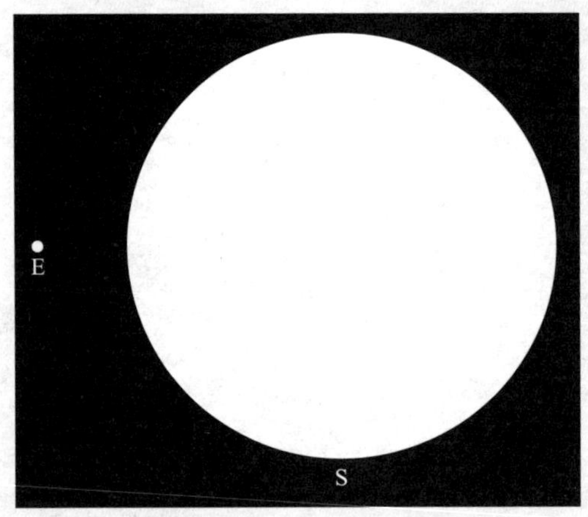

图10　地球和太阳的相对大小

太阳的温度远超一切人类所能制造的高温，无论是化学实验还是冶金工业都无法产生与之相提并论的温度。假若我们可以给一根铂丝通电，起初它会渐渐发红发热，继而进入白热状态，之后它会发出耀眼的光亮并最终熔化断裂。再精良的熔炉也难以制造出比熔化的铂丝更高的温度了，但太阳的温度却远不止于此。

不过太阳拥有极高温度的观点显然有悖于我们的常识。有人说，“如果太阳温度很高，那么我们离它越近，就应该越感到热，但显然事实并非如此。当我们站在高山顶上时，我们的确离太阳更近了，可谁都知道山顶的温度比山谷要低得多。要是再高点，假若站在阿尔卑斯山的勃朗峰上，那么相较于海平面，我们离太阳至少近了2～3英里，可山顶不仅没有更多暖意，反而却是终年积雪”。想要化解这一矛盾，只需举个简单的例子。阳光明媚的时候，温室内肯定比室外更加温暖。因为玻璃可以让温暖的阳光照射进来，却不会让光线再反射出去，由此室内的温度高于室外。同样地，地球就类似于一间温室，只不过包裹住地球的不是玻璃窗而是厚厚的大气层。我们站在地面上就如同身处温室之中，可以受到大气层的庇护，但当我们爬上高山的时候，我们便渐渐地穿过了保护层，所以才会遭受寒冷的侵袭。如果地球没了大气层，那么无论是山顶还是陆地都将是一片冰原，且终年冰霜。

地日距离约为9290万英里[①]，但仅凭这一数值很难让我们对这一距离产生生动的感受。就算我们以最快的速度从1数到100万，也需要三天三夜才能数完，而要想将太阳和地球之间的公里数全部数完，则需要连续数93个三天三夜。

每一个晴朗的夜晚，我们都能看见无数繁星布满夜空。有的明亮、有的暗淡、有些还排成了奇特的形状。看到这些闪烁的繁星，我们不禁要问，它们究竟是像太阳一样是自体发光的星体，还是像月球一样只是借助其他光源发光？答案很简单，太空中大多数的星体都是自体发光的，我们因此称之为恒星。

假如说太阳和那些我们称之为恒星的星体都是自体发光的，那么它们与太阳之间又有什么区别呢？毫无疑问，光芒万丈的太阳和那些只能发出萤火之光的恒星之间肯定存在很大的不同。但这种差异并不是说太阳的光芒在本质上就真的要比那些恒星亮得多。事实是，我们距离太阳更近，所以也能更多得益于它发出的

① 地日距离如今的测量值为 1.49597870691 亿公里（此处单位使用公里而非英里是为了让读者更直观地理解）。

光和热，而距太阳最近的一颗恒星与我们之间都隔着一个遥不可及的宇宙空间。如果太阳与地球渐行渐远，那么它的光芒也将减弱。当它远的犹如那些远离我们的恒星时，它的光芒将彻底消失。太阳也将不再是我们熟知的那个宏伟壮丽的星球，不再是那个为我们带来温暖、驱散黑暗的星球。此时，太阳将成为一颗对我们毫无意义的小星星，它的光芒甚至还比不上我们每晚看见的那些恒星的光芒。

所以我们得知那些每晚都在夜空中闪烁的星星，它们的存在是具有重大意义的。这个认知十分重要，因为这意味着它们每一颗都是一个巨大的“太阳”，每一颗的光亮都等于甚至超过我们的太阳。于是我们对于宇宙的大小有了新的设想，对于点缀其间的那些闪烁的星体肃然起敬，对它们也有了全新的认识。

换个角度来看，我们的太阳也只是一颗普普通通的星球，并没有多么特殊的重要性。就算太阳和地球，以及太阳系的所有星体都消失，对整个宇宙来说，也仅仅是一颗小星星的泯灭罢了。作为浩瀚宇宙中的一颗星星来说，太阳的确不太起眼，但对我们来说，太阳绝不是一颗可有可无的星星。因为相较于其他恒星，太阳离我们更近，自然它带给我们的益处也远胜于其他恒星。

现在让我们将镜头拉近，仔细观察这个对我们无比重要的星球。

如果只用肉眼观察，看到的太阳似乎是个圆形。但如果借助望远镜，再放上一块暗黑色的镜片或是采取其他预防措施防止眼睛被光线刺伤，那么你就会发现，太阳不是一个平面图形，而是一个真正发光的球体。

那我们会问，组成这个球体的那些发光的物质是否是固体？如果不是，那它是液体还是气体？第一眼看上去，我们也许不会认为太阳是由液体构成的，反而可能会想当然地认为它是由某种白热化的物质构成的一个固态球体。但很抱歉，这种想法也是不对的，因为至少到目前为止，太阳的表面不是固态的这是公认的事实。

图11是由卢瑟福先生于1870年9月22日在纽约拍摄的，图中显示的是用中等尺寸的望远镜拍摄的太阳图像。我们看到太阳表面无论结构还是光亮都是不均匀的。确切地说，它的表面是颗粒状的或斑驳的。该现象是由于悬浮在太阳表面的

发光云因其不那么光亮而造成的。毫无疑问，这些表面的云层与我们熟知的地球大气层中的云层是有很大差异的。地球大气层中的云都是由小水珠组成的，而太阳表面的云层则是由一种或多种化学元素在超高温的状态下汇聚而成的。

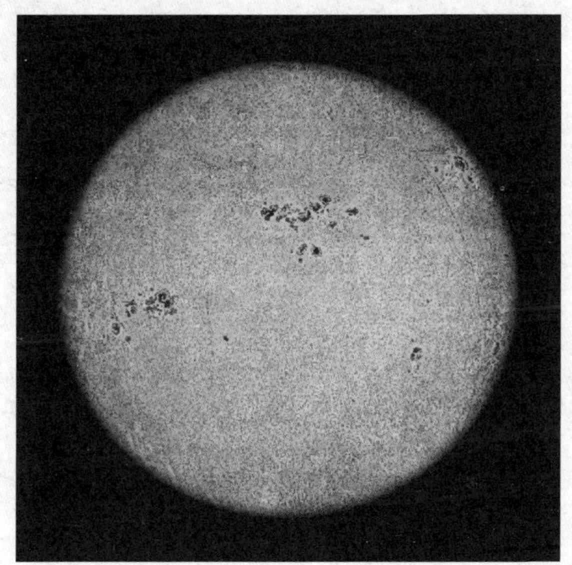

图11　1870年9月22日拍摄的太阳影像

从1850年开始，法国默东的詹森先生一直致力于拍摄太阳的图像，太阳颗粒状的表面在他的摄影作品中经过放大，呈现出美丽壮观的图像。我们得以在图12中再现了这一画面。不难看出，光点之间的缝隙呈灰色，远看上去，整个图片像一张十分粗糙的画纸。我们还会注意到一点，那就是太阳表面的图片似乎有些地方拍得不尽如人意。不过起初没有人料到会有这些瑕疵存在。它们的产生，既不是由于胶片的意外失效，也不是胶片在冲洗过程中发生的操作失误，而是源于太阳本身，想要解释它们产生的原因也并非难事。因为后面我们将会详细讲到，简单地说，太阳表面发光气体的运动速度非常快，即使是在百分之一秒的时间内（这一时间近似于胶片的曝光时间），太阳表面云层的运动也是十分活跃，快得足以使我们拍摄到的画面模糊不清。

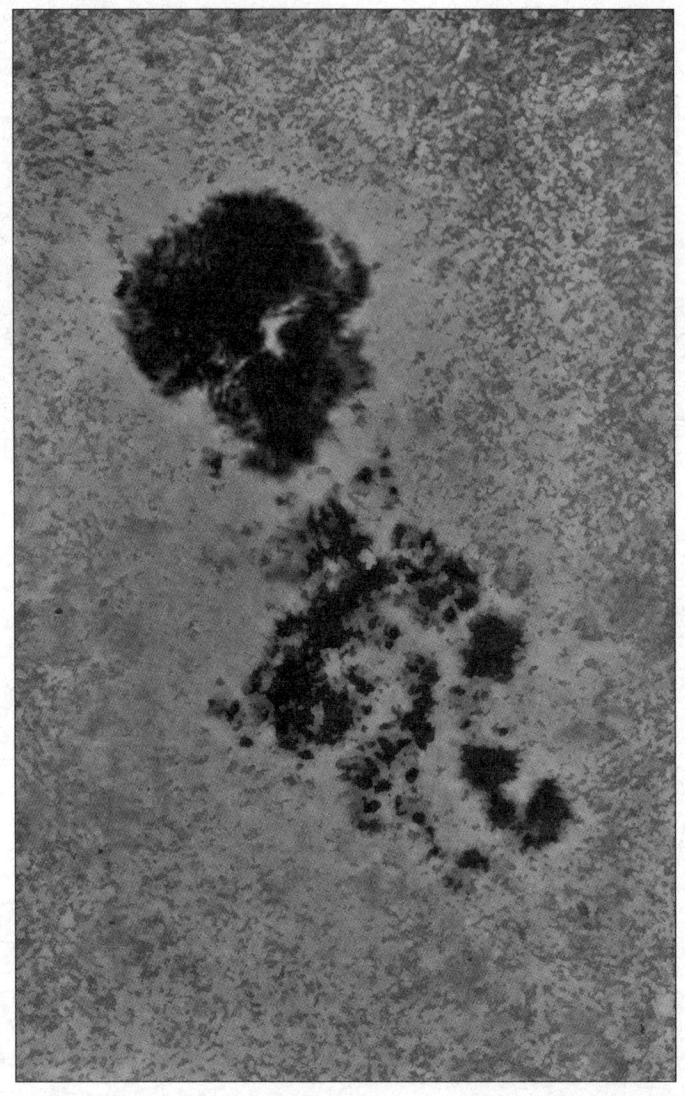

图12　太阳表面的图像（詹森摄）

通常我们还能看到那些不规则分布在日面的小小的黑暗物体，俗称太阳黑子。这些黑子在数量和尺寸上都有很大不同。太阳黑子第一次被观测到的时间是17世纪初，那时望远镜刚问世不久。图13中就是太阳黑子大致的样子，相较于外围半阴影部分，黑色的内核形状则更加尖锐一些。图17中展现的是一个小黑子从颗粒间的细孔或缝隙中产生的情形。

图13　普通的太阳黑子

最早观测到这些黑子的观测者发现，黑子似乎都会沿着日面运动。图15是谢纳神父精妙的手绘稿的副本，图中展示的是他于1627年3月观测到的两个黑子的运动。图中的数字代表着两个黑子从3月2日到3月16日之间的位置变化。那几个仅简单画圈的标记则代表的是11号和13号两个黑子的预计位置，因为碰巧那两天云层较厚，无法进行观测。人们发现这些黑子总会朝着同一方向运动，即从太阳的东边缘向西边缘[①]运动。黑子横跨日面运动需要12天或13天，此后在同样长的一段时期内它们将消失不见，直至最终再次出现在东边缘。早期观测者很快便了解到这一发现背后真正的意义。他们从这些简单的观测中推断出：太阳与地球一样，也会绕轴自转，且自转方向也与地球一致。但二者的区别在于地球自转一周仅需24小时，而太阳自转一周则大概需要26天[②]。

在适宜的大气条件下，如果再使用较大口径的望远镜，我们就能观测到许多有趣的现象，从这些现象中我们能得到许多有关太阳结构的信息。黑子的半阴影部分通常是由许多游丝状的物质构成，这些游丝体全部指向黑子的中心，而且与黑子内核相连的游丝内端相较于外端会更明亮一些。在形态规则的黑子中，半阴影部分的轮廓与内核部分的轮廓是完全一致的，但是天文学家们却偏偏对于那些形态不规则的黑子产生了更加浓厚的兴趣。此种情况下，太阳明亮的表面（俗称光球）慢慢蚕食黑子的内核，在黑子表面形成一个半岛的形状，甚至直接侵入黑子暗黑的内部。

黑子的形态变幻无常，每一天甚至是每一小时都在变化。在这些黑子周围，我们还常常能观测到一些明亮的条纹或亮斑（如图14所示），它们也在不断发生变

① 边缘：是天文学家常用来指代球形天体的周边或外围的术语。

② 太阳并不是固体，因此太阳赤道的自转速度略快于两级，这种现象被称为较差自转。现代测量显示赤道区域太阳的自转周期为25.05天，随着纬度增加，自转周期逐渐延长，在两极区域，太阳的自转周期为34.4天。

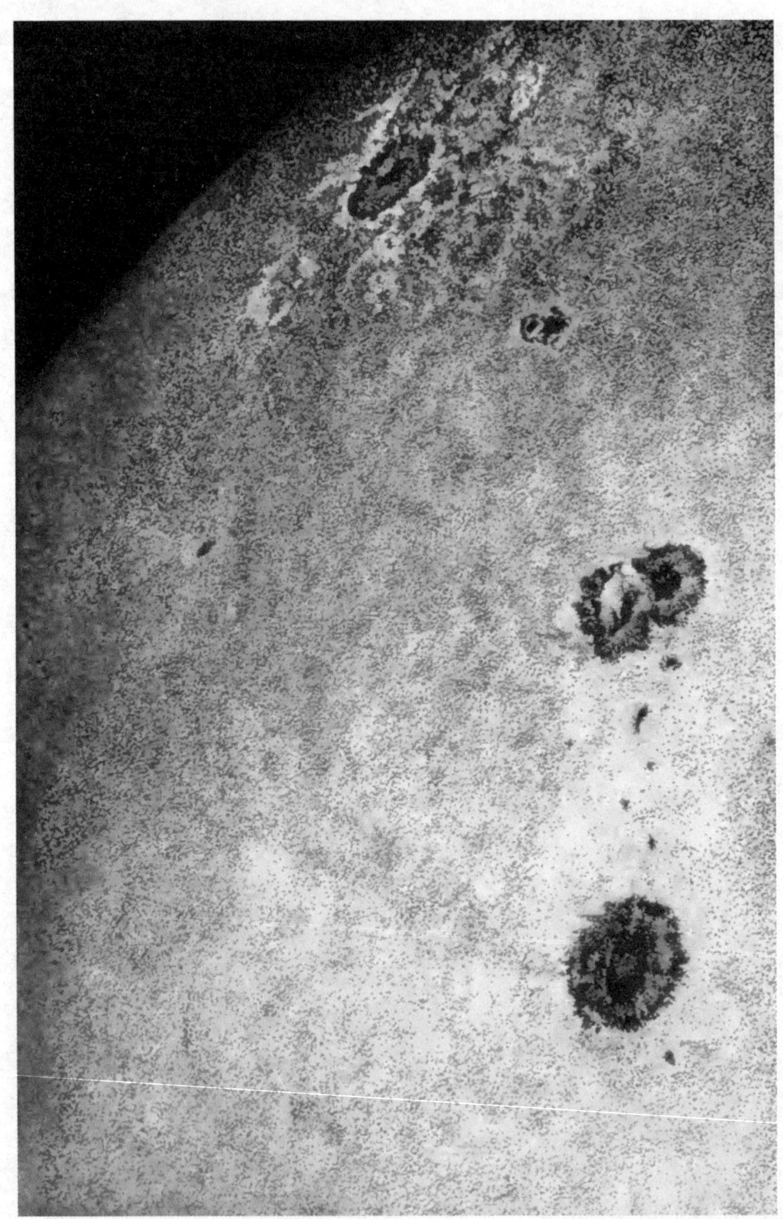

图14　日面上的黑子和光斑（由沃伦·德·拉·鲁于1661年9月20日拍摄）

化。这些明亮的斑点，我们称之为光斑（小火炬）。通常在太阳的边缘部分，光斑会更明显一些，这是由于太阳表面的亮度不如太阳内核部分。边缘部分光线的减弱则是由于太阳周围围绕着一层厚厚的大气层，太阳光就是从太阳边缘部分射出，穿过大气层，一路照射到我们的地球上的。

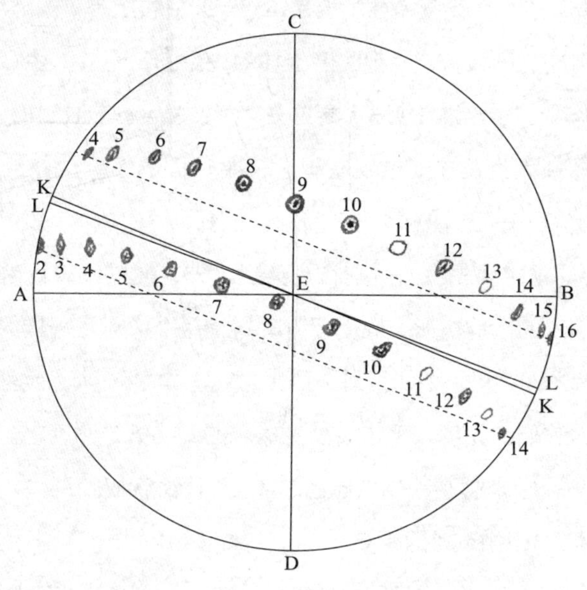

图15　谢纳对太阳黑子的观测

不过，日面上的任何物质形态都不会成为固定不变的特征。的确，有些物质和现象会维持数周时间，有时候同一个黑子也会在太阳上的同一位置保持同一形态长达数月。但或早或晚，那些在太阳上一个地点出现的物质会消失，同时新的形态相似的物体又会出现在另一个地点。但我们从这些不断变换的现象中得出的推论却是毋庸置疑的，它们让我们明白日面并不是固态的，甚至也不是液态的，就目前观测到的结果来看，这个星球是由气态或者说蒸汽状的物质构成的。

一个大的太阳黑子常会分裂成两个或多个独立部分，有时这些部分会以每小时不低于1000英里的速度飞散开。“有时，尽管并不常见”（在这里笔者引用了杨教授的原话，这位教授是笔者常常需要感谢的人），这些物体会制造出一种十分壮观的、不同于上述现象的奇特景观。那些极亮的光斑会突然爆发，在数分钟的时间内，可以观测到它们以每秒100英里的速度在快速运动。

历史上最著名的一次耀斑爆发发生在1859年9月1日上午（格林尼治时间），并且这一现象分别被两位知名天文观测者卡林顿先生和霍奇森先生在不同地点观测到。两位观测者对当时情况的叙述可参见皇家天文学会同年11月的月刊。

当时，卡林顿先生正在通过观察望远镜中日面的图像，分析太阳黑子的方位、形态和大小。——当时他正在基于现有的有关太阳的科学知识进行一项长达8年的观测试验。霍奇森先生当时则在数英里之外，通过太阳目镜和遮光镜的观测，绘制太阳黑子的活动情形。他们同时看到了两个像新月一样的光斑，分别为长8000英里、宽2000英里，两者相隔约12000英里。这两个火球突然出现在一个很大的黑子边缘，它们的亮度几乎是周围光球层的5～6倍，此后它们便在黑子上方向东边平行移动，越来越小、越来越暗，直至5分钟后彻底消失，短短几分钟之内，它们运行了约36000英里的距离。

太阳黑子通常不会出现在日面的所有区域。它们主要在太阳南北半球的10°至30°之间的两个区域（如图16所示）活动。赤道上一般鲜有黑子出没，但奇怪的是，如果其他区域没有黑子出现的话，那么赤道上就会有黑子的身影。但在高纬度地区从未观测到黑子活动。与黑子奇特分布的规律紧密相关的一个惊人事实是，处于不同纬度的黑子绕日旋转周期是不一样的。卡林顿通过对太阳赤道附近的一个黑子的观测发现，其旋转周期是25天零2个小时；纬度20°的黑子的旋转周期则为25天零18个小时；纬度30°的黑子的旋转周期则超过26.5天；而位于纬度45°相对罕见的黑子则需要27.5天才能完成一个活动周期。

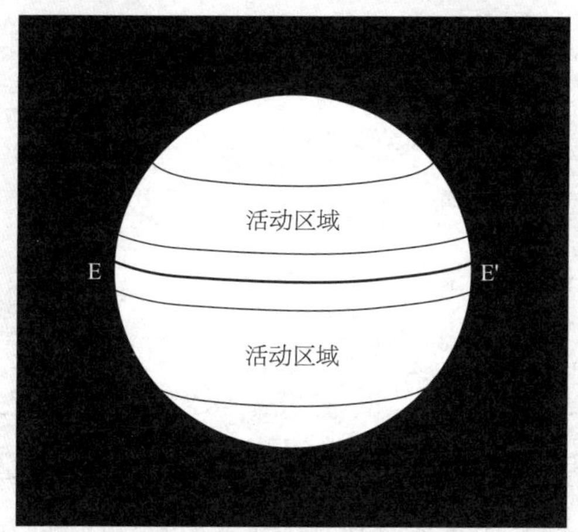

图16　太阳表面黑子的活动区域

到目前为止，我们至少已经探明太阳的表面是气体而非固体，那么就可以推测太阳黑子有时就像海中的轮船一样，也有自己的运动。不过摆在眼前的事实似乎是，太阳上的不同区域，也就是对应着地球上的热带和温带的区域，是以不同的速度运转，且运转速度由赤道向两极递减。可能太阳的内部并不会像外层物质一样运动，且内外部的运动并不完全一致。太阳上的所有物质，或者说绝大部分物质，都不是可以独立运动的坚硬固体。尽管我们并不能直接观测到太阳内部旋转的样子，但根据动力学定律可推断出，太阳内层的旋转速度应该高于外层的速度，这也成功解释了一些黑子的运动特点。但不得不承认的是，想要解释黑子的分布以及太阳的旋转规律，我们仍面临着不少挑战①。

1826年，一位德国天文学家——施瓦布，开始对太阳上可观测到的黑子数量

① 现代天文学研究表明太阳黑子活动与太阳磁场活动有直接关系。太阳黑子是一种由于高强度磁性活动抑制了太阳表面对流造成的现象。一般情况下，太阳光球存在对流现象，当等离子体损失能量开始冷却时，它会下沉，同时被热等离子体取代。但是强磁场会把冷等离子体困在表面，让它进一步冷却，同时阻止上升的热等离子体取代它。强烈的磁场破坏了原有的对流，这样热等离子体就无法到达光球层顶部。降温后的等离子体温度仍然有3000～4500K，但是与周围5780K的等离子体对比之下，确实是更暗更冷的区域，因此外观上呈现黑色。如果将太阳黑子与周围的光球隔离开来，黑子仍然会比一个电弧更为明亮。

进行定期记录。经过17年的观测，施瓦布宣称黑子的数量每年都会有所波动，且以10年为一个周期。后来的观测结果也证实了这一发现，他还彻底翻找了前人的古籍以及手稿中早期记录的黑子情况。因此，一份自17世纪初开始的，有关太阳黑子活动的、相对完整的记录便被整理了出来。这份记录使天文学家能更加准确地确定黑子数量最大值出现的周期。

太阳黑子的一个完整的变化周期可以概括为：最初的2～3年间这些黑子会比普通黑子形状更大、数量更多；此后它们便开始衰减，并在6～7年间从最大值降到最小值；接着黑子的数量又会开始上升，大概4年半之后再一次达到最大值。黑子数量变化的平均周期为11年零5个星期，但周期的长短以及峰值的高低会有稍许变化。例如，1870年夏天出现了一次最大值，此后1879年出现了一次最小值，然后在1883年岁末又出现了一次低于之前的峰值；接下来1889年8月出现了一次相对较低的最小值，直到1894年最后一次观测到峰值。可能黑子变化还有第二个周期，长达60年或80年，并且会影响之前观测到的11年的周期规律。想要解答这一问题，就需要更长时间的系统性观测，因为1826年之前的太阳黑子观测数据缺乏完整性，无法提供有力的参考。

太阳黑子变化的周期性与其在日面的分布之间似乎存在某种特殊的联系。当黑子数量即将度过波谷时，黑子便开始出现在北纬30°和南纬30°附近，而在波峰时，黑子则主要集中在不超过16°的纬度区域，而后黑子距离太阳赤道的距离会持续缩短，直到黑子数量到达波谷。太阳黑子会在赤道附近停留数年时间，直到在更高纬度地区有黑子出现，这就预示着新一轮周期的开始。

还有一个有趣的现象，就是太阳黑子的出现与地磁场之间存在紧密联系。众所周知，指南针的指针并不是指向正北方向，而是与子午线之间存在一个夹角，且地理位置不同夹角的大小也不同，甚至在同一位置，指针所指方位也不完全一致。比方说，此时我们身处格林尼治，指针指向北偏西17°，但这个角度会非常缓慢地发生变化，并且每天都会发生小幅振荡。1850年，拉蒙特（一位苏格兰裔的德国天文学家）发现，这种每天发生的振荡是以10年为周期有规律地增加和减少的，随后他又将这一周期修改为11.1年，这一周期正好与太阳黑子的活动周期一致。通过研究地磁场记录，天文学家们发现，太阳黑子数量处于最大值的时期正好与指南针指针角度最大值相对应，二者的最小值也出现在同一时期。太阳黑子活动的周期性与磁针每日活动之间的联系性，并非我们认为的太阳现象与地磁场之间存在某种关系的唯一证据。太阳黑子数量最多的时期正是地磁场的活跃期，甚至还出现过太阳上发生光斑爆发的同时，地球上也有对应地磁现象发生的奇特景象。杨教授就曾经记录过这样一个有趣的例子，那是1872年的8月3日，他当时正在谢尔曼观测星体，却突然发现太阳表面出现了非常强烈的干扰现象。当天，杨教授所在学会的一位一直专注于地磁观测的会员告诉他，由于当天地球磁场发生了强烈运动导致他不得不中断地磁研究，而这位会员此前对于杨教授观测到的现象一无所知。后来，人们从格林尼治和斯托尼赫斯特的图像记录中发现，在美洲观测到的这场“磁暴”几乎同时也在英格兰被观测到了。人们还注意到太阳黑子与北极光之间也存在类似联系，不过众所周知，极光与地磁干扰之间存在必然联系，所以它与太阳黑子之间的联系也显而易见了。不得不承认，许多强烈的磁暴现象的发生却并没有伴随着相应的太阳扰动①，但即使是那些对黑子活动与地磁场之间存在联系持有怀疑态度的人，也很难质疑太阳黑子数量的多寡与磁针每日运动之间的对应关系②。

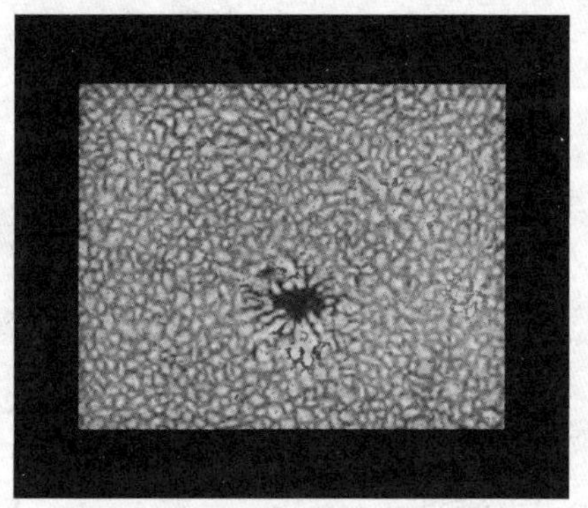

图17 太阳的结构和一个小黑子

以上就是我们通过望远镜能够观测到的几种主要的太阳现象。但关于太阳的本质，还有许多未解之谜，恐怕最高级的望远镜也无法替我们解答，但分光镜却

① 有许多传言称 1859 年卡林顿和霍奇森观测到的那次光斑爆发之后，紧接着就发生了一次异常强烈的磁暴现象，但据乔城天文台和格林尼治天文台的记录显示，当天的地磁扰动并未发生任何异常情况。

② 现代研究表明，太阳磁场活动的确会对地球的磁场产生扰动。

可以为我们的深入研究指明方向。

太阳，这颗巨大的火球慷慨地向四面八方散发着它耀眼的光芒，给我们带来了光明和温暖。

我们可以感受到每一缕阳光都是温暖和煦、灿烂耀眼的，但除了视觉和触觉外，我们还要对这些光线稍加分析挖掘每一道阳光带着的它的原始烙印。首先要对这些光线进行特殊处理，而后就会发现这些标志，那时，光线才能向我们讲述它们的故事，向我们透露太阳的成分之谜。

我们认为太阳光是无色的，正如认为水是无味的一样，但这些结论都仅与我们的感受相关。实际上与水或阳光的本质属性截然不同。我们之所以认为阳光是无色的，是因为看上去阳光是基础色，是所有其他色彩在其上描绘的背景色。但事实是，白色的阳光绝不是无色的，它是各种已知颜色以一定比例调和而成的。太阳光其实是一种复合光，如果我们在日常生活中稍加留心就会发现，大自然给了我们很多提示。我们熟知的那些绚丽的颜色都是从何而来的呢？让我们到美丽的花园中去看一看，就会发现玫瑰花的红色并不是花朵自身发出的。玫瑰花只是捕捉了落在其上的光线，然后从中提取出红光，再将红光射入我们眼中。如果太阳光中没有红光，那么在日光下我们将无法看到红色的玫瑰花。

类似的例子还有很多。我们时常听到某位女士说她的裙子在日光下很漂亮，可到了晚上就不那么好看了。原因正是因为，裙子需要将日光中的某些颜色展现出来，但这些颜色的光线在煤气灯中却不那么明显。问题不出在裙子上，而是出在煤气灯上。如果我们用电灯来代替煤气灯，那么由于电灯发出的光线与日光更加接近，所以裙子在电灯的照射下又会重新焕发光彩。

最能体现太阳光特性的另一自然现象便是那绚烂的彩虹。彩虹出现时，太阳光照射在云层中的小水滴上，发生了折射和反射现象，这些水滴在将光线传输给我们的同时，将其分解为七种原色——红、橙、黄、绿、蓝、靛、紫。

云中的彩虹也是现代科学着力研究的重要领域，我们接下来就要来通过分析彩虹，讲解其中的原理，来了解阳光的构成。

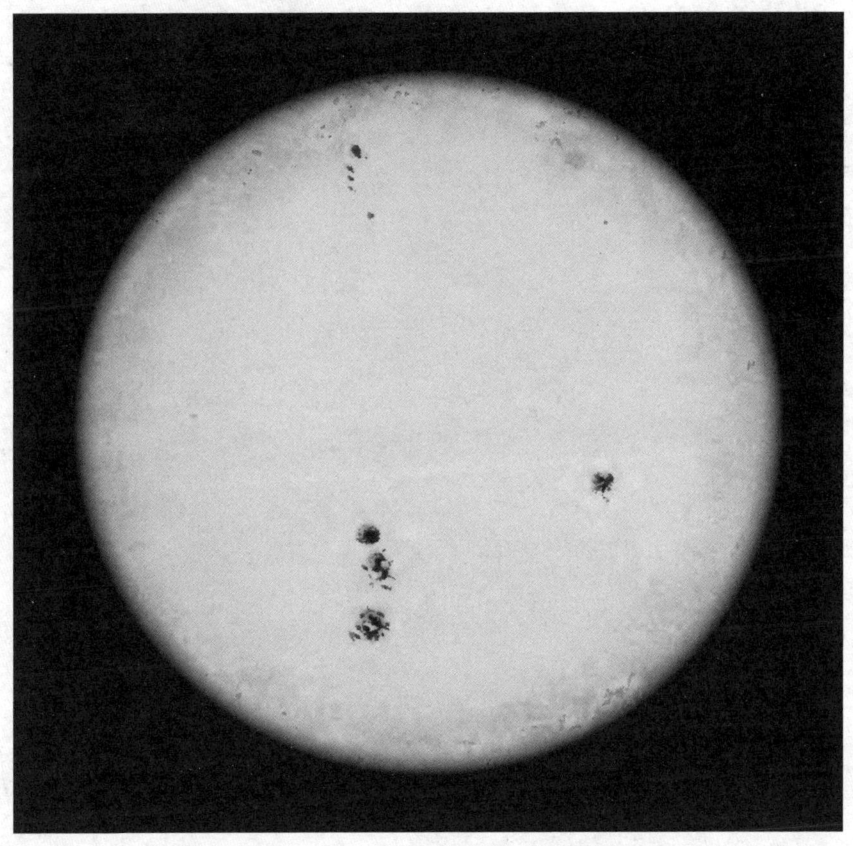

图18　太阳（1892年7月8日，摄于格林尼治皇家天文台）

想要得到精准、科学的实验结果，就得借助分光镜，它可是开启自然界秘密之门的钥匙。“白色”的太阳光是由无数条颜色各异的光线紧密组合而成，太阳光中可以找到各种深浅的红色、黄色、蓝色或绿色。我们用魔法师的魔杖，朝光线轻轻一挥，便将散乱混合的光线整理得井然有序，这个小道具便是玻璃棱镜。图19中便是最简单的棱镜的构造——纯净均匀的楔形玻璃。当一束光从太阳或其他光源射出，落在棱镜上时，它便会穿过透明的玻璃，出现在棱镜的另一端，但此时的光线受到玻璃的影响，发生了显著变化。它发生了折射，不再是沿着原路线照射，而是射向其他方向。如果棱镜对所有光线的折射作用都一模一样的话，那它就无法帮助我们分析太阳光的构成了。幸运的是，棱镜对不同色光的折射效率是不同的。对红光的折射效率小于黄光，对黄光的折射效率又不如蓝光。所以，当汇合了所有色光的太阳光通过棱镜时，便会呈现出图20中的形态。现在，我们了解了棱镜能分析太阳光构成的原理，是因为它对不同色光的折射效率不同，又因日光是复合光，在通过棱镜之后，不再仅仅显示出白光，而是扩展成一条像彩虹一样的彩色光带，从深红色开始，依次经过中间的五色，最后是紫色。

图19 棱镜

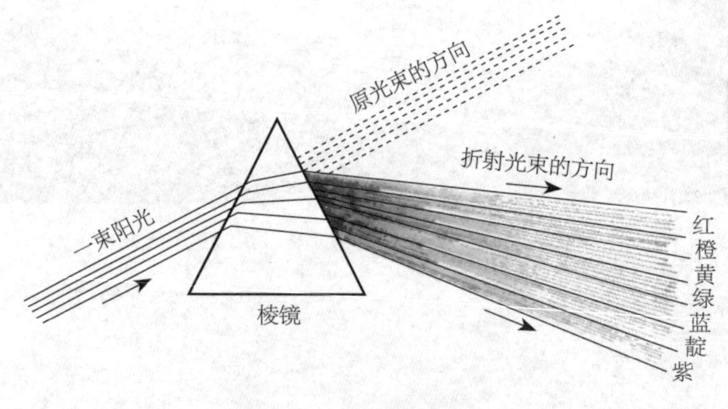

图20 棱镜的散光作用

有了棱镜，我们就能将日光或其他任何光源发出的光线分解成基础色光。通过对这些色光的分析检测，我们又能了解发出这些光线的光源体构成。

当然，有时仅凭一束光的颜色就足以反映出其光源的特性。例如，我们时常会在烟火表演中看到耀眼的红光，那是因为金属锶的缘故。我们用肉眼，仅凭火焰的颜色就能断定其中所含成分。比如，若将食盐与酒精一起燃烧，则会看到明亮的黄光，这是因为钠是盐的主要成分，所以仅凭燃烧时光线的颜色就又能识别出另一种物质。诸如此类的还有镁，这种金属物质在燃烧时会发出特有的耀眼白光。

因此，我们可以通过白热化时光线的颜色来识别出是否含有锶、钠和镁这三种金属。这种简单的观测中蕴藏着现代研究方法——光谱分析。

现在我们通过棱镜，观察太阳光及其他星体发出的光线颜色来进一步了解太阳和其他星体的物质构成。当然，我们不会仅限于使用单一的棱镜，我们会让被测光线相继通过许多棱镜来增加对不同色光的分散作用。在进入分光镜之前，光线首先会通过一个狭窄的缝隙，为的是所有的光束在经过透镜之后能变成平行光，接着这些平行光就将通过一个或多个棱镜，最终我们将通过一台小望远镜对其进行观测，或者让这些平行光投射到感光片上从而获得它们的影像。如果光线是从白热化的固体、液体或高温气体中发射出来的，那么其色带或光谱就会包含图21中的所有颜色，且不同颜色之间没有间隔，这种光谱就是连续光谱。但如果仔细观察低温气体发出的光线，比如，在玻璃试管中加入少量气体，然后通过电流使其发光，这时我们会发现它发出的光线并不包含所有颜色，只会发出其特有的那几种色光，原来光线颜色会因气体的不同而各异。例如，煤气的光谱就是由许多分隔开的光谱线组成的。

当借助棱镜对日光进行研究时，我们发现日光光谱并不是从一端向另一端平顺连续的延伸，而是在光谱上有大量黑线出现，下图中所示的只是其中一部分。这些黑线是太阳光谱的永久特征。它们就像太阳光的光谱七色一样，是其标志性的特征，隐藏着许多有趣的相关信息：这些黑线记载着太阳的演变史，传达着太阳的本质属性。如果借助合适的设备，我们会发现太阳光谱中有着成百上千条黑

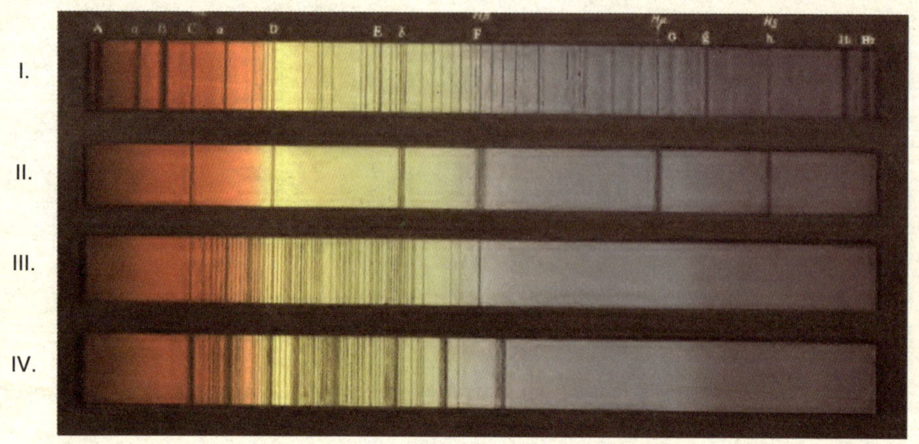

图21　太阳与其他三颗星体的光谱

I. 太阳　　II. 天狼星
III. 金牛座的毕宿五　　IV. 猎户星座的参宿四

线，它们宽窄不一、明暗不同，分布也似乎没有明显的规律可循。光谱上某些区域黑线很少，而某些区域的黑线则多到几乎难以分辨，有的黑线又精细异常，尤其借助工具观察光谱时，这些精细异常的黑线总能令他们对眼前这奇妙的画面惊叹不已。

光谱分析的原理相对晦涩难懂，想要把它解释清楚，最好的方法莫过于循着前人的足迹，在探寻那著名的黑色“夫琅和费谱线”的过程中，去体会首次发现这一谱线给色光检测带来的重大意义。让我们先将所有的视线集中在太阳光谱上标记着D的那条线，当我们用分光镜观测时，这条线实际是由两条线组成的，两条线之间有小小的间隔，其中一条略粗于另一条。假设视线仍停留在这些线上，同时在分光镜前放上一座加入了食盐的酒精灯，使燃烧的火焰位于分光镜的正前方，这样一来，阳光就会先穿过酒精灯的火焰，再射入分光镜。此时，观测者会看到组成D线的两条线变得更深更明显了，但光谱的其他部分并没有发生任何明显的变化。接下来的一系列实验表明，D线颜色的加深是由于阳光穿过了从酒精灯的食盐中蒸发出的钠蒸汽。

金属钠与光谱中D线之间的这种惊人的联系，绝不可能只是巧合。即使整个光谱中只有一条线发生变化，这种变化也很可能并非出于偶然。但当我们发现钠竟然影响了构成D线的两条邻近黑线时，我们更加确信，这两条线与钠之间必然存在某种深刻的关联性。假如将阳光截断，滤掉所有其他色光，只留下从酒精灯的含钠火焰中穿过的色光，再通过分光镜观察，我们就会发现，光谱上不再出现彩虹的全部七种色彩，而是从火焰中穿过的色光汇聚成两条明亮的黄线，正好位于太阳光谱中组成D线的两条黑线的位置，高温的钠似乎对D线两条线的颜色起到了加深作用。

乍看上去，这似乎是个悖论，我们需要尽力做一番推敲。在没有其他色光的情况下，通过含钠火焰的是两条亮线，当它们映射到太阳光谱上时，怎么会使D线那两条线的颜色加深了呢？要解释这一现象，就不得不提到光谱分析的基本原理。太阳光谱中那些所谓的黑线实际上只是与光谱中其他亮线相比显得比较暗的线条。实际上这些黑线中藏着许多太阳色光，只不过周围的亮线太亮，使人眼无法看清它们。当酒精灯的火焰中充斥着钠蒸汽时，它就会发出许多色光，这些色光就全部汇聚在那两条亮线上。这样一来，按理说钠蒸汽对D线的影响应该是使其颜色变淡变得不那么明显。但实际上，含钠火焰的这两条线加入后，D线的颜色却更深更明显了。这是因为，含有钠的火焰截断了那些原本应该照亮光谱上那些黑线的光线，所以尽管含钠火焰的确给D线的两条线带来了光亮，但它实际上却阻截了原本可以照亮它们的光线，因此，阳光在穿过含钠火焰之后，光谱上的D线颜色反而加深了。

据此，我们推导出了一个重要定理，该定理能帮助我们成功解释太阳光谱上的那些黑线。我们发现，当给钠蒸汽加热时，它会发出一种特殊的光线，这种光线在分光镜下会汇聚成两条线。但钠蒸汽还有一个特性，那就是太阳光的大部分色光可以直接穿透其中而不会被吸收，但与其自身发出的那两条光线性质相同的色光则会被吸收。换言之，如果某种物质加热后，在光谱上显示出亮线，这些亮线对应着不同的色光，那么对于这些色光来说，这种物质的加热蒸汽就是一道不可穿透的屏障，而其他色光仍可以穿透这种物质。

这一原理在光谱分析中起着十分重要的作用，因此有必要再举一例来解释一下。就以最能说明上述原理的铁元素为例。在太阳光谱中，已有数百条黑线被认为是与铁的光谱线一致。这种一致性很容易证明，通过分光镜就能观测到铁棍上电火花的光谱，然后用它与太阳光谱作比对。太阳光谱中与铁对应的黑线位置与铁蒸汽光谱中的光线位置是完全相同的，但铁蒸汽的光谱都是由亮线组成，而对应的太阳光谱上的那些铁线则在明亮的背景下显得颜色较暗。我们只要设想一下，环绕着高温铁蒸汽的是太阳的发光层，上述问题就不难理解。这些铁蒸汽在处于白热化的状态时，会吸收或拦截与它发出的色光相同的光线，因此我们得出一个重要结论：与钠一样，铁也以某种形态存在于太阳之中。

以上就是现代天文学最著名的重大发现，它成功地解释了太阳光谱上那些黑线的由来。人们还将许多地球物质的光谱与太阳光谱进行了比对，从而得知地球上的许多物质在太阳上也同样存在：有钙、铁、氢、钠、碳、镍、镁、钴、铝、铬、锶、锰、铜、锌、镉、银、锡、铅和钾。也有一些地球上的重要元素在太阳上并未发现其踪迹，这些至今未被在太阳上发现的元素包括硫、磷、汞、金和氮等。

还有一种可能是，太阳大气层中某种物质发出的光线太过明亮，以至于叠加在它们之上的连续光谱的光线无法将它们“逆转”——无法将它们转换成黑线。打个比方，我们都知道钠蒸汽的亮线可以特别明亮，以至于放在其后的白炽灯的光谱都无法将这些亮线逆转变成黑线。如果将钠蒸汽的亮线调暗，暗到与白炽灯光谱中那些产生黑线的色光相同，那么两份光谱中对应区域的黑线就会毫无差别了。因此太阳上究竟缺少哪些元素，这个问题就像许多有关太阳的其他问题一样，至今仍悬而未决。我们现在能确定的就是通过已知某种元素在太阳光谱中对应的黑线，来验证这种以前不为人熟知的元素是否出现在太阳上。

说回太阳黑子，看看分光镜能否帮我们了解它们的性质。我们会在望远镜的目镜端装上一个功能强大的分光镜，以尽可能多地使光线聚集在狭缝上，为此分光镜必须准确对准物镜的焦点。然后用这台设备瞄准一个太阳黑子，黑子的图像便会落在狭缝上，黑子中心黑色的区域被称为暗影，暗影会在太阳光谱上呈黑色条纹，可从头至尾贯穿整个太阳光谱。暗影光谱线的两边会有亮线，那是比中心暗影明亮一些的半影的光谱线，但这些光谱线还是不如邻近的其他区域明亮。

光谱线颜色的加深告诉我们，黑子暗影吸收了大量太阳光。不过这种吸收不是由于形成烟雾或云层的大量固体或液体微粒引起的。杨教授1883年观测到的现象可以说明这一点，当时他发现太阳光谱受黑子影响颜色会加深，但不同区域变化程度是不一致的，而如果光线的吸收真的是由悬浮颗粒造成的话，那么光谱各部分的变化应该是一致的。在观测那些大型静态的黑子时，杨教授还发现太阳光谱的绿色部分出现了许多又细又深的黑线，这些线相隔很近，但不同线间又时常出现明亮的间隔。并且每条线都是中间（中间对应的是黑子的中心部分）粗，然后向两端逐渐变尖变细。的确，这些黑线中的大部分都能在半影以及日面的光谱中观察到。因此，暗影对光线的吸收很可能是气体引起的，且它们的温度一定低于黑子外的气体温度。

从1866年开始，诺曼·洛克耶爵士一直在南肯辛顿天文台潜心研究黑子光谱中的红色和黄色部分，正是他的若干观测结果成功证实了上述观点。黑子光谱中的许多黑线都比它们在普通太阳光谱中的更粗更深，但也有一些黑线在太阳光谱中反而变粗了，比如说铁、钙和钠的光谱线。有时钠的光谱线会变宽甚至被成倍逆转——在原来深黑的粗线上会叠加一条亮线。同样的现象也常见于钙光谱末端紫色区域内的H线和K线。这些事实表明，黑子内部有大量钠蒸汽和钙蒸汽存在。研究人员在南肯辛顿的观测还为我们揭示出另一个关于黑子光谱的有趣特征。在黑子数量处于最小值时，铁等其他地球元素的光谱线会变得又粗又明显，而在黑子数量最大值时，这些元素的光谱线几乎消失不见，那些变宽的黑线则都来源于未知元素。

分光镜为我们研究太阳的有趣特征提供了新途径，那些特征在太阳耀眼的光芒下难觅踪迹，是我们仅凭望远镜所无法观测的。但当太阳发生罕见的日全食，整个太阳被遮盖起来的时候，我们就能轻而易举地观测到这些特征了。我们知道，所谓的日全食，就是由于月球的运动，导致太阳刚好被其完全遮蔽，从而在地球上的某些地方可以观测到的一种天文现象。发生日食的必要条件我们会在下一章进行更加详细的论述。天文学家对于日全食发生的那几分钟内发生的现象充满着无限好奇，那几分钟内，黑暗笼罩着大地，而在这无边的黑暗之下却能观测到罕见的壮美景象。

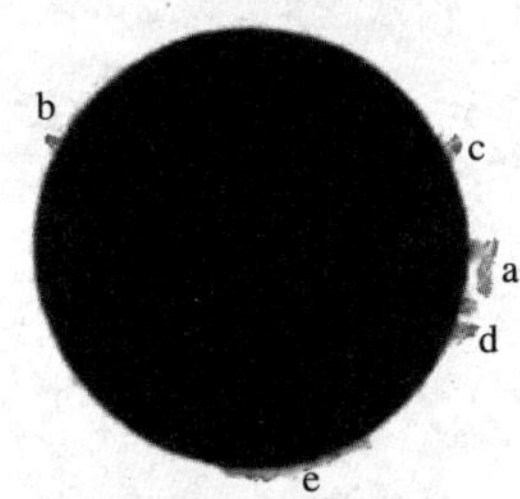

图22　日全食时的日珥

图22便是一幅日全食的示意图，图中还标示了标志性的物体——日珥（a、b、c、d、e），这些日珥从暗黑色的月球边缘伸出，但它们不属于月球，而是太阳的某种附属物，这一点不难论证。在日全食开始的时候，它们会最先从东边出现，然后随着月球的运动，那些最先出现的日珥会或多或少被月球遮盖，同时其他的日珥又会渐渐从月球的西边缘显露出来，直到阳光再次普照大地日全食结束，所有的日珥全都消失不见。

天文学家发明分光镜之后的第一次日全食发生在1868年。当年的8月18日，人们在印度观测到了日全食。天文观测者带着分光镜，登上瞭望台观测日珥，并且宣称日珥的光谱是由许多分隔开的亮线组成，这就表明日珥是由大量炙热的气体构成的。第二天，日食观测者之一、著名的天文学家——詹森成功地在太阳光谱中找到了日珥对应的光谱线，显然经过前一天的观测，他已经知道了日珥的光谱线构成。在这次日食发生前的数月，诺曼·洛克耶爵士就开始着手探寻日珥，因为他想要获得日珥的光谱数据，只要能有效遮蔽掉阳光中的其他色光，这一数据就能够获得。他提议使用具有极强分光功能的分光镜，这样一来可以使连续光谱相对分散，二来可以使光谱颜色更淡。他希望看到的是分光镜对那些独立亮线的作用，即在不改变亮度的情况下扩大它们之间的间距。然而，洛克耶为此特制的新型分光镜却是在日食结束之后才被制造出来，尽管当时有关詹森新发现的消息还没有从印度传到欧洲。当消息抵达欧洲的时候，洛克耶爵士已经发现了未曾观测到的、位于太阳边缘的日珥的光谱。天文学家们第一次在非日全食的情况下，成功检测到了日珥的光谱，该观测方法的实践应用离不开这两位天文学家的辛勤付出，这份荣耀应由他们俩共同分享。

当我们用分光镜对准太阳边缘的时候，狭缝是呈放射状的，所以会在延伸后的太阳光谱的对应黑线位置看到一些短的亮线。对这一情况稍加分析就会发现，构成日珥的气体层实际上也是属于日面较低的大气层。这一气体层有5000～6000英里厚，正位于那层浓密的发光云层之上，这个云层构成了我们所能看见太阳的表面，俗称光球层。日珥从其中伸出的那个气体层被称为色球层，色球层因其光谱上有许多彩色光线而得名。色球层发出的光线虽不计其数，但它们大多来源于同一种元素——氢，因此我们可以说色球层的主要构成元素就是氢。但不得不提钙和另外一些元素，它们也固定出现在色球层中，其他比较常见的还有铁、锰和镁。还有一种我们未曾提及的元素，它在太阳的构成中也有着不可或缺的作用。

在1868年那次日食过程中，人们在日珥的光谱中发现了一条极细的黄色谱线，一开始大家自然而然地认为那是钠的黄色谱线。但后来天文学家们又在没有日食现象时依旧进行日珥的光谱测定，结果却显示这条线与钠的两条谱线的构成都不一样。毫无疑问，新的黄线离钠的两条线很近，但却稍向光谱的绿色部分靠近。观测者还注意到，这条黄线在普通的太阳光谱中没有对应的黑线，不过有一条极细的黑线却总是若隐若现，尤其在黑子附近时更为明显。诺曼·洛克耶爵士和爱德华·弗兰克兰德爵士都认为该谱线是由一种未知的地球元素产生的。该元素被认为是某种至今未被发现的太阳元素，因此被命名为氦（Helium，原意为“太阳”）。人们后来又相继在日珥和色球层的光谱中识别出了许多较暗的谱线，这些谱线似乎也都是由氦这种神秘的元素产生的。后来，天文学家们在许多其他星体的光谱中也观测到了这些相同的谱线。

最终，我们在地球上也检测到了这种曾经只在其他天体上发现过的气体。1895年4月，曾携手瑞利勋爵共同发现了新元素——氩的拉姆齐教授，在对挪威发现的钇铀矿中的稀有矿物质进行加热时，检测到了其释放出气体的光谱中的氦线。至此，这个在距离我们9300万英里之外的太阳上被第一次发现的元素，终于也在地球上发现了它的踪迹，并被列入了地球元素的行列。

当朗格宣称，地球上发现的氦光谱中在氦线旁还有一条微弱的、靠近红色区域的细线时，有不少人开始质疑拉姆齐在地球上发现的氦与太阳色球层中的氦有所不同。因为后者的氦线周围无其他任何光谱线。然而，不断有观测者通过更加先进的仪器设备，观测到太阳色球层的氦线旁的确存在一条十分微弱的光谱线。正是这一特征，成功证实了太阳上的氦与地球上发现的氦是一致的。后又有证据显示新发现的氦气似乎是由两种密度不同的气体混合而成。

自从天文学家发现可以不用非等到日食出现才能观测到日珥的光谱之后，威廉·哈金斯爵士又在1869年2月13日的一次观测中，成功发现了一种新的观测方法，该方法能在阳光充足的时候不仅观测到日珥的光谱，甚至还能观测到日珥本身的图像。先调节分光镜，使最亮的谱线之一——比如红色的氢线——位于望远镜的视野中心，然后将分光镜的狭缝打开，那么镜头中所呈现的不再是谱线而是一幅红色的日珥图像。事实上，如果狭缝打开得足够大，我们会在棱镜的视野中看到一系列独立的日珥图像，每一幅都代表着日珥发出的一种色光。

我们已经介绍了基于玻璃棱镜的组合而构成的分光镜。但还需补充的一点是，最高级的分光镜都是用刻划光栅代替棱镜来反射光线的。刻划光栅可以通过衍射作用，将光线分解成所需的基本光束。

日珥在日面上跳跃的场景甚为壮观，有的日珥体积巨大，但如果观察时间足够长，就会发现它们也像地球上的火焰一样闪烁摆动。同一个日珥在一个小时或更短时间内观测到的图像会发生很大的变化。有时甚至会观测到它们移动了数千英里的距离，这些庞然大物的实际运行速度常常超过100英里每秒。更加壮观的是，太阳的色球层就像一个巨大的火炉，大量炽热的气体从中喷涌而出。

图23所示的是特鲁夫洛在美国坎布里奇镇哈佛大学天文台观测到的许多日珥的图像。他成功地把日珥形态变化的多样性展现在不同的图像中。图中日珥的大小可以依据图下附带的比例尺进行推断。图中所示的最大日珥高达80000英里，但

英里比例尺

0 10 20 30 40 50 60 70 80 90 100,000

图23 日珥

（由特鲁夫洛于1872年在美国坎布里奇镇哈佛大学绘制）

据可靠观测数据显示，观测者曾记录过比它更高的日珥。有时这些日珥的形状会发生快速变化，图中最后一行靠左的两幅图就生动地诠释了这种变化，该图绘于1872年4月27日。这两幅图是同一个日珥在不到20分钟内发生的变化。这团巨型火焰犹如庞然大物，其长度竟达到了地球直径的10倍，但在这么短的时间内它却能彻底“幡然一新”，可以看到火焰的上半部分炸裂开，在线上的两团火焰之间形成了一个新的部分。该图中还描绘出了太阳不同区域、不同时刻观测到的那些小的针状体。尽管有时这些针状体可以腾跃到很高的高度，但一般不会超过2万英里。

值得一提的是，一个日珥的爆发曾轰动一时，还被杨教授编入了天文大事件。1880年10月7日上午10点30分左右，天文学家在太阳的东南边缘发现了一个日珥。起初，这个高达4万英里的日珥并没有引起特别的关注，但在短短的半小时之内，惊人的变化发生了，这个日珥变得明亮炫目，长度也翻了一倍。1小时后，这团巨大的火焰仍在向上蹿升，直至最终达到了史无前例的35万英里的高度——此距离已经超过了太阳直径的三分之一，在攀升至顶点后，日珥的能量似乎开始衰竭，整个火焰开始崩塌成小碎片，等到12点30分——距离其出现仅2个小时之后，这一奇观才彻底消失。

毫无疑问，这一次的日珥爆发无论是猛烈程度还是形态变化之广都是格外突出的。它的突变速度至少达到了20万英里每小时，或者说超过50英里每秒。这团巨型火焰在日面升腾的速度是子弹从步枪中射出的最大速度的100多倍。

概括来说，日珥可分为两种：一种是相对静态的，形状与地球大气层中的浮云相似；另一种则处于喷发状态，实际上它们是从色球层喷发的、类似于某种白热化物质的巨型喷雾。这两种日珥不仅在外观上有所差异，在其气体的组成成分上也有所不同。浮云状日珥主要是由氢、氦和钙组成，而活动日珥中则含有大量金属元素。后者很少见于太阳两极，而常见于黑子周围，这进一步证明了黑子与日面的剧烈扰动存在关联。当黑子运动到太阳边缘时，其周围常会有日珥环绕。更有甚者，在一些观测实验中，观测者发现，分光镜以日面为背景时黑子周围发生了猛烈的气体喷发，就像它以天空为背景使我们观测到太阳边缘处的日珥一样。

想要拍摄日珥的图片，就必须用感光板来替代人眼。但是，由于我们的眼一直无法将微弱的日珥光芒与耀眼的外来光线分离开，对日珥的拍摄一直未能成功，直到芝加哥大学的黑尔教授发明了太阳单色光照相仪。在这个仪器中（有通用的狭缝，可以让光线穿透其中并落在棱镜或光栅上）还有第二个狭缝，这个狭缝位于感光板的正前方，只有给定波长的光线能够穿过，这样就能排除掉其他所有的无用光。最终被选定为日珥成像的光线是光谱上由钙元素产生的K线，这条线位于紫色区域的最末端。光谱上这一区域的光线尽管无法被肉眼观测到，但相比于红色、黄色或绿色区域，它们却更易于被感光片捕捉到。拍摄日珥时，观测者需要调整第一条狭缝以使K线落在第二条狭缝上，然后第一条狭缝会在一个发条装置的控制下，沿着整个日珥缓缓扫视一周，第二条狭缝也通过一个机械设备随之一起转动。

如果日盘被屏幕遮挡或被其他遮挡物挡去相同面积，那么两条狭缝就需要围绕整个太阳扫视一周，这样每一次曝光就都会形成一张带有日珥太阳色球层的图像。现在我们再撤去屏幕，然后让狭缝快速地扫过整个日盘，就会发现在日面的许多区域都出现了灼热的钙蒸汽。这样我们就获得了一张由钙发出光线绘制成的精美太阳图像。黑尔教授就是通过这种方法，证实了杨教授很久前的一次观测成果，即光斑的光谱上总会有两条钙元素发出的光带。

当然，日珥从太阳边缘喷发的速度可以借助测微计，在普通的观测中就可直接测量出来。分光镜又能帮助我们估算出日面扰动在朝向地球或反方向运动时的速度。通过观察这种快速移动物体的谱线特征，我们就能算出其运行速度。这一方法为天文学研究提供了全新的思路，并在天文学的许多分支学科领域有着重要的应用。

光觉是由于波通过我们称为以太的介质，作用于人眼的视网膜而产生的。不同的色光对应着不同的波长——波长是指两个连续电磁波之间的距离。一束白光是由无数条光波组成，这些光波的波长几乎涵盖了一定范围内所有可能的数值。红光的波长为三万三千分之一英尺，而紫光的波长则略长于为红光波长的一半。光谱中某种光线的谱线位置完全取决于它的波长。假如光源不断朝着观测者的方向移动，那么此时的波就会比光源静止时更加密集，观测者的双眼每秒接收到的波数量也会成倍增加，因此两个连续以太波之间的距离也会慢慢缩短。与此类似的还有另一个著名现象，高速经过我们身边的火车发出的汽笛音调的变化，如果观测者碰巧位于与那辆火车相向而行的另一辆飞驰的火车上时，这种现象会更加明显。当然，声波是在空气而非以太中传播的，但在这两个例子中，光波和声波的运动对观测者产生的效果是完全一致的。只不过由于光的传播速度约为每秒186000英里，那么相应地，光源也必须高速运行才能使光谱线发生哪怕最微小的一点位移。

我们已经见识过日面扰动发生时，那些巨型物体的运行速度有多快了。在观测太阳黑子的光谱时，我们也经常能发现有些谱线会朝着光谱的一端缓慢移动，有时又向反方向移动，甚至会被扭曲成极其奇特的形状，这意味着太阳表面发生了十分强烈的扰动。如果黑子碰巧位于日盘中心，那么其周围的气体就会向上或向下喷发，从而使光谱上的谱线发生变化。这类气体的喷发速度有时能达到300英里每秒。难以想象，太阳内部需要有多大的气压才能使那么巨大的气团以如此惊人的速度从光球层中喷出，那些喷涌而出的巨型气团又是在怎样的条件下极速下落的呢？在太阳边缘处的日珥光谱中，我们也常能看到那些明亮的谱线发生弯折或是向光谱一端移动。这种现象显然是由于日珥在沿着色球表面运动而引起的，同时这种运动也会向地球传递或是从地球上吸收某种物质。

有趣的是，天文学家们借鉴了这种巧妙的测算运动物体的方法，多次尝试着利用分光镜计算出太阳的自转周期。由于太阳会绕轴自转，所以其东边缘上的一点会朝向观测者运动，而其西边缘上的一点则会背离观测者运动。每次测算出的速度都略大于每秒1英里。东边缘在光谱上的谱线会缓慢地向光谱的紫色端移动，而西边缘的光谱线则会向红色端移动。如果借助一台精妙的光学仪器，我们就能将太阳东西边缘的光谱并列在一起观测，这样就能同时观测到太阳的东西两面，从而使测算更加简便。但即使是使用如此先进的设备，我们所能获取的有效数据仍是少之又少。因为这要求设备的每一部分都要经过绝对精准的调校，观测者也必须具备极其娴熟的观测技巧和专业敏感度。不计其数的观测者都做过这样的尝试，其中最成功的当属瑞典的天文学家——杜内尔，通过对太阳边缘上许多不同点的观测，杜内尔最终测算的数据与人们按照太阳黑子的运动推断出的太阳自转周期基本吻合。他还得出了一个十分有趣的结论，那就是太阳的大气层，也就是吸收光线从而使光谱上出现黑线的那层大气层，与太阳的光球层在相同纬度上的

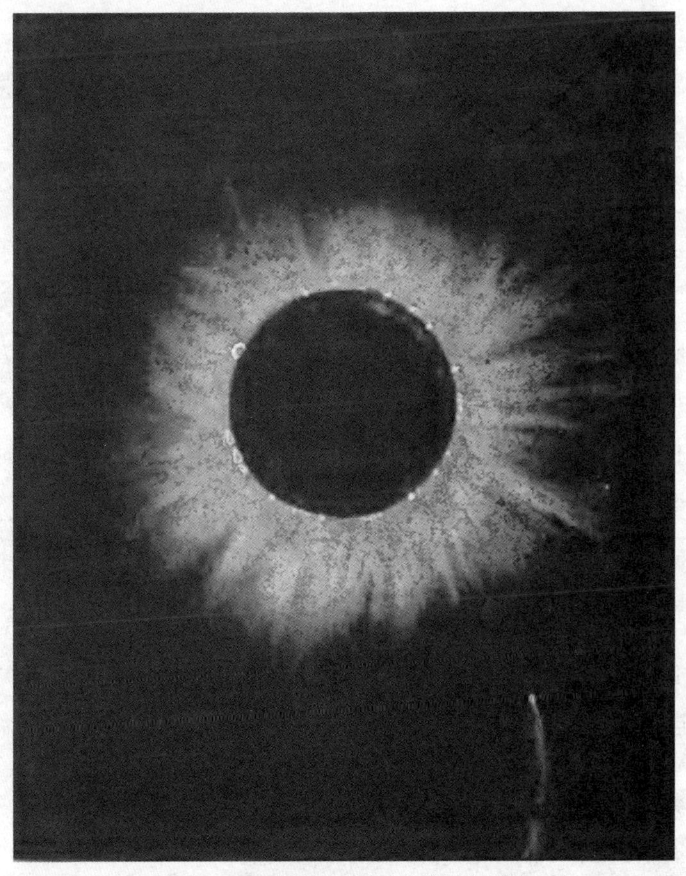

图24 日全食时的日冕（及彗星）图像

旋转速度竟然相同。

在发生日全食的时候，还有另一个奇观也会吸引着观测者的目光，并且我们还没能在非日食的情形下观测到它的身影[①]。

这种现象被称为日冕或日华，发生日食的时候，月亮刚刚完全遮盖住太阳，日冕就会突然出现，环绕在太阳的边缘上。图20中所示的就是日冕出现时的情景，图25中则更进一步展示了日冕的形态，它的绘制者哈克尼斯教授，收集了来自美国各地的有关1878年7月29日那次日全食的大量图片资料，通过综合比对才成功绘制出此图。

经过友好的蒙德夫妇的允许，我们得以在图26中再现了1898年1月22日那次日全食发生时，他们在印度拍摄到的壮观景象。

日冕靠近太阳表面的部分十分明亮，尽管太阳边缘的日珥更加耀眼（用杨教授的话说它们就像点缀在日冕上的红宝石）。日冕的内层轮廓相对规整，它们会形成一个白色的光环，宽度约为太阳直径的十分之一；日冕的外层则形态各异且面积巨大。日冕上常会有一些狭窄的裂缝或暗色光带，从太阳边缘一直延伸到整个日冕上。但有时，日冕上又会出现狭窄的明亮光带，它们与太阳边缘会形成不同角度，且时常会呈弯曲状。1867年、1878年和1889年的三次日食都发生在太阳黑子数量最少的时期，当时日冕在朝向太阳赤道的方向上发出了微弱的长冕流，而在两极则出现了明亮的短冕流。1870年、1882年和1893年的三次日食则发生在黑子数量最多的时期，当时的日冕形状更圆，而且主要集中在黑子出现的区域。这无疑又一次证实了（如果还需要此次例证的话）黑子活动的周期性与其他所有太阳上的物质活动之间存在紧密联系。

日冕光谱的绿色部分中有一条神秘的谱线，它究竟源于何物，至今仍无人知晓[②]。当日食发生在黑子数量最多时，这条线尤为明显。在普通的太阳光谱中它就

---

① 现今，我们可以用空间观测仪器放到空间去直接观测风景。

② 直到 1941 年才被美国查・杨证实是铁、镍、钙的禁线。

图25　1878年7月29日日全食中的日冕图像

（哈克尼斯绘）

图26　1898年1月22日发生日全食时的日冕图像

（该图为再版图片，且已经经过好心的蒙德夫妇以及《知识》杂志版权人批准）

是一条极细的暗线，即使当氢线或其他物质的谱线由于受到干扰元素的猛烈冲撞发生弯折时，这条细暗线也始终保持不变。此外，这条线还总是出现在色球层光谱的明线之中。除了这条线以外，日冕光谱上还有其他明线，毫无疑问，这些明线都来自那个未知元素（“氪”）。日冕还会显示出一个微弱的连续光谱，在这个光谱中，就连太阳光谱中较明显的暗线也能反映出来。这表明除了炽热的气体（光谱中的明线）之外，日冕中还含有大量类似粉尘或烟雾的微粒，且这些微粒能够反射阳光，可形成一个微弱的连续光谱。这种物质似乎是构成日冕光线和冕流的主要元素。因为当我们用不带狭缝的分光镜在日食出现时观测或拍摄日冕的时候，我们便无法在日冕的分离图像中看到那些明线，这也就意味着我们无法观测到日冕光线或冕流。如果日冕发出的长光与内冕一样，都是由某一种或几种气体组成，那么我们在分离图像上就能够看到它们。至于那源源不断地喷射出这些巨大的、狭长的冕流的动力究竟从何而来，那时我们仍一无所知。但有一点可以确定，那就是这个环绕着太阳的大气层——内冕一定非常稀薄。因为曾有数次观测表明，彗星在穿越日冕层的时候遇到的阻力非常小，以至于它们的运行速度几乎没有任何减缓的迹象。

这个神秘元素，在20世纪初终于露出了真容。人类发现了元素周期律后，我们可以利用周期表中的空缺预测新元素的存在，比如门捷列夫就曾预测了若干新元素并获实验证实。如果“氪”也是某个尚未发现的新元素，它应当在元素周期表中占据一席之地。但随着时间推移，越来越多的新元素被发现，留给“氪”的空位越来越少。人们开始怀疑，日冕中的神秘谱线，可能并不是什么未知新元素的特征。1939年，真相终于水落石出，德国天文学家沃尔特・格罗特里安证实，日冕中的神秘绿色谱线，实际上来自失去了13个电子的铁离子。这种不可思议的电离程度暗示了日冕层超高温的环境。

我们通过不断的观测，掌握了许多有关太阳的基本事实，但不可否认的是，我们仍难以对太阳的物理构造下最终定论。即使是最权威的专家们对太阳的本质都莫衷一是。因此我们在这里将要给大家介绍的，都是那些鲜有争议的基础结论。

在后续章节中我们会谈到，天文学家们已经能够得出太阳系天体的相对密度。换句话说，他们已经发现了相同体积的不同物质之间的质量关系。如果我们拿一个体积跟太阳一样大的水球与太阳做比较，就会发现太阳的质量仅仅是水球质量的1.5倍。当然，太阳的实际质量还是很大的，它是地球质量的33万多倍。只不过构成太阳的物质相对较轻，所以如果质量保持不变，而密度与地球一样的话，那么太阳的体积将只有现在体积的四分之一。既然我们知道了太阳的密度相对较轻，且表面被超高温覆盖，那么我们最有可能得出的结论便是：太阳一定处于气态。显然，太阳上的那些气体存在的条件与地球上所熟知的气体存在条件必定截然不同。太阳表面的重力加速度值是地球的27倍，也就是说，在地球上能够举起27片同等重量的金属片的人，在太阳上一次只能举起一片。因此太阳表面下的气压也很大，可能还有人理所当然地认为这些气体会液化。但安德鲁斯发现，只要将气体的温度保持在一定数值之上，也就是所谓的“临界温度”之上（不同气体的临界温度各不相同），那么无论施加多大的压力，气体都不会转化成液体。而太阳上的温度不可能低于那些气体的临界温度，所以再大的压力也无法将太阳上的气体转化为液体。

当然，我们对人阳的内部仍知之甚少。我们观测到的都是它的表层，也就是所谓的光球层，而实际我们在那些图像和照片中看到的类似米粒或柳叶状的物体，则是低温的光球层使气体凝结成的发光云。乔治・约翰斯顿・斯托尼博士认为（此后，来自巴尔的摩的黑斯廷斯教授也提出这一观点），这些发光云主要是由碳及相关元素如硅和硼组成的，这几个相关元素的沸点都远高于之前那些被认为可能是发光云组成成分元素的沸点。碳的原子量很小，所以碳分子就能以很快的速度进入上层大气，但上层大气的温度骤降使这些蒸汽都冷凝成云。云层的快速冷却以及随之而来的大范围热辐射，又会形成烟雾，这些烟雾渐次分布在云层之间（在云层的衬托下这些烟雾会显得更暗），直到它们缓缓上升抵达了云层下温度更高的区域再次挥发。正是这种烟雾导致了那个著名现象，即太阳的边缘总是比中心暗淡。这是由于从太阳边缘发出的光线要穿过这层烟雾才能抵达地球，传播路径的延长导致更多的光线被吸收。有证据表明，光线并不是被大气层所吸收，因为如果真是这样的话，那么在光谱上会出现更多的暗线，这样一来，太阳中心部分的光谱与边缘部分的光谱会有很大的不同，而事实并非如此。

有关太阳黑子本质的观点中，西奇和洛克耶首次提出的观点与实际观测到的现象最为吻合，他们认为黑子就是温度较低的蒸汽向光球层（或其表面）下冲造成的。前文中提到，黑子周围总会伴有光斑和活动日珥出现，但究竟是蒸汽的下落导致了光球层其他物质的爆发，使黑子周围发生喷溅现象，还是这些物质爆发在先，然后上冲的压力减小使周围的低温蒸汽随之“下陷”？对此，天文学家们还没能给出一个统一的答案。

太阳周围还有一个引人注目的附属物，它的面积比日冕还要大得多，而且它还会产生黄道光现象。春天的时候，我们在太阳落下的那片天空中有时会看到一片银白色的珠光，这种现象在秋天日出之前也可能会出现，能产生黄道光的这个物体，无论它是什么，它都像一面透镜，而太阳就位于这个透镜的中心。对于我们来说，这个物体仍是个未解之谜。但它很有可能是由某种尘埃构成的，因为尽管其光谱十分微弱，却属于连续光谱。图27所示的便是黄道光的图像。

图27　1874年的黄道光

[今日科学说]　如今我们对太阳的认识相比100年前有了长足进步。以光球层（即我们常见说的太阳表面）为界，可将太阳分为内外两部分。太阳光球往内依次是对流区、辐射区、差旋层以及核心区，其中对流区厚度约为20万千米，温度可达200万K，在这个区域，能量的传播方式主要是对流，故称为对流区；对流区往下为辐射区，就体积而言，辐射区约占据太阳体积的一半。太阳核心产生的能量在这个区域内以辐射的形式传播；在对流区与辐射区之间，还存在一个叫作差旋层的过渡区域。至于核心区，一般我们从太阳中心起算，将0.25个太阳半径以内的区域称为核心区。核心区可谓是太阳的“心脏”，在自身的引力作用下，太阳物质向核心聚集，形成高温高压状态，并由此引发氢聚变为氦的热核反应，即我们常说的核聚变。核心区产生的能量是太阳辐射以及太阳活动的主要能量来源。

我们在地面上接收到太阳的光和热，基本上来自太阳光球，我们肉眼感受到的那光芒万丈的太阳，实际上也是太阳的光球。太阳光球在对流区之上，厚度不超过500千米，前文提及多次的光球上的发光云，现在的天文学家称其为“米粒组织”，根据尺度大小还可进一步细分为米粒组织与超米粒组织。目前认为米粒组织是一种太阳大气的对流现象。

光球层之上我们一般认为是太阳的大气部分，包括有色球层、过渡区、日冕层与日球层。由于太阳光球过于明亮，一般情况下我们无法直接观察到太阳的色球层，而在日全食期间，当月球刚好遮挡太阳光球层时，在短暂的几秒钟内，可以看到日面边缘出现彩色闪光，那便是色球层的身影，色球的称谓亦由此而来。从色球层开始，太阳大气的温度开始逐步攀升，低色球层的温度略低于光球，约为4500K，而到了中色球层，温度上升至8000K，到了高色球层顶，温度可达5000K。在过渡区，温度的陡然上升，从上万K快速提高至上百万K，这也是日冕层的温度。日冕层内主要是一些质子、电子，以及各种高度电离的离子。日冕和色球一样，通常会被光球的光芒所掩盖，只有在日全食或者利用特殊观测手段（如日冕仪）才能观测到。太阳大气的最外层被称作日球层，也是太阳风的作用范围。太阳风指的是太阳上层大气喷射出的超高速等离子体流，有多快呢？低速太阳风也有200千米每秒，而高速太阳风可达到600～900千米每秒。2013年9月，美国国家航空航天局正式宣布旅行者1号已经离开太阳系，实际上指的是旅行者1号离开了太阳风的作用范围，即日球层。

现代天文学研究发现，太阳的磁场在太阳活动中扮演了至关重要的角色，包括太阳活动周期、太阳黑子、太阳耀斑、日冕物质抛射、太阳风等。前文提到的太阳黑子活动与地磁活动的关系实际上就是太阳磁场与地球磁场的相互作用。

太阳向四面八方慷慨地传送着光和热。而地球所能吸收的只是其中很小的一部分，甚至不到总量的20亿分之一。我们的邻近星球和月球也会吸收一小部分，但它们能利用的光和热实在是少之又少。所有的星球从太阳那里汲取的光和热，就像燕子掠过河面的轻轻一啄，远不足以将河水消耗殆尽。

和煦的阳光似乎具有魔力，能使谷物生长至成熟。炙热的太阳能将海水蒸发，然后又将水蒸气凝结成雨滴，滋润着地球，给江河注入新的活力，使我们的船只能够顺流入海。炙热的太阳炙烤着陆地，海洋上才有阵阵清风护送着我们的舰船跨越深海。冬夜里我们依偎在火堆旁，感受到的阵阵暖意也是源于很久以前照射在地球上的阳光。那些古老阳光中的热量孕育着煤炭时代大片植被的生长，在煤的形成过程中，沉睡了数百万年的那些热量最终被我们再次唤醒。正是那贮藏在煤中的太阳能量推动着蒸汽机的运转，正是那贮藏在煤中的太阳光点亮了千家万户的煤气灯。

无论是人类的衣食住行，还是周遭的环境，抑或大自然被赋予的种种美妙，在无垠的宇宙间赠予我们这一切的那个星球，就是它——太阳。

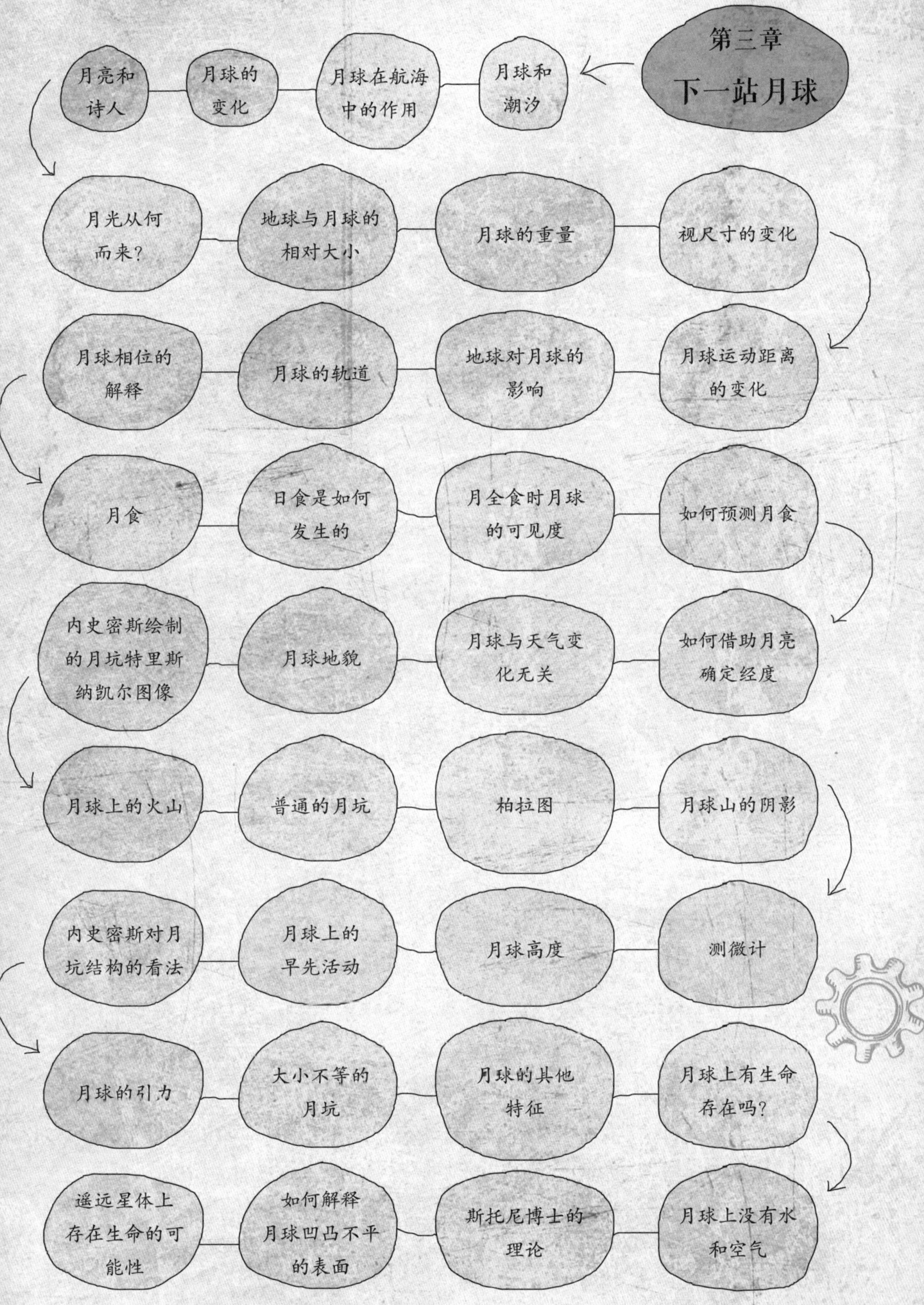

第三章
下一站月球
月球和潮汐
月球在航海中的作用
月球的变化
月亮和诗人
月光从何而来?
地球与月球的相对大小
月球的重量
视尺寸的变化
月球运动距离的变化
地球对月球的影响
月球的轨道
月球相位的解释
月食
日食是如何发生的
月全食时月球的可见度
如何预测月食
如何借助月亮确定经度
月球与天气变化无关
月球地貌
内史密斯绘制的月坑特里斯纳凯尔图像
月球上的火山
普通的月坑
柏拉图
月球山的阴影
测微计
月球高度
月球上的早先活动
内史密斯对月坑结构的看法
月球的引力
大小不等的月坑
月球的其他特征
月球上有生命存在吗?
月球上没有水和空气
斯托尼博士的理论
如何解释月球凹凸不平的表面
遥远星体上存在生命的可能性

如果月球突然消失，我们很快就能有所察觉，因为地球的每一处海港都将是一片哀鸿遍野的景象。无论是伦敦还是利物浦，都将上演着同样的悲剧。码头的船只无法出海，海上的船只无法靠岸，全世界的海上贸易都将陷入一片恐怖的混乱之中。

月球是引起地球上潮涨潮落的主要原因，实际上这也是作为卫星的月球的主要贡献。海岸间的渔船船队都是根据潮汐的变化来计算他们的航行时间，而且正是得益于月球，这些船只才得以进出港口。经验丰富的水手会告诉你潮汐对船只航行绝对具有举足轻重的作用。至于月球究竟是如何引起潮汐变化的，我们将在后续章节予以说明，同时还会谈到潮汐在地球演变的早期历史中扮演的重要角色。

这世间有谁见证了月球每月的奇妙变幻后，还不对它的美表示由衷的赞叹？起初，我们在日落之后的西边天际上，看见的只是一个微弱的月牙。如果碰上晴朗的夜空，还能在月牙上看见月亮的其他部分。这是从地球上反射出的光线照射到的那部分，发出的极其微弱的光芒。接下来的每晚，月球逐渐向东方移动，直至最终变成了满月，太阳落山的同时它便升了起来。从满月开始，阳光会逐渐减弱，直到月球抵达了最后一个相位，我们在清晨便能看见月亮高悬于天际。随着时间的推移，新月又再一次出现。月球在不断靠近太阳的过程中，会显得越来越小，最终它会被耀眼的阳光完全遮盖，彻底消失，之后又以新月的形状出现，开始新一轮的周期运动。

月球的光辉完全来自太阳，阳光照射在这非自体发光的星球上，使其变得明亮起来。太阳向宇宙中放射出大量的阳光，而黑暗的月球只是吸收其中的很小很小的一部分，然后它又将其中的一小部分反射给地球。夜晚的月亮格外明亮，月光也格外耀眼，我们几乎很难想起月球本身其实是不发光的，它的光芒全都来自太阳。然而，即使是最明亮的满月的表面也不过与晴空下的伦敦街道的亮度差不多。只需通过一个简单的观测便能证明月光来源于太阳。我们可以找一个晴朗的早晨，将月亮与云彩进行比较，便会发现月亮的亮度与云彩的亮度几乎相差无几，这就能很好地说明照亮云彩的太阳也以同样的方式照亮了月亮。有人曾试着将太阳的亮度与月球的进行比较，结果发现，一个太阳的亮度竟然等于60万个满月加在一起的总亮度。

美丽的新月成为许多诗人笔下的主题。的确，甚至可以说有些诗人几乎忘了月亮并不是每晚都能看得见的。似乎，只要涉及夜色的描写，就一定会有或圆或缺的月亮出现。有这样一个广为流传的例子：诗人在描述一个历史事件的时候，在他优美的诗句中却描绘了一个绝不可能出现的画面。英国的孩子们都知道约翰·穆尔爵士的葬礼是在“雾色中透出的朦胧月光”下进行的。

这句话中有一个看似真实的小细节。我们并不想质疑那个夜晚是否起了雾或者月光是否真的若隐若现，实际上我们提出了一个更加基础性的问题，即那个值得铭记的夜晚是否真的有月亮出现？虽然我们无从获知第一个提出这个疑问的人是谁，但既然有人提出了这个问题，我们就能立刻从海航年鉴中找到答案。据考证，那个句子仅仅是为了在诗歌中增添文学色彩。在科伦纳战役当天（1809年1月16日）的凌晨1点，月亮还是一轮新月。而显然诗歌中描写的那场葬礼是发生在战役打响后的同日夜晚。据此可以断定，从战役打响到我们的英雄入土为安肯定不足一天的时间，而在这种情况下，葬礼时肯定是看不到月亮的，而且无论是否起雾都肯定没有月光照射下来。如果如诗人所言，葬礼的确是在“深夜”进行，那么当时的月亮应该还在地平线以下很远的地方①。

每当提及此类例子时，内史密斯先生都会友善地提醒那些作家或艺术家，建议他们在将月亮加入作品前，先了解一下我们的这颗卫星究竟是否真的出现。内史密斯先生推荐他们学学《仲夏夜之梦》里玻特的做法——“拿历本来！拿历本来！瞧瞧历本上有没有月亮，有没有月亮！”

在无数的星宿——太阳、月球、行星和恒星中——我们的这颗卫星是最受关注的。月球是离我们最近的、永远的近邻。可能偶尔会有某颗彗星比月球离我们

① 有一些蹩脚的评论家分析认为该诗作者也对当晚是否有月光持怀疑态度，因为他不确定有没有月光，所以在后面补充了一句“和微弱的灯光”。如果哪一天有这样积极的评论意见，我们从诗歌中获知天象的准确性已经超越了天文计算，那么这样一个时代的到来无疑将更加振奋人心。

更近，但除此之外，所有其他天体与地球之间的距离，都是月球与我们之间距离的数亿、数十亿倍之多[①]。

我们还注意到，月球是宇宙中肉眼能看见的最小天体。其他数千颗星体都要远大于我们的这颗肉眼能观测到的天体体积。月球之所以看起来又大又亮是因为它距我们仅有24万英里，这一数字与其他星体与我们之间的距离相比，实在是微乎其微。

图28所示的便是地球与月球的相对大小。图中小球代表月球，大球代表地球。若要测量二者的真正直径，就会发现地球的直径为7918英里，而月球的则是2160英里，也就是说地球直径约为月球直径的4倍。如果将地球等分为50块，然后将其中一块揉成球体，那么它的大小就与月球的大小相等。月球的表面积约为地球表面积的十三分之一。月球朝向我们的半球面积约为地球表面积的二十七分之一，大致说来，这一面积约为欧洲大陆面积的两倍。不过，由于构成地球物质的平均重量要大于构成月球的，所以80个与月球同等重量的球加在一起才等于地球的重量。

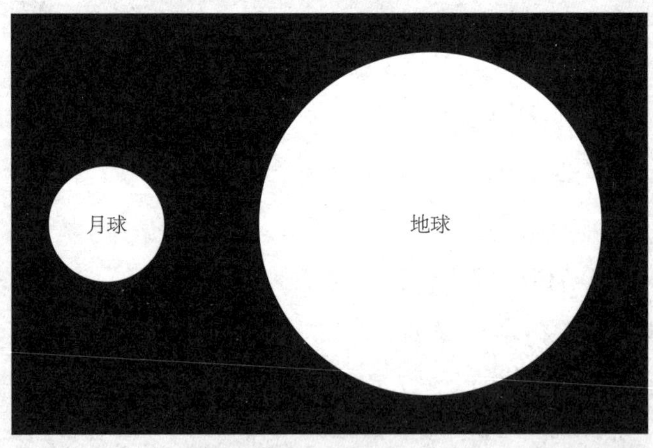

图28　地球和月球的相对大小

① 这里是与遥远的恒星做比较。

在月球呈现的诸多变化中，有一个特征是最明显的。无论月亮是新月还是满月、上弦月还是下弦月，无论它是高悬于天际抑或蛰伏在地平线以下，无论它正在被太阳遮蔽发生月食还是太阳在被月球遮蔽发生日食，月球的相对大小几乎是始终不变的。我们可以用数字来说明，一个直径1英尺，距离观测者111英尺的球体在一般情况下，正好能够完全遮挡整个月球，只不过有时为了完全遮住月球，这个球体需要拉近到103英尺或是推远到118英尺的地方。由于月球几乎不会运动到前面提到的这两个值对应的极限距离，所以观测者的眼睛与能完全遮盖住月球的球体之间的距离在105英尺至117英尺之间。由于月球的相对大小是在十分有限的区间内波动的，所以初遇这个话题的时候很容易被忽略不计。不难发现，月球的相对大小与它跟地球之间的实际距离是紧密联系的。为便于说明，我们先假设月球在逐渐远离我们，那么它看起来就会越来越小，而且在远未达到距离我们最近的其他星体的位置之前，它就已经消失不见了。反之，如果月球正在逐渐靠近我们，那么它的相对大小就会不断增加，直到它像一块巨大的陆地遮盖住了整个天际。我们发现月球的相对大小几乎是不变的，因此推断出月球与地球之间的距离也是保持不变的，地月之间的平均距离为239000英里，只有在极个别的情况下，这一距离会缩短至221000多英里，或是月球远离我们，使这一距离增加至253000英里左右，但一般情况下，即使地月之间的平均距离超过两个极值的数值，也不会大于13000英里。

从月亮形状不停地变换中可以看出，月亮是在不停运动的，并且我们还知道，无论它做何种运动，地月之间的距离也几乎保持不变。此外，我们还发现月球在天空中运行的轨迹是处在同一平面上的，由此可得：我们的这颗卫星一定是以地球为圆心，在一个近似圆形的轨道上绕地球运行的。显然，地月间不变的相对距离一定是月球环绕地球进行旋转的必要条件之一。而将这两颗星体连在一起的便是地月间的相互引力，避免月球撞上地球这等毁灭性灾难发生的唯一办法，便是让月球一直保持这种绕地运动。地月间的这种引力依然存在，只是它的效果不是将月球拉近地球，而是将月球牢牢地限制在它的运行轨道中。这引力一旦消失，月球将沿着一条直线迅速远离地球，一去不返。

月球绕地球旋转的事实很容易通过对不同星体的观测来说明。月球的起落当然是由于地球自转引起的，它的周日视运动与太阳和其他恒星周日视运动的原理是一样的。只不过在一个晚上月球会不断改变其在恒星中的位置，只要仔细观察，仅凭肉眼便能观测到月球的这种明显的位移变化。月球绕地球运行一周的时间为27.3天。

图29中展示的是地球、月球和太阳三者之间的相对位置，但请注意，为方便说明，我们显著夸大了地月距离。其比例远大于月日距离的比例。月球面向太阳的那个半球被阳光照亮，因此我们在地球上就能或多或少地看见这个半球，我们称月球的这种或圆或缺的状态为相位，图30中就显示出月球的一系列连续相位。为什么夜晚满月发出的月光是源于太阳呢？这是初学者时常难以理解的问题之一。他们会说："地球不是挡在日月之间吗？地球不是将其背光面所有物体全部遮住，从而使阳光无法射向它们吗？"图29可以很好地解答这一疑惑。月球绕地球运行的轨道与地球绕太阳运行的轨道并未处于同一平面上。地月公转轨道之间的交线会将月球轨道划分为2个半圆。此时我们将月球轨道想象成稍微倾斜于纸面，那么上面的半圆就会略高于纸面，下半圆低于纸面。这样一来，等月球运行到图中所示的满月位置时，它就会高于地日连线，因此阳光就能越过地球照射到月球上，月球自然就能发光了。在新月的时候，月球则位于地日连线以下。

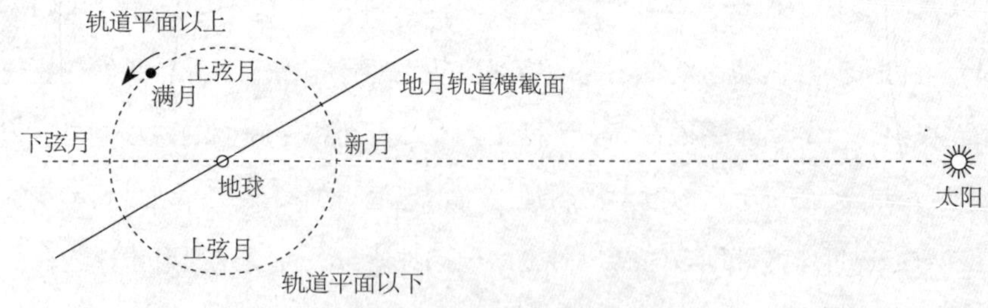

图29　月球围绕太阳的运行轨迹

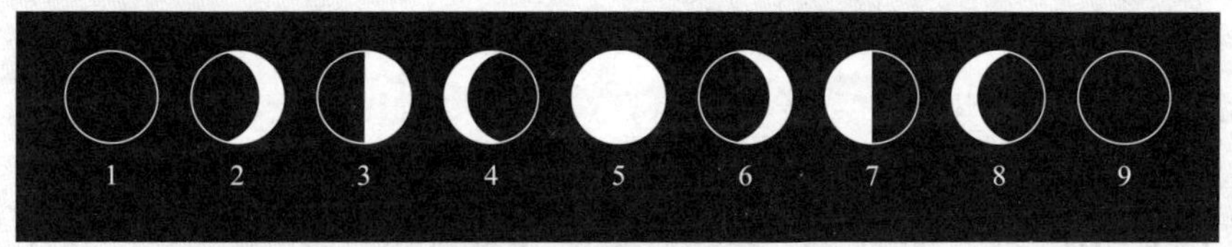

图30　月球的相位

随着地球和太阳相对位置的不断变化，在地球的每一次公转周期中，太阳会先后两次位于地月公转轨道的交线上。如果恰逢满月之时，那么地球就位于月球和太阳的正中间，于是月球就完全处于地球的阴影之下，阳光就无法照射到月球上，我们便称这一现象为月食。如果地球的阴影只遮住了月球的部分球面，则成为月偏食。反之，如果太阳是在新月之时处于地月公转轨道的交线上，则月球位于地球和太阳的正中间，则暗黑的月球就将阻止阳光射向地球，从而发生日食。通常情况下，太阳只会被遮挡一部分，也就是众所周知的日偏食，但如果月球与太阳的质心完全重合，那么我们就能有幸观测到那两种最壮观的日食之一了。有时，月球完全遮住了太阳，也就产生了令人叹为观止的日全食现象，日全食为我们提供了许多关于太阳本质的重要信息，这些内容我们在上一章中都有所论述。有时月影位于太阳影像中心，可能会在月球的周围观测到一圈细细的光环，我们称之为日环食。

值得一提的是，月球有时能完全遮住太阳，有时却不能。虽然月球的平均视尺寸和太阳的平均视尺寸是几乎相等的，但由于二者之间距离的变化，它们的实际视尺寸也会发生变化。在某些情况下，月球的视尺寸大于太阳，那么就会发生日全食，但如果太阳的视尺寸大于月球的，那么就会发生日环食。

通过不同角度描述月食，几乎是所有天体现象中最有趣的了。我们通过年历掌握发生月食的时间，且无须借助望远镜便能观测到这种壮丽奇观。在发生月食的时候（如图31所示），我们可以先饶有兴致地等待着黑影出现，然后看着它慢慢吞噬月球光亮的表面，如果是月全食，我们可以一直观测到空中只剩下一个弯弯的月牙，直至最终，月球完全被黑影吞没，消失不见。但此时，我们常常会观测到另一个壮美的景象，虽然月球完全被地球遮挡，没有任何阳光能直射到月球表面，但我们仍能看见泛着明亮铜光的月亮，它表面的斑纹清晰可见。

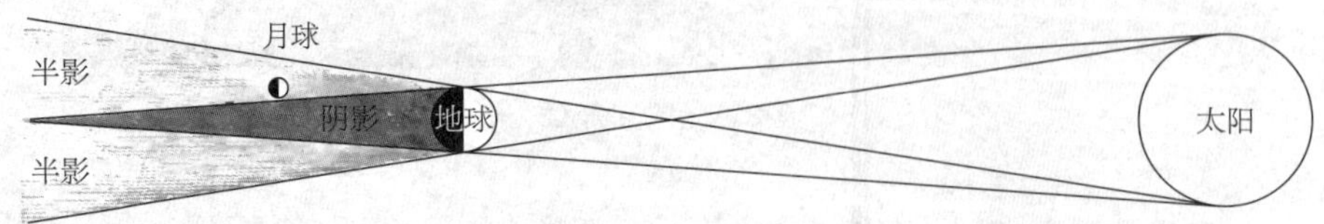

图31　地球的阴影和半影。在半影内，月球可见；在阴影内，月球几乎看不见

这种即使在月全食的时候月球依然发光的现象是那些沿着地球边缘透出去的光线引起的。来自太阳的光线在传播途中，大气层对它们产生了折射作用，从而使它们射向地球的阴影中。由于大气层厚度惊人，这些光线需要穿透数百英里，并且还会染上一层红铜色。地球大气层的这种特性在许多现象中都有所体现。比如，日出和日落时的阳光会比正午的阳光更红。但无论是日出还是日落的阳光，它们在照射进我们眼中之前，都会比正午时的阳光穿越过更多的大气层，正是大气层为它们镀上这层别致美丽的红晕。因此若观察地平线附近阳光的光谱，就会发现有无数条暗线集中出现在蓝色和紫色区域。这是由于光线在穿透大气层的过程中会被大气吸收，继而使红光在阳光中占据主导地位。月食的时候，阳光需要穿透比日出、日落时厚2倍的大气层，因此也解释了月食时月球泛红光的原因。

年历可以给出不同年份月食发生的准确信息，这些预测都是可靠的，因为天文学家们已经潜心研究月球数年，并从这些观测中不仅了解到月球目前的运行状态，更是掌握了其未来的运行规律。鉴于实际的运算过程过于繁复，在此不再赘述。但关于月食有一条最基本的规律，且易于识记，我们一定要提一提。尽管今年发生的月食与去年发生的并无明显联系，与明年即将发生的月食之间也似乎没有关联。但当我们从更宏观的数据上来看这一系列月食现象，就会发现有一条规律呼之欲出。如果以18年或19年为一个周期来观察月食现象，那么我们几乎能准确无误地预测出数年之后的所有月食现象。只需记住在发生月食的6585天之后，必定会再次发生一次相同的月食。比方说，1881年12月5日发生了一次壮美的月食，那么如果我们往回倒数6585天，即18年零11天，便回到了1863年11月24日，当天的确发生了一次相似的月食。再如，1881年一共发生了4次月食，我们给每个日子都加上$6585\frac{1}{3}$天，便得出1899年4次月食的准确时间。古代天文学家们正是依据这条规律，在人们对月球运动的了解远不及今天的那个年代，成功预测出了月食发生的时间。

在漫长的海上航行中，特别是那些紧要关头，月亮可以为水手提供许多宝贵指示信息。假设我们需要将一艘船从利物浦开到中国，那么船长就必须时刻清楚船只所处的具体方位。若做不到这一点，它将迷失在茫茫大海中。通过对太阳的观测，船长可以知道所处的纬度以及当地时间，但如果他想指着航海图上的一点，明确无误地说“我的船在这”，那么他就还需知道格林尼治时间。想要确定准确的格林尼治时间，船上都会配备计时器，海员们在出发前需将其仔细调试，为保险起见，有时他们还会带上二三只计时器以防万一。因为计时器小到1分钟的误差将导致航船偏离既定航线15英里之多。

在航行过程中，计时器的精准度绝对是至关重要的，而且如果每一位船长都找到稳操胜券的办法来随时确定格林尼治时间，那就会使他们的航行更加准确。

事实上，我们需要一个在地球任意地方都能看见的、显示格林尼治时间的时钟。这样的时钟的确存在，而且与其他时钟类似，它的表面有一根指针在旋转。船长们就是依据这个钟来调试他们的计时器。在它面前，即使是威斯敏斯特的大钟也相形见绌。这面大钟的钟面便是天空，钟面上镶刻的数字便是闪耀的群星，而沿钟面转动的指针便是那美丽的月亮。当船长想要调试计时器时，他就要测量出月亮与某一邻近星体的距离。比如说，他观测到月亮与轩辕十四（即狮子座α）相隔3度，于是他就会翻阅航海年鉴，查出月亮距离轩辕十四3度时所对应的格林尼治时间。然后再用这一时间与计时器上的进行比较，从而对其进行校准。

关于月亮，还有一个广为人知的传说，但事实证明它是毫无现实依据的。一些“权威专家”认为我们的这颗卫星与天气之间存在某种联系，甚至许多优秀的航海家对此亦是深信不疑。但通过对天气状况与月相之间的仔细比较，我们对两者之间存在联系的说法持否定意见。

我们常会注意到非洲和澳洲的地图上有大片空白区域，这表明我们对这些大陆的内部构造还缺乏了解。但我们在月球地图上却没发现有那么多空白区域，这说明天文学家们对月球表面的认识远胜于地理学家对非洲大陆的了解。月球表面上每一处小到类似于一个英国郡的地方都在地图上被标记了出来，每一个重要的地质现象都有对应的名字。

图32中展示的便是月球的全貌。该图的绘制，是基于小型望远镜拍摄的多幅图片，呈现的是面向我们的那个月球半球的全貌。图中所示的月球与我们通过天

图32　月球表面图

文望远镜观测到的月球是一样的，所有的物体都是倒置的，因此图中上面是南，下面是北（如果想要呈现正立的像，则需要在目镜上再安置额外的透镜，这样就会减少从望远镜射向人眼的光线数量）。我们在地图上能看见月球上的一些奇特景象：满月时月球上的那些黑色区域，在地图上也一眼便能分辨，在望远镜问世前，天文学家认为这些区域是海洋，因此“月海”这一名字仍沿用至今，尽管它们滴水未含。地图上还能看到一些山脊和隆起部分，当我们真正测量它们的尺寸时，才意识到这些都是巨型的山脉。但月球上最令人瞩目的当属那些大量散布在月球表面的环形物，则是月坑。

为了方便对照查找，我们特添加了一份索引图（如图33所示），用于标示地图中描绘的若干景物的名称。月海用大写字母表示，即A代表危海，H代表风暴洋；山脉则用小写字母表示，例如，索引中a点所处位置即代表高加索山脉，同样c代表的是亚平宁山脉；数量众多的月坑则用数字表示，例如，索引中的20就代表着地图中被命名为托勒密的月坑。

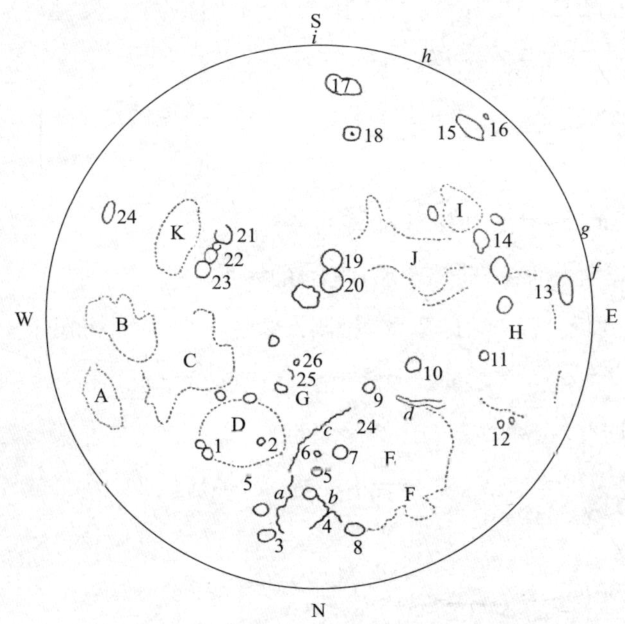

图33　月球表面图（图32）的对照图

1. 波西杜尼斯——此月坑直径约60英里。尽管其环形坑壁较薄，但由于颜色较深，使整个月坑十分显眼。该月坑的底部低于周边平原的水平面，这种现象常见于月球火山周围，有时下陷深度可达2500英尺。

2. 林奈——这个小月坑位于澄海中。据悉，大约在1840年，林奈的直径约为6.5英里，且逐渐变得清晰可见。1866年，雅典的施密特宣称林奈月坑消失，此后尽管人们还能在其原位置观测到一个极小极浅的凹坑，但整个面积与之前相比实在是微乎其微。这似乎是我们对月球表面物质变化最清晰的一次观测。显然，林奈月坑的坑壁是逐渐向内坍塌，最终将其填平，但许多天文学家对这一变化是否真的发生仍存有疑问，正如18世纪末的一位来自汉诺威的观测者施洛特表示，他在林奈月坑的地点并未发现任何明显的月坑，而实际上他的观测结论显然是不够完备的。要说施密特对月球研究的巨大贡献，那就不得不提他在六年的时间内，制作出了将近57000件用于测定月球表面物体高度的测微计设备。他那副精美的月山图是在不少于2731件图片和手稿的基础之上绘制完成的，要是将那些被用于月球表面图两个不同部分的分开算，这一数字还要再翻一倍。

3. 亚里士多德——以那位伟大哲学家的名字命名的这个月坑，直径达50英里，其内部尽管山峰众多，却并不呈锥形分布。此月坑的坑壁足有10500英尺之高，因此其底部一直处于阴影之中，难窥其貌。

4. 阿尔卑斯大峡谷——这个绝对垂直的峡谷，宽度从3.5英里至6英里不等，从阿尔卑斯山脉直冲而下。据马德勒推测，该峡谷至少有11500英尺深，80多英里长。平行于山谷两侧的一些低矮山脉可能是由于阿尔卑斯山山体塌方形成的。

5. 阿里斯基尔——在有利的观测条件下，我们通过罗斯勋爵望远镜可以观测到这个月坑从其中心部位向外辐射，布满了无数深谷。该月坑宽34英里，深10000英尺。

6. 奥多利卡斯——比上述月坑的面积都要小，马德勒认为这些小月坑实际上是大月坑的伴随物，所有的月坑与这些小月坑之间都存在某种联系。月坑常成对出现，相对较小的那个则会位于南边，这种现象在越接近月球边缘的部分越明显。但事实并非如此，这种大小关系不过是透视缩短效应的结果。

7. 阿基米德——这个广袤的平原直径约为50英里，它广阔平坦的内部被亮度不等的光带划分为由东向西的7个区域。该坑内部没有中心山脉或者其他月坑内部的显著特征，但其坑壁高低不平，形成陡峭的山峰，坑壁外又由层次清晰的凸起部分包裹。

8. 柏拉图——我们在前面提到过，这片广袤的圆形平原即使是用最小的望远镜也能看得清清楚楚。其东部坑壁的平均高度为3800英尺，西部则相对较低，但却有一高达7300英尺的峰顶。被巨大坑壁环绕的这个月坑可谓幅员辽阔，外围呈不规则圆形，直径约60英里，辐射面积2700平方英里。图40中展示的是柏拉图月坑的西部坑壁投射在其底部的阴影。观测者经过不断的观察发现，在柏拉图周围还有许多其他小月坑，其中的3个在图40中也有所标示。图中有一条狭窄的锐线，从月坑一直向左延伸，这便是一条月球表面“裂缝”，这种裂缝广泛分布于月球表面，且方向各异。我们在稍向左的位置还能看见另一条。柏拉图月坑上有许多独立的山峰，最高的一座叫皮科山，海拔8000英尺，它的影子又长又尖，乍看上去显得十分陡峭。但对月坑内的山坡颇有研究的施密特却持相反观念，他认为皮科山不可能像那些不断抬高的瑞士山那样陡峭。人们在柏拉图月坑底部不断发现了许多新的小月坑，威廉・亨利・皮克林先生认为，我们对这些月坑之间的异同一定会有更深的认识。

9. 埃拉托色尼——这个深坑位于广阔的亚平宁山脉尽头，坑顶直径为37英里。埃拉托色尼在很久以前可能是个火山口，从其内部喷发出的惊人能量将这些相对平坦的山顶顺势抬高。

10. 哥白尼——在所有月坑中，哥白尼是其中最大最知名的月坑，其西部密布着无数小月坑。它的中心山脉峰峦叠嶂，海拔2400英尺；其内部呈现阶梯状，有分析认为，这主要是由于内部山峦的反复交替上升及部分淤塞导致的大面积岩浆向后倾覆造成的。满月时，我们可以看到哥白尼的四周被辐射条纹环绕。

11. 开普勒——尽管此月坑的深度略小于10000英尺，但其坑壁极其低矮，且上面覆盖的发光物质与环绕在哥白尼月坑周围的那些发出明亮光线的，是同一种物质。

12. 阿利斯塔克——最亮的月坑，用低功率大型望远镜观测格外清晰。此月坑极其明亮，即使是在新月刚过，仍处于月球暗面上时也可被观测到。因此，有关月球上有活火山的传闻也便随之甚嚣尘上。它的东南方是一个名为希罗多德的小月坑，北方则是一条极深的峡谷，峡谷内最宽处也不到2.5英里，远远望去像个Z字形，也是月球表面最大的“裂缝”。

13. 格里马迪——月球表面同等大小的物体中最暗的一个，只有在极其特殊的情形下，我们才能用肉眼观测到它。据估计，格里马迪的面积近14000平方英里，这也间接反映出在没有辅助设备的情况下，我们只用肉眼究竟能看清月球上多大的面积。不过值得一提的是，我们实际看到的格里马迪是相对缩小版的。

14. 加桑迪——作为月球表面最大的月坑，加桑迪常常因其表面错综复杂的裂缝而异常夺目。它的北端与另一个更小更深的月坑相连，每当加桑迪的整片坑底被照亮时，这个小月坑就会完全陷入一片黑影之中。

15. 席卡尔德——月球表面最大的具有坑壁的平原，宽134英里。马德勒在这片广袤的平原上探测到了23个小月坑。谈到这个月坑，沙科纳克指出，由于月球表面呈弧形，所以如果有观测者站在席卡尔德的中心部位，他会以为自己置身于无边的荒漠之中。这是因为尽管席卡尔德的坑壁在某些区域高达10000英尺，但由于这个平原面积广大，这些坑壁都完全处于观测者的地平线以下。

16. 瓦根廷——与席卡尔德相邻的便是瓦根廷。毫无疑问，瓦根廷绝对是由凝结的熔岩构成的巨型月坑，因为其四周坑壁并没有向内部坍塌的任何迹象。

17. 克拉维斯——一个巨型封闭位于月球南纬60度附近，面积不小于16500平方英里的月坑。这个月坑的内部和坑壁上都分布着许多山峰和二级月坑。马德勒曾声称，如果通过望远镜来观测太阳照亮克拉维斯的全过程，那绝对是一个动人心魄的震撼场面。克拉维斯坑底的一座山峰竟高达24000英尺。马德勒还曾发表过这样的言论，他认为克拉维斯周围密布着许多深不见底的月坑，甚至连阳光都无法照射到它们的坑底，似乎是作为补偿，这些月坑中的山顶却能享受到2倍于夜晚时长的日照。

18. 第谷在满月时，如果我们用观剧望远镜或其他小型便携望远镜进行观测，就能立即观测到一个更耀眼的月坑，这是因其辐射出了许多明亮光线的缘故。这就是宏伟的第谷月坑，深17000英尺，直径50英里（如图41所示）。第谷的坑底中央耸立着一座海拔6000英尺的山峰，其他内部山峰则呈阶梯状分布，但最让我们惊讶的当属第谷辐射出的那些神秘光线或亮纹。每当太阳从第谷上方升起，这些亮纹便完全消失不见，甚至整个月坑都变得模糊不清，只有经验丰富的观测者才能从层层山峦中辨认出它。但只要太阳上升至与地平线成30度角时，这些亮纹又会从一片朦胧中慢慢地照射出来，并不断变亮，直至满月，此时的它们便成为月球表面最显眼的特征。这些亮纹长度各异，有的数百英里长，有的则可达到3000英里。它们通常会跨越广阔的平原，下至深谷上至山峰，它们的踪迹无处不在。就我们所知，那时地球上没有能与之相较之物。由于这些光线只有在满月时才能看见，所以无论是在山坡、山顶、深谷或它们可能出现的任何地方，它们的可见度都要依赖于视野周围的亮度。因而，观测者无论从哪个点进行观测，这些亮纹表面的每一个小部分都是对称图形。满月时就正好满足这种条件，于是科普兰教授提出，亮纹表面的组成物质应当是由大量相对完整的球形液滴构成的。这些亮纹就代表着月球表面那些有球形小洞的凹陷部分或是密布着透明的小球状体的区域①。

在月盘的中心附近，有一片明亮的环形平原区域完全展现在我们的视野中。其中有两个不得不提——阿尔芬斯（19）和托勒密（20），前者坑底出现了两条亮纹和若干暗纹，坑底的凹凸不平并不足以解释这一奇特现象。后者的坑底除了有许多小型封闭月坑之外，还有许多低矮的山脉穿梭其间，每当日出或日落时分这

① 在1892年加地夫举行的英国协会会议上，科普兰教授展示了一件月球模型，他将透明的小玻璃球粘在模型上，完美呈现了满月时月球表面上条纹的样子。

些山脉便能显现。

21，22，23——新月过后的五六天是观测这一组三个美丽月坑的绝佳时期。这三个月坑分别是凯撒琳娜、西里耳和捷奥菲勒。凯撒琳娜位于这组月坑的最南边，深度大于16000英尺，一座宽阔的峡谷将其与西里耳紧密连接起来，但西里耳和捷奥菲勒之间则没有这种联系。的确，西里耳四周如勃朗峰般高耸的坑壁似乎早在火山喷发形成捷奥菲勒之前，就已经完全成型。因此，捷奥菲勒的坑壁只能慢慢蚕食相对古老的其他月坑。捷奥菲勒的坑壁呈规则的圆形，直径64英里，内部深度为14000～8000英尺，中心部分坐落着连绵的群山，高度约为坑壁的三分之一。尽管捷奥菲勒是我们在月球上能观测到的最深月坑，但它却并没有受到二次喷发的影响，发生任何变形，而凯撒琳娜的坑底和坑壁上不同尺寸的月坑数量则相对较少，这显然是由于受到二次喷发，月坑相继坍塌、相互填埋损坏引起的。春季的时候，在月亮成为上弦月之前，这一组月球表面的火山坑在某些时刻耀眼夺目。

24. 佩塔维斯——不仅因其幅员辽阔而著称，更是因其有着罕见的双层坑壁而闻名遐迩。这个美丽的月坑常在新月或满月刚过的时候出现，然后在太阳与地平线成45度夹角时完全消失。它的坑底凸起明显，中央丘的山顶为坑底最高点，山峰间有一条纵深的裂缝贯穿其间。

25. 伊纪努斯——位于月盘中央的一个小型月坑。月球表面上最大的一条裂缝从中穿过，并顺势发生了急剧转向。

26. 特里斯纳凯尔——我们之前已经大致描绘了这个月坑的样貌，但再次提及是为了请各位仔细观察图35中那些星罗棋布的裂缝。这些裂缝内部的阴影充分表明它们发生过下陷，而它们的边缘则大多会被稍许抬高，形成了月球表面的断裂带。

A. 危海
B. 丰饶海
C. 宁静海
D. 澄海
E. 雨海
F. 虹湾
G. 汽海
H. 风暴洋
I. 湿海
J. 云海
K. 酒海

——

a. 高加索山
b. 阿尔卑斯山
c. 亚平宁山
d. 喀尔巴阡山
f. 科迪勒拉＆达朗贝尔山脉
g. 鲁克山脉
h. 德费尔
I. 莱布尼兹山脉

——

1. 波西杜尼斯
2. 林奈
3. 亚里士多德
4. 阿尔卑斯山谷
5. 阿里斯基尔
6. 奥多利卡斯
7. 阿基米德
8. 柏拉图
9. 埃拉托色尼
10. 哥白尼
11. 开普勒
12. 阿利斯塔克
13. 格里马迪
14. 加桑迪
15. 席卡尔德
16. 瓦根廷
17. 克拉维斯
18. 第谷
19. 阿尔芬斯
20. 托勒密
21. 凯撒琳娜
22. 西里耳
23. 捷奥菲勒
24. 佩塔维斯
25. 伊纪努斯
26. 特里斯纳凯尔

每本地球的地图册中都会有这样一张类似地图，上面分别显示的是地球东西两个半球的样貌。但在月球地图上，我们只能给出一个半球的样貌，这是因为月球朝向我们的永远是同一个半球，因而我们永远也无法观测到月球的另一半。这是因为月球绕轴自转的周期与绕地球公转的周期是相等的。不过，月球的自转速度是恒定的，但其公转速度却不是完全匀速的（详见第四章）。也就是说，我们时而能瞥见其东半球的部分边缘，时而能看见其西半球的部分边缘，仿佛月球在朝着我们轻轻地左右摇头。不过这种摆动相对于整个月球来说，实在是微乎其微。

当阳光照射在月球表面，使明亮部分与阴影部分形成强烈反差时，月球表面的地质形态是最佳的观测状态。因此满月时不是取得满意的观测结果时，因为满月时的阴影部分不够明显。观测月球表面物质形态的最佳时机，应当是该物体处于月球表面明暗交界线边的明亮部分，因为此时其所有特征都能格外清晰地显现出来。

图34　月球表面局部图

（阿尔卑斯山、阿基米德月坑和亚平宁山，由洛伊先生及皮瑟先生提供）

图35中[①]展示的是月球表面的图像，图中所示的便是天文学家熟知的特里斯纳凯尔月坑。图中展示的只是整个月球表面的很小一部分，但其实际面积却相当可观，差不多有数百平方英里之大。我们在图中可以看到许多不同的月山，而位于正中的则是最知名的月坑之一，在地球表面的任何一处都能看到这些无处不在的月坑。这个月坑直径为20英里，中间有一座高山隆起，当月球处于图中所示相位时，山顶恰好被日出的阳光照亮。

图36中展示的便是月坑的典型外观。显然，这幅手稿中添加了一些想象的成分。艺术家在绘制此图时所处的观测角度显然是天文学家无法理解的，但图中所示的确是月球上物体的写照，这一点毋庸置疑。然而，我们应该正视这幅图的绘制比例问题。这些巨大的月坑直径多达数英里，中间的高山亦有数千英尺高。即便假设月球距我们只有250英里，用最先进的望远镜观测也和肉眼观测没什么两样，何况实际月球距我们24万英里之遥。因此，即使用最精密的望远镜也无法看清月球上的任何细节，除非月亮表面足够粗糙，那样在250英里之外也能观测到。如果我们在250英里之外观测整个英格兰，会发现在整片国土上，伦敦也不过是个彩色的小斑点。

现在让我们把视线从这幅想象画转移到现实中来，看望远镜究竟能帮我们获得哪些真实的观测数据。图40中描绘的是巨大的柏拉图月坑，几乎所有天文观测者都对它耳熟能详。这个月坑的底部几乎是完全平整的，中间也并没有常见的高山。有关这个月坑的详情，我们将在月球物质总表中进行叙述。

月山山顶会投射下又长又明显的阴影，这些阴影的边界十分清晰锐利，不同于陆地物质的阴影。这两种阴影的不同是由于月球上缺少大气，而地球大气层有散光作用。因此，陆地上的阴影颜色不会那么暗、那么黑，轮廓也更加柔和。而月球上则没有这种影响，我们也正好可以利用月球上明晰的阴影来测量月

① 此图摘自内史密斯先生与卡彭特先生的共著书稿，获准复版。此图片是内史密斯先生以他绘制的月球手稿为原型，精心制作而成。在自1875年以来，摄像技术已经完全超越了基于肉眼观测的手绘技术，被广泛应用于月球观测领域。巴黎天文台和利克天文台都先后出版了多套精美的月球影集。

山的高度。

通过物体阴影的长度，我们能很快算出物体的高度，比如教堂顶尖的高度、高处烟囱的高度或者其他类似物体的高度都可以用这个方法算出来。最简单也是最准确的办法，便是在正午时分测量出从物体底部至其阴影最前端的距离，然后在年历中找出当天正午时分的太阳高度，最后再通过一个简单的换算便能得出物体高度。而且如果是在4月6日或9月6日，在伦敦所处的纬度上观测，那连计算都免了，因为这两天正午时分物体的阴影长度正好等于其自身高度。夏季正午的阴影长度小于物体高度，而冬季则正相反。日落或日出时的阴影肯定会长于正午时分的阴影，而我们在月球上观测到的阴影就与日出日落时的阴影类似。要想准确测量，我们就必须在赤道仪上安装一件不可或缺的附件——测微计。

顾名思义，测微计就是测量小微距离的仪器。从某种意义上来讲，这个仪器在天文学家这并不讨巧，因为天文学家研究的物体绝对小不了，它们的尺寸都是最大量级的，甚至比地球、太阳或整个太阳系都要大得多。但这个仪器也并非一无是处，尽管这些天体体型庞大，但由于距我们十分遥远，即使通过望远镜观测，它们看上去也是极其微小的。

精准测量需要借助极其精密细微的仪器。我们再次求助于蜘蛛，蜘蛛丝在另一个仪器中的作用我们在前面已经提过了。在游丝测微计中有两条平行的蜘蛛丝，还有一条横穿过它们，并与它们相互垂直。两条平行线或其中一条可以通过旋转螺杆移动，螺杆上的细线都是经能工巧匠之手仔细打磨过的。两条平行线之间的距离是通过螺杆转动的圈数进行精准控制的。假设这两条线一开始是重合的，然后我们使其慢慢分开，直至两线之间的距离正好等于月山阴影的视长度。此时，测微计螺杆转动的圈数正好等于阴影的长度。通过之前的观测试验，我们可以断定螺杆旋转一周便对应着月球上的1英里，至此我们便成功测出了阴影的长度。同理，当我们测得月球阴影长度时，太阳的对应高度也可测得，这样一来我们就能将月山的实际高度算出来了。这种测量方法还能帮我们测量月球上的许多其他物质的高度，比如说，圆形盆地周围隆起部分的高度。

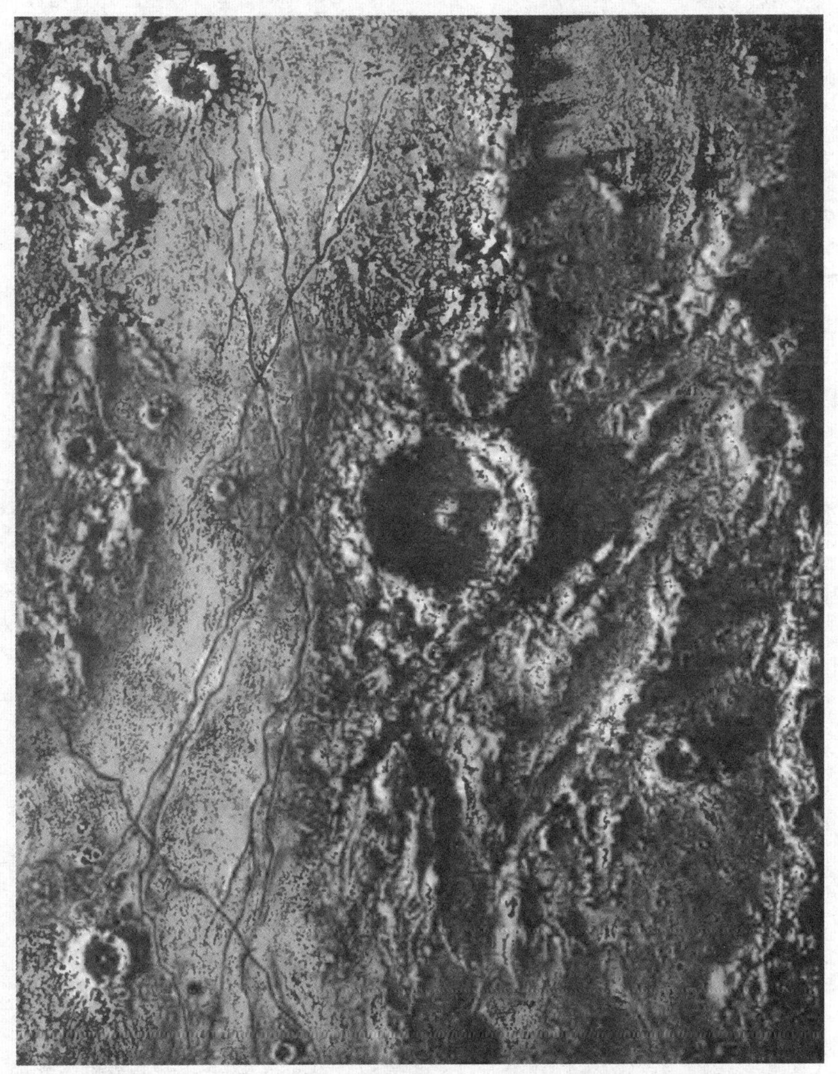

图35　特里斯纳凯尔月坑

（图片由内史密斯提供）

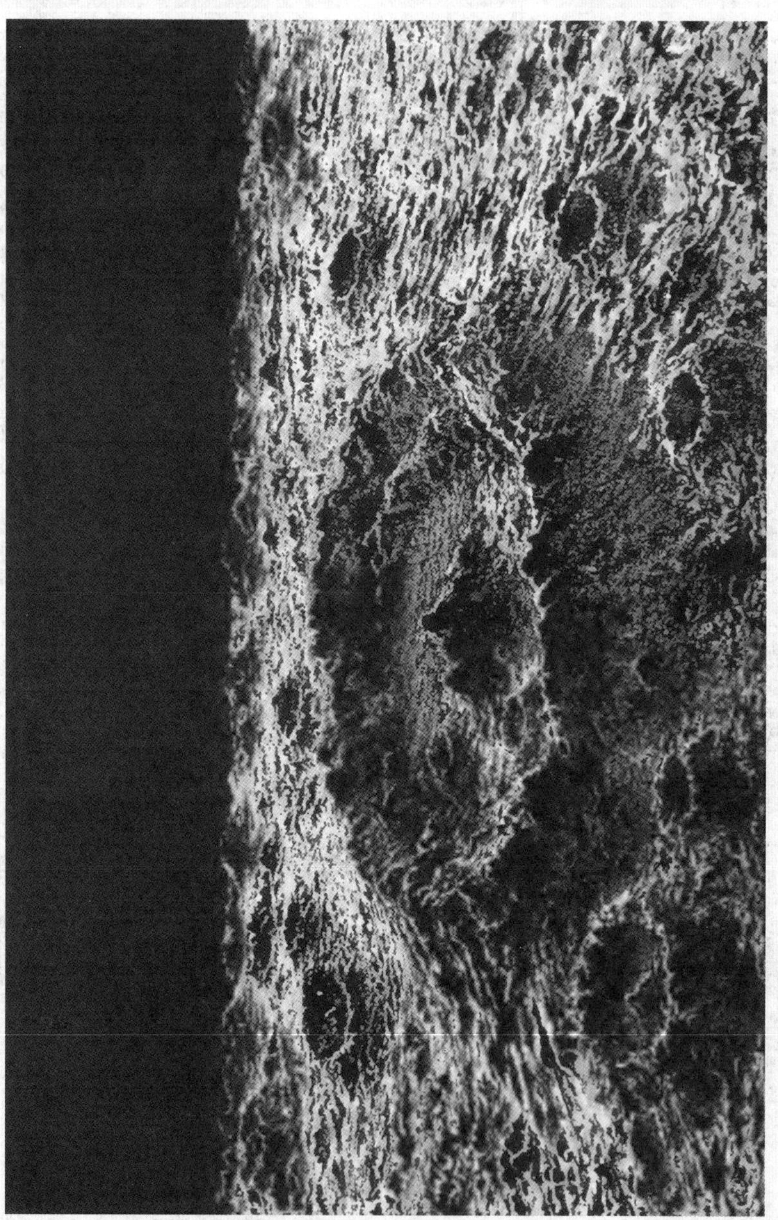

图36　普通月坑图

望远镜向我们展示出了一个多姿多彩的月球，使我们能为初学者更加详尽地介绍月球的更多显著特征。我们将要介绍的大部分月球地貌都可以借助中等望远镜进行观测。但有一点需谨记：我们无法同时观测到所有的地貌。最清晰可辨的区域永远处于明暗交界线上。因此，初学者在观测时机上应有所选择，挑选想要观测物体最可能出现在交界线上的时间为最佳。

我们在月球边缘上经常看到的凸起物，便是月山，其中最高的一座是莱布尼兹。施密特发现，月球上最高的山峰比邻近的峡谷高出了41900英尺。如若比较月山的和地球上山峰的高度，必须将海洋的深度也算进地球山峰的高度里。如此算来，我们的最高峰仍要高于月球上所有的已知山峰。

接下来我们要讨论的一个重要问题便是月球表面独特的地貌由来。首先，我们必须承认，所有有关此话题的证据都是间接证据。想要证明这些月坑是火山爆发引起的，那么就必须有人亲眼见证月球上发生过火山爆发，并且这种喷发还形成了许多我们熟知的环形平原，其中有无中央丘。要说从未有人目睹过这些现象，未免太过武断。曾经确有一些观测者宣称他们观测到月球表面的一些微小变化。正如我们在前文中所提到的，一个名为林奈的巨型月坑，在望远镜下逐渐变得十分微小，人们坚信它一定经历了某种变化。还有一次，人们在著名的伊纪努斯坑周围发现了一个新生的小月坑。但仅凭这些事例只能进一步说明，到目前为止，我们仍无法确定造成月球表面发生变化的扰动源究竟是什么。即使那些微小的事例能够证实月球表面的确发生了变化——这也绝非许多天文学家想要继续探究下去的话题——但相较于那些重大天文现象，比如导致月球表面被月坑大面积覆盖的现象，这些小事例则相形见绌。

由此得知，我们的这颗卫星上一定曾经发生过比现在剧烈得多的运动。至于这种运动为何中断，我们也能给出合理的、最接近真相的推测。以太阳系的另外两个星体——太阳和地球——为例，将它们与月球进行比较。在这三个星体中，太阳体积最大，月球远小于地球。不难发现，尽管太阳表面的温度仍然很高，但它的热量无疑是在逐渐消散的。地球的地表一部分由坚硬的砂石和黏土构成，还有一部分则由宽广的海洋覆盖，完全寻不见高温的痕迹。不过，一些火山现象的发生说明地球内部可能仍处于白热化的高温状态。

已知同等温度下，较大物体的冷却时间会长于较小物体。那么一件大型的铁铸件要经过数日才能完全冷却，而一件小型铁铸件只需几个小时足矣。无论太阳系的原始热源究竟是什么——这个问题我们以后再议——可以确定的是，所有天体起初都处于高温状态，并随着时间推移，逐渐冷却。太阳由于其自身体积过大，想要完全冷却还需时日；地球体积适中，因此其外部地表已经冷却，但内核仍储存着大量热源；月球体积最小，内部热源已基本耗尽，因此其内部的喷发活动已经无法使月球表面发生任何巨大改变。

因此，我们推测月坑的形成应该发生在月球史上的远古时期。尽管我们无从得知那个时代究竟有多遥远，但通过合理猜想，那些月球火山必定年代久远。当时的月球还有充足的热源，足以引发月球表面的多次地质运动，结果就形成了那些大型月坑，那时地球的温度也必定远高于现在。当月球拥有足够的热源，它便能激活那些火山，而当时的地球也一定是个火球，地表根本不可能有任何生命迹象。照此推断，月坑年代的计算，肯定不能使用人类历史常用的世纪和千年作为计量单位。自柏拉图或哥白尼月坑形成之日距今，很可能已历经了数百万年。

在我们应该试着解释月坑的形成过程中，对这一问题最合理的解释是由内史密斯先生提出来的，但不得不承认的是，他的整套理论实在是太晦涩高深了。他的理论不仅解释了月坑周围的坑壁是如何形成的，还对平原中央丘的升起有详细说明。图37中展示的是一幅示意图，图中描绘的是月坑还处于活跃期时的一座火山口的样貌。图中的火山正全力爆发，内部的热力不断喷射出火山灰和碎石，这些喷发物又在距离火山口较远的地方坠落，从而形成了包围着月坑的坑壁。

图38描绘的是活跃期晚期的月坑图像。其内部巨大的能量已经消耗殆尽，进入了短暂的休眠期。此后，火山会再次喷发，但由于此时的内部能量所剩无几，因此火山口只能出现一次相对微弱的喷发，喷发物也只能堆积在火山口周围，从而形成中央丘。最终，当所有活动完全平息，火山开始休眠，紧接着我们便从

那些古老月坑周围的坑壁以及其内部的中央丘中，发现了月球早期热源存在的证据。我们在有些月坑中还发现，这些月坑的坑底十分平坦（如图39所示），这很可能是由于火山岩浆溢出后又凝结造成的。当然在许多其他情况下，这也可能还会发生二次喷发。

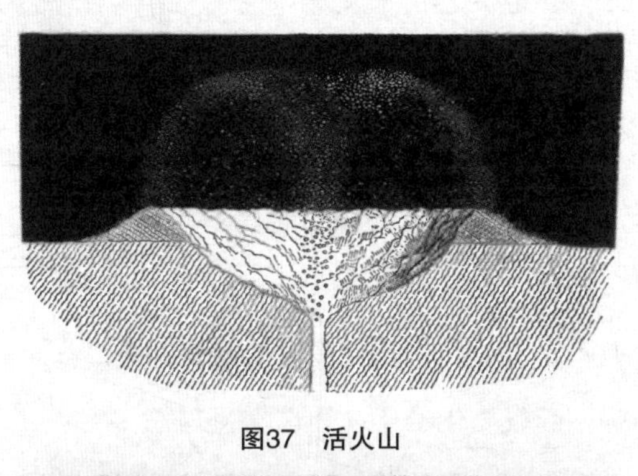

图37　活火山

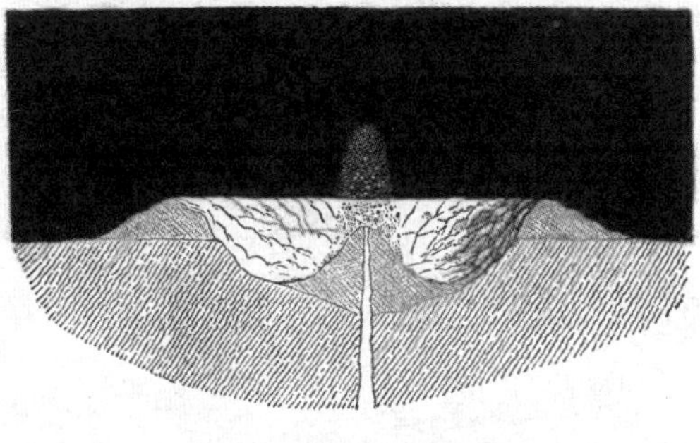

图38　微弱活性的月坑

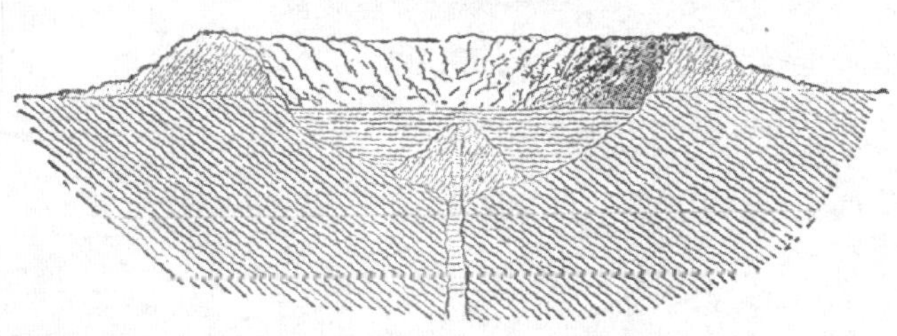

图39　由岩浆形成的平整坑底

用内史密斯的这一理论解释月坑结构的主要难点之一在于无法解释那些大型月坑的形成。月球上那些古老火山的直径多达40～50英里，而众所周知，一个带有中央丘的月坑，它的直径可超过了78英里（佩塔维斯）。很难想象，平原中央的一个喷发的圆锥体能将喷发物射到39英里之外（即佩塔维斯中心距其坑壁的距离）。如果我们能想起月球的重力要远小于地球，那么这一现象也就不难理解了。

前文曾提到，月球的体积比地球小很多，80个月球加在一起也没有地球重。在地球上，1盎司就重1盎司，1磅就重1磅，但是地球上6盎司的东西在月球上只有1盎司重，地球上6磅的东西在月球上就只有1磅重。在地球上只能扛起1袋玉米的工人，在付出同等气力的情况下，在月球上却能扛起6袋。

一名板球运动员在地球上可以将球掷出100码，那么在使用同等气力的情况下，他在月球上可以将同一个球掷出600码。海华沙①能在第一支箭落地前接连不断地射出10支箭，而到了月球，他能将箭筒的箭全部射出去。月球上的火山将喷发物抛出39英里所需的喷发力相当于在地球上将导弹射出6～7英里所需的推力。任何一台现代大炮只需将炮口适当抬高，便能轻易完成这个任务。

还有一点需注意的是，月球上的月坑尽管类型相似，但尺寸大小却各不相同。我们用望远镜所能观测到的月坑，小的直径只有2～3英里，大的却能达到巨型佩塔维斯坑的规模。显然，我们将小月坑的形成归因为火山爆发是合理的，而小月坑与大月坑之间又有着千丝万缕的联系，所以如果我们将大月坑的成因也一并归为火山爆发似乎也是说得通的。

然而，还有一种观点认为，月球表面的地貌特征是由于外部运动而非内部运动造成的。格鲁夫·卡尔·吉尔伯特先生掌握了充分的证据，借以表明月球表面侵蚀是由于坠落在月球上的星体冲撞而成的。按照他的观点，雨海的位置就是撞击点，其周边的地形地貌也都是因撞击形成的。吉尔伯特先生进一步解释称，月球表面裂纹的形成是由于大型星体以类似流星的速度撞击月球造成的。

月球表面的地貌十分崎岖，凹凸不平，所以时常能让我们联想起贫瘠的荒漠，还有我们在月球上无法找到类似在地球上的植被或森林。其实在某些方面，

① 海华沙：美洲易洛魁联盟的酋长，奥农多加部落印第安人的传奇领袖。

月球与地球还是有一些相似之处的。比如，月球也有日夜更迭，只不过月球的一天相当于我们的29天，月球的一夜相当于我们的29夜。地球能接收到阳光，变得温暖，月球也一样，只不过，无论月球的白天温度有多高，它的夜晚气温都肯定是比地球上最冷地区的温度还要低。罗斯勋爵一直在研究月球向我们发散的总热量，兰利教授对这一课题也颇有研究。尽管月球表面的每一个地方都能连续14天不间断地接受日光照射，但月球表面的实际温度却不会很高。月球不同于地球，它没有那层温暖的保温毯——大气层，因此也就无法将接收的热量储存起来。

即使最大的望远镜也无法给我们提供直接证据，表明月球上是有生命存在的。也许月山上长着加州的巨杉，平原上也有象群在漫步，但这一切都无法显现在我们的望远镜中。我们在月球上能看清的最小的物体，其大小等同于地球上的一座大教堂，因此，就算月球上真的存在我们熟知的那些生命体，我们也无法在望远镜中看到它们。

于是，我们不得不寻找一些间接证据来探明月球上是否存在生命。首先，天文学家们坚信月球上没有生命。生命存在的必备条件中，水是最不可或缺的。以各种植物为例，无论是岩石上生长的苔藓还是森林中的参天大树，每一种植物的生命组织中都含有水，没有水就无法存活。水对动物的重要性更是不言而喻。难以想象，所有的有机生命体，包括人类在内，如若没有水，将难以为继。

所以，除非月球上有水存在，否则我们所熟知的生命体是不可能在那存活的。那么，假如有人在月球上用望远镜远望地球，他能看见地球上的水吗？答案绝对是肯定的。他能看见不断变幻的云层，单凭这云层便能断定地球上有水存在。要是天文学家从月球上观测地球，他还能看见那些与陆地颜色截然不同的海洋，而且他还能在那些较平的洋面上看见太阳的倒影，像一颗明亮的星星一样。事实上，地球一半以上的面积都被海洋覆盖，剩下的大部分又被云层遮蔽，因而月球上的“天文学家”唯一能在地球上看清的就是水，只不过是以不同形态呈现罢了。所以“天文学家”得出的结论很可能是，我们的星球只适合两栖动物栖息。

但当我们用望远镜观测月球时，却很难找到有水存在的直接证据。进一步观测也证实，那些所谓的月海其实都是荒漠，其间还遍布着小月坑和岩石。望远镜显示月球上既没有小溪，也没有河流，更别提海洋。月球表面也没有云层遮蔽，壮观的地貌完全可以一览无余。只要月亮跃出地平线，地球上也没有云层遮蔽，我们就能格外清晰地观测到月球表面的样貌。月球上没有云，甚至连雾或水蒸气都没有，这些只要有水就会出现的气象特征在月球上都没有出现，因此天文学家断定，我们星球的这颗卫星的表面必然是一片贫瘠干涸的荒漠。

另一个有机生命存在的必需要素也没有出现在月球上，那就是空气。我们的地球被一层大气包围，这层大气从地表开始一直延伸到我们头顶上方200～300英里的高度。空气对生命的重要意义想必无需多言，只是我们十分好奇，月球外面是否也有大气层环绕呢？我们可以借由一个简单的假设来更好地理解这个问题。假设有一名旅客从地球出发，开始一段奔月之旅。那么在行进的过程中，空气会越来越稀薄，直至消失，此时他抵达了地表上空数百英里的高度，完全脱离了地球的保护层，无法感受到任何空气的存在。那时他走过的路程，只是这段24万英里之旅的很小一段，在抵达月球之前，他还要穿越过很大一片太空空间。如果月球和地球一样，被一层大气包围，那么在这段旅程的尾声，当这位旅客抵达月球表面上方数百英里时，他就又能感受到大气的存在，并且在他不断接近月球表面的过程中，空气会变得越来越稠密。因此，这位旅客在这段旅程的首尾两个阶段都分别穿越过一层大气，而在整个旅程中的大部分时间里，他都在真空的太空空间，这种空间比被气泵抽空气体的空间要空洞得多。

如果月球表面真如地表一样被大气层包围，那么上述假设就会发生，但事实又是怎样的呢？实际上，如果这位旅客在接近月球表面的过程中，试图找寻类似地球上的空气来呼吸，那么他的一切努力都是徒劳的。也许在月球表面周围的确能探寻到一些气体的踪迹，但这些气体实在是过于稀薄，与我们在地球上享有的充沛的空气相比实在是相去甚远。从生物呼吸的角度来看，可以说月球上是不存在空气的，地球上的生物如果到了月球一定会窒息而亡，如同他在真空的太空中窒息一样。

当然，肯定会有人质疑我们是如何知道这些的。空气既是透明的，我们又怎能通过望远镜看出月球上是否有大气层？这个结论是通过一些间接但绝对可靠的观测方法得出的。要证明月球没有大气层，我们有很多例证可以引用，但最具说服力的当属我们俗称的“月掩星”现象。所谓“月掩星”，就是指月球有时会运行到地球与另一个星体之间，继而造成该星体短暂消失的现象。我们通过观测发现，当“月掩星”现象发生时，星体会突然消失，瞬间便无影无踪。如果月球真的有大气层，那么这层大气会在月球运动的作用下，使该星体逐渐消失幻灭，而不是突然间完全消失，陷入黑暗之中①。

除此之外，从大气层的性质也能得出此推论，当代研究表明，所谓的气体，实际上就是大量高速运动的分子集合。气体分子间会发生相互碰撞，因此它们在单一方向上的运动距离很短，单个分子的运动方向和速度更是不断变化。每种气体分子在特定温度下都有一个平均速度，不同气体速度不同。当若干气体——比如我们空气中的氧气和氮气——混合在一起时，各种气体分子仍继续以各自的速度运动。只要我们能预估出地球大气层边缘的温度，我们就能得出那里氧分子的平均速度约为每秒0.25英里，氮分子的速度与氧分子类似，而氢分子的平均速度则为每秒1英里，实际上，这一速度也是迄今为止探明的最快的气体分子速度。

向空中扔出的石头很快便会落回地面。垂直向上发射的步枪子弹会越飞越高，但最终它还是会停下来，然后开始回落，并最终回到地面。现在，假设我们有一支拥有无穷火力的步枪，随着火力的增强，我们射出的子弹也越飞越高，返回地面所需的时间也越来越长。子弹之所以会下落是由于地球引力的作用。在子弹飞行的整个过程中，地球引力都在发生作用，它能逐渐降低子弹的运行速度，阻止它向上运动，并将其带回地面。记住一点：引力的作用是随着高度的增加而逐渐减弱的。因此，如果物体拥有一个极大的初始速度，它就能上升到很高的高

① 如果月球的确有大气层，那么这层大气会对星体发出的光线产生折射作用，从而缩短“月掩星”现象的持续时间，使月球遮蔽星体的时间短于我们推测的时间。但到那时为止，我们的数次观测中均未发生这种情况。

度上，它的回落就会受到双重因素的阻碍。首先，它回落的距离被大大拉长；其次，能使其回落的引力也被减弱。物体的速度越快，能使其回落的引力就越小。我们假设物体的速度增大到某个数值时，随着物体上升而不断减弱的引力已经无法抵消物体的上升速度，此时就会发生物体被射出且再也无法返回的特殊现象。

我们可以用数字来形象地诠释这一理论，即一个每秒6～7英里的垂直向上的速度已经足以使一个物体完全摆脱地球引力的影响。当然，这一速度远高于大炮的极限速度，至少是大炮发射速度的20多倍。即使我们能够达到这一速度，我们还需要克服空气阻力的影响。不过这些并不妨碍我们得出以下结论：每个星球都有一个合适的运行速度，并且这一速度完全取决于该星体的大小和质量，并且我们只有以这一速度向外发射物体，才能摆脱该星体的引力作用，使物体不会回落。

通过简单的运算，我们便能得到任意天体的“临界速度”。星体体积越大，发射物体的初始速度就要越大，这样才能使该物体永远不再回落。

如前文所述，地球上物体的临界速度约为每秒7英里，水星为每秒3英里，火星、土星和木星则分别为每秒3.5英里、22英里和37英里，而要将一个物体从太阳表面发射出去且使其不再返回，那么它需要具有不低于391英里每秒的初始速度。

假设地球的大气层中含有大量游离态的氢分子，这些氢分子运动的平均速度为每秒1英里。有时，在满足多种条件的情形下，某个氢分子的速度可能会超过每秒7英里。如果这个分子正好位于大气层边缘，它便会与其他氢分子擦肩而过，飞入太空，并且不会被地球引力捕捉回来。这样的逃逸过程日复一日地反复发生，所有的氢分子都将逐渐飞离地球，由此我们可以反推出一个事实，即地球大气层中并不存在游离态的氢分子①。

除了氢气之外的其他气体，它们的分子运动速度太低，远不足以摆脱地球引力的束缚，逃离地球。由此可知，地球大气层中的其他固有气体还包括氧气、氮气、水蒸气以及二氧化碳。而对于太阳这个大火球来说，由于它的临界速度（391

---

① 这个问题的相关知识都是笔者从皇家学会会员爱尔兰物理学家乔治·约翰斯顿·斯托尼那里请教得来的。至于究竟是谁最先提出这个极具先导性的理论，业界对此仍有不少争论。

英里/秒）过大，即使是氢分子也无法成功逃逸，所以正如我们之前观测到的一样，氢气也是太阳大气层中的一个重要组成部分。

这套理论对于月球也同样适用，我们通过计算，得出月球的临界速度为1.5英里/秒，这一速度显然低于氧气、氮气以及其他任何气体分子的最快运动速度。因此，对于月球这个小星球来说，任何气体都难以永久停留在其表面形成大气层。这似乎也就是为什么我们在月球表面没有找到任何明显痕迹，证明有气体存在的佐证。

月球上既没有空气，也没有水，因此其表面崎岖险峻的地貌也就不足为奇了。众所周知，地球上的风、霜、雨、雪都在不断地侵蚀山峦，使它们的表面变得不那么粗糙。月球上不具备这些物候条件，所以唯一能雕琢月球表面的只有火山，尽管这些火山休眠已久，但直至今天，它们在月球表面留下的痕迹仍然像那些熔浆刚刚冷却时一样，历久弥新。

那些高耸入云的高塔、华丽的宫殿以及庄严的寺庙，在地球的历史长河中不过是昙花一现。空气和水流的不断侵蚀使它们终究会像海市蜃楼一样消失不见。月球上则不存在这种侵蚀现象，尽管月球的日夜更迭会带来昼夜温度变化，并伴随热胀冷缩效应，这些的确会给月球地貌带来微小的改变，但其效力远不及地球上的那些“强效侵蚀剂”。

如果你在月球上盖一栋楼，历经几个世纪后它可能会依然光亮如新。它的窗框上无须安装玻璃，因为那里没有风雨需要遮蔽，房间里也无须安装壁炉，因为没有空气的情况下燃料是无法燃烧的。月球上的居民看不到扬起的沙尘，闻不到任何气味，听不到任何声音。

人类这种生物对生存环境的要求是非常苛刻的。气温的轻微波动，空气成分的微小变化以及饮食结构的改变都可能使人患病，甚至死亡。我们不妨将视线从月球转向浩瀚的宇宙，那里有无数个温度不同、环境各异的星球。这无数星球中，是否有被其他生物占领的星球？科学暂时还无法解答这个深奥的问题，我们也无法给出答案。但有一个这样的猜想，是很难以被反驳的。我们知道，地球上的每一处都孕育着不同的生命。我们所能想象到的各种环境下都能发现生命的存

图40　柏拉图月坑
（图片由内史密斯提供）

在。无论是酷热难耐的热带，还是终年冰封的极地，无论是密不透光的洞穴，还是水压高达数百个大气压的深海，我们都能寻到生命的踪迹。无论外部环境如何，大自然总能创造出适应环境的各色物种。

广袤无垠的宇宙间有着数百万的星球，其中像地球一样有水有空气，且尺寸和构造也与地球相仿的星球不可能只有一个。除地球外，人类不可能在其他星球上都活过1小时，橡树也不可能在其他星球上存活。人类也好，橡树也罢，它们能在地球上繁衍生息的原因，正是由于其生理构造与地球的环境相适应。

如果我们能够进一步观测一些星体，就会发现这些星球上也有许多生命存在，而且这些生命一定是能适应那些星球上特定的环境的。它们的形态在我们看来也许既陌生又怪异，而且远比哥伦布第一次抵达新大陆时发现的那些要怪异得多。可能外星生物比但丁或多尔笔下刻画的还要奇特。这些星球上的智能生物也不见得会比地球上的少。大大小小的无数星球，大气层或厚或薄。坦尼森早已在其诗歌中揭露了个中玄妙。

一个真理在你的脑海中振聋发聩：
在这无垠宇宙间，
苍茫万物，
良莠不齐。
焉知在这数亿星球间，
没有比希望和恐惧更胜之物？

[今日科学说]　在本书的成书年代，受限于当时的科技水平，我们不仅对月球上的环形山是如何形成的存在争论，甚至连月球上是否存在生命也不能做出确切的回答。如今，我们拥有了更先进的望远镜，而且太空时代的到来，使我们得以派遣无人探测器乃至宇航员前往月球，我们对月球的了解已是与日俱增。

月球的起源一直是天文学家们关心的话题。多年来，关于月球起源的说法，学界可谓是众说纷纭，而归结起来可以大致分为四个流派。

第一种理论认为地球和月球是同时形成的，即“同源说”，地月就像是两姐妹，在太阳系的原始吸积盘中一同诞生，最终形成如今的地月系统。这种理论的一个重大缺陷是月球与地球在密度和组成等方面不尽相同，很难说明它们是在同时同地诞生的。

第二种理论俗称“捕获说”，月球在远离地球的位置形成，但后来经过地球附近时被地球的引力俘获，这种理论可在一定程度上解释月球与地球在组成上的差异，但涉及俘获的细节时，这种理论就显得力不从心了，地球和月球在过去某个时候恰好以某种方式近距离接触，并导致月球最终被地球捕获，这种事件在概率上很难说得通。另外，虽然地球和月球的成分存在差异，但也有许多相似之处，说明两者的形成很可能并不是完全相互独立的。

第三种理论被称为“分裂说”，在形成之初地球自转速度较快，导致有一部分质量被抛出，这部分物质最终形成了月球。这是著名生物学家达尔文的儿子——乔治·达尔文提出的理论。过去，太平洋被认为是月球分离后留下的遗迹，但这个理论涉及一个很重要的问题——地球是否可能以如此之快的速度自转，从而甩出相当于月球质量大小的物质。此外，计算机的模拟结果也不支持这个假说。

以上三种理论是学界曾经讨论并支持过的论述月球形成的理论，如今，多数天文学家更青睐的是第四种理论——撞击说，或称大碰撞说。目前普遍的说法是，在太阳系形成之初，一颗大小与火星相当，名为忒伊亚（Theia）的天体与地球发生正面碰撞，碰撞后产生的碎片在地球周围聚集，最终形成月球。类似的碰撞事件在太阳系早期可以说是非常普遍的，而且计算机的模拟也显示碰撞产生的碎片可以在一个稳定的轨道上聚集。但这并不意味着我们已经洞察了月球形成的每一个细节，撞击理论还远远不够完善，仍有一些问题需要未来的天文学家解决。

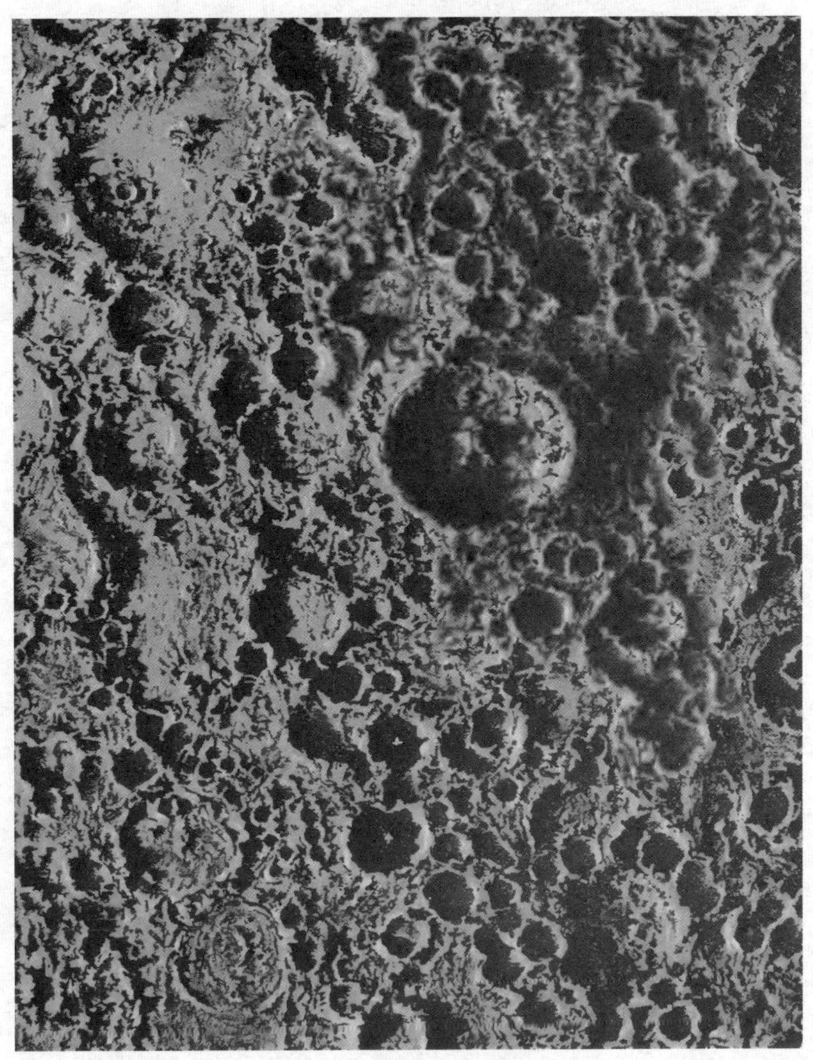

图41　第谷月坑周边环境
（由内史密斯供图）

[今日科学说] 这一章用了不少篇幅介绍了火山喷发形成月球表面环形山的理论，但现代天文学家认为，绝大多数月球环形山都是撞击形成的，仅有一小部分可能是火山喷发形成的火山口。撞击月球的物体，主要是星际碎片，如流星体。当流星体受引力坠向地球时，由于地球有浓厚的大气，流星体会在大气中燃烧，形成肉眼可见的流星。然而月球上没有大气，流星体会直接撞击月球表面，形成大大小小的陨石坑，即环形山。

作为距离地球最近的自然天体，月球一直是人类的首选研究对象。随着1957年苏联成功发射世界上第一颗人造卫星，人类正式进入太空时代，我们终于有机会近距离接触月球。人类第一颗发射成功的月球探测器是苏联的“月球1号”，在“月球1号”之前，苏联已经进行了三次往月球发射探测器的尝试，但都以失败告终。1959年1月2日，“月球1号”正式升空，原计划是撞击月球表面，但由于出现误差，卫星最终在月球上空约6000千米处掠过，成为人类发射的第一颗摆脱地球引力的卫星。

在第一颗人造卫星，第一位宇航员，以及第一颗月球卫星上，美国人都被苏联人抢先一步，他们急需在这场太空竞赛中扳回一城，于是乎，阿波罗登月计划应运而生。阿波罗计划自1961年启动，一直持续到1972年，巅峰时期一共雇用了40万人，前后花费240亿美元，折合如今的约1100亿美元。阿波罗计划期间，共有12位宇航员成功登陆月球，其中“阿波罗11号”的尼尔·阿姆斯特朗与巴兹·奥尔德林成为首次踏足地球以外天体的人类。

1990年日本成功发射飞天号卫星，成为继苏联与美国后，第三个有能力发射探月卫星的国家。进入21世纪，中国于2007年成功发射嫦娥一号人造卫星，正式开启属于中国自己的探月计划。目前，嫦娥探月工程进展顺利，已成功发射三颗探月卫星，其中“嫦娥一号”“嫦娥二号”为绕月轨道器，“嫦娥三号”为着陆器，并携带了一辆名为玉兔的月球车。2018年12月8日发射的“嫦娥四号”，卫星计划在月球背面成功软着陆，成为历史上首个在月球背面着陆的探测器。

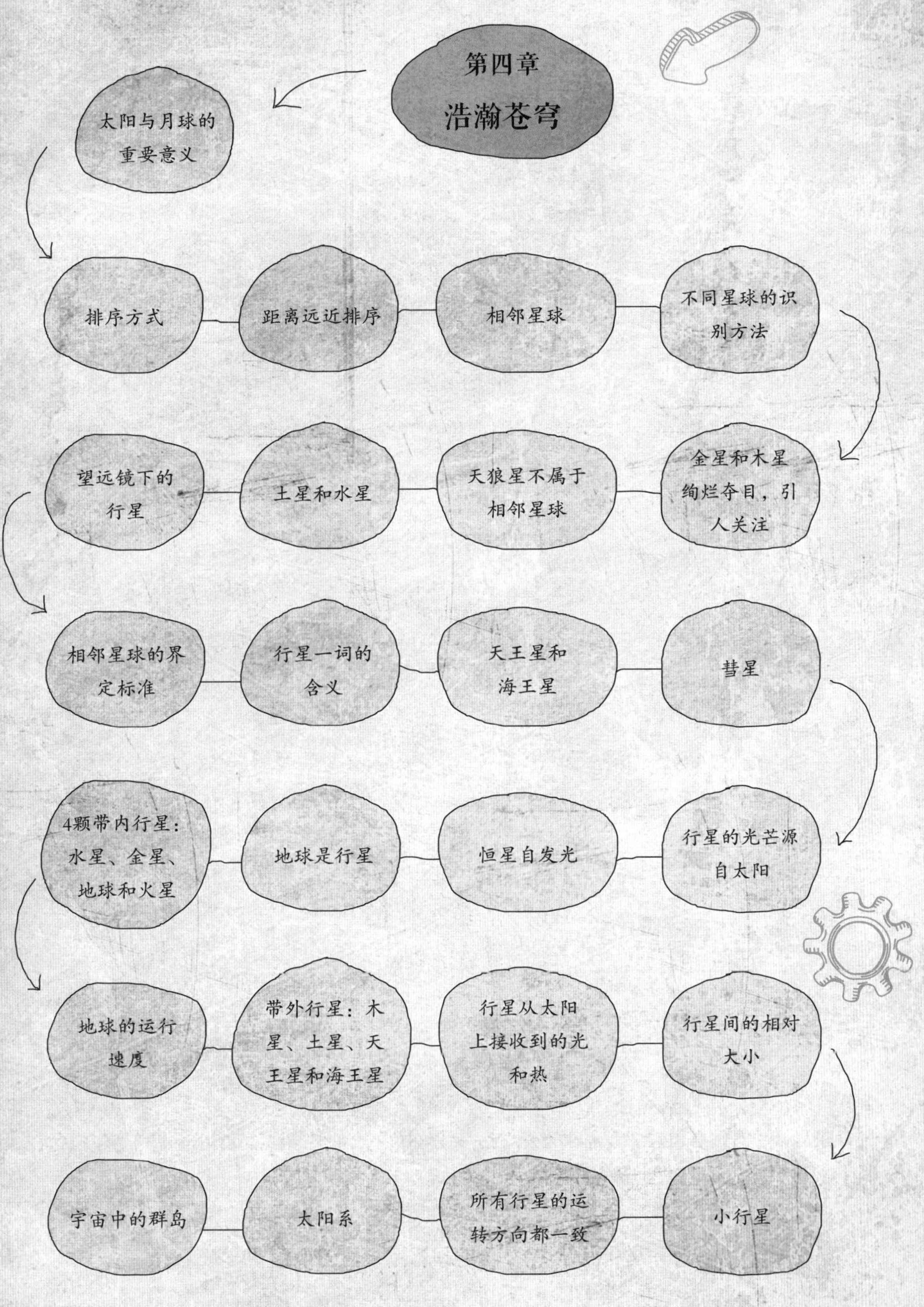
第四章
浩瀚苍穹
太阳与月球的重要意义
排序方式
距离远近排序
相邻星球
不同星球的识别方法
金星和木星绚烂夺目，引人关注
天狼星不属于相邻星球
土星和水星
望远镜下的行星
相邻星球的界定标准
行星一词的含义
天王星和海王星
彗星
行星的光芒源自太阳
恒星自发光
地球是行星
4颗带内行星：水星、金星、地球和火星
地球的运行速度
带外行星：木星、土星、天王星和海王星
行星从太阳上接收到的光和热
行星间的相对大小
小行星
所有行星的运转方向都一致
太阳系
宇宙中的群岛

在本书第二、第三章中介绍的两个星体，都是对人类相对重要的星体。我们会不会有片刻的迟疑，究竟在这漫天群星中哪一颗应该我们最先关注的？尽管相比于其他星体或星座，太阳对我们的确有着非比寻常的重要性，但它未必就是这个问题的答案。无论从亮度、体积还是重量来说，能与太阳相媲美的星球不计其数。实际上，这一话题我们会在后续章节继续阐述，并将向各位讲述太阳在浩瀚宇宙中真正所属的星座等级。从整个宇宙来看，太阳只是无数星体中的一个，无论它在宇宙中扮演的角色如何，我们都无法否认，它对于地球的重要性远超所有其他星体之和。因此当我们对星空展开探索之旅时，第一个要探寻的自然是这个赋予我们生命之源的巨大星球。

第二个要探索的星体似乎也没有多少异议。相较于其他星球，月球的作用可能微不足道，而且通过后文的介绍，我们会发现它在整个宇宙间实在是太不起眼了。但对于地球万物的繁衍生息而言，月球的重要性仅次于太阳。由于地月间距离十分接近，所以月球看上去格外耀眼，它的光芒甚至使那些无论在体积还是亮度上都远胜于它的星球黯然失色。月球在人类天文史上也占据着重要的一席之地。因为人类至今最伟大的发现——万有引力定律，就是通过对月球的观测而得出的。因此，作为重要性能媲美太阳的月球，本书将其放在开篇章节进行介绍，也算是情理之中了。

尽管前文对太阳和月球都进行了粗略介绍（后文还会再次提及有关它们的其他知识），但想选出下一个将要介绍的星体，确实需要思虑一番。除日月之外，很难再找到像它们一样特征明显又对地球有着重要作用的星体，所以我们完全没有办法对这些星体进行排序。我们希望本书能以最合理的叙述顺序将星空的故事娓娓道来。假如试图按照星体的大小顺序进行叙述，由于所知有限，这个方法根本行不通，我们甚至连究竟哪个星球最大都无法确定。即使望远镜可以观测到最大的那个星球（这本身就不太可能），我们也完全不知道它的位置，不知道应该去哪找它。即便我们成功地观测到所有的星体，然后按照它们的大小和亮度对它们进行排序，这个方法仍然无法奏效，因为我们对于大部分星体知之甚少，或者说是一无所知。

因此，我们不得不采取一种完全不同的排序方式，这种方式既简单又合理，那便是尽可能地按照不同星体间的距离远近进行排序。前文提到，月球是距离地球最近的星球，那么接下来，我们可以进一步探索那些距离我们相对较近的其他天体，随着叙述的不断铺陈展开，逐渐向更远处探寻，直到本书的末尾章节，我们探讨的将是宇宙中距离我们最远的星体，也是望远镜都无法观测到的地方。

即使定下了这种排序方法，我们仍面临着不少困难。天空中的大部分星体都是不断运动的，所以它们与地球之间的相对距离也在不断变化，不过这个情况并不会对排序产生过多影响，我们不会在所有细枝末节处过于教条化。我们只要先介绍那些为数不多的大星体，换句话说，就是那些在地球附近的，远近不同的星体，然后再介绍那些距离我们如此之遥以至于难以了解的无数星体，做到这些就足够了。

让我们仰望夜空，去找寻那些与我们相邻的邻近星球。太阳刚刚落山，月亮还未爬上来，晴朗的夜空中星光熠熠。有些星星聚在一起，组成了我们熟知的星座，有些则杂乱地分布在夜空中，或明亮耀眼，或昏暗难辨。如何从这一大片星体中分辨出那些离地球最近的呢？请朝西边望去，在那片尚未褪尽的余晖中，我们总能看见美丽的晚星在闪闪发光。那便是金星——地球的一颗美丽的姊妹星。金星的光芒以及它在位置和亮度上的快速转变，说明它比其他星体更接近地球。后来人们又通过严谨的测量，进一步证实了上述结论，因此，金星便进入了地球的邻近星球之列。

另一颗引人瞩目的行星，它的亮度与金星不相上下，它本身及其卫星的体积却远超金星，这颗星球有一个古老的名字——木星。相较于金星，木星无疑距我们更远，它与地球之间的距离至少是金星与地球之间距离的2倍，有时甚至高达10倍，但我们还是应该将木星划入邻近星球之列，因为相较于星空中的大部分星体，木星已经算是离我们较近的了。按照我们观测到的木星的外观推算，它距离地球至少有数亿英里，尽管这一数值已经十分惊人了，但地球与最近的恒星之间的距离，至少是这一数值的数万甚至是数十万倍。

金星和木星都凭借其夺目的光芒成功地引起了我们的关注。但我们不能就此陷入一个误区，认为看上去最亮的星体就一定是离我们最近的。缺乏天文知识的观测者可能会把犬星——亦称天狼星认作我们的邻近星球（天文学家们对这颗星则要熟悉多），觉得它散发着格外耀眼的光芒，实际上这是不对的。我们将在后文中更加详细地介绍位于南天的这颗明星，无论是体积还是亮度，天狼星都远超我们的太阳，只不过它陷于深空之中，与地球之间的距离远得惊人，所以它传播到地球上的光线就变得十分微弱，以至于我们误认为它只是颗明星而全然不知其真实面貌。

接下来，我们将按照上述排序依次为大家介绍地球的邻近星球。同时，我们还将首次在邻近星球的名单上添上土星的名字，尽管它的亮度远低于天狼星及许多其他恒星，但它仍将被划入邻近星球的行列。随后便是火星，这颗星球有时会运行到距离地球很近的地点，此时它发出的耀眼光芒会让我们完全忘了它实际上是宇宙中最小的星体之一。除已提及的星体外，古代天文学家们还观测到了第5颗星——水星，这颗行星常隐蔽在太阳的光芒之中，只是有时候它运行到远离太阳的地方，我们便可以在日出之前或日落之后一睹其真容。水星、金星、火星、木星和土星这5颗星，便是我们在远古时期就已经探明的五大行星。

不过如今，借助现代望远镜设备，我们已经能够在邻近星球的名单中再添加一些较远的行星了。下面，我们将为各位揭晓邻近星体的判断标准。与那些不断闪烁的恒星相比，行星发出的光线相对更加稳定。但只要对上文提到的几颗行星稍加留心，你就会发现行星与恒星之间的另一处显著不同。

比如说，我们可以挑一个晴朗的夜晚来观测木星，通过邻近的星座来标注它的位置——比如它是位于某颗星的右边，或是另一颗星的左边；是位于两颗恒星的正中间，或是位于两颗星的连线末端。然后，我们可以在天体图中标下木星的位置，也可以画一幅木星周围的星座图，再标上木星的准确位置。一两个月之后，我们再次观测，将木星的位置与其周边恒星的位置再次进行比对。我们会发现，那些恒星间仍保持着相同的相对位置，但木星的位置却发生了改变。这颗星便可以被称为行星，或游星，因为它会不断地在星空中发生位移。同理可得，相对位置的比对还可以发现上文提到的其他几个星体——金星、水星、土星和火星也都是游星，都属于行星的范畴。这样一来，我们就能够通过简单的标准将地球的邻近星球与其他恒星区分开来。地球的所有邻近星球都是行星，或称游星，所以只要是游星的，就都可以划入邻近星球的行列。

参照这一标准，我们很快便能列出更多的邻近星球。通过望远镜的观测，我们时常能发现新的游星。从而，天王星和海王星这两颗巨大的行星也应加入上述五大行星，共同组成七大行星。还有一些行星，它们的实际大小远小于地球，从望远镜中望去也只是小小的一点，要是把它们也算上，那邻近星球的数量将大大增加。据估算，这些小行星的数量不低于400颗，它们也都属于我们的邻近星球。

值得注意的是，太阳系中还有另一种与行星截然不同的星体，那便是彗星。有时，这些行迹莫测的彗星会与地球擦肩而过，它们与地球之间的距离甚至比最近的行星都要近。所以我们很有必要在后续章节中详细介绍这些神秘访客。现在言归正传，让我们把视线转回到那些大大小小的行星上来。

试想，如果我们用一种遮光物将太阳包裹起来，使其光线完全无法透出，会发生什么情况？显然，地球肯定会陷入永夜的黑暗之中。稍加思索便会想到，月球也会因无法反射阳光而彻底消失不见。但阳光的消失还会不会造成其他影响呢？漫天的星光会不会也受其影响呢？稍加留意，便不难发现阳光的消失的确会给夜空造成极大的影响。毋庸置疑，恒星的光亮肯定不会有丝毫减弱。因为所有的恒星都是自体发光，无须借助太阳的光芒。因此那些星座会依旧闪烁如初，但行星则会发生巨变。如果太阳变得黯淡无光，那么所有的行星也将从视野中消失不见。因此，夜空中的行星会一颗接一颗地慢慢泯灭，而恒星则光彩依旧。人们可能难以相信，金星和木星发出的夺目光芒怎么可能都来自那么遥远的太阳。但显然事实正是如此，更多相关内容我们将在这些行星的独立章节中为各位详细论述。

假如在冬夜遥望木星，我们常会产生这样的疑惑：既然地球位于木星和太阳之间，那阳光就不可能再落到木星上啊！一个地球人产生这样的想法绝对是合情合理的，但待得知了木星和地球的相对大小以及相关星体之间的距离之后，这种想法自然会发生转变。但如果你对一个木星人提出这个问题，他的回答一定迥然不同。如果你问木星人，介于木星和太阳之间的地球是否给他的生活带来任何不便？他的回答很可能是："地球的确可能会经过我们与太阳之间，而且可能多年才会发生一次，但到目前为止地球的经过并没有给我们带来任何不便，在你眼中如此庞大的地球，实际上却十分微小，即使运行到太阳正前方，它也不过是一个小点，至于被它遮挡的那些阳光则更是可以忽略不计。"

行星都是反射阳光而发光，这自然使我们联想到地球与这些行星间的相似之处。我们将太阳看作一个位于太阳系中心的大火球，它的周围有若干小星球环绕，这些小行星都无法自体发光，只能从太阳那里接收光和热。

对太阳系本质的正确认识的确是天文学的一个重大飞跃。起初，人类智力的不断发展，使人类逐渐意识到地球是孤立于宇宙间的一个球体，但后来，人们发现地球不过是一组大小各异的星球中的一个，之后又进一步证实这些星球都依附于太阳而生，这一系列发现使人类对宇宙的认识发生了根本性的转变。

我们可以形象地将太阳比喻成一家之主，这个家庭的所有成员都得其庇佑，它们的体积大小也与从属地位相匹配。即使是家庭成员中最大的一个——木星，也不到太阳体积的千分之一。不过，所有其他家庭成员的体积加在一起也没有木星的体积大。

我们在图42中的太阳周围画了4条虚线，这4条线分别代表着不同星体的运行轨道。最里面的那条是水星的轨道，水星沿此轨道绕太阳运行，并于88天后回到初始位置。

由内向外的第2条虚线代表的是金星的轨道，也就是前文提到的众所周知的晚星，金星绕轨道运行的周期为225天。再向外一圈，便来到了另一颗行星的轨道上，这颗行星与金星体积相当，故也远大于水星的体积，它的运行周期是365天，多么熟悉的一个数字啊！1年正好是365天，所以这颗行星正是我们脚下的地球。

我们想给各位介绍一个有趣的算法，帮助大家形象地理解地球每年运行的英里数。通常，圆的周长约等于其直径的三又七分之一倍。我们已知地球与日心之间的距离为9290万英里，地球公转轨道的直径便是18580万英里，因此地球绕日运行轨道的周长足有58300万英里。这便是地球每年都要运行的里程。只需要再做一次除法，我们便能算出地球为在12个月内完成这趟旅程所需的运行速度。实际上，地球需要具备18英里/秒的速度，才能在预定时间内完成整个旅程。

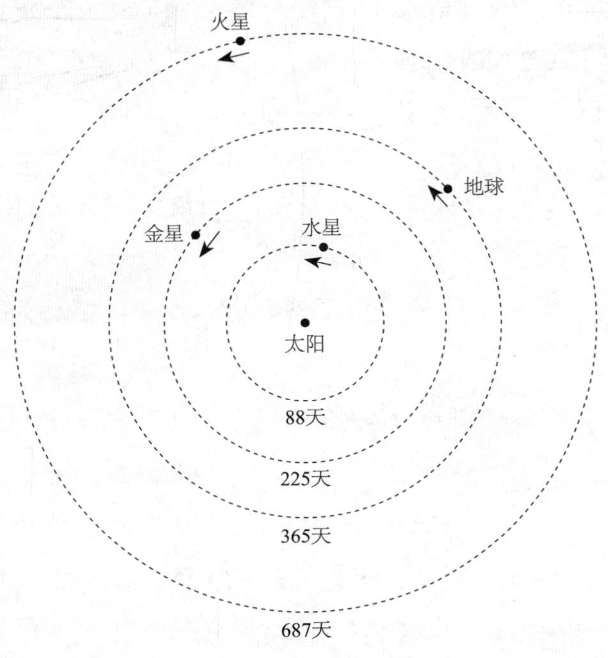

图42　4颗带内行星的运行轨道

让我们停下来想一想18英里/秒意味着什么，这一速度究竟有多快？我们可以用日常生活中的快速运动与之进行比较。比如说那些在桥下轰隆作响的特快列车，一眨眼便消失不见！还能有比它还快的速度吗？我们可以用数字来解释一下，列车的速度为1英里/分钟，如果将这一数值乘以18，便得出18英里/分钟，但我们还要在此基础上再乘以60，得到的才是18英里/秒的速度。因此，特快列车的速度甚至还不及地球公转速度的千分之一。让我们再举一例，假如我们站在步枪的射程范围之内，观察步枪射中1000英尺之外的目标的过程，我们会发现子弹从射出到击中目标只需1～2秒的时间，而地球的公转速度则约为子弹速度的100倍。

换个角度来看，其实地球的这一速度也并不是那么难以理解的。地球本身就是一个巨大的球体，即使以它的速度沿着它的直径运行，也需要整整8分钟才能走完。

如果要使一艘轮船花费8分钟运行一段与其船身等长的距离，此时的船速将低于1英里/小时。为了更好地解释这个问题，我们绘制了一幅地球运行图（如图43所示）。图中两圆心之间的距离约为两圆直径的6倍，因此，如果这两个圆代表地球的话，那么地球从一点运行到另一点所需时间便为48分钟。

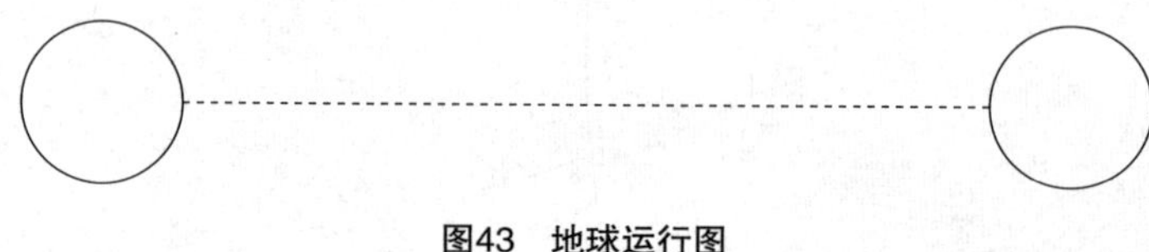

图43　地球运行图

地球轨道外的另一条轨道便是火星的轨道，火星绕日运动的运行周期为687天，约2年。抵达了火星便意味着来到了太阳系的内层边界。

上述四颗行星组成了一个行星组，彼此间以距离太阳的远近相互区分。它们都属于中等大小的行星，其中金星与地球的体积相当，而水星和火星的体积则相对较小，就它们的体积而言，它们与地球和月球之间的距离算得上是十分遥远的。太阳系中还有一组行星，它们无论是体积还是重量都要远超上述四颗近日行星，这组大行星分别是木星、土星、天王星和海王星。

与那些暗淡的小行星一样，这些大行星也绕太阳运转。图44中展示的是带外行星的部分轨道。太阳仍位于正中间，但在这样的比例尺下，带内行星无比接近太阳，只有火星的轨道能够在图上标记出来。火星轨道外是一片小行星带，再向外便是木星和土星轨道；接着便是天王星，这颗大行星也是我们用肉眼刚刚能看到的一个星球；最后，将整个太阳系包围住的便是海王星的轨道，关于海王星，世间还一直流传着一个美丽的传说。

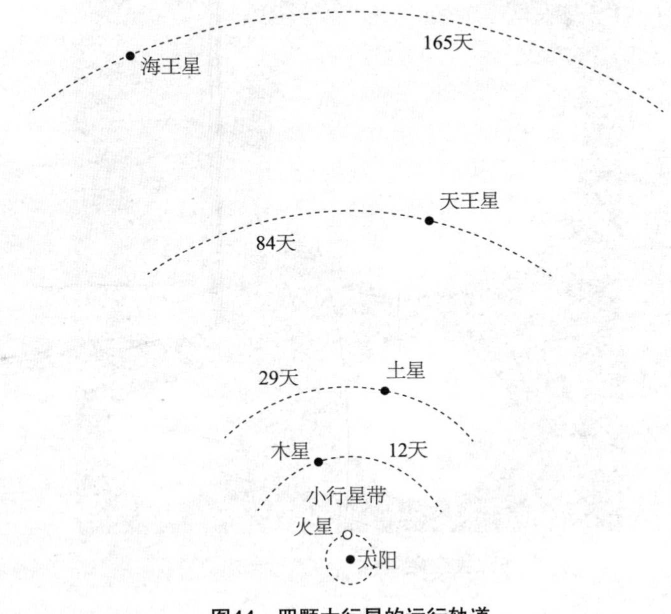

图44 四颗大行星的运行轨道

图45中不同的圆圈代表着从不同行星上观测到的太阳的大小。如果地球所对应的圆圈代表其从太阳接收到的光和热，那么其他圆圈则分别代表对应行星接收到的阳光和热量。

最靠内的地外行星是火星，它接收到的光和热并没有比地球少太多，但我们无法解释的是，像木星和土星这样远离太阳的行星，它们的气候特征怎么会与那些距离太阳较近的星球相类似呢？

图46是太阳系几大行星的尺寸示意图——该图按照相同的比例尺绘制，因此能够直观展现出它们的相对大小。如果按体积来算，木星约为地球的1200多倍，因此我们需要将至少1200个地球加在一起才等于一个木星的体积。若按重量来算，尽管木星与地球之间仍有不小差距，但却并不至于那么悬殊，相关内容我们会在后续章节进行详细介绍。

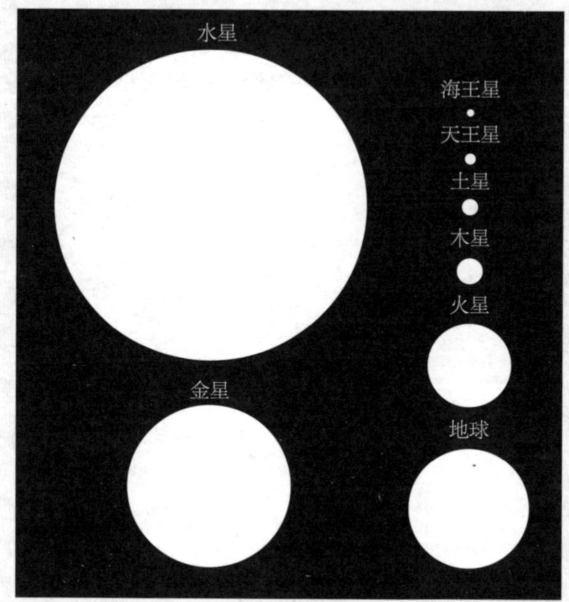

图45　从不同行星上看到的太阳的视尺寸

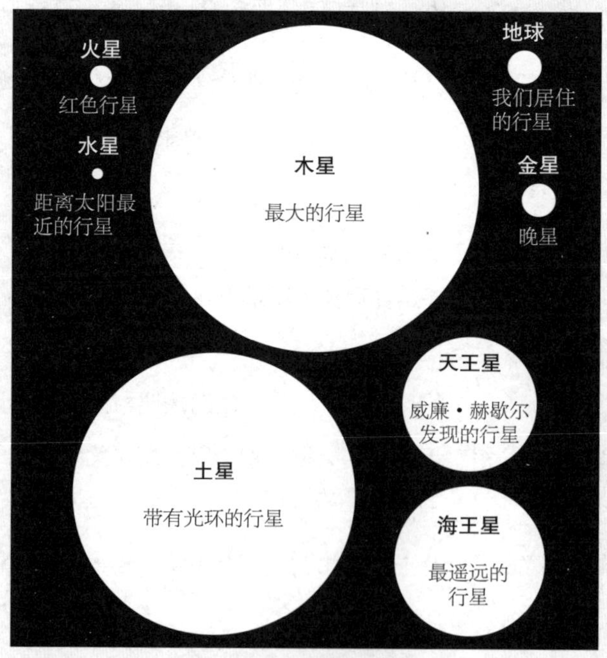

图46　行星之间的相对大小

即使在对太阳系的早期探索过程中，人类也无法忽视这样一些行星，它们没有引人瞩目的庞大体积，但却能数量繁多。在火星和木星的轨道之间，有一片宽阔的宇宙空间，古人曾以为没有行星在那里驻足。但现代研究却发现，那里不仅有行星存在，而且数量可达数百个之多。这些行星的发现，是无数勤勉的天文学家夜以继日的刻苦钻研换来的，而想要进一步探寻这些行星的运动规律，则需邀请其他学科的科学家来共同完成。在对这些小行星进行研究的过程中，我们的确有所收获，特别是在研究爱神星时更是受益匪浅。爱神星就是前文中提到的有时会距离地球特别近的那个星体，后文将用单独的一个章节来介绍这些行星。

我们打算就此打住，不再继续为大家罗列有关太阳系的那些统计学数字。那本书结尾部分的表格中便有详尽的数据资料以便供各位参考。天文学家们为每一颗行星都制作了单独的数据表，表中记载着这些行星之间的距离、它们轨道的形状、方位以及运转周期。对于大行星，天文学家们还记录了它们的大小和重量。这些数据的确有着广泛的用途，但我们更需关注的是太阳系更普遍的特性和规律。

在本章结束之际，我们还想为大家介绍太阳系的一两条重要规律。我们已经知道所有的行星都在近似于圆形的轨道上围绕太阳运转，但还有一点需补充的是，它们都朝着相同的方向运转。因此，不同的行星可能会相互赶超，但不可能像在相邻铁轨上相遇的两列火车一样，发生迎面相遇。由此可知，太阳系经久不衰并将永存于世的根本原因，就在于整个星系所有元素的高度协调与统一。

这就是我们的太阳系——一个在太阳的控制下，隔绝一切外部干扰，有序运行的庞大星系。其他恒星也好星座也罢，都无法影响太阳系的运转。我们就像银河中的一个小小的群岛，即使最近的恒星与我们之间也隔着一段遥不可及的距离。也许其他的恒星也像太阳一样，有自己的星系，也有绕其公转的行星，但事实是否真的如此，我们无从知晓。在我们看来，这些遥远的行星只是一些小亮点，即便真的有行星环绕，即便这些行星比木星还大，我们也永远无法看见它们。

当然，我们也无须为知识有限而自怨自艾，只要能够搜寻到有关太阳系的所有必要信息，我们就一定能够通过不懈的努力，解开能观测到的星空所有之谜。

[今日科学说] 海王星并不是太阳系的终点，在海王星轨道外，有一个与小行星带极为相似，充斥着天体的圆盘状区域，这个区域被称为“柯伊柏带”，冥王星是当中最有名的天体。1930年，美国天文学家汤博发现了冥王星，最初冥王星被认为是行星，于是有了“九大行星”的说法。但随着研究的深入，天文学家发现冥王星不论是大小、轨道还是组成，与传统的八大行星相比都显得格格不入，天文学家开始质疑冥王星是否还有作为行星的资格。从20世纪90年代开始，位于柯伊柏带的天体陆续被发现，而且数量稳步增长，质疑冥王星的声音由此也越发强烈。2006年，国际天文学联合会通过决议，决定将冥王星归类为“矮行星”，不再属于“大行星”的一员。柯伊柏带是短周期彗星的来源地，比如哈雷彗星。

但柯伊柏带仍然不是太阳系的终点。理论上太阳引力起主导作用的空间都可以视为太阳系的范围，这个边界距离太阳1光年左右。在这个边界附近，天文学家认为存在一个由大量冰天体组成的球状云团，长周期彗星就来源于这个“冰库”。这个理论并非异想天开，荷兰天文学家扬·奥尔特对多颗长周期彗星的轨道进行统计分析后发现，这些彗星和太阳的最远距离并非随机分布，而是在某个范围内聚集，因此奥尔特推论，在那个位置，可能存在一个均匀分布的球状云团，也正是这些长周期彗星的故乡。后来人们常把这个区域称为“奥尔特云”，以纪念这位天文学家。

第五章

万有引力定律

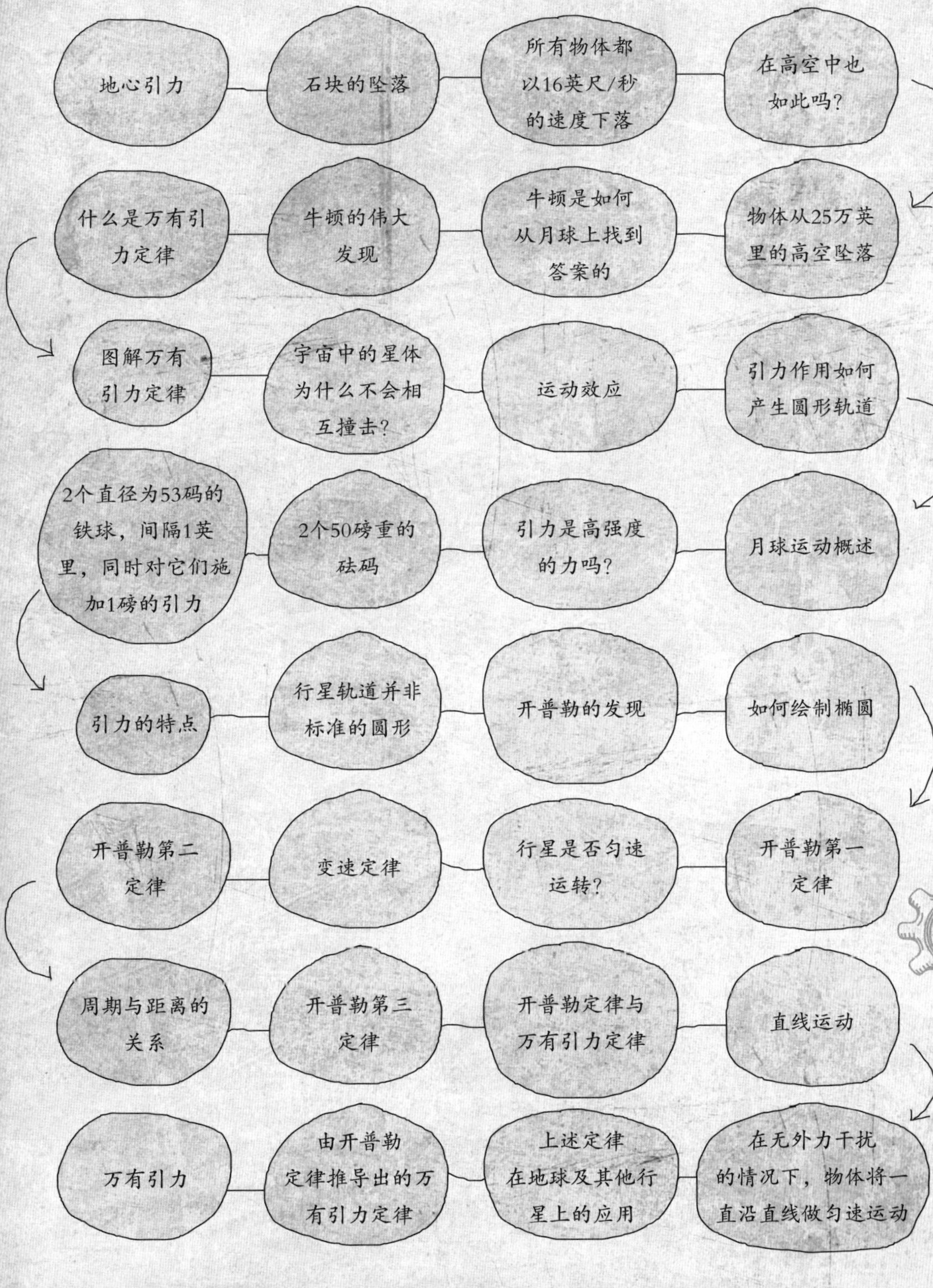

地心引力

石块的坠落

所有物体都以16英尺/秒的速度下落

在高空中也如此吗？

物体从25万英里的高空坠落

牛顿是如何从月球上找到答案的

牛顿的伟大发现

什么是万有引力定律

图解万有引力定律

宇宙中的星体为什么不会相互撞击？

运动效应

引力作用如何产生圆形轨道

月球运动概述

引力是高强度的力吗？

2个50磅重的砝码

2个直径为53码的铁球，间隔1英里，同时对它们施加1磅的引力

引力的特点

行星轨道并非标准的圆形

开普勒的发现

如何绘制椭圆

开普勒第一定律

行星是否匀速运转？

变速定律

开普勒第二定律

周期与距离的关系

开普勒第三定律

开普勒定律与万有引力定律

直线运动

在无外力干扰的情况下，物体将一直沿直线做匀速运动

上述定律在地球及其他行星上的应用

由开普勒定律推导出的万有引力定律

万有引力

在这一章节中，我们会暂且将有关各种星体的介绍搁置在一边，为大家讲述天文学中的一条重要定律——万有引力定律。这一定律不仅能帮助我们更好地理解月球的绕地运动，还能让我们了解行星绕日运动的成因及原理。所以我们认为有必要在继续展开其他星体概述之前，先邀请各位来共同探讨这条著名定律。我们还意外发现，万有引力定律不仅在对星体的研究中给我们以启示，它还能引领我们穿越时空隧道，探寻太阳系早期留下的痕迹，尽管我们对这些研究成果并无十足把握，但至少它给我们提供了新的可能性。无论是太阳还是月亮、行星或彗星、恒星或星云，宇宙万物都遵循着这条定律。

抛出的石块落回地面，这是再寻常不过的画面了。起初，所有人都觉得这是件不值一提的小事，反而当他们发现磁铁能吸引铁块时，却感到惊诧不已。实际上，石块之所以落回地面是由于受到了一种力的作用，这种力与磁力一样神奇，地球像磁铁吸铁一样地将石块吸了回来。磁力只对特殊材质的物体起作用，而且它的作用范围十分有限，万有引力则不然，它对于整个宇宙的运转都起着至关重要的作用。

让我们先举几个有关地球引力的小例子。比方说，你可以先拿起一小块铅块，然后让它落到垫子上。只要你从同一高度释放铅块，那么它从你的指尖滑落到垫子上所用的时间就总是一样的。然后再取一块大铅块，双手各握着大小铅块，将它们举到等高位置，同时放手，两块铅块会同时着地。人们通常会认为重的物体会比轻的下落地更快，但只需一个实验，你就会知道事实并非如此。现在再用不同材质的其他物体重复上述实验。我们会发现，大理石块下落的时间与铅块是相同的，换成软木，结果也一样。但当我们将羽毛与铅块的下落做比较时，似乎出现了不同的结果，实际上这种不同完全是空气的干扰造成的，显然空气对羽毛的阻力远大于其对铅块的阻力。但如果我们将羽毛放在一枚硬币上，然后使硬币平着落下，它就能排除掉羽毛在下落过程中受到的空气干扰，此时，它的下落时间就与硬币、大理石块和铅块完全一致了。

如果测试者再在画廊里重复进行这些实验，并且让垫子处于双手以下16英尺的位置，那么大理石块下落16英尺所用的时间便是1秒，软木或铅块的下落时间也是如此；若能排除空气干扰，则羽毛的下落时间也与它们一致。无论选择何种试验场地，伦敦或其他城市、海岛或陆地、海中行驶的轮船、北极、南极或赤道，无论是何种大小何种材质的任何物体，实验结果都将无一例外地表明：它们的下落速度都是16英尺/秒。

为免歧义，我们必须提醒，地球上不同地点物体的下落速度存在微小差异，但造成这些差异的具体原因与本章要探讨的内容并无关系。因此，我们暂且将地球各处物体在不受干扰时的下落速度统一为16英尺/秒。现在，让我们把视线从地球表面进一步抬高，看看这个16英尺/秒的速度的适用范围究竟有多广。例如，我们可以到高山上去重复这一实验。届时我们会发现，同一块大理石块在山顶下落16英尺所用的时间会比在山脚下落略久一些。尽管两个时间之间的差异并不大，但却足以证明地表以上某一高度的地球引力有所减弱。无论我们升多高，山顶也好，热气球能升至的最高处也罢，物体落回地面的趋势是不变的，尽管不可否认的是，随着高度的升高这种回落趋势是越来越弱的。如果我们能够探明这种地球引力的作用范围到底有多大，那无疑将是多有裨益的。尽管我们乘坐的热气球无法抵达5～6英里的高空，但我们仍迫切地想知道，倘若上升到500～5000英里的高空甚至是外太空，会发生怎样的情况呢？

不妨想象一下，如果一位旅客设法飞到了数千英里的高空，并且还能继续向上，最终抵达了令人难以想象的25万英里的高空。当他置身这样的高度向下俯瞰地球时，这颗美丽的星球便可一览无余。显然，他已无法看清那些错落的村镇，唯一能透过云间的缝隙看清的，只有大片的陆地和汪洋。

身处这样的高空，他就有机会完成学者们一直梦寐以求的那些实验。他能够测试到在这样的高空是否仍存在地球引力，引力究竟有多大。我们可以取一块软木、大理石块或其他任何物体，大小均可，将其抓起，然后放手。如果是在地面上，大家都知道接下来会发生什么，但牛顿想知道的却是，如果是在25万英里的高空放手，结果会如何呢。牛顿认为，即使是在这一高度，地球引力仍可以发挥作用，大理石块仍会落地。至于这个定理的真假，我们一测便知。待一切就绪之后，我们再将大理石块放开。瞧！随着一声惊呼，奇迹出现了！这个石块竟然没有下落，而是仿佛悬浮在空中一样。正当我们准备为摆脱地球引力且推翻了牛顿的猜想而大声呼喊时，却发现石块开始以难以察觉的速度缓缓下落，紧接着它的速度不断加快。显然，石块在从25万英里的高空坠落的漫长之旅中，仍受到地球引力的作用，不断加速，从而落回地球。

但必须强调的是，这样的实验只是臆想，不可能像我们所描述的那般。于是，牛顿产生了一个大胆的猜想，他想要借助月球来解答这一问题，因为月球恰好位于地球之上约25万英里的位置。此前从未有人想过，我们的这颗卫星还能有此番妙用。实际上，月球每时每刻都在落向地球。我们可以通过测量其每秒朝地球移动的距离来计算出地球引力的大小。牛顿从数次测量中得出，在地表以上24万英里的高空中的任何物体，仍将在地球引力的作用下，缓缓落向地球——只是其初始速度要远低于在地面上进行试验的物体速度。一个从月球高度下落的物体，将以极其缓慢的速度开始它漫长的返地之旅。起初，它下落16英尺所需的时间不是1秒钟，而是整整一分钟[①]。

牛顿以月球为参照物，获得了不少宝贵信息，正是通过对这些信息的反复研究，他才总结出这一造福万世的伟大发现。地球引力在宇宙中的作用范围很广，物体越远离地球，引力作用就越小。牛顿还总结出引力减弱的规律，他从月球的数据中得出，位于24万英里高空的物体在1分钟内下落的距离等于地面上物体1秒钟内下落的距离，这一规律至关重要。首先，它证实了地球引力会将所有物体都拉回地球，且距离越远，引力越弱。当然，这一点不难想象。正如我们不断远离光源，光线就会逐渐减弱消失一样，我们如果逐渐进入深空，地球引力自然也会不断减弱，这种猜想是完全合情合理的。引力随距离增加而减弱与光线随距离增

---

① 物体下落距离与引力和时间的平方的乘积成正比。引力与物体距地球高度的平方成反比，所以物体下落距离与时间的平方成正比，与高度的平方成反比。因此，下落同一段距离，如果物体的高度增加60倍，那么下落时间也会增加60倍。

加而变暗的道理是完全一样的。

简单说来，这条自然规律可概括为引力大小与高度的平方成反比。下面将通过一两个简例，更好地给各位阐述这一略显深奥的定律。假设我们将某物运送到距离地表4000英里的高空，这一高度正好与地球半径持平。换句话说，此时这个物体距地心的距离正好是地表物体距地心距离的2倍。由引力定律可得，此时引力强度已减小至四分之一，即地球对4000英里高空物体的引力为其对该物体处于地表时引力的四分之一。可以想象，此时的引力对物体所起到的作用也是不同的。尽管物体仍会在其作用下下落，但它在1秒钟内只能下落4英尺，仅为地表物体下落距离的四分之一。

或者换个思路，假设我们可以用一种名为弹簧秤的称重器来测算地球引力。首先，我们将一个4磅重的砝码挂在秤上，若在地表上，此时秤盘指针就会指向4磅的位置；接着，假设我们将挂着同样砝码的弹簧秤不断抬高，指针指向的磅数会不断变小，当来到4000英里的高空时，此时距离地心的位置是起初的2倍，弹簧受到的拉力已减小至初始压力的四分之一，秤上显示的重量将变为1磅。如果我们将其继续升高，指针显示的磅数将持续减小，当其抵达8000英里的高空时——此时距地心的距离为初始距离的3倍，由引力定律可得，此时的引力减弱为初始数值的九分之一，弹簧秤所受拉力仅为九分之四磅，即不到半磅的重量。假设再重来一次，这一次我们不做停留，直接将弹簧秤和4磅砝码升至月球公转轨道的高度。此时的高度约为地球半径的60倍，同理可得，此时的引力将减至六十的平方分之一，弹簧秤所受拉力小到仅为4磅的三千六百分之一。一个在地表重达1吨半的砝码，如果升至24万英里的高空，便也只有不到1磅的重量。但我们仍可以展开想象，假如飞得越来越远，秤上显示的重量会越来越小，但无论我们飞多远，地球引力始终存在。天文学似乎在告诉我们，尽管强度不断减弱，但地球引力仍能穿越哪怕最深邃的宇宙鸿沟。

引力定律的适用范围要远远大于上文提到的内容。我们介绍的仅仅是地球引力及其在宇宙中的广泛应用。实际上，引力定律绝非仅限于此，不仅地球对万物具有引力，万物对地球也有引力，甚至万物都彼此吸引。也就是说，引力定律更完整的阐释应该是“宇宙万物都彼此吸引，且这种引力与彼此间距离的平方成反比”。

万有引力定理的重要性不言而喻。它不仅能够帮助我们解开复杂的星球运动之谜，还催生出了许多伟大发明，它引导我们见证了望远镜的诞生，还使我们感知到那些未曾见过的星体的存在。

在这一话题上，一直存在一个看似合理的疑问，不妨先来解释一下。如果地球真的对月球有引力作用，那月球为何不会撞向地球呢？如果太阳对地球有引力作用，地球又为何不会撞向太阳呢？如果其他星球对太阳也有引力作用，那为什么它们不会彼此冲撞，造成恐怖的宇宙大碰撞呢？如果所有天体都彼此相互吸引，那它们肯定会在引力的作用下撞到一起，使所有的宇宙物质全部融为一体，这样的观点看上去也并非无稽之谈。但实际上我们都知道，这种星球碰撞并不时常发生，可以说发生的概率是微乎其微的。尽管太阳的引力已经作用于地球无数年了，但日地间的距离依然如初。如此说来，这岂非与万有引力定理相悖？在天文学发展初期，这样的质疑之声不绝于耳，甚至无法被反驳，且时至今日仍偶有耳闻。因此，我们更迫切地想要给各位介绍太阳系的运行规律，告诉各位它究竟是如何避开那些潜在撞击的，这是我们天文学家义不容辞的职责。

如果地球和月球最初处于静止状态，那么毫无疑问，它们将在相互的引力作用下碰撞到一起，同理，如果太阳系的其他所有绕日运动的星体最初都处于静止状态，它们也必将一起撞向太阳，从而导致太阳系的彻底消亡。可实际上，所有的星体都在不断运动，月球也在运动，这种运动使它们迄今为止，一直成功抵御引力作用，从而避免了星球碰撞的发生。

为了使初学者们更清楚地了解中心引力与类圆轨道运动是如何相互制衡的，我们将采用图示的方法，给各位展示月球是如何在地球引力的牵引和控制下完成每月的公转运动的。

图47是一幅示意图，图中绘制的是地球的截面，在其上方还画有一座高山[①]。如果我们在山顶的*C*处摆放一门大炮，为其填充适量的火药，使炮弹朝*CE*方向射出，它就会沿第一条弧线坠落。第二次如果我们增加火药量，炮弹会沿第二条弧线下坠，并再次落回地面。接下来继续加大火药量，同时用威力远超任何军械的超级大炮进行发射，此时炮弹的速度应该已达数英里每秒，但假设其速度已被准确校准，使其能沿着弧线*CD*运行，并一直保持在与地面等距的高度。

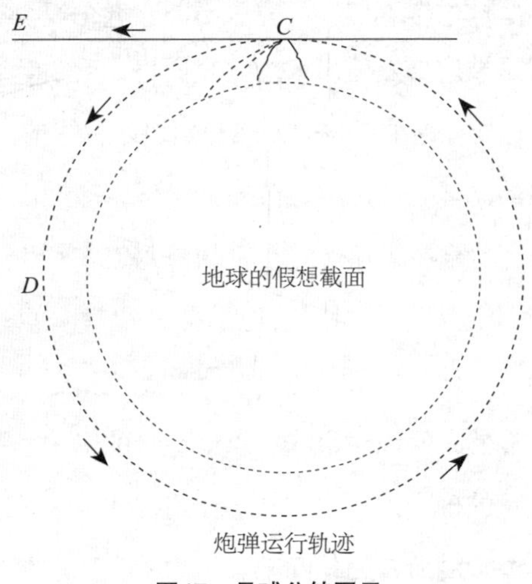

图47　月球公转图示

此时该炮弹与其他炮弹一样，都会偏离起初的水平发射线，进行弧线运动。运行至*D*点时，该炮弹仍与地面保持同等高度，且其运行速度丝毫未减。因此它将继续运行四分之一圆的路程，并且始终离地高度不变。该炮弹将以这种方式完成圆周运动，重返*C*点后，又沿相同轨道进行下一次圆周运动。如果不利用地表的高山和山顶的大炮，我们就需要借助另一个物体来发射，这个物体应在引力作用下做永久的绕地运动。

现在，不妨再做一个大胆的假设。设想我们拥有一架巨型大炮，能够发射直径不低于2000英里的圆形子弹；然后以每秒3000英尺的速度发射巨型炮弹，这一

① 参见纽康：《通俗天文学》，当代世界出版社 2006 年版，第 78 页。

速度约为现代大炮实际最快速度的2～3倍；接着，我们站在距地面25万英里高的平台上，将这颗炮弹水平发射，这颗巨型炮弹将在一个近似圆形的轨道上绕地球运行，并于4周后返回发射点。之后它又会开始新一轮为期4周的绕地运动，如此循环，周而复始。

这些可不是纸上谈兵。尽管找不出这样的大炮，但巨型炮弹我们还是能找到的。实际上，我们每个月都能看到它，没错，正是那美丽的月球。虽然没人能证实月球曾经就是被从这样一架大炮中发射出来的，但不得不承认的是，其运行状态表明其最初仿佛就是被这样发射出来的。我们将在后续章节中深入探讨月球的演化史，并揭示它是怎样以这种奇妙的方式开始绕地运行的。

无论是绕地公转的月球，还是绕日公转的地球，道理都是一样的。图示表明圆周运动或类似圆周运动能够与万有引力定律的观点完美契合。

我们总是习惯性地认为万有引力的力量是十分巨大的。引力不是能拉住月球，使其绕地球旋转吗？地球之所以能沿既定轨道绕日运动，难道不是因为太阳大得惊人的引力吗？显然，使地球沿既定轨道运转的引力也好，控制月球运动的引力也罢，它们的力量的确庞大，但这都与作用物体巨大的质量有关。按照万有引力定律，我们能观测到的所有物体间都有引力存在，这是毋庸置疑的，但是，除非彼此吸引的两个物体或至少其中一个质量巨大，否则它们之间的引力微乎其微，几乎无法察觉。

让我来试着为各位阐述，可测物体间的引力究竟有多微弱。比方说，我们取两个铁砝码，各重50磅，二者中心点相距1英尺。显然，这两个砝码之间必然存在引力，使二者相互靠拢，但实际上它们却纹丝未动。这是因为二者间虽然存在引力，但因其太过微弱，根本无法与磁铁的磁力相较。众所周知，磁铁具有极强的磁力，能够吸引铁片，但作用于同等质量物体上的引力却要小得多。这两个50磅的砝码之间的引力还不到十万分之一磅。这样的力量相较于砝码之间以及与桌子之间的摩擦力来说，实在是太微弱了，因此这么小的引力根本无法使其发生哪怕一点点的移动。但假如将这两个砝码放在滑轮上，使其完全摆脱摩擦力的影响，同时保证它们在绝对水平的轨道上滑行，那么毫无疑问，二者会向彼此缓慢靠近，并最终成功汇合。

若想测得实际的引力大小，就必须借助比50磅的砝码重得多的物体。比如我们取两个铁球，分别由41.7万吨的生铁构成，固化时直径可达53码。设想一下，我们将这两个铁球分隔1英里，此时它们之间的引力便开始发生作用。无论二者间隔着多少建筑物或是其他难以想象的障碍，引力都能轻易穿透它们，就像阳光穿透玻璃一样（我们至今还无法设计出足够厚实的遮挡物来阻挡引力穿过）。因此无论如何，这两个铁球都会彼此吸引。不过，虽然体量庞大，它们之间的引力也能被测得，但这一数值仍然很小。两球之间的引力甚至还没超过一个1磅重砝码产生的压力。即使是一个小孩子，也能轻易阻止其中一个铁球在引力的作用下朝另一个运动。假设我们能排除一切干扰因素，消除一切摩擦力，使两个球只在彼此间的引力作用下运动。此时，二者将开始向对方移动，但由于质量过大，引力过小，整个加速过程将异常缓慢。运动刚开始时，我们甚至需要借助显微镜才能观测到这一细微变化。一个半小时后，二者才共同移动1英尺，尽管此后它们的速度会不断加快，但要等到它们成功汇合至少还需要3～4天的时间。

引力还有一个显著的特点，在此需着重阐述，即引力的强弱似乎只取决于物体的质量，而与物体的材质构成无关。前文中提到的两个球均由生铁构成，实际上，只要二者的质量不变，无论它们的材质是铅还是铜、木制或石制、是由空气抑或是水构成，它们之间的引力都不会变。从这一点来看，我们又发现了引力与磁力的另一个不同点，那便是磁力对于大部分材质的物体都不起作用，唯独对铁质品产生引力。

我们在讲述太阳系时，会谈到月球是在一个近似圆形的轨道上绕地运动，而其他星球也都是在近似圆形的轨道上绕日运动。下面就对这些特殊的轨道进行更加详细的介绍。这一次，我们不打算再阐述它们与圆形轨道有多近似，相反地，我们想就二者之间的不同之处做一番说明。

如果一颗星球是在真正的圆形轨道上绕太阳运动，且始终以太阳为圆心，那么它与太阳之间的距离，就等于圆形轨道的半径，这一数值应该是恒定不变的。总的说来，太阳与各个星球之间的距离几乎是保持不变的，但通过仔细观察，你就会发现，这些距离并非完全恒定。这种距离上的偏差可能会达到数百万英里，但从总体上看，这一偏差只占星体与太阳之间距离的很小一部分——甚至可以说是极其微小的一部分。不同星体偏差亦不同。地球轨道几乎接近圆形，所以地日距离在平均值左右摆动的幅度并不大，金星轨道则更加接近于圆形，而相反，火星、水星与太阳之间的距离则相对波动较大。

人们时常会发现，许多伟大的科学发现都源于对那些看似真实的规律中存在的细微偏差，进行更加细致的观察和解读。上文所探讨的天文知识就恰好印证了这一观点。这些星球的轨道类似圆形，而非标准的圆形。为什么会这样呢？这其中一定暗藏玄机。实际上人们已经知晓个中缘由，并且还借此进一步探索出了更多前所未闻的自然界知识。

首先，让我们从行星与太阳的距离不恒定这一事实出发，看看能推导出什么样的结论。圆周运动既优美又简洁，不到万不得已，我们总对其难以释怀。难道我们就没办法证明行星既是圆周运动，同时这种运动又能与行星不断变化的日距相吻合？如果太阳位于行星圆周运动的圆心位置，那这显然是无法办到的。但如果行星依旧绕日运动，但太阳不在圆心位置呢？这样一来，行星的日距就必然会发生波动了。当行星运行到轨道不同位置时，太阳偏离圆心越远，行星的日距就越长。再进一步，我们还可以将各个行星的轨道用许许多多的圆来替代。金星轨道的圆心与日心的位置就非常接近，而其他所有行星轨道的圆心则应与日心保持适当的位置，以满足它们不断变化的日距。

从很大程度上来讲，月球以及所有行星的运动都可以用一系列的上述圆周运动来解释，但天文研究的精神就是追求绝对精准。天文学家们孜孜不倦地观测着行星运动，一遍又一遍地将观测到的行星位置与按照上述圆周运动应该抵达的位置进行比对。行星的轨道圆心位置被不断调整，轨道半径也被不断修正，但这一切都是徒劳的。于是天文学家们又反过来仔细核对行星的观测数据，看看问题是否出在观测数据上，但结果是，观测数据没有任何问题，出现这些矛盾和偏差的原因不在数据上。此时结论已经昭然若揭——天文学家们不得不放弃圆形轨道论，放弃这种一度被认为具有无与伦比的对称美的圆周运动，而被迫承认行星轨道并非标准的圆形。

如果行星轨道不是圆形的，它又是什么形状呢？开普勒是提出这一伟大问题的第一人，同时值得敬佩的是，他也是成功解答并证实这一问题的第一人。行星轨道形状的伟大发现可以说是天文史上具有里程碑意义的杰出成就之一。很难说，在整个科学史上是否还有其他具有此番深远影响的伟大发现。

此刻，我们将暂时进入一个被称为几何学的知识领域，去探寻开普勒发现的、具有重大意义的这种曲线的性质。显然，这一曲线略显深奥，任何细致的探寻都可能需要通过繁复的计算来验证，本书便不再赘述，但我们将竭尽所能，力求将这一曲线的整体概况清晰地介绍给各位读者。

行星绕日运动的真实轨道属于一种著名的曲线种类，即数学家们口中的圆锥曲线。代表行星轨道的这种圆锥曲线形状特别，被称为椭圆：也有人称之为卵形，实际上这是不太准确的。椭圆易于绘制，最简单的便是制图员们常用的绘制方法，下面我们就来简单介绍一下。

图48中，我们将两枚大头针钉在一张纸上，然后如图所示，将一根麻绳圈绕过那两枚针，再用铅笔笔尖将其拉伸开来。接着，稍微用力，用铅笔使绳子绷紧，然后笔尖环绕两枚针，画一根完整的曲线，再回到起笔处。这样，我们就得到了那个叫椭圆的几何图形。

我们还可以多画一些形状各异的椭圆，这将有助于我们得出更多的结论。例如，在两枚针的位置保持不变的情况下，如果我们增加绳子的长度，那么铅笔距离两根针的距离就会增加，此时我们会发现，椭圆的偏心距会减小，从而更接近圆形。相反地，如果在两枚针位置不变的情况下缩短绳长，那么椭圆的形状将更趋扁平，用数学家的话来说，就是偏心距增加了。如果保持绳长不变，同时改变其中一根针的位置，也能帮助我们了解椭圆形状的变化规律。若两枚针靠拢，则偏心距减少，椭圆形状更趋近于圆；若两针间距增加，则偏心距增加，椭圆形状明显扁平；若使两枚针继续靠拢直至完全重合，则笔尖运动一周绘制出的便是一个圆形。

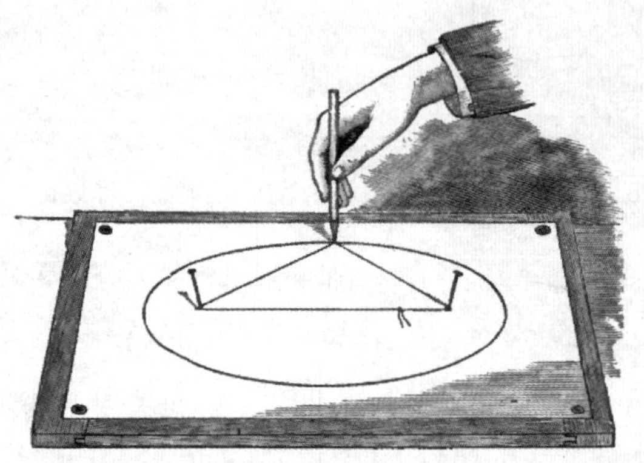

图48　椭圆的绘制方法

两枚针的位置与曲线形状之间显然有着密切的联系。两针的位置被称为焦点，一个椭圆只有一对焦点。换言之，若椭圆的大小、形状、位置已定，那么两针唯一的位置也就都确定下来了。

椭圆与圆最大的区别在于其形状的多变性。圆的面积可大可小，椭圆的面积也可大可小，椭圆的偏心距也是不一样的。如果说圆有着椭圆所没有的完美的同一性，那么椭圆则至少有着圆所没有的多样性。卵形曲线有着别具一格的美感，时常成为许多优雅设计的灵感之源。

古代几何学家们早已探清了椭圆与其焦点之间的几何关系，因此在潜心研究行星运动的那个年代，开普勒已经掌握了椭圆的基本知识。如上文所述，开普勒发现行星运动并不符合圆形轨道的运动规律，那么它们的轨道还可以是什么形状呢？椭圆便是下一个备选项，既然已经掌握了它的特性，我们就可以将其与行星轨道进行比对，比对结果显然是意义重大的。开普勒发现，如果将行星轨道界定为椭圆，那么它们的运动规律就完全可以说得通了。这一发现本身就具有十分重大的意义：一方面，它终于清晰地描绘了行星绕日运动的轨迹；另一方面，它成功利用一代代几何学家潜心研究的那种优美曲线，能够对宇宙间众星的轨道进行准确说明，并巧借先哲的几何思维解开了宇宙星际之谜。

但我们目前所述的，仅仅是开普勒第一定律的一部分。我们已知行星在椭圆轨道上绕日运动，所以太阳肯定是位于椭圆内的某一点——但具体是哪一点呢？这个问题的答案的确有趣。前文已谈到，焦点对椭圆具有无可取代的几何意义。开普勒发现，太阳就位于所有绕日行星椭圆轨道的其中一个焦点上。这样一来，行星运动的第一定律就可以准确地概括如下：所有绕日行星都沿椭圆轨道运行，且太阳位于椭圆的其中一个焦点上。

现在，我们对于众多绕日公转的行星的轨道有了清晰的认识。首先，我们观察到，椭圆是平面曲线，也就是说，所有行星始终都是在同一个平面上运动的，因此每颗行星都有自己的轨道平面。不过，所有的行星，或者说至少那些大行星的轨道平面都是几乎重合的，尽管微小的差别还是存在的，但这些平面共有的唯一特征是，它们都穿过太阳。所有行星的椭圆轨道都有一个共有焦点，那便是日心。

要想解释这一规律，我们最好还是借用两三颗行星来举例说明。先说地球，虽然地球轨道是椭圆形，但其已经非常接近于圆。实际上，若将地球轨道精确地按比例缩小，画在一张纸上，不进行精细的测量，几乎无法断定其究竟是椭圆还是圆。金星的椭圆轨道则更圆，它的两个焦点几乎在其圆心处重合。但相比之下，水星的轨道则与圆形相去甚远，一些小行星轨道的偏心距甚至比水星轨道还要大。最令人印象深刻的是，无论距离太阳有多远，所有的行星都在不同形状的椭圆轨道上运行。接下来我们将告诉大家，为何所有行星都只能在椭圆轨道运行，而其他形状的轨道都不行。

行星从其椭圆轨道出发，开始其漫长的绕日之旅，然后经过一段时间，也就是一个周期之后，重返始发点；接着再沿着相同的椭圆轨道开始新一轮运行，如此这般，周而复始，沿着既定轨道绕日公转。现在让我们跟随轨道上运行的行星，仔细观察其在一个完整公转周期内的运动过程。由于行星轨道尺寸巨大，要想在特定时间内绕日一周，行星必须具备极快的运行速度。前文中已提到，为了在365¼天的一个周期内绕日一周，地球的公转速度必须达到18英里/秒。那么问题来了，行星是否始终保持匀速运转呢？就地球而言，它是始终保持18英里/秒的速度呢，还是时快时慢地运行但保持18英里/秒的平均速度呢？这一问题意义重大，但我们已经有了十分明确的答案。行星并非匀速运转，且其速度变化依图49所示。

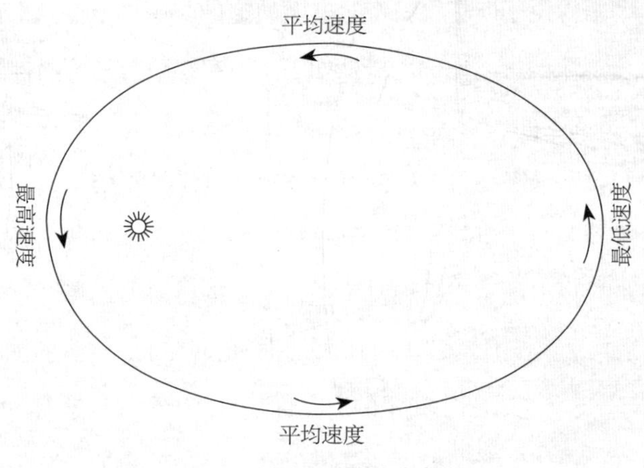

图49　椭圆运动的速度变化

首先，让我们先想象行星位于图片最右端，即轨道上距离太阳最远的端点位置，此时行星的速度是最低的；然后它便朝着太阳运行，途中速度不断增加，达到平均速度；此后，行星继续加速，朝太阳快速运转，速度越来越快，最终升至最快速度；之后行星又远离太阳，日距增加，速度也开始逐渐减慢，并再次来到平均速度，但速度仍会继续减缓，直到最后，行星回到距离太阳的最远端，速度也再次回到最开始设定的起始速度。

由此可得，行星距离太阳越近，速度就越快。此外，我们还总结出行星速度变化规律的数量关系。图50所示是一个行星轨道，焦点*S*便是太阳所在。分别取椭圆上两段弧线*AB*和*CD*，将各自端点与焦点*S*相连，于是开普勒第二定律可概括为：

“行星绕日运动的速度可表示为，行星与太阳之间的连线在相等时间间隔内扫过的面积相同。”

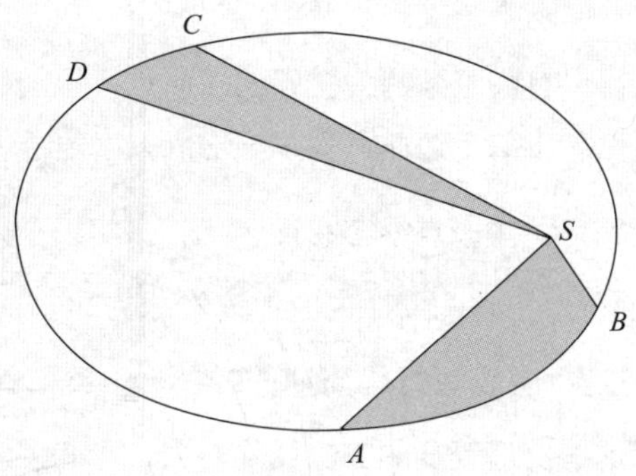

图50　相同时间内扫过的面积相同

例如，若阴影部分*ABS*和*DCS*的面积相等，则恒星在弧线*AB*和*CD*上的运行时间也相等。如果其中一个面积比另一个大，则其在对应弧线上运行的时间也成比例增加。

这一定律一经提出，人们便立刻明白了行星接近太阳时速度变快的真正原因。当行星靠近太阳时，想要扫过特定面积，行星运行的弧线长度就应增加；反之，当行星远离太阳时，只需运行较短的弧线距离便能保证面积不变，因此运行速度也就相应降低。

这两大定律全面界定了行星的绕日运动。开普勒第一定律明确了行星的轨道形状；第二定律阐明了行星在轨道上不同位置的速度变化规律。但开普勒还提出了第三大定律，它使我们能够对不同行星的绕日运动进行比较。在阐述这条定律之前，我们需要先解释一下什么是行星的平均日距。在行星沿轨道绕日运动的过程中，它与太阳之间的距离是在不断变化的，但想要计算出所有日距的平均值倒并非难事。这个平均值就是平均日距，计算平均日距最简便的算法便是将最大日距和最小日距相加再除以二。我们已经介绍过了行星周期的概念，它是指行星沿轨道运行一周所需的天数。开普勒第三定律阐述的便是不同行星平均日距和周期之间的关系。这一关系可概括为：

“行星周期的平方与平均日距的立方成比例。”

开普勒发现不同行星有着不同的公转周期，而且行星的平均日距越长，公转周期也越长，于是他决心进一步探明二者之间的关系。显然，周期与平均日距之间并不是简单的比例关系，这一点很容易证实，若事实果真如此，那么一个平均日距是另一星球2倍的行星，它的周期也应为该星球的2倍。观测结果却显示，日距较长的行星的周期是日距较短行星周期的2倍多，几乎3倍的样子。换作一般人，他们肯定早已被这些反反复复的实验耗尽心力，身心俱疲，无法再确保观测结果的准确性，但开普勒却最终发现了蕴藏在其中的真理，将其归纳为开普勒第三定律。

我们将通过比较地球和金星的有关数据，来详细解释这一定律。如果我们把地球与太阳之间的距离设定为1个天文单位，那么金星的平均日距就是0.7233。小数点后1位四舍五入，我们可以设地球的公转周期为365.3天，金星的公转周期为224.7天。由开普勒第三定律可得，365.3的平方除以224.7的平方一定等于1除以0.7233的立方。各位读者可以通过简单的乘法运算来验证一下这个等式的真伪。有一点要注意的是，由于我们在设定周期时只保留了4位有效数字，因此在后续计算中都应保留相同数位的有效数字。

验证这一等式还有一种最奇特的方法，那就是假设金星的周期是未知数，然后我们可以通过已知的地球周期和金星的平均日距，将其反推出来。这样一来，根据开普勒第三定律，只需经过简单的除法运算，便能得到金星周期的立方，并最终算出224.7天的正确天数。实际上，在天文学领域，许多行星的日距都是通过开普勒第三定律算出来的。行星的周期可以准确测得，一旦知道了行星的周期，便能求出平均日距的平方，进而也就能算出平均日距。

以上便是行星运动三大定律，人们常在前面加上它们发明者的名字。开普勒三大定律之所以能在天文史上占据极其重要的地位，源于发明者对大量观测数据的反复探究和高深的专业技能，源于这些定律本身散发的内在美，源于它们广泛的应用范围以及在太阳系众星之间建立的深刻联系。

尽管由开普勒提出，但这些行星定律仅仅只是通过反复观测得出的结果。这些行星的确是沿着椭圆轨道运行，但就连开普勒也无法说明为什么它们的轨道偏偏是椭圆形，他也不知道为什么行星在相同时间内扫过的面积相等，或者说为什么行星永远遵循第三定律。开普勒提出的这三大定律就像三个独立的真相，尽管它们如事实一般摆在我们面前，我们却寻不到任何论据，来证明行星运动只能遵循上述运动规律的原因。

万有引力定律的伟大之处还在于，它成功摘除了开普勒三大定律“只知其然，不知其所以然”的帽子。牛顿的这一伟大发现使开普勒的三条孤立的定律融为一体，成为一条完美真理。牛顿不仅证实了这三条定律的真实性，还成功证明了它们成立的原因，推翻了其他定律成立的可能性。他在对万有引力的阐述中，成功解释了行星运动的基本原理正是源于引力的作用。牛顿提出，太阳对所有系内行星都具有一种引力，在此引力的作用下，所有行星都沿椭圆轨道绕其旋转，且太阳位于所有椭圆的共有焦点上；行星轨道半径在相同时间内扫过的面积相同；若将两颗行星的运动进行比较，则它们周期的平方与平均日距的立方成比例。

由于本书并非数学专著，我们无法将牛顿的论证步骤一一罗列，相信大部分试图理解那些繁复论证的人们也会对我们的这一做法表示赞同。本书将围绕这一话题进行综合概括，对论证过程进行简要叙述，摒弃一些学术性的细节。

首先，假设宇宙中有一颗静止的星球，完全不受任何其他外力作用；然后我们给它施加一个动力，使它在太空中快速前行；待撤销这一动力时，该星球仍将继续向前运动。那么它的运行轨道是怎样的呢？联想起生活中常见的一个情景：抛出的石块会在空中划过一道弧线，于是我们自然而然地认为抛向太空的物体也会沿弧线运动，但稍加分析便会发现两者间的不同之处。太空中并不存在向上或向下运动的概念，所有路径都是相似的，星体也不会突然向左或向右转向。因此我们有理由认为，在这种情况下，物体一旦开始运动且不受任何其他外力的影响，将沿直线运动。的确，这一观点我们永远无法通过直接实验来验证其真伪，因为只要我们身处地球，就无法使某一物体完全不受其他外力干扰。除了地球引力之外，空气阻力以及各种各样的摩擦力都将对我们的实验造成影响。沿冰面推出的石块受到的阻力极小，此时我们可以看到，石块在冰面上的确是沿直线滑行的。同理可得，若将石块抛向太空，它也必将沿直线运动。这一结论可以通过间接推导得出，而无须进行反复徒劳的实验，任何对论据进行过充分思考的人都不会质疑这一结论的真理性。

现在，我们已经证实了物体沿直线运动，那么下一个问题便与运动速度相关。众所周知，在冰湖光滑冰面上滑行的石块，将滑行很长一段距离才会最终停下来。即使石块与冰面间的摩擦力极小，但却仍然存在，由于摩擦力会阻碍物体运动，因此石块最终总会停下来。但在广袤的太空中，物体运动不会受到摩擦力的影响，运动速度也不会降低，因此我们认为，物体将以匀速永远地运动下去。这一观点与我们的生活经验显然有出入。如果风停下来，海上的帆船根本无法前行；如果关闭蒸汽机，火车也会逐渐降速直至停止；嗡嗡响的旋转的陀螺也会越转越慢并最终停下来。这些例子似乎都在告诉我们，一旦失去作用力，该力引起的运动也会逐渐减弱，并最终消失。但细想一番便会发现，上述所有例子中运动的衰退都是由于阻力的作用。帆船之所以会减速是由于两侧船体与海水之间的摩擦造成的。火车降速一方面是由于车轮受到的摩擦阻力，另一方面则是由于火车前行必须要克服的空气阻力，旋转的陀螺停下来的主要原因在于空气阻力，如果我们在真空中进行这个实验，将空气全部抽走之后，陀螺旋转的时间将大大延长。由此可得，若向太空中抛射物体，在不施加任何外力作用下，该物体将始终保持初始速度，并沿直线一直匀速运动下去。该定律被称为第一运动定律。

让我们将这一定律应用到星体运动的重大问题上来。就以地球为例，来共同探讨第一运动定律的影响。如前文所述，地球的运行速度约为18英里/秒，按照第一运动定律的观点，若没有受到任何外力影响，地球将以这一速度，在太空中沿直线一直匀速运动下去。但地球运动果真如此吗？显然不是。我们已经知道地球是围绕太阳运动的，并且开普勒三大定律也为我们精准解读了这一运动的内在规律。所以答案呼之欲出，地球肯定是受到了外力作用，无论这一外力究竟来自何处，它必定是持续作用于地球，使地球无法沿直线运行，并将其运动始终限定在椭圆轨道之内。

接下来要解决的大问题就很容易概括了。既然存在一种外力持续作用于地球，那么它究竟是什么，从何而来，又遵循何种规律？并且这一问题的应用范围并不局限于地球。水星、金星、火星、木星和土星的观测结果无一例外地表明，它们的运行轨道也并非直线，因此它们必定也受到了某种外力的作用。这种引导行星沿其轨道运转的外力究竟是什么？在牛顿之前，无人能解答这一问题。直到后来，牛顿凭借其过人的才智成功解开了这一谜题，给现代科学带来了翻天覆地的大变革。

解答这一问题的所需数据都源于实际的天文探测，仅凭数学猜想是解答不了任何难题的。在解决天文问题的过程中，数学无疑是一个无法取代的有效辅助工具，但我们绝不能过分夸大其作用。在此类问题研究中，数学的作用就是对观测结果进行解释论证。牛顿采用的所有数据都来自对地球及其他行星运动的观测实践，而这些行星运动的规律都已被开普勒归纳进了他的行星运动定律中。因此，牛顿的研究是以开普勒三大定律为基础，且为了对这三大定律进行解释，他还援引出了一套自创的数学推理方法。

接下来的问题便是：已知行星受到了某种外部影响，我们需要根据现有知识——它们的轨道是椭圆形，且轨道半径在相同时间内扫过的面积相同等，来推断出这种影响究竟是什么。数学家们称这种影响为力，而力沿直线方向作用于物体。最简单的力便是沿绳子传播的拉力，此时力的方向便是绳子的方向。我们可以假设存在某种力，它通过一根看不见的绳子作用于所有的行星。通过开普勒定律，我们将知道这根绳子的方向以及通过它所传递的力的强弱。

由于开普勒定律的演算论证过程已经超出了本书的探讨范围，因此我们将跳过具体的验算步骤，直接引用其计算结果。牛顿首先验证了行星轨道半径在相同时间扫过相同面积的定律，并通过合理推导，得出作用于行星上的力的方向。他的结论是，那根控制着行星的假想绳始终指向太阳。换句话说，作用于所有行星上的力的方向始终是从行星指向太阳。

下一个问题便是力的强弱，当行星运行至轨道不同位置时，力的强弱是如何变化的呢？开普勒第一定律成功解答了这一问题。如果行星轨道是椭圆形，且力的方向始终指向位于椭圆焦点处的太阳，则通过计算分析可得，力的大小与行星日距的平方一定是成反比的。

若我们承认的确存在这样一种引力，它能将行星引向太阳，它的强弱与行星日距的平方成反比，那么行星运动的所有特征则都能与开普勒定律相吻合了。我们还能对这种引力的存在产生怀疑吗？我们知道地球是如何吸引物体使其下落的；我们也知道地球对月球的引力使月球绕地旋转；如今我们还知道行星的绕日运动也与这一引力定律息息相关。但实际上，目前介绍的这些还不是支持万有引力定律最强有力的证据，相关问题我们会在后续章节做进一步解释。我们不仅会讲到太阳引力是如何作用于行星，还会就行星之间的相互引力作用进行介绍。届时我们会发现，行星间的这种相互吸引作用为我们带来了多少举世瞩目的伟大发现，这些发现又进一步证明了万有引力定律，使其成为不容置疑的真理。

万有引力定律的存在，使我们能够解释为什么行星必须以太阳为焦点，沿椭圆轨道绕日运转，使我们能够证明行星与太阳间的连线必定在相同时间扫过相同距离，也使我们能够证实周期的平方与平均日距的立方一定是成比例的。不仅如此，我们还能将神秘的彗星运动解释清楚。万有引力定律帮助我们解答的问题还有卫星的运转、潮汐运动以及太阳系的许多其他现象。最重要的一点是，当我们走出太阳系，将我们的视线投向那片繁星点点的美丽夜空，我们依然能在那里找到万能的万有引力定律存在的证据。

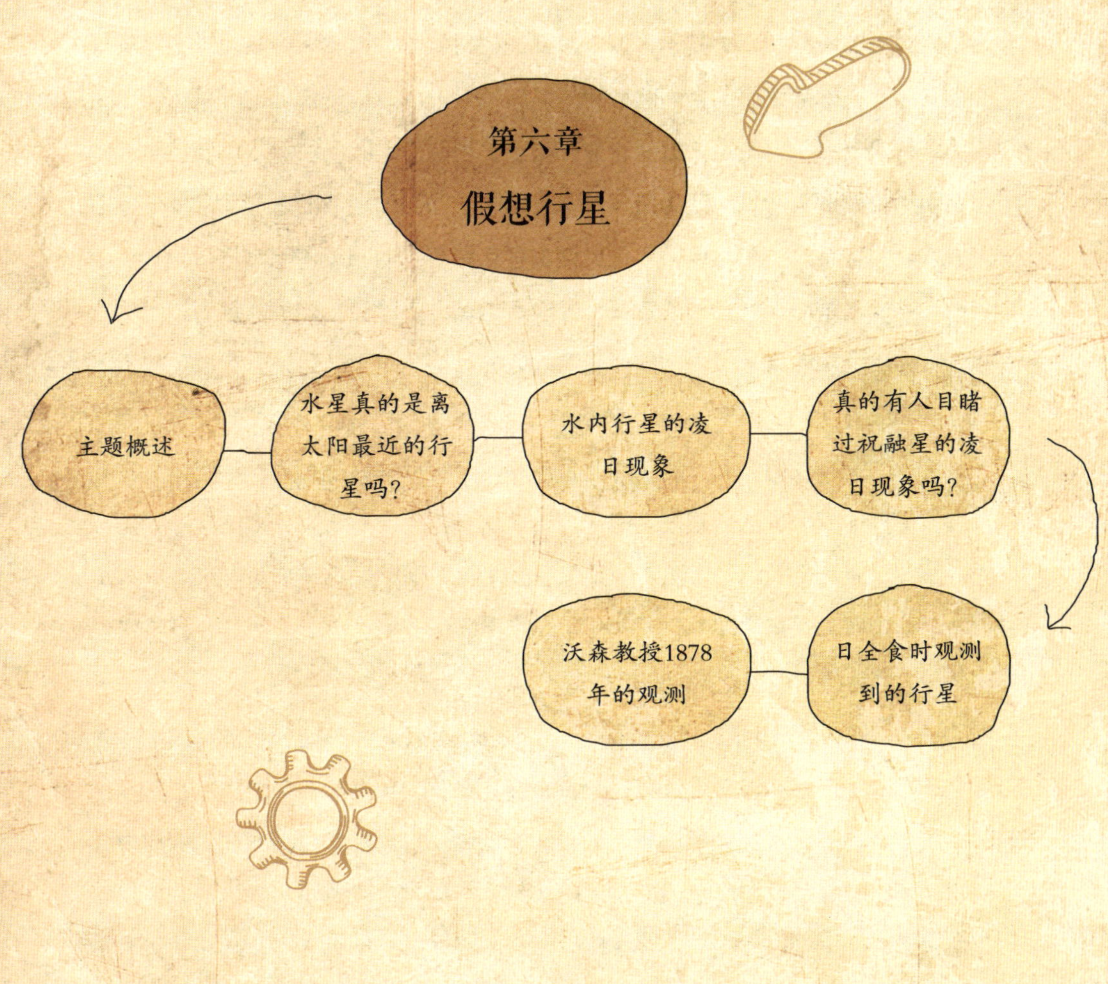
第六章
假想行星
主题概述
水星真的是离太阳最近的行星吗?
水内行星的凌日现象
真的有人目睹过祝融星的凌日现象吗?
日全食时观测到的行星
沃森教授1878年的观测

到目前为止，我们已经给各位介绍过了太阳系的整体概况，还在上一章中讲述了万有引力定律的相关知识，接下来我们将对太阳系的几大行星及其卫星进行详细介绍。我们会按照与太阳的远近关系，从最近的行星到最远的行星进行逐一讲解，精彩内容不容错过。每颗行星都是一个小星球，我们将竭尽所能地详尽介绍它们各自的相关知识。行星的身边常伴随着卫星的出现，而这些卫星身上也不乏看点。它们第一次被发现，它们的大小、它们的运动和距离等都将是后文将涵盖的话题。通过后文介绍，读者还将发现行星运动带给我们的思考远不止于此。我们将为各位深入讲解行星间的相互影响方式及影响结果。此外，我们还将引入天体测量的重大问题，向各位讲解天体的大小、重量以及天体间距离的测定方法。庆幸的是，我们大部分的工作就是向各位介绍那些来源可靠，且经过反复观测已被证实的真实信息。不过，即将探讨的这个话题，却没有太多确凿的观测数据。一些权威人士宣称，太阳系一定存在一颗比任何已知行星都更接近太阳的小行星。尽管有关这一话题的议论仍然甚嚣尘上，但人们始终无法找到这颗行星。这便是本章要探讨的主题——假想行星。

长久以来，水星一直被认为是距离太阳最近的行星，但这一观点却经常遭到质疑。水星绕日公转，平均日距约为3600万英里。在水星与太阳之间也许还存在一个或多个行星，也许有的距离太阳1000万英里，有的则是1500万英里，等等。但这样的行星真的存在吗？水星轨道内真的一颗行星都没有吗？我们有若干理由相信这颗行星是真实存在的。在对水星运动进行观测时，我们发现它受到了干扰，这种现象的发生一度被认为是水内行星所致[①]。但想要实际观测到这颗行星却是难上加难，由于它与太阳十分接近，因此即使用最顶尖的望远镜，恐怕也很难在那个位置上观测到类似行星的黑点。即使是在观测条件最佳的日落时分，也很难窥见它的行踪，因为它会紧随着太阳落下，同理，日出时分也一样无法观测。

---

① 纽康对水星运动的观测表明，认为水星轨道与太阳之间存在一颗行星或一个小行星带的猜想，无法解释水星运动观测值与理论值之间的偏差。哈策尔也得出了相同结论，并表明导致偏差的干扰因素很可能是日冕。

因此，常规的星体探测方法完全失效，想要解答这一问题，探明水内行星是否真的存在，只能另辟蹊径。想要寻得答案，至少有两种观测方法可以一试。

也许只有当这颗未知行星运行到地球与太阳之间时，我们才能第一次有机会一睹其真容。图51中中心位置的是太阳，内层的虚线圆弧代表那颗未知行星的运行轨道，人们甚至在还未曾证实其真实性之前，便给它取好了“祝融星”这个芳名，外层的圆弧则代表地球轨道。由于祝融星的运行速度高于地球，因此它会多次超越地球，三个星体也会出现图中所示的相对位置。不过，祝融星的位置并不一定就恰好位于地球和太阳的连线上。由于行星轨道存在一定的倾斜，所以从地球上看去，祝融星既可能位于太阳上方也可能位于下方，视具体情况而定。

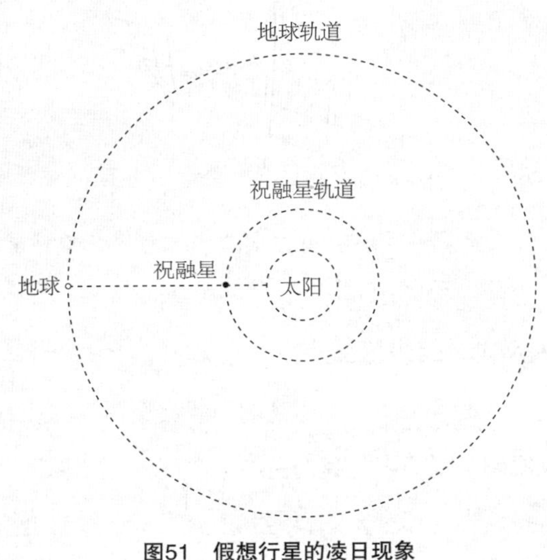

图51 假想行星的凌日现象

倘若祝融星真的存在，那一定有三个星体连成一线的场景，那将是我们用望远镜探测祝融星的最佳时机。我们在望远镜中观测到的，将是一个黑点在沿着日面缓慢移动的画面。我们时常能看见两颗地内行星——水星和金星凌日的场景。因此，如果祝融星真的存在，它凌日的次数将远超水星，更别提金星了。从另一方面来看，祝融星很可能只是一颗小行星，相较于水星，它距离我们又更远，因此，这颗假想行星的凌日现象，肯定无法与那两颗地内行星壮观的凌日景象相提并论。

至此，我们便产生了这样的疑惑：是否真的有人用望远镜观测到祝融星凌日的场景？这一问题至今仍无定论。一些观测者曾在多个场合宣称观测到一个黑点穿越日面的场景，并且从其形状和大致轮廓判断得出，该黑点正是一颗水内行星。但对这些观测者的观测条件进行深入分析却并发现他们观点的可信度有待商榷。做出类似发现的通常都是对望远镜观测并不熟悉的天文爱好者。尽管在过去的一个世纪中，一代代天文学家们将毕生精力都奉献给天文事业，数十年如一日对太阳进行了无数次的观测，但不争的事实却是，还未曾有任何经验丰富的天文学家观测到祝融星的凌日现象。

上一次宣称观测到行星凌日的事件还要回溯到1876年，这一消息是由一位来自德国的天文爱好者发布的，但他看到的那颗“行星”很快被证实是一个小黑子，格林尼治天文台的工作人员在例行观测时，还拍下了那颗黑子的画面，同时，马德里天文台也观测到了它的影像。当我们重新审视这一主题时，我们不得不承认，迄今为止，人类还没能掌握有关水内行星凌日的确凿证据。

想要探寻太阳周围未知行星的存在，还可以寄望于另一种观测方法。不过，这种方法只在极少数情况下才是有效的，只有等到日全食的时候它才能派上用场。

当月球恰好运行至地日之间时，明亮的白昼会暂时被黑夜取代。如果没有云层遮挡，这颗行星便会一跃而出，我们便能在暗淡的太阳周围观测到它。只要这颗行星的体积与水星相当，那么无论它离太阳有多近，在日全食的情况下我们都一定能观测到它。当然，想要进行这种观测实验，万全的准备工作必不可少。需要特别注意不要犯的错误是，千万不要将其与普通的相似星混为一谈。美国近代著名天文学家——沃森教授就曾在1878年日全食时进行的观测试验中付出了大量心血。当日食发生时，阳光逐渐消失，群星开始显现。沃森教授在它们之中发现了一个很像是搜寻已久的水内行星的星体。当时的情形是这样的：兴奋异常的沃森教授又观测到了另一个星体，一开始他以为那是巨蟹座的 ζ 星（水位图），但后来，他发现这颗星的实际位置与 ζ 星的位置并不相符，便据此判断那颗星并非 ζ

星，而是一颗未知行星。但考虑到当时的观测条件，实际上，沃森眼中的两颗未知行星的相对位置刚好符合巨蟹座的θ（鬼宿一）星和ζ星的相对位置，如今基本可以断定，沃森当时观测到的那两颗正是θ星和ζ星。然而，沃森却始终坚称他在观测到那两颗星的同时，也看到了θ星，只不过当时并未记录下它的准确位置。但实际上，在沃森观测区域附近还存在第三颗恒星，被称为巨蟹座20，沃森可能将它误认为是θ星了。不得不承认的是，尽管1878年后的每次日食期间，人们都努力找寻祝融星的踪迹，但至今仍无人目睹过它的真容，正因如此，天文学家们已经普遍相信水星轨道内尚未探寻到任何行星存在的证据。

[今日科学说] 天文学家们最初认为，是假想行星干扰了水星的轨道，很大程度上是受到了海王星发现的影响。历史上海王星并不是直接通过观测发现的，是天文学家发现天王星的轨道存在异常，进而推测在天王星轨道以外有还有一颗行星。经过精密的计算，天文学家估算出这颗未知行星在天空中可能的位置，并使用望远镜搜寻，最终发现了这颗新行星。所以当天文学家发现水星的轨道存在异常时，很自然地会猜想水星轨道内可能也存在一颗未知行星。

但实际上水星轨道内并不存在什么未知的行星，天文学家说水星的轨道存在异常，说的其实是观测结果与理论预测不相符，这个现象可能是一颗未知行星导致的，也可能其他原因。当天文学家们苦苦寻找这颗“祝融星”而无果时，有些人打起了修正理论的主意。比如前文提及的天文学家纽康，他不认为水星轨道的偏差的来源是未知行星，而是暗示了当时的理论存在缺陷，需要修正。纽康认为万有引力中的平方反比定律有问题，然而牛顿力学在过去数百年的成就是有目共睹的，贸然修改理论不见得是一个好的解决路径。

水星轨道异常问题的最终解决，还要等到爱因斯坦的出场。1915年爱因斯坦正式发表广义相对论，并提出三个检验广义相对论的实验，水星轨道异常便是其中之一。过去使用牛顿力学得出的理论数值，与观测值相比较每100年会有约43角秒的误差，而广义相对论可以很好解释这43角秒的误差，使理论与观测相符。

第七章 看不见的水星

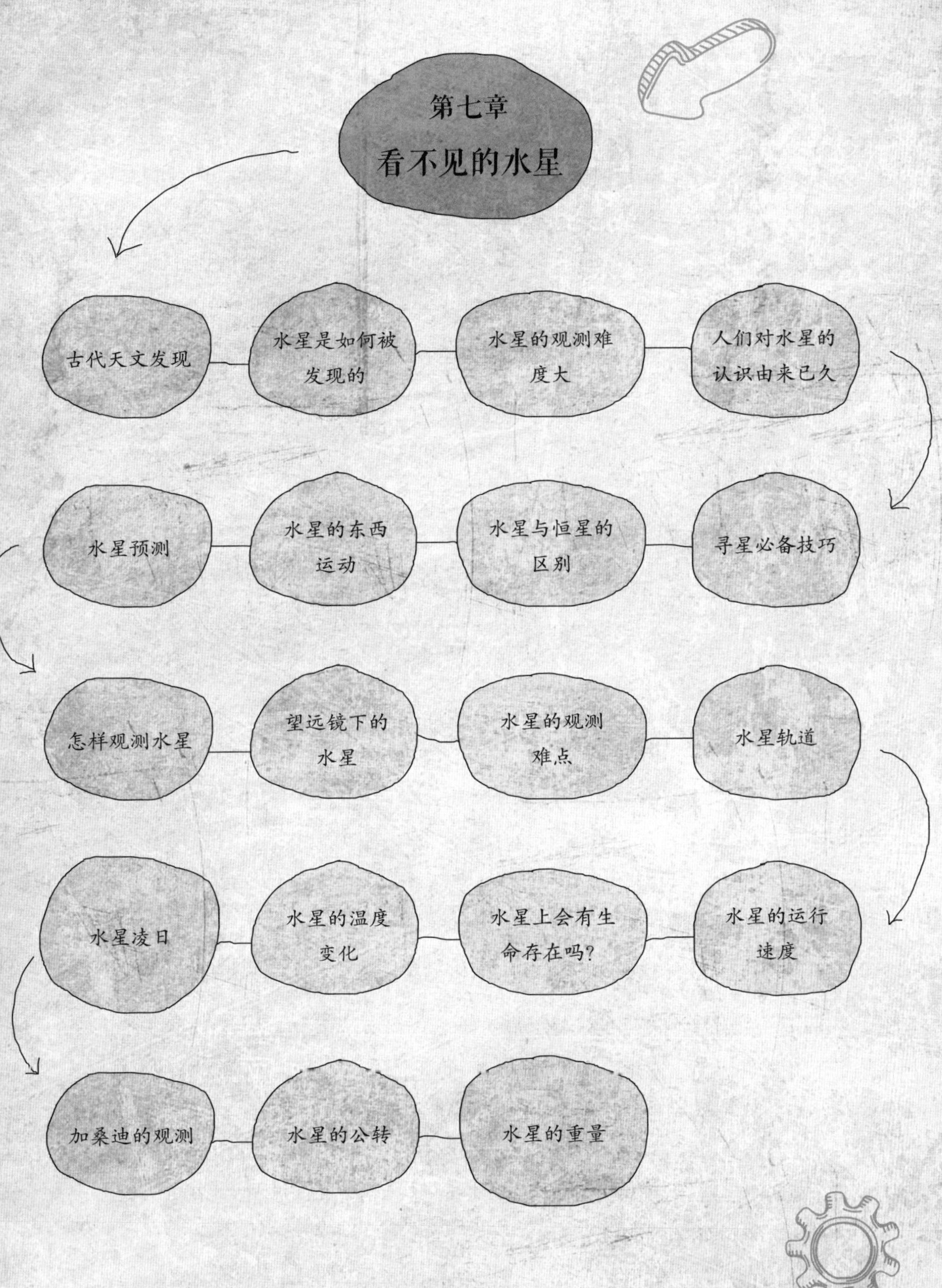

古代天文发现
水星是如何被发现的
水星的观测难度大
人们对水星的认识由来已久
寻星必备技巧
水星与恒星的区别
水星的东西运动
水星预测
怎样观测水星
望远镜下的水星
水星的观测难点
水星轨道
水星的运行速度
水星上会有生命存在吗?
水星的温度变化
水星凌日
加桑迪的观测
水星的公转
水星的重量

漫长的天文史上，记载着无数光辉灿烂的天文观测成果。现代天文发现更是层见叠出，应接不暇，以致我们常产生恍惚错觉，以为天文发现完全是现代社会独有的产物。其实不然，我们完全兼具，可以在赞叹杰出的现代天文成果的同时，带着公正的眼光去评判古代天文学家们留给我们的宝贵财富。

首先，让我们对“古代天文学家”的定义进行清楚的界定。如今，科学发展如此迅猛，每个世纪都会发生翻天覆地的变化。天文学家们勤勤恳恳地探索着星空中的每一个角落，每一代人，每20年，甚至是每年，他们都会带来新的研究成果。但如果想要了解水星的发现之旅，就不得不追溯到更久远的年代。与之相比，牛顿的发现也只能归于现代天文发现的范畴，与我们即将介绍的水星发现之旅相比，即使是哥白尼的《天球运行论》也只能算得上是近现代的天文成果。

究竟谁是第一个发现水星的人呢？让我们试着从天文记录中去寻找答案。曾有人在哥白尼临终时听他说，他生平最大的憾事，便是未能亲自观测到水星。哥白尼特别希望看到水星，因为水星的运行能在很大程度上对他毕生的心血之作——《天球运行论》进行完美诠释，但很遗憾，他的这一夙愿未能实现。一般来说，水星并不像其他行星那样易于观测，再加上哥白尼长期定居于弗龙堡，那里的维斯瓦河边有一个巨大的潟湖，湖上腾起的水汽使地平线模糊难辨，所以，于此观测水星的难度无疑会比其他地方更大。

早在哥白尼时代，人们便已熟知水星存在的事实了，因此我们还需追溯到更久远的时代，去探寻水星的发现之旅。在中世纪为数不多的天文史料中，我们也找到了有关水星的零星记载。继续向前，我们在公元初期的史料中也发现了水星观测的记录，一直追溯到距今2000多年的公元前265年。当时的史料中的确有观测到水星的相关记载。但在一份更早期的报告中，我们又发现了水星观测的相关文字，那份报告是由亚述的首席天文学家递交给时任亚述国王的亚述巴尼拔的。但似乎水星的第一次发现仍远远早于那个年代，而且真正的情况可能是，水星曾在多个地区被观测到，但相关的观测记录却并没有被保留下来。因此，第一个发现水星的究竟是谁，他来自哪个国家，生活在哪个年代，我们都无从知晓。

虽然水星的发现需要追溯到远古时代，那时的人们还未对太阳系形成正确认识，而且数个世纪之后望远镜才被发明出来，但我们绝不能就此认为，水星探测是一件容易的事。只要去构想当时人们的观测方法，便能明白水星观测绝非易事。

一些远古天文学家已经熟练掌握了一定天文知识，并且能够辨认出不同的星体和星座。无数次的观测经验使他们掌握了这些星体的一些规律，他们发现天狼星每年都会在同一时节出现，并且还掌握了天狼星与猎户座以及其他邻近星座的相对位置。以此类推，远古天文学家们已熟知每一颗明星在天空的具体方位。他们还知道这些星星看上去在不断运动，时起时落，但它们之间的相对位置是固定不变的。他们还了解了金星的部分知识，甚至还把出现在早晨的金星命名为“晨星”，出现在晚上的金星命名为“昏星”，并且还得出结论称，金星会从太阳的一侧移动到另一侧。

不难想象，当时的人们是如何在东部沙漠晴朗的夜空中发现水星的。日落时分，暮光开始逐渐消退。但瞧！在那片被落日的余晖染红的天际，在那遥远的地平线上方，一颗明亮的星星显现了出来。远古天文学家们知道，天空中的这一位置上理应没有星星出现的。如果他们看到的不是一颗星，那又会是什么呢？为了尽快解开这个谜题，他们便在翌日傍晚再次遥望那片天空，结果又一次看到了那个物体，只不过它比昨晚更高更亮了。在接下来的数个傍晚中，它变得越来越亮，最终竟像一颗璀璨的宝石，在天边熠熠生辉。那些首先发现这个物体的人们开始猜想，也许这个物体还会越升越高，越变越亮，其亮度甚至能与金星相媲美，但他们的想法并未实现。在接连数日发出耀眼的光芒之后，这个神秘物体的光芒开始消退，它在日落时分再次出现在地平线附近，并且紧随太阳一起消失。它是永远消失了吗？数年之后，人们再次在日落时分看到了它的身影，但之后它又会再次重复上述变化过程，只不过在上升高度和亮度上会与前次有所不同。

远古天文学家们一定经历了长期细致的观察，才最终确定那些形态各异的物体实际上都是同一个星体。他们对于东部沙漠的日出现象也同样了如指掌，在日出时分晴朗的天空中，晨光正要破晓之前，人们有时会在地平线上看到一颗像星星一样的小点。接连数日，这个物体都会在日出前跃出地平线，且高度不断增加，亮度也逐渐增强，之后它又会逐渐向太阳移动，不断下落，然后一连消失数月。这些就是远古天文学家们观察到的全部现象，时而出现在日落之后，时而又出现在日出之前。对于现代人来说，我们能轻易从这些事实中得出二者为同一星体的结论。结论是没错的，但推导过程绝不简单。远古天文学家们必然经过了长期的细心观察，才发现只有当其中一个消失后另外一个才会出现的规律。至此才得出结论：那些日出和日落现象都是由同一个星体引起的，且该星体在太阳两侧来回移动。

不难想象，天文学家们在宣布二者实为同一星体之前，一定进行了反复论证。但这种情况应如何论证呢？要验证科学定律正确与否，最完备、最令人信服的方法便是成功预测。在对水星进行了数年观测之后，人们已经在某种程度上掌握了水星出现的规律。一旦掌握了它的周期，那么预测也就成为可能。无论是水星在日落后的出现时间，还是日出前的出现时间，都能被准确预测出来！如果数次观测结果均显示，该星体的出现时间与预测时间完全吻合，那么我们就有理由相信基于这些预测所做出的推论也是正确的。该推论便是所有那些日出日落现象都是由于同一星体的位移造成的。因此，水星的发现，与木星或金星的发现一样，都是基于准确的理论基础。

在不列颠群岛所处的纬度上，每年都有数次机会看到水星。但想要在一定误差范围之内，找到一条准确预测水星出现时间的规律是不太实际的，但只要下定决心，再加上一点耐心，初学者也一定能观测到它的身影。首先，初学者可以找来一本年鉴，查询到水星的具体位置，然后再选择水星为晨星或昏星的日期进行观测。观测时间以春季为最佳，因为此时水星的高度通常较其他季节偏高。通常情况下，在日落后的45分钟内，人们可以在暮色中一睹水星“娇羞的芳容”。

当然，对于那些赤道仪在手的天文学家们，这些提示就显得多余了。想要用望远镜观测到水星，只需要查阅年鉴，找到水星的位置即可。如果水星恰好位于地平线以上，便立刻将望远镜对准相应位置，即使是在白天的日光下，也能观测到它的身影。然而，望远镜中的水星图像却并不尽如人意。尽管水星的体积要远大于月球，但由于距离我们十分遥远，望远镜中的它也只能是一个小点。不过，水星图像上的一个特征会立刻吸引我们的注意。我们观测到的水星通常都不是圆形的，它就像一个微型月亮，或多或少都有所亏缺。水星的相位与月球一样，遵循着相同的变化规律。与地球类似，水星也是由非自体发光的物质组成的一个球体。水星总有一个半球是朝向太阳的，因此这个半球就会被阳光照亮。观测水星时，我们就看不到未被照亮的另一面，只能看到被太阳照亮的那部分。

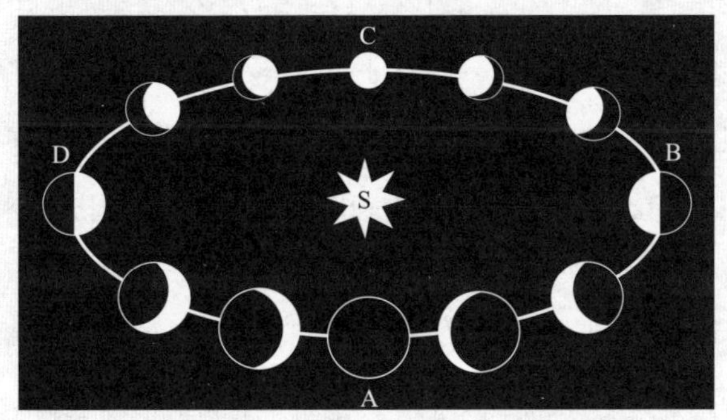

图52　水星运动对水星相位和视尺寸的影响

水星体积并不大，因此若仅凭肉眼观测，根本无法分辨出它被阳光照亮部分的形状。诚然，即使是在观测体积更大的金星的月牙时，我们仍需借助望远镜才能看清其具体形状。然而，纵使能看清水星呈月牙状的模样，能观测到它随着地日间相对位置的变化而发生的阴晴圆缺，我们实际能看到的仍然十分有限。水星太小太亮了，我们根本无法看清它表面的样貌。人类曾做过无数次的尝试，也通过观测，记录下水星表面若干十分微小的特征，但这些数据仍存在很大的不确定性。

目前掌握的有关水星的数据中，最为可信的便是其绕日轨道的多项数字指标。水星绕日公转一周所需的时间约为88天，平均日距约为3600万英里，平均公转速度超过29英里/秒。前文中，我们已经对水星轨道的显著特征有所提及，它的轨道与其他行星轨道最大的不同在于它的偏心率较大，轨道较扁。

图53 月牙状的水星

多数行星轨道的偏心率并不大，因此如果将它们按精准的比例绘于纸上，若不仔细测量，根本无法将它们与圆形分辨开来。水星轨道的情形则大不相同，即便是最马虎的观测者，也不会将水星椭圆形的轨道错认为圆形。水星与太阳之间的距离也在很大范围内波动，近日点的距离低至3000万英里，而远日点的距离则高达4300万英里。根据开普勒第二定律，水星的运行速度也会产生相应变化，靠近太阳时，它必须提速，远离太阳时，又必须降速，这样才能使相同时间内扫过的面积相等。水星运行的最快速度约为35英里每秒，最慢速度则为23英里每秒。

为了对水星运动形成正确认识，我们不应避开水星的真实体积不谈，而只单单介绍其运行速度。毫无疑问，与熟知的那些日常速度相比，29英里/秒的速度实在是快得难以想象。这一速度甚至达到了步枪子弹速度的100多倍。但若将物体的体积与它的速度进行对照，就会发现水星的速度远低于子弹的速度。步枪子弹每秒运行的距离是其直径的数千倍，即使水星的速度比子弹要快得多，但由于其体积庞大，水星走完一段与其直径相等的路程所需的时间竟为2分钟。整体来看，水星的运行速度相较于其体积来说，算得上是快慢适中了。

由于很难获取到水星表面的任何信息，我们无法判断该星球上是否有生命存在。但由合理推导可得，水星上不可能存在类似于我们所熟知的地球生物的生命体。太阳散播到水星上的光和热是地球上的许多倍。即使当水星位于远日点时，它所接收的太阳辐射仍为地球上接收的最大辐射的4倍多。当水星继续运行，来到最热的近日点时，它将暴露在难以想象的高温之中，那时太阳辐射的强度将不低于地球上接收的最大辐射的9倍。

相较于地球上的四季更迭，水星上极端气候间的转换则更为迅速。水星的一年仅有88天，夏至与冬至之间也仅相隔44天。太阳辐射如此迅速的转变，势必会对水星上的生存环境造成极为深刻的影响。莱杰先生也在一本有趣著作①中提道：如果水星上真的有生物存在，那么它们肯定对“近日点”和“远日点”这样晦涩的词语有深刻的体会。这两个词分别表示“靠近太阳”和“远离太阳”的意思，我们之所以无法将它们与任何现象联想起来，原因在于地日距离的变化带给我们的影响实在是太微不足道了。但水星上的情况就大不一样了，在那里，太阳的视尺寸在六周内会足足增加一倍，它散发的光和热也会大大增加，因此水星上的居民对“近日点”和“远日点”所带来的变化有着更加直观的感受。

然而，仅凭近日点或远日点的变化就给水星的气候下定论，难免有些草率。除了日距之外，影响气候的因素还有很多。地球的大气层就会对地球温度的高低产生影响，倘若真如人们常推测的那样——水星也有大气层的话，那么水星的气候也可以被调节到适宜的温度了。不过，水星接收的太阳辐射十分猛烈，波动又大，想要形成能够庇护生物的大气层似乎不太可能。唯一能确定的是，水星上是否有生命存在仍然是一个待解之谜，或者说是一个无解之谜。

[今日科学说] 太空时代的一大好处就是我们可以发射探测器近距离观察水星，水星是否存在大气这个问题便迎刃而解。1974年，“水手10号”探测器证实了水星并不存在像地球这样的浓厚大气层，水星拥有的仅仅是一层稀薄的大气，这层大气主要由氧、钠和氢构成，压力仅为10^{-15}帕，是地球大气压的一百万亿分之一。水星上并没有云、河流、沙尘暴或者任何与天气有关的现象出现，并且由于大气极为稀薄，无法有效保存热量，水星的昼夜温差极大。白天时，水星赤道地

① 1882年在伦敦发行的《太阳：太阳系行星及其卫星》（原文出自第147页）。

区的温度可以超过400℃，夜晚可降至-170℃。水星表面在一定程度上与月球颇为相似，两者皆有环形山地貌，区别在于水星的环形山不像月球上那样密密麻麻，水星上约40%的表面属于起伏较小的平原地区。

1629年，开普勒做出了一个有关即将发生的天文事件的重大声明。数年间，他一直潜心研究行星运动，基于过去数年的研究成果，他对未来展开大胆预测。开普勒宣称，金星和水星两颗行星将同时于1631年发生凌日现象，水星的凌日时间为11月7日，金星的则为12月6日。

这一预测在当时轰动一时。我们早已习惯了去年鉴中查找那些已被提前预测出来的天文现象，却忘了早些年，天文预测根本是不可能的事。天文学是在经历了漫长而缓慢的发展之后，才使今天的我们能准确预测出越来越多奇特的天文现象。开普勒能够成功预测数年之后的凌日现象，平心而论，这在当时的确算得上是一项史诗级成就。

著名学者加桑迪准备通过实验观测的方式，来验证开普勒的预言。如今，我们的准确预测前后误差不超过数十分钟，但在那个年代，想要获得这样的准确率简直是天方夜谭。加桑迪在距离开普勒的预测时间还有两天的时候，便开始了他的水星凌日观测试验，为便于观测，他甚至专门制订了一套巧妙的观测计划。先是使阳光穿过遮光器上的一个小孔，直接照射进一间黑暗的房间里，然后再用一块透镜将太阳的图像投影在一块白色幕布上。这的确是一个观测日面的妙招，直至今天，即使拥有了最先进的望远镜设备，我们仍然借用了这一原理作为常用的观测日面的方法。

加桑迪于11月5日正式开始观测，他密切关注着日面图像的一切变化，不放过任何细节。但直到开普勒预测时间5小时后，水星凌日才真正开始。加桑迪动用了能想到的一切设备，但与现代天文台里的那些相比，这些设备还是过于简陋了。加桑迪迫切想要记录下水星出现的时间，于是他让一名助手守在楼下的房间里，待他一发出信号，助手便立刻观测当时的太阳高度。他们传递信号的方式极为原始，水星凌日的重要时刻一出现，加桑迪便在楼上跺脚以通知助手。尽管助手的耐心已经在漫长的等待中被耗得所剩无几，但加桑迪他们终究还是获得了一些宝贵的观测数据，这便是人类第一次观测到水星凌日的过程。

水星凌日并不罕见（在整个19世纪共出现了13次），对该现象的多次观测，大大提高了我们测算水星运动的准确性。人们甚至想通过对凌日现象的观测，获得更多有关水星物理特性的数据，但这些愿望那时还未曾实现。

天文学家们还借助分光镜对水星进行观测，但成果还是寥寥无几。唯一的结论是，水蒸气似乎是水星大气层的组成成分之一，这一点与地球一样。

数年前，一位著名的意大利天文学家——斯基亚帕雷利教授，曾就水星运动发布过一个重大发现。他发现水星绕轴自转的周期与其绕日公转的周期是相同的。这两个周期相同会使水星永远以同一面面向太阳。如果地球也照此规律运转，那么面向太阳的那个半球将进入永昼，另一个半球将陷入永夜。斯基亚帕雷利教授的这一发现表明，水星绕日公转的方式与月球绕地公转是类似的。由于水星轨道偏心率较高，因此其绕日公转的速度波动较大，而它绕轴自转的速度却是恒定不变的，这样一来，在整个水星年里，大半个水星（约为水星八分之五的表面积）都能或多或少地接收到太阳辐射。

斯基亚帕雷利的这一重大发现刚刚得到了另一位天文学家的证实，那便是来自美国亚利桑那州的洛厄尔先生。洛厄尔先生在绝佳的观测条件下，利用24英寸光圈的折射望远镜对水星进行了观测。他在水星表面看到了一些狭窄的暗线，这些暗线的缓慢移动证实了水星绕轴自转和绕日公转周期一致的观点。洛厄尔先生的观测还表明，水星的自转轴与其公转轨道平面是相互垂直的。不过他在水星表面没有观测到云层或其他遮挡物，也没有发现任何大气层存在的证据，水星表面黯淡一片，完全是个“黑白世界”。

我们可以通过强有力的推理，来反推斯基亚帕雷利观点的科学性。水星没有卫星，它只受到太阳的影响，产生潮汐现象。由于水星与太阳之间的距离十分接近，因此水星上的太阳潮汐会十分猛烈。在这种强烈的潮汐作用下，水星只能始终以同一面面向太阳，我们绝对有理由相信，这种潮汐也一定能够使水星的自转和公转周期保持一致。

［今日科学说］ 直到1965年，美国天文学家才通过雷达观测发现水星自转的精确周期是58.646天，并非过去认为的和公转周期一致的88天。这表示水星以3 ：2的自旋轨道共振，通俗来说，就是每当水星绕太阳公转二圈，它会自转三圈。

水星，这颗奇妙又美丽的星球，激发了我们无数的想象，诱使着我们不断尝试，只为揭开其神秘的面纱。在与水星暂别之前，还有一点必须阐明，测量水星的重量并将其与太阳系其他星球进行比较，这一任务虽困难重重，但绝非无法企及。水星测重问题的确棘手，但探测过程却能带领我们走上妙趣横生的天文发现之旅。冯•阿斯滕于近日宣称，水星的重量约为地球的二十四分之一，但这一结果相较于其他大行星的测重结果来说，仍存在较多不确定性。

通过发射探测器，天文学家测得水星较为精确的半径为1516英里，质量约为0.055个地球质量，大概是地球的二十分之一。平均密度在太阳系八大行星中仅次于地球。

水星是除了金星和火星之外距离地球第三近的行星，但目前为止（2018年）针对水星的探测任务仅有两次。水星探测任务稀少的一个原因是水星轨道距离太阳过于接近，探测器靠近水星的同时还要考虑来自太阳的各种影响，包括巨大的引力，剧烈的辐射以及炽热的高温，等等。美国的“水手10号”是第一艘前往水星开展探测任务的宇宙飞船，1974年3月29日，“水手10号”首次近距离飞掠水星，距离水星表面703千米。进入21世纪，美国国家航空航天局又开展了名为信使（MESSENGER）的水星探测任务，探测器被命名为信使号，本次探测任务的目的是全方位了解水星，包括研究水星表面的化学成分、地理环境、磁场、地质年代、核心的状态及大小、自转轴的运动情况、散逸层及磁场的分布等。2004年8月3日，信使号在德尔塔-2火箭的运送下正式开始了前往水星的征程。2011年3月18日，信使号正式进入环绕水星的轨道，并在2012年完成了预定的探测计划。信使号任务结束后，于2015年4月30日撞击水星表面。

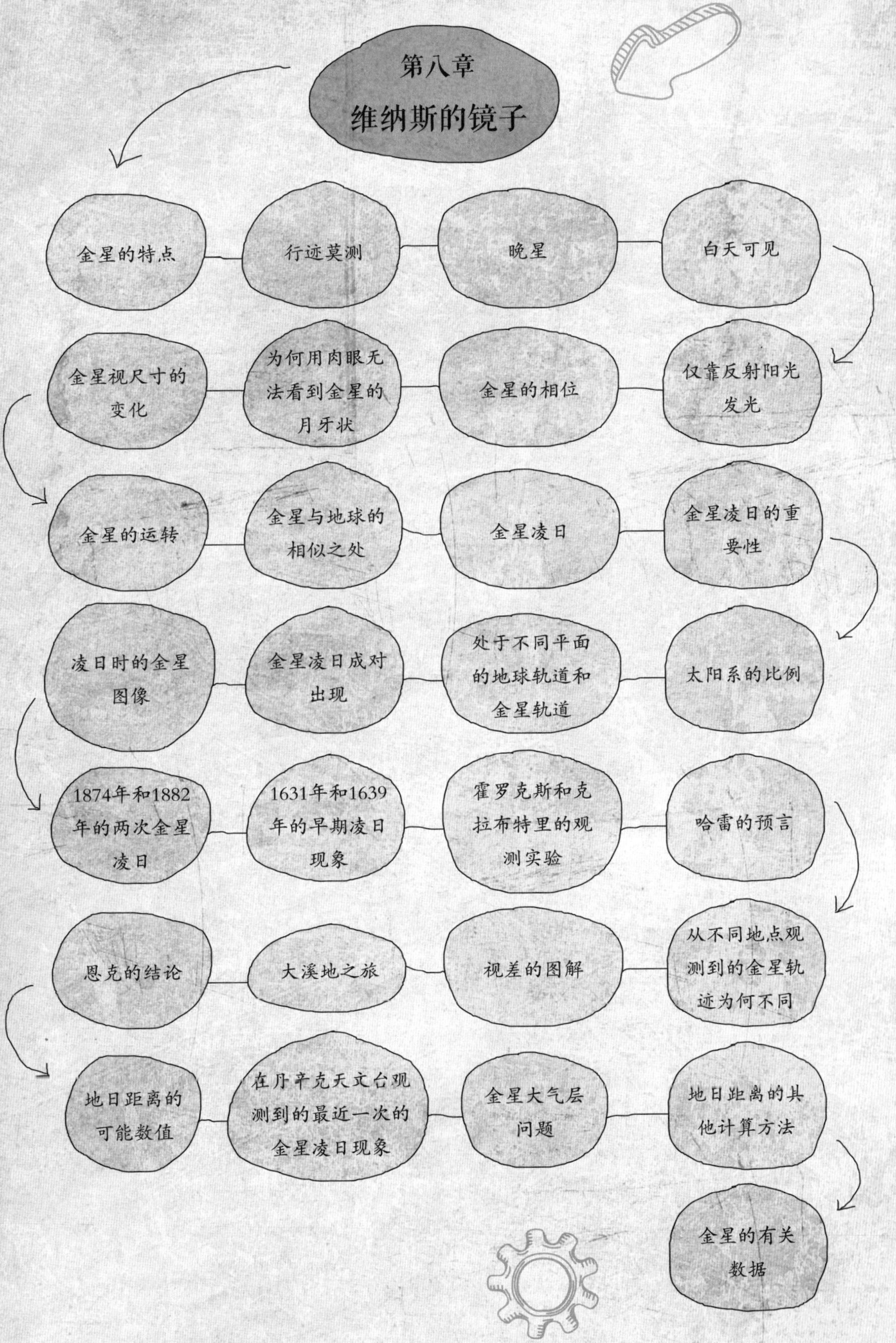
第八章
维纳斯的镜子
金星的特点
行迹莫测
晚星
白天可见
仅靠反射阳光发光
金星的相位
为何用肉眼无法看到金星的月牙状
金星视尺寸的变化
金星的运转
金星与地球的相似之处
金星凌日
金星凌日的重要性
太阳系的比例
处于不同平面的地球轨道和金星轨道
金星凌日成对出现
凌日时的金星图像
1874年和1882年的两次金星凌日
1631年和1639年的早期凌日现象
霍罗克斯和克拉布特里的观测实验
哈雷的预言
从不同地点观测到的金星轨迹为何不同
视差的图解
大溪地之旅
恩克的结论
地日距离的可能数值
在丹辛克天文台观测到的最近一次的金星凌日现象
金星大气层问题
地日距离的其他计算方法
金星的有关数据

如果要对太阳系几大行星逐一介绍，那么金星也许不会是首选。论尺寸，有的是比它大数百倍的行星；论轨道，尽管大于水星，但却远不及其他地外行星，甚至连一些大行星都有的壮美卫星，金星也没有，这就使它显得形单影只、了然无趣了。即便如此，金星仍然是星宿中最独一无二的。即将讨论的这个星体，并非只有借助望远镜才能被观测到，在望远镜问世很久之前，人们就已经用肉眼观测到金星了。从这一点来说，我们把金星放在前面来介绍，也并不为过。

谁不曾在看到这颗耀眼的星星时欣喜万分？毕竟这颗晚星不是随时都能看见的，它会持续数月消失在众人的视线中。金星的显现变幻无常，神秘莫测，这无疑又增添了一份魅惑之美。对于那些勤于查阅年鉴的人来说，金星的活动早已没有一丝神秘可言。这颗美丽星球的一切行踪早已被详实地预测出来，完全与爱神的恣意随性大相径庭。但对于那些不太关注星体的人们来说，偶然的邂逅却正是金星最大的魅力所在。试想，人们已经数月不曾见过金星，甚至早已将其忘却。但在一个无云的傍晚，太阳刚刚落山，大自然的爱好者们都在赞叹着落日的壮美。突然，有人在金灿灿的西边天际看到了一颗璀璨的明珠，那便是晚星——金星。数周后的又一个日落时分，人们发现金星已不再是西边地平线上的一个亮点，而成为一颗高悬于天际的明星，即使夜幕已降临许久，它依然闪烁如初。数日后，金星会变得越来越亮，直到群星——甚至连天狼星和木星在它面前都会黯然失色，此时的金星俨然是这浩瀚苍穹的无敌女皇。

在持续数周的光彩照人之后，日落时分，金星的高度开始下降，光亮也逐渐减弱。它缓缓地西沉，直至消失不见，最终被人类淡忘，不过，这位神秘的女神只是从天空的一边移动去了另一边。日出前，我们又能在遥远的天边看见晨星的出现，它的光芒不断增强，并最终达到了灿若晚星的亮度。之后晨星又开始朝太阳移动，接着便从人们的视线中消失数月，直到新一轮为期1年零7个月的变换再次上演。

当金星的亮度达到最大值时，我们在白天就能轻易用肉眼观测到它。金星似乎以这种令人惊叹的美景明确无误地宣告，在所有行星与恒星之间，它才是拥有无上荣耀的绝对明星。的确，此时金星的亮度为北方天际所有星球亮度的40～60倍不等。

美丽的晚星总是看起来光芒四射，初见之下，似乎很难相信它竟不是自体发光的星体。但不可否认的是，金星的确仅是一个黑暗的球体，我们的地球亦是如此。天气晴好的日子里，金星的亮度也不比地球的大很多。金星会“发光”，完全是由于反射了太阳光的缘故，它的原理与前文所述的月球发光的原理是一样的。

我们用肉眼是无法看清金星的月牙状的，因为我们看到的只能是一个小亮点，根本无法看清它的具体形状。这可以用人眼的生理结构来解释。人眼中的视觉结构会在视网膜上形成一幅极小的星球图像。即使当金星位于近地点时，它的直径与轨道间的夹角也不超过1弧分。因此，投射到薄薄的视网膜上的金星图像便十分微小，其直径约为1英寸的六千分之一。尽管我们的视网膜已经很精密了，但要想看清这么小的图像实在是太困难了。作为视觉之源，视神经在面对如此微小的图像时，也无法完全重现各个细节，只能形成一幅大致图像。因此，我们用肉眼看到的明亮的金星，只能是一个小亮点。肉眼观测是无法辨别金星的形状的，更别提看清金星的月牙状。

图54　金星（摄于1889年5月29日）

如果金星的直径能再大个数倍，比如说，如果它能像木星或其他大行星一样大，那我们用肉眼便能看清它的月牙状。假如金星真如木星一样大，那么天文史又将如何发展呢？这是个十分有趣的猜想。试想，如果大家都能直接用肉眼看清金星的月牙状，那么“金星是一个绕日运动的暗黑星球”这样的观点，就是一个明摆着的事实了。金星与地球之间的相似之处也能立见分晓。哥白尼的那些较为现代的发现，肯定早已与东方古国的那些古老发明一起代代流传了。

迄今为止，最清晰的一张金星图样当属爱德华·埃默森·巴纳德教授于1889年5月29日拍摄的那一张，巴纳德教授当时在里克天文台用一架12英寸的赤道仪获得了这张图片，在当时的情形下，他发现12英寸的效果甚至要优于36英寸的，金星表面的斑纹都清晰地显现了出来。因此，巴纳德教授于1897年在书中写道：这张图样的拍摄情境至今仍历历在目，此后我再也没有遇上这么棒的观测时机。图55中展示的是观测到的三个不同形状的金星画面。当金星的月牙状出现时，它与地球之间的距离已经十分接近，以至于这个月牙所在的圆看上去要比金星的实际尺寸大得多。图中的图像分别表示金星在与地球的相对比例发生变化时，我们能观测到的金星不同形状的变化。由于金星表面的亮度过高，我们很难辨认出其表面的任何地貌特征。观测者们有时会在其表面看到一些斑点或其他特征，偶尔还会发现金星月牙的两端变得不规则，这似乎暗示着金星的表面也许崎岖不平。

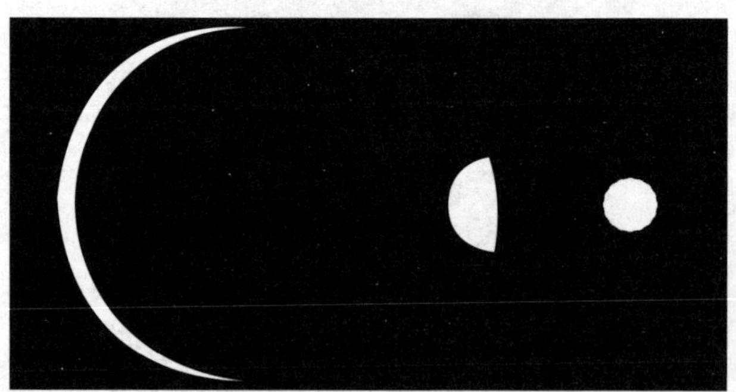

图55　望远镜观测到的金星的不同形态

有人还声称在金星的两极看到了白色斑点，从某种程度上来说，这种斑点与人们在火星上观测到的亮点十分相似。

由于实在难以对金星表面的地貌进行观测，我们也就很难准确回答金星绕轴自转的周期问题。在过去的400年间，许多观测者仅根据已有的那些数据得出结论，认为金星的自转周期约为23个小时。1877年，来自米兰的斯基亚帕雷利开始将注意力转移到金星上来，他发现，在金星月牙的南端有一块黑影和两个亮点。这位刻苦的天文学家一连三个月，一直密切关注着这三处特征，却发现它们的位置没有丝毫改变，即使连续数小时不间断观察，结果依然如此。这样的结果似乎说明，金星的自转周期不可能是23小时或更短。数周之后，亮点依旧没有发生位移，终于，斯基亚帕雷利不得不相信只有当金星的自转周期为6个月至9个月之间时，他观测到的那些现象才能得到合理的解释。同理，他还得出金星的公转周期为225天——即金星绕日旋转一周所需的时间。换言之，金星始终以同一面朝向太阳。

这一重要结论很快便被在尼斯进行的观测试验所证实，但它也遭到了一些观测者的猛烈抨击，其他天文学家坚持认为在尼斯拍摄的图像恰好说明金星的周期与地球的周期是一致的。然而，洛厄尔先生的一些书信还是很好地证明了斯基亚帕雷利的观点。洛厄尔曾发表过一组用24英寸的折射望远镜拍摄的金星图像，他发现金星的自转与其公转是同时进行的，并且它的自转轴始终垂直于其公转轨道。洛厄尔先生看见的那些斑纹始终呈长条状，且只要大气状况良好，便能看到它们。

前文中提到，月球通过自转，始终以同一面面向地球。现在我们又了解到金星和水星也以同样的方式绕日公转，且始终以同一面面向太阳。所有这些现象都涉及更高端的天文领域，与更高深的天文知识有着紧密联系。这些现象的发生绝非偶然，它们都是由潮汐作用引起的，这一话题我们暂且留到后续章节再进行探讨。

地球和金星的体积十分接近，二者的差异几乎难以辨别，但地球的直径却比金星长数十英里。有证据显示，金星可能也有大气层环绕，分光镜观测结果还表明，金星的大气层中也含有水蒸气。

如果金星的大气层还含有氧气，那么金星上就可能有生命体存在，且它们的形态可能还与地球上的生命体相似。显然，金星上的太阳辐射要远高于地球上接收到的辐射，但这也未必就会对生命体产生难以逾越的障碍。地球上无论是极寒地区还是酷暑地带，都有生命体存在，而且距离赤道越近，生物种类越多，生长越旺盛。因此，如果金星表面有水存在，大气层中又含有氧气，那么我们就可能在金星上找到一种生长旺盛的热带生物，它与我们地球上的生物可能还存在某些相似之处。

[今日科学说] 某种程度上来说，金星与地球的确非常相似。相对于太阳系的其他行星来说，金星不论是质量、体积还是密度，都相当接近地球，更别说金星也拥有浓厚的大气层。金星就像是地球的“孪生姐妹”。如前文所述，早期的观测结果显示金星的大气层中含有水蒸气，而在20世纪30年代，天文学家测量得到的金星大气的温度，与地球上层大气温度区别不大。这一系列的相似性不禁让人们开始畅想金星上存在生命的可能性。

金星大气以及金星表面的神秘面纱，在20世纪50年代开始被逐步揭开。这要得益于新技术的出现，以及太空时代的到来。探测结果显示，金星的表面温度高达467℃，气压几乎是地球上的100倍。金星的大气组成完全不同于地球大气，二氧化碳是其主要组成部分，比例高达96.5%。金星大气层中有硫酸形成的不透明云，所以不论是地球上的望远镜，还是环绕金星的探测器，都无法在可见光波段下观测金星表面。从以上的观测数据来看，金星并不是一个适宜居住的“天堂”，而是环境恶劣的“地狱”。

相对于月球和水星，金星表面的陨石坑要少很多，这可能是由于金星拥有浓厚大气的缘故。观测数据显示金星表面的许多区域有火山特征，这是金星地质的一大特点。大量的火山特征表明金星表面在过去相当活跃，而且类似的活动似乎一直持续至今。有观测数据显示金星云层上方的二氧化硫水平呈现出频繁而巨大的波动，这些波动可能就是金星表面的火山喷发导致的。另外一些金星探测器探测到金星的部分区域出现了无线电能量爆发，这种爆发类似与地球火山喷发时出现的放电现象。但这些现象严格来说都只是间接证据，科学家尚未直接观测到金星火山喷发。

在介绍水星和假想行星祝融星时，我们都不可避免地提到了凌日现象。这一现象对天文学家一向具有十分重要的意义，且在研究金星时尤为重要。金星凌日现象十分罕见，笔者有幸目睹过两次，这两次分别发生在1874年和1882年，毫不夸张地说，当时人们对它们的关注度远超任何其他天文现象。

金星凌日算不上壮美异常，它是那么的不起眼，就像一颗彗星或流星划过天际一般。既然如此，人们为何如此重视它，它的科研价值何在呢？原来，金星凌日可以帮助我们解答一个一直困扰着人类的大问题。当凌日发生时，我们有机会测出太阳系的实际比例。这的确是个大问题，需要我们花些时间好好琢磨一番。位于太阳系中心位置的便是太阳——这颗比地球大一百多万倍的大星球，而太阳周围则环绕着若干行星，我们的地球也只是其中一个罢了。此外还有数百颗小行星，它们有的体积与地球相当，有的甚至远大于地球。除行星之外，太阳系还有其他星体存在，大部分行星都有绕其旋转的卫星，此外还有成百上千颗彗星存在。这个庞大星系中的每一个成员，都沿着既定轨道绕太阳运行，它们共同组成了太阳系。

想要知道太阳系的相对比例，行星与太阳间的相对距离甚至是行星间的相对大小，都并非难事。但当我们试图测算出太阳系的实际尺寸及其形状时，却遇到了麻烦。而金星凌日却给我们提供了一种解答方案。

比如，就拿一张欧洲地图来说，我们在图上能看到每个国家的准确位置。我们可以看出河流的流向，可以看出法国的面积大于英格兰，俄罗斯的面积又大于法国。但无论这幅地图制作得多么精良，想要知道一个国家的准确面积，我们还需借助另外一个数值，那便是绘制地图时采用的比例尺。地图上一般都会有一根带刻度的参考线，这根线就是比例尺。它的作用就是告诉我们地图上的1英寸对应着多大的实际英里数。缺少比例尺的地图，将失去许多用途。假如我们想从地图上找一条从伦敦前往维也纳的路，我们马上就能知道行进方向以及途经的各个城镇。但如果不看下方的比例尺，就无法从地图上得知这趟旅程究竟有多远。

想要绘制一幅太阳系的地图并不难。我们可以画上一些行星及其卫星的轨道，还能画出许多彗星，我们也能按照行星间的相对比例，画出这些行星和其轨道。但在这幅图完工前，我们还需添加另一样东西。我们必须确定这幅图的比例尺，告诉大家图上的1英寸代表着宇宙间的几百万英里。真正的难题就出在了这里。

不过，尽管费时费力，但我们还是有一些方法来解决这一难题。其中最广为人知的（虽然绝非最有效的）便是在金星凌日时寻找答案，而这也是这一罕见现象之所以重要的原因所在。这一方法是确定太阳系实际比例著名的方法之一。显然，解决这一问题意义重大，太阳系的实际比例一旦确定，一切问题都将迎刃而解。我们能知道太阳的尺寸以及地日距离，木星的体积及其卫星的轨道周长，彗星的大小及其陨落的距离，流星的速度，这些我们都能测算出来。最为重要的是，我们能意识到，地球不过是太阳系大家庭中的一个不起眼的小成员。

金星轨道位于地球轨道之内，且其运行速度快于地球，因此它常会超越地球，等到地球、金星和太阳位于同一条直线时，我们期盼已久的重要时刻便到来了。届时我们将看到金星在太阳表面移动，这就是金星的凌日现象。若三者恰巧位于同一条直线上，当我们站在地球上观测金星时，我们会看到，在太阳明亮背景的衬托下，金星被格外清晰地凸显出来。

既然金星每19个月超越地球一次，那么金星凌日似乎也应该按照这个频率发生。其实不然，金星凌日现象极为罕见，甚至可以说是百年难遇。原因在于，金星轨道与地球轨道平面之间存在一个夹角，因此在金星的一个公转周期内，它有一半时间位于地球轨道平面以上，另一半时间则位于地球轨道平面以下。这样一来，当金星超越地球时，二者的连线常常不是高过太阳就是低于太阳。只有当金星超越地球恰好发生在两个轨道平面的交错点上时，地球、金星和太阳才能处于同一直线上，金星凌日才会发生。这一现象的罕见性早已人尽皆知。在每年12月及来年的6月间，地球都会运行至两个轨道平面的交错点，如果金星合日又恰巧发生在6月6日或12月7日，那么届时金星凌日将会上演，其他时间则毫无发生的可能。

关于金星凌日的发生频率，最著名的当属“八年周期论”。所有的金星凌日都可以两两分组，每组中的两次现象的间隔均为8年。比方说，1761年发生了一次，那么1769年肯定还会再发生一次，之后直到1874年和1882年才又发生了一组凌日现象。在漫长的蛰伏之后，下一组金星凌日将分别发生在2004年和2012年。

其实，金星凌日成对出现的原理很简单。它是由于金星周期与地球周期之间的数量关系引起的。金星绕日公转13圈所需的时间约等于地球绕日公转8圈的时间。也就是说，如果金星、地球和太阳于1874年连成一线，那么8年后地球将再次在同一地点出现；同时，金星也将在运行13圈后再次回到同一地点。如果金星凌日发生过一次，那么8年后必将再度上演。

但是，并非每个8年周期之后，这些星球都会分毫不差地回到原点，所以金星凌日也并不是每8年就能出现一次。金星公转13圈的所行路程也只是近似于地球公转8圈的路程。每一次金星合日发生的位置都略有不同，所以当金星与地球于1890年再次相遇时，金星的合日点已经偏离了金星和地球的轨道交错点，二者连线无法穿过太阳，尽管此时金星与太阳十分接近，但我们仍无法观测到凌日现象。

图56中的正是1874年金星凌日的画面。该图是由法国詹森于凌日发生时拍摄

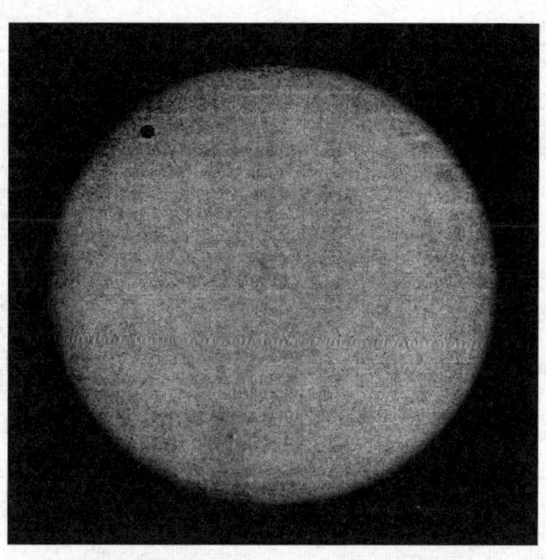

图56 1874年的金星凌日现象

的，他全程都将望远镜对准太阳，于是在他的望远镜感光板上，便有了这张太阳影像。外层较亮的圆代表着日盘，在日盘上，那个显眼的小圆便是金星，这是凌日时金星的主要特征。其他几点值得注意的是，我们在图中还能看到一些极为暗淡的太阳黑子。此外，我们看到的那些网格线，是被画在一个玻璃板上，然后放入望远镜的视野之内，以供测量数据之用。

图57中展示的分别是在1874年和1882年两次凌日发生时，金星在日面的运行轨迹。笔者是幸运的，因为我们都曾目睹过图中的两次凌日现象。图中白色的大圆代表日盘，一开始，金星慢慢侵入白色的日盘，仿佛要将太阳咬出个豁口；接着，这个黑点会逐渐潜入到太阳的正面，大约半小时后，这个黑色的小圆便完全出现在我们的视野中。然后这颗行星便在日盘上一路前行，一路追随它的是来自全球各地的数百台望远镜，它们所处的地区都能观测到这次凌日现象；最终，在行进了数小时之后，金星终于抵达了日盘的另一侧。

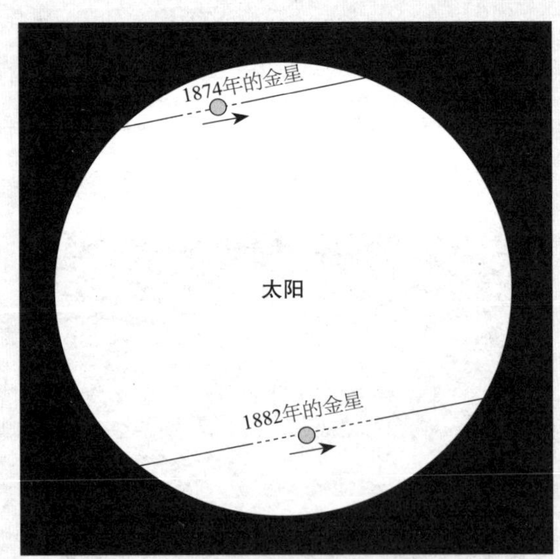

图57　1874年和1882年两次凌日时金星在日面的移动轨迹

现在，让我们简单回顾一下历史上发生的几次有明确记载的金星凌日现象，这将有助于加深我们对这一现象的理解。自人类出现以来，金星凌日总共发生过数百次。但直到1631年，人们才开始关注这一现象，那年也确有凌日现象出现，只不过人们并没有观测到而已。上一章提到，加桑迪曾成功观测到了水星的凌日，这使他不禁开始遐想，希望自己能在开普勒预测的时间，仍有幸观测到金星的凌日。加桑迪于12月4日开始，连续三天密切关注着太阳的图像，但直到7日，他也未能发现任何行星的踪迹。我们现在当然知道个中缘由了。那年的金星凌日发生在12月6日至7日之间的夜晚，因此欧洲的观测者就无法看到这一现象。

开普勒忽略了一点，1639年还会发生一次金星凌日。但另一位天文学家却发现了这一点，甚至可以说，这位天文学家正式开启了金星观测的历史。这是人类第一次亲眼看见金星凌日现象，尽管看到它的人寥寥无几，据笔者所了解，当时目睹这一现象的仅有两人。

霍罗克斯是一位年轻有为的英国天文学家，通过对金星运动的测算，他发现金星凌日将于1639年再度重现，为了验证这一推测，他做好了充足的准备工作。

观测日一早，阳光普照，但不巧的是，那天正好是星期天。霍罗克斯牧师的职业与他的天文爱好发生了冲突。他说，当天上午9点，为了履行身为牧师最为崇高的职责，他不得不中断观测，但差事很快就办完了，于是不到10点，他就又回来继续观测了，可明亮的日盘上仍没有出现任何异常，除了一个黑子外，没有出现任何疑似行星的物体。正午时分，观测再度被打断，他去了教堂一趟，但好在下午1点又赶了回来。他在观测中遇到的麻烦远不止于此，太阳时不时地还会被飘过的云层遮挡。幸运的是，下午三点一刻过后，霍罗克斯终于结束了一天的牧师工作，浮云也逐渐散去，他终于能够全心专注于他的观测试验了。紧接着，霍罗克斯惊喜地发现日盘上出现了一个黑色的小圆点，他一眼便认出那正是金星。当时留给他的观测时间并不多，因为时值寒冬，太阳很快便会落山。霍罗克斯只剩下半个小时了，但多亏了之前充分的准备工作，他才得以记录下许多宝贵的观测数据。

早在观测之前，霍罗克斯便将这一消息告知了他的朋友克拉布特里。因此，克拉布特里也有所准备，并且也成功观测到了金星凌日的画面，他拍摄的一张著名的凌日照片还被制作成壁画，放在曼彻斯特的市政厅供人参观。但霍罗克斯再没有将这一消息通知给第三个人，正如他所说，“希望大家可以谅解我，我的确没有将这一即将发生的现象提前告知我的其他朋友们，因为他们中的大多数对这种无聊琐事并不在意，毫不夸张地说，他们甚至更愿意去玩鹰犬游戏。虽然英格兰不乏天文爱好者，并且我也的确认识几位，但由于本人平日实在太默默无闻，因此也无法提前将这一振奋人心的好消息一一告知”。

多年以后，金星凌日的重要性才逐渐为人所知晓。大约在1个世纪之后，伟大的天文学家——哈雷（1656—1742）开始关注这一话题。下一次的金星凌日将发生在1761年，而哈雷则提前45年，就阐述了利用金星凌日测量地日距离的具体方法[①]。哈雷时年60岁，恐无法亲眼见证这一现象，于是他找到一些经验丰富的学者，言辞恳切地希望他们重视这一问题，他甚至还在给伦敦皇家学会的信中写道：

“这便是我迫不及待地想要贡献给这个伟大时代的、可以预见的，我于此提出的这一地日距离的计算方法，将在未来数年间，帮助那些有幸能看见金星凌日的年轻天文学家们，更好地理解这一现象的重大意义……因此，我想再三叮嘱那些在我辞世之后，有机会见证金星凌日的天文学家们，希望他们能铭记我这番劝诫之言，全身心地投入到天文观测事业中去。在此衷心地祝愿他们的观测圆满成功。首先是希望他们能够不受云层干扰，获得最理想的观测条件；其次是祝愿他们能够更加精确地测算出各行星轨道的长度，这些成就定会使他们名垂青史。”哈雷在安享了漫长的晚年时光之后，与世长辞，那一年距离下一次凌日的发生还有整整19年。

初学者们一定很想知道，究竟金星凌日是如何帮助我们测算地日距离的，想要知道这个问题的答案，首先还需弄懂一个几何难题。关于这一问题，我们无法对它进行全方位的解读，只能尽力向读者介绍一些笼统的计算方法，保证大家在读完之后能够明白，金星凌日现象的确涵盖了解开地日距离之谜所需的一切要素。

---

① 早在1667年，詹姆斯·格雷戈里就曾在其一本光学著作中，提到过如何借由金星凌日测算地日距离的方法。

首先，给大家介绍一个新的天文术语——视差，因为无论是地日距离还是其他所有的星体距离，都需要借助视差才能得出。先举个简单的例子，假设你站在一扇窗前，透过窗玻璃你能看到远处的楼房、树木或白云等；接着，再将一个细纸条垂直地粘贴在其中一扇玻璃窗的中心；现在，闭上你的右眼，用你的左眼去观察纸条与远处物体的相对位置；然后，保持原地不动，再闭上左眼，用右眼去观察纸条的位置。此时你会发现，纸条与背景物的相对位置发生了变化。当我坐在书房，向窗外眺望时，如果我用右眼观测，就会发现纸条位于数百码外某树枝的正前方；如果再用左眼观测，那么纸条就不再位于树枝的前方，而是移动到大树的边缘位置。这种纸条相对于远处背景发生的视位移便被称为视差。

如果走近窗户，重复上述实验，你会发现纸条的视差会增大。如果远离窗户，则视差减小。如果我们退到房间的另一边去观察，会发现视差尽管仍然存在，但距离已大大缩短。由此可知，左右眼观测造成的纸条位置的差异会随观测距离的变化而变化，但视差的变化与距离的变化趋势相反，其中一项增加则另一项必减少。因此，每一个特定距离都对应着一个特定的视差。不难得出，若能设法算出视差值，那么也就能得出观测者与窗户之间的距离。

若将这一原理应用到更大的空间，就能测算出不同天体间的距离。以金星为例，假设金星就是那个纸条，金星在其上运动的太阳就是远处的背景，再以远隔两地的两个天文台代替我们的双眼，我们分别从这两个天文台观测金星的位置，再测出两者的视差，进而求出金星的距离。这一切都取决于我们究竟采取何种方式，来测量从不同地点观测到的金星的视差。视差的测量方式五花八门，但最简便的还是哈雷最先提出的那一种。

图58中有两条平行直线，上面的一条代表的是从A地天文台观测到的金星的运行轨迹，下面的那条则代表从B地天文台观测到的金星轨迹，我们要做的便是测算出这两条轨迹之间的距离。具体的计算方法有很多，假设A、B两处的观测人员都分别记录下了金星在日盘上的运行时间，通过观察可知，B处轨迹相对较长，因此其记录的时间也会相对较长。当我们将这两组记录于不同半球的时间进行比

对，便可算出两条轨迹的长度。一旦知道了它们的长度，那它们在日盘上的位置也就可以确定下来，而金星的视差也就能求出来了。接下来，金星的距离以及太阳系的比例就都迎刃而解了。

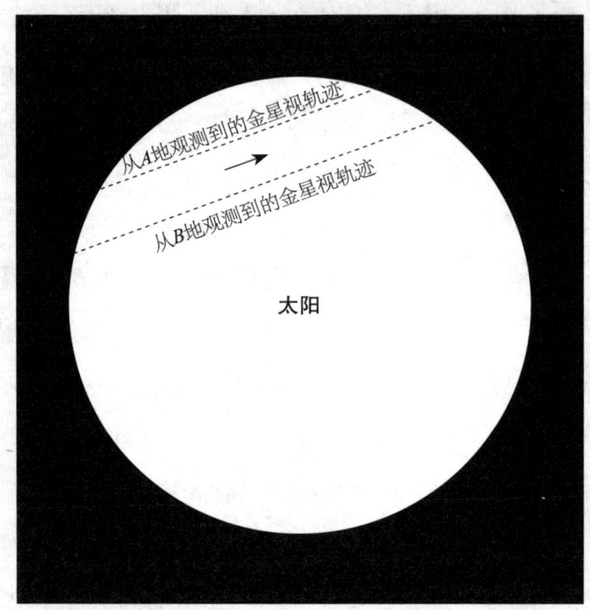

图58　从地球上A、B两地观测到的金星凌日图解

哈雷的著名研究所涉及的两次凌日现象分别发生于1761年和1769年。第一次凌日出现时，尽管观测人员已经竭尽所能地确保实验顺利进行，但观测结果仍很不理想。而1769年的那次则有着特殊的意义，因为它不仅帮助我们成功测得了地日距离，还促使库克船长开启了他的第一次伟大征程。为了完成金星凌日的观测任务，库克船长奉命出海前往大溪地。6月3日，天气晴好，气候宜人，库克船长一行人就在这样的观测条件下，成功观测到了金星凌日现象，并获得了多组观测数据。与此同时，来自欧洲以及世界各地的观测者们都测得了不同的观测数值，在将所有数值进行综合比对之后，我们终于得出了地日距离的近似值。然而，这场有关地日距离的大论战并没有持续多久。直到1824年，著名天

文学家恩克才真正计算出了地日距离的准确值，并将这一距离最终确定为9500万英里。

此后数年间，人们一直默认这一数值，很多那个年代的人至今依然记得，他们的老师是如何绘声绘色地告诉他们，太阳离我们有9500万英里的。但最终，人们还是开始质疑这一结果的准确性。一时间，来自世界各地的质疑之声此起彼伏，尽管人们各自从不同的层面剖析这一问题的可疑性，但他们达成了一点共识，那就是，地日间的实际距离肯定没有恩克算出的那么大。要知道，计算地日距离的方法还有很多，不断寻求他法来解决这一问题，我们责无旁贷。恩克得出的地日距离来源于1761年和1769年的两次实验，而当时他使用的观测设备是远远落后于现代设备的，我们已经证实，他得出的数值是偏大的，真正的地日距离约为9200万英里。

接下来，笔者还想冒昧地谈谈自己亲身经历过的上一次金星凌日现象。我们有幸于1882年12月6日下午，在丹辛克天文台目睹到了这一罕见奇观。

一开始，当天早晨的天气状况似乎并不适合天文观测。地上的积雪已有数英寸厚，而且整个上午，雪还在不停下着，完全没有要停下来的迹象。我们在丹辛克天文台的观测计划眼看就要泡汤了，但越是在这种情况下，就越应该想起日食观测者们对自己的严苛要求。无论天气状况如何，即使阳光没有丝毫减弱的迹象，观测者们依然恪尽职守地做好一切准备工作，时刻准备着。许多观测者都曾受益于这条准则，而我们在践行它时，也获得了可观的回报。

那时，丹辛克天文台共有两台赤道仪，其中一台配有6英寸的光圈，虽已有些年岁，但性能还是不错的；另一台就是前文中提到的，位于南边的巨型赤道仪，配有12英寸光圈。上午11点，天气变得越发恶劣，但我们依然有条不紊地开展着准备工作。我先安排兰博先生在小赤道仪那里驻守，然后自己则负责南边的那台大赤道仪。当穹顶被打开时，雪依然在下，正如之前预料的一样，我们的望远镜根本无法直接观测到太阳，只能将其对准我们推算的太阳所在位置，同时启动望远镜配备的发条装置，以保证望远镜能始终对准那颗隐形的太阳。此时还未到凌日发生的预计时间。

值得一提的是，南边那台赤道仪的目镜上还有一个小玄机。众所周知，为了不损伤眼睛，在阳光进入我们的视野之前，其亮度都需要被大大减弱。目镜上配有一块透明玻璃，它与目镜之间形成了一定夹角，当阳光穿透它时，大部分的光和热都会被吸收，只有一小部分光线会被玻璃反射，进入人眼。尽管此时光线的亮度已被大大减弱，但我们通过一个巧妙的设计，还能根据实际需要，对光线进行进一步调节。

反射阳光的镜片与目镜之间的夹角被称为偏振角，而目镜与人眼之间还隔有一片托玛琳片，观测者可自行旋转。在有的位置上，托玛琳片可能完全无法对偏振光形成干扰，但若旋转至合适位置，它几乎可以截断所有光线。观测者只需通过调节托玛琳片的位置，便能获取一切明亮物体的图像，因此也能在适宜的亮度下对太阳进行观测。

但当下，这些调光设备却略显讽刺。即便托玛琳片早已准备就位，可直到下午1点，我们连太阳的影子都没见着。然而，1点刚过，天空却慢慢放晴，我们甚至欣喜若狂地发现，在北边的天空上，在那片风雪的尽头，云层正在逐渐消散，紧接着，南边的天空也渐渐转晴。随着那一重要时刻的追近，我们终于在镜头中看到了太阳模糊的身影。尽管太阳正在逐渐摆脱云层的环绕，但直到凌日开始后，它依然没能从云层中挣脱出来。因此凌初外切的画面被遗憾地错过了。但转念一想，毕竟那还不是最重要的凌日阶段，能观测到凌初内切也值了，我们也只能如此自我安慰。

最终，阳光穿透了云层，那个又圆又清晰的日盘终于出现在了我们的视野中，我们迫不及待地将目光锁定在那个万众瞩目的小点上。此时距离我们预测的凌初外切的时间已经过去了数十分钟，但我却在日盘上惊喜地发现了那个小缺口，这意味着凌日才刚刚开始，金星进入日盘的部分仅占其总面积的三分之一。但最重要的时刻还未来临，也就是金星完全进入日盘的时刻，我们称之为“凌初内切”。据估计，在上述凌初外切开始21分钟后，凌初内切时刻才真正到来。但云层再次干扰到了我们的观测计划。当我观测着金星在日盘上移动的壮观景象时，却突然发现，在我们与太阳之间，除了金星外，还另有他物，那就是雪花，没错，雪又开始洋洋洒洒地落了下来。不得不承认，我们从未在望远镜中，见过如此美轮美奂的画面，阳光照耀着漫天飞舞的白雪，我们不禁浮想联翩，想起了烟火表演中冲天火箭升空时一路洒下的黄金雨。可很快，我们就为自己的联想懊恼不已，因为不一会儿太阳和金星就又再次从视野中消失了。乌云开始聚集，暴风雪也来势汹汹，我们已不再奢望能继续观测了。观测开始1小时57分后，凌初内切结束，金星完全进入日盘。整个过程中，我们只短暂地观测到了一小会儿，甚至还未来得及获取任何有价值的观测数据。但是，即使只见证了金星凌日的某一阶段，也已经是一件值得铭记终生的幸事了，即使是匆匆一瞥，我们的喜悦之情也是难以言表。

但更大的惊喜还在后面。我的助理向我报告称，他也成功观测到了金星凌日，并且他观测到的阶段与我相同。随后，我们又各自归位，大约两点半的时候，乌云开始消散，观测的希望又重燃了。现在肯定已经无法再观测到凌初内切了，金星已经完全移动到日盘上了，于是我们打算使用目镜上装配的测微计进行观测。最终，云层完全褪去，此时金星外缘距离太阳外缘的距离已达其直径的2倍之多。我们还测量了金星内缘与最近的太阳边缘之间的距离。我们竭尽所能地不断观测和测算，但不得不说，遇到的困难实在不少。此时太阳的高度很低，太阳边缘和金星边缘都不够稳定，这就使测微计根本无法准确测量。太阳边缘在不停地抖动，而看上去呈圆形的金星的图像又常会发生变形，这些都给测量工作带来了很大的不确定性。

我们成功获取了共16项观测数据，但此时，太阳开始西沉，云层再次汇集，我们深知，对金星凌日的观测，只能留给那数千翘首以盼、又拥有更好观测条件的天文学家们了。但在凌日结束前，我将视线暂时从测微计那略显呆板的视野中移开，转而从望远镜那更为开阔的视野中，去欣赏金星凌日的美。残阳如血，红色的日盘上，金星黑色的圆盘格外显眼。身处此情此景之中，你便能体会霍罗克斯1639年第一次看到这一美景时的那种无与伦比的喜悦之情。当我们注视着这一美景时，无数的想法会一齐涌入脑海：金星凌日现象本身的意义、它的罕见性、人类对它的成功预测以及它帮助我们解答的那个最高尚的问题等。再想见证这样的奇观，就要等到公元2004年百花争艳的6月了。

[今日科学说] 21世纪的两次金星凌日分别在2004年6月8日与2012年6月5日，对于我们来说，如果想看下一次金星凌日，那就是2117年的12月的事情了。

金星凌日还给我们提供了一个研究其物理特性的好机会，我们便在此就相关研究成果进行一个简短的说明。首先，在“金星是否有卫星”这一问题上，凌日现象可以给我们提供一些线索。如果金星周围的确存在一个小卫星的话，那么一般情况下，我们很难发现这颗卫星，因为它发出的微弱光芒会被明亮的金星所遮蔽。因此，凌日时我们就需要格外仔细地在金星周围进行观测。如果真的有一颗卫星或者正如人们时常怀疑的那样，有多颗卫星存在的话，那么凌日时借助明亮的日盘做背景，我们就一定能观测到它们。在近期的凌日时，人们更是格外关注这一问题，但天文学家们仍未发现金星卫星的踪迹。由此似乎可以断定，金星周围并不存在大小可观的卫星。

对金星大气层的观测则要成功得多。假如金星没有大气层，那么在它刚刚进入日盘之前或完全离开日盘之后，我们是根本看不见它的。但实际的观测结果却没能印证这一猜想。在近期的凌日中，人们在这一问题上格外关注，而所有的观测也都卓有成效，观测结果以强有力的证据表明，金星周围确有大气层存在。在金星逐渐移出日盘的过程中，它沁入黑暗中的边缘被一层光圈环绕，当时正在观测这一凌日现象的科普兰博士，拥有绝佳的观测环境，因此他得以一直追随着金星的移动，直到它完全脱离日盘，但正在金星完全离开日盘的瞬间，尽管金星本身已消失不见，但科普兰博士却在金星的边缘看到了那层光圈。只有承认金星与地球一样，被一层大气层包围，这一光圈的存在才能得到合理的解释。

也许有人会质疑，金星凌日这一宇宙现象并不具备任何现实意义，如此费时费力地研究它究竟意义何在？太阳距离我们9500万英里也好，9300万英里也罢，跟我们有什么关系呢？必须承认，这一研究对于我们的现实生活的确意义不大，但那些善于联想的人们会立即站出来反驳，准确的日距信息可以帮助我们完善航海年鉴。我们大部分的商贸活动都依赖于高效的航海运输，而影响海运效率的因素之一便是航海年鉴的可靠性。因此，年鉴的日臻完善势必会带来海运效率的相应提升。正如一些专家所言，当你置身于暴风雨肆虐的夜晚，想要寻一处避风港，或是在海上遭遇其他危难关头时，仅仅多那么一码的海域就时常会带来完全不同的命运。因此，金星凌日现象给航海年鉴带来的微小改变很可能决定着海上某一艘巨轮的生死存亡。

但从其他层面来看，投入到金星凌日观测上的时间和人力物力又是物超所值的，我们从中获得了大量珍贵信息。从观测实验中，我们获知了太阳与地球之间的距离，从而为宇宙中其他天体距离的测量奠定了基础。金星凌日还充分满足了人类的好奇心，使我们了解了壮美的太阳系的真实大小，明白了尽管地球在太阳系中只属于从属地位，但它依然起到了无法取代的作用，这一现象还让我们对于整个宇宙的实际大小有了进一步的认识。

考虑到本书的局限性，我们对于金星凌日现象的探讨只能暂告一段落。因为对这一现象的深入研究，会使我们面临大量繁复的学术性难题，而不幸的是，我们对这一现象的观测还无法达到必要的精确程度。我们还无法记录金星入凌和出凌的准确时刻，这一方面是由于“黑滴现象”这一奇特的光学幻象造成的，当黑滴现象发生时，我们会看到金星与太阳边缘在数十秒内一直保持粘连状态；另一方面则是由于受到金星大气层的影响，这也为金星合日准确时间的确定增添了更多的不确定性。鉴于上述情况的存在，通过对金星凌日现象的观测，得出的地日距离，实际上还达不到现代科学要求的精准程度，所以亟须通过其他方式，来给地日距离下最终定论。具体方式我们将在第十一章中进行阐述，这也弥补了我们无法继续将金星凌日观测作为一种天体研究方式的遗憾。

于此，我们对于金星这颗美丽星球的介绍就将告一段落了。但在结束前，我们还想补充——或者再重申一下金星及其轨道的有关数据。

金星的直径约为7600英里，尽管我们十分肯定其两极直径略短于其赤道直径，但表观数据依然显示金星的形状与球体无差。金星的直径仅比地球小258英里，但其质量却是地球的四分之三；若按更常见的算法，将金星的质量与太阳的相比，则其质量仅为太阳的四十二万五千分之一。观测发现，相较于其体积而言，金星的质量并不如事先预料的那么大。它的密度仅为地球的0.85倍。在体积相同的情况下，金星的质量约为一个水球质量的481倍。金星表面的引力不大，略小于地表引力。理论上来说，金星绕轴自转的周期也并非完全不可能与其绕日公转的周期相同。

[今日科学说] 金星表面被浓厚的大气层覆盖，所以长期以来金星的自转周期无法被准确测定。一些天文学家试图观察云层特征以确定自转周期，但都以失败告终。直到20世纪60年代，天文学家准确测得金星的自转周期为243天，这比它的公转周期（224.7天）还要长。更让人意外的是，金星的自转与太阳系其他大行星的自转方向相反。如果在北极上方观察地球，地球的自转方向呈逆时针，而在同样的方位观察金星，其自转方向则是呈顺时针。

金星轨道最显著的特征，便是无限接近于圆，金星远日点日距与其近日点日距之间的差异，不到百分之一。金星的平均日距约为1078万千米，平均公转速度约为35千米每秒，公转周期为224.7天。

金星曾经被认为是最像地球的行星，不难想象，金星一度成为热门的探测目标之一。20世纪60年代，全球与金星相关的探测任务多达18次，但由于技术尚未成熟，成功率不高，完全成功的任务仅有5次，包括三艘进入金星大气层的苏联探测器，以及两艘美国探测器。进入20世纪70年代，金星探索热略有减退，10年间有11艘探测器前往金星，成功率却大幅提升，失败的任务仅有三次。最近三十年（1988—2018），美国国家航空航天局、欧洲空间局与日本航天局分别开展了一次金星探测任务。三个金星任务中最早开展的是美国国家航空航天局的麦哲伦号，于1989年5月4日发射，麦哲伦号是第一艘从航天飞机发射以开展星际飞行任务的探测器。由麦哲伦号测绘的金星全球雷达地图仍然是目前最详细的行进地图。欧洲空间局于2005年11月9日发射了金星快车金星探测器，这是由欧洲空间局主持的首个金星探测任务。金星快车携带了7种科学仪器，主要目的是长期观察金星的大气层。2010年5月20日，日本航天局发射了破晓号金星探测器，探测器原定同年12月进入金星轨道，但没有成功，在探测器绕太阳运转了5年后，破晓号在2015年12月7日成功进入环绕金星的轨道，正式开展原定的探测任务。

第九章
遇见地球
地球是一个巨大的球体
地球的大小如何测得
基准线
由两极高度确定的纬度
经线的度数
地球并非标准的球体
钟摆实验
地球运动究竟是快是慢？
自转轴和几何中轴的重合
地球上热的存在
地球曾是柔软的熔融体
离心力的作用
与太阳和木星的比较
赤道的凸起
球质量的测定
同体积下，地球质量与水球质量的比较
地球与铅球的比较
钟摆
钟摆在测定地球引力时所起的作用
等时性定律
等时性定律

只需通过简单思考，便可立即得出地球是一个球体的事实。太阳是圆的，月亮也是圆的，我们用望远镜看到的那些行星都是圆的。不过彗星肯定不是圆的，但它似乎也并非固态。我们时常可以观测到这些转瞬即逝的彗星，但它们的质量实在太小，根本无法测得。假如我们能看到的所有固态星体都是圆形的，那么我们的地球为什么不能也是圆的呢？实际上，这并非只是猜想，我们还掌握了不少直接证据。

想要看到弧形的海平面，最好的方法便是去观察在远方开阔海面上的一艘轮船。当轮船仍在渐行渐远时，它的船体会慢慢消失不见，但它的桅杆却依然留在我们的视野中。在晴朗的夏日，我们时常能在海面上看见汽船高耸的烟囱，但却无法看见汽船的船体。观测时，观测者的双眼应尽可能地贴近海面。如果海面是完全平直的，那么轮船的船体就不会被遮挡，它就会和船顶的烟囱一同出现在我们的视野中。如果海面呈弧形，那么隆起部分就会遮挡住船体，而烟囱却依然可见。

这样一来，我们就明白了世界各地海面的弧度从何而来，也就自然联想到地球是一个球体。但当我们进行更加详细测量时，就会发现地球的形状并非标准的球体，而是它的两极较为扁平。以橡皮球为例，如果按压其相对的两端，则其中间部分就会凸出来。地球的形状与此类似，两极扁平，赤道凸出。不过，地球的形状与标准球体之间的差异并不大，如果不仔细测量，根本无法察觉。

地球尺寸的测量过程包含了许多精细的操作。这一工作既需要娴熟的技艺，又需要繁重的工作量，虽然距离理想中的准确性仍有差距，但地球尺寸的测量已经具有了极高的精准度。地球尺寸的准确性所具有的科学价值是难以估量的，许多天文量级都是以地球半径为单位进行表述的。比方说，当观测实验需要引述月球的距离时，我们通常会以“月球的距离是地球赤道周长的10倍”这样的方式进行阐述。如果想要知道月球距离的实际英里数，那我们就先得知道地球半径的英里数。

先选取地表一段水平部分，在其上再测出一条长达数英里的直线。这条线被称为基准线，由于后续所有计量工作都将以基准线为参照，因此基准线的测量必须准确无误。为了保证准确性，基准线的测量必须做好万全的准备，保证一条4～5英里长直线的测量误差必须控制在几英寸范围内。至于具体的测量细节，在此不再赘述。因为整个过程包含了大量烦琐的操作，许多相关著作对这些操作也都进行过详细的介绍。当我们在地表不同地点截取了若干条基准线之后，我们可以暂且将量杆放在一边，接下来的工作便是测量不同地点基准线之间的夹角，然后在其基础上进行三角函数计算。从一条基准线出发，我们可以算出更远处的另一点距基点的位置，然后再继续延伸，得出100英里甚至更远处某点的距离。这一方法可以求出任意南北走向的直线的长度。

至此，我们完成的仅仅是地面测量的工作。我们获得的这些直线长度要经过天文学家的进一步推导，才能最终得出地球的尺寸大小。天文学家会将其观测点选在直线的最北端，然后通过观测算出他身处的纬度。具体的测算方法有很多，许多实用天文学的书籍对其都会进行详细介绍。我们在此仅就截取相关观测试验所需遵循的一条基本原理进行简单介绍。

北极星，相信所有人对它都并不陌生，它也许不是天空中最亮的那颗，但一定是最重要的一颗。不同纬度看到的北极星的高低不同，但在同一纬度上，人们却总能在北天同一位置上看到它的身影。假如我们正一路向南半球行进，在逐渐接近赤道的过程中，我们会发现，夜复一夜，北极星的位置在逐渐向地平线靠拢。等到抵达赤道时，北极星已经落在了地平线上，如果跨越赤道，继续向南半球行进，这颗“指路明星”甚至会消失不见。这一现象本身足以说明地球不可能是个平面，即使是日常的生活经验也能证明这一点。相反，如果一位旅客正从英格兰前往挪威，那么他会发现，北极星的位置每晚都会不断升高。如果他继续一路向北，北极星的位置还会越升越高，直到最终抵达北极时，北极星将恰好高悬于他的正上方。由此可得，纬度越高，观测到的北极星的位置就越高。但我们始终无法用准确的语句对其进行概括，直至引入了天极的概念。天极与北极星十分接近，包括北极星在内的所有天体都围绕天极做周日运动。但由于北极星的圆周运动轨迹过小，除非格外细心观测，它的运动根本无法察觉。真正的极点并非可见点，但它的位置可以被准确界定，这就使我们能够同样准确地定义极点与纬度之间的关系。二者之间的关系可概括为：极点高出地平线的高度等于其所处位置的纬度值。

在基准线一端的天文学家可以测出极点高出地平线的高度，这一过程需要十分精细的操作。首先，极点是看不见的，他只能间接推导出极点的位置。等北极星处于最高点时测量其所在高度，12小时后，再测出北极星处于最低点时的高度。两个数值的平均值便代表极点的实际高度，取平均值的方法有很多，在此就不一一介绍了。通过上述步骤，我们足以确定基准线一端的纬度值。此时，这位天文学家将携其所有的测量装备，前往基准线的另一端。重复上述步骤之后，他会发现极点的高度随纬度变化而发生了相应变化。两个高度的差值使天文学家得出了两个测量点间极其精准的纬度差。通过三角函数运算，又进一步得出两点间的实际距离，再将求得的纬度差与这一距离进行比较，通过简单的计算，便能知道1度纬度对应的准确英里数——或者更通俗地说，即1度的长度。

这种测量需要在地球的不同地点反复进行，无论是北半球还是南半球，无论是高纬度还是低纬度，都要进行。如果地球上的海平面是标准的球面，那么由此引起的一个重要结果是——无论在何处，1度经度的长度都是完全相等的。无论是秘鲁还是瑞典，印度或是英格兰，其对应长度都是一样的。但实际上，经度的长度并非完全相等，由此可得，地球并非标准的球体。对经度长度的测量使我们得知地球的形状离完美的球形存在多大差异。两极地区1度经度的长度要略长于赤道地区。这表明地球的形状是，两极略扁，赤道略鼓。同时，它还为我们提供了计算极轴及赤道轴实际长度的方法，据此得出的赤道到地球中心的距离为7927英里，而两极到地球中心的距离则比赤道短27英里。

地球的极轴也可以被定义为地球绕其旋转的自转轴。这根轴贯穿南北两极，地球绕其旋转一周所用的时间被称为1个恒星日。1个恒星日比正常的一天略短，仅为23小时56分4秒。地球的自转就仿佛是地球在围绕着一个贯穿地心的刚性轴旋转一样，或者借用那个最古老通俗的比喻，地球就像一个毛线球，被一根织衣针从球心穿过，然后便绕着这根针进行旋转。

有一点值得关注，由观测可得，地球自转轴的所在位置恰好与地球的最短直径重合。如果说地球的形状与其自转之间没有半点关联的话，那这一巧合根本无法解释。那么二者间又有什么联系呢？若深入探究这一话题，就会发现，地球的形状正是由于其自转造成的。

现如今，地球上的许多地区时常发生火山爆发。造成这种喷发现象的原因与引起地震的原因类似。众所周知，深入地下越深，温度就越高，还有在冰岛以及世界各地发现的那些温泉和间歇泉，这些现象无不说明地球内部确有热量存在。但这种热量究竟是如众人猜测的那样，普遍存在于地球内部的所有地方，还是仅存在发生上述现象的地表之下，这些都不是我们关注的重点，我们目前的首要目标就是确认地球内部存在热量。

这种内热，无论多寡，显然不同于我们所熟知的地表热。我们在地表享用的热量来自太阳，而内热却不可能也来自太阳。首先，内热的能量远大于地表热，而且若将其源头假定为太阳，还会产生许多悖论。那么，这种热究竟来自何处呢？这个问题我们暂时还无法回答，而且它与接下来要探讨的内容也并无太大关联。既然确认了内热存在的事实，那么接下来要做的，便是运用一两条著名的热定律来对这些现象加以解释。首先需要介绍的一条是，热量会从热源持续不断地向外传导。地心深藏的热量，通过层层岩石，逐渐传导至地表。的确，地表下的岩石以及其他地质结构都并非上佳的导热体，它们的导热效能大多十分低下，但无论效率高低，这些物质还是充当了导热体的角色，将地心的热量传导至地表。

不可否认的是，我们的确无法感知这种内热。一面数英尺长的炉墙可以隔绝炙热的火炉的热量，从而使热量无法透过砖块传出，但部分热量仍会溢出，人类从未制作出一种能隔绝一切热量的砖块，而且这种砖块根本无法被制造出来。如果一面数英尺长的砖墙能几乎隔绝一个火炉发出的所有热量，那么即使地心的热量是世界上最大的火炉所产生热量的7倍之多，难道数英里厚的岩石层还无法将其完全隔绝吗？地心的热量仍将以难以察觉的速度缓缓向地表渗透，除非我们对自然界的认识存在偏差，否则再厚的岩石层，在漫长岁月的洗礼下，也无法阻挡内热向地表渗透。当这种热量抵达地表时，它又会在另一条热定律的作用下，逐渐向外扩散，并最终从地球上彻底消失。

针对上述观点，肯定会有不少质疑的声音，为避免偏题，我们就不一一介绍了。但其中一种观点认为，地球内部的热量源于化合反应或机械运动，因此热量会源源不断地产生，其产生速度甚至比散播速度更快。然而，这一说法与我们的观点并无本质区别，只是热的表现形式不同罢了。如果热量确实按照他们设想的方式产生（地球内部无疑存在这样一个热源），那么肯定就有某种化学能或机械能被消耗，甚至枯竭耗尽。因为每一单位热能的消散不是造成地球上一个单位热能的消耗，就是消耗了产生热能的一个单位的化学能或机械能，二者的效果几乎是一样的。随之带来的结果也是相似的，即地球上的热量，无论是已产生的或是潜在的，都将减少。当然，我们也注意到，地球上大部分的热量消耗都是比较明显的，且都不是通过缓慢的导热过程完成的。每一次火山喷发都能释放出大量热能，而这些热能又会迅速地从地表消散，而随处可见的温泉也终年释放着相同的热能，经年累月，它们释放的总热量也不容小觑。

因此，地球上的热量正在不断流失，而同时又没有任何相同形式的补给来弥补。由此带来的后果是显而易见的：地球的内部在逐渐冷却。但这无疑是一个极其缓慢的过程，相比之下，无论是一个人的一生、一个国家的寿命，甚至是整个人类的存续时间都略显短暂，远不足以见证地热总量发生的任何显著变化。但热能消逝的定律却是不可逆转的，尽管热量消耗的速度十分缓慢，但它却从未停止，随着时光的流逝，必将对地球产生重大影响。

此刻，我们的首要任务不是对热能消逝可能带来的全球变化进行预测，而是回顾过去，看看我们能从中推断出哪些结论。相较于即将回溯的过去，我们熟知的那些时间间隔，例如，人的一辈子或是一段历史的长度都太微不足道了。地球上的已有热量或潜在热量，每天都在流失，因此，昨天的总热量一定高于今天，去年的一定高于今年，20年前的一定高于10年前。人类历史的长度还不足以见证热能消逝带来的影响，但当我们从数百年前追溯到数千年前，从数千年前追溯到数十万年前，从数十万年前追溯到数百万年前时，热能消逝的影响就不能只用显著来形容了，甚至可以说令人震惊。

曾有一个时期，地球上储藏的热能总量必定远高于今天，曾有一个时期，地表必定受这一热源影响变得十分炙热。虽然无法确定这一时期究竟是在几百万年前或几千万年前，但可以肯定的是，数年前，地球的温度一定更高；往前推算，我们甚至看见整个地球呈炽热状态；再往前推，那时的地球比炽热更进一步，进入了白热状态；继续回溯，我们会发现，如今坚固无比的地表在那时却处于融化状态。现在，让我们停下追溯的脚步，暂且将地热热源的问题搁置在一边，因为这已超出了我们的讨论范畴。现在，我们找寻到了热能，并得知热量每天都在不断流失。分析至此，我们在上文中已提及的那个结论便呼之欲出了，接下来，让我们穿越深邃的时空隧道，回到那个遥远的时代，那个地球还是一个柔软的熔融体的时代。

花瓣上的露珠是近似于球形的，但又并非标准的球形，因为地球引力将其按压在花瓣上，使其发生了变形。落下的雨滴是球形的，悬浮于某一液体表面，与之不相融的油滴也是球形的。让我们由小及大，想象有这样一个巨大的球状熔融体，它的体积和地球一样大，它的材质极其柔软，同时还受到来自球体各部分的引力作用。毫无疑问，在这些引力的作用下，这个球体表面所有的不规则形状都会变得光滑平整，正如风平浪静的海面一般。由此可得，在不受任何外力干扰的情况下，地球这个处于熔融状态的球体，会始终保持标准的球体形状。

但假设的这个大球一直被认为处于静止的，开始围绕着一根穿过其球心的轴进行旋转。无论这根轴是否真实存在，也不管地球是如何获得这一初始速度的，总之这一旋转将造成的结果是显而易见的。这个球体将发生变形，离心力将使这个熔融体的赤道凸出，两极扁平，旋转的速度越快，赤道凸出越明显，不同的旋转速度对应着不同的突出程度。因此，地球这个熔融体的赤道凸出程度，完全取决于它自转一周的旋转速度。现在，假设这个仍在旋转的地球，开始由液态向固态转化。在固化过程中，地球表面的形状一定是极不规则的，这种不规则是由于巨型物体固化引起的地表隆起和喷发造成的，尽管地表存在不规则形状，但可以肯定的是，从总体上来看，地表形态还是符合受自转影响而呈现的形态。至此，我们成功解释了地球赤道呈凸起状的原因，并且由这一现象得出另一结论，即地球曾经是个柔软的熔融体。

通过将地球的形状与其他天体进行比对，可以进一步证明上述观点。比如说，太阳，似乎就是一个标准的球体。尽管我们还无法证实太阳的极直径短于其赤道直径，但这应该是情理之中的。显然，太阳也绕轴自转，既然这种旋转造成了太阳表面的凸起，那么这种旋转为什么不会像改变地球形状那样也改变太阳的形状呢？最可能的情况是，太阳的极直径与赤道直径之间的确存在差异，但这一差异实在太小，无法实际测量出来，这与太阳缓慢的自转速度有关。太阳自转一周需耗时25天，如此低的速度引起的日表凸起几乎是无法观测到的。

反之，如果去观测那些快速旋转的星体，就会获得截然不同的结果。就以变形最为明显的大行星——木星为例，当我们用望远镜观测木星时，会立刻发现它的形状并非球形。木星的变形实在太过明显，甚至无须精确测量，就能看出它的极直径是短于赤道直径的。相较于地球的变形，木星的变形要严重得多，而这无疑与其更快的自转速度有关。我们马上将利用一个章节的篇幅，来介绍这个美丽的星球，它如何自转，如何作为一个比地球大1000多倍的星体，自转一周的用时却不到10小时。木星高速的自转使其赤道的突出十分明显。

天文学家们已经完成了地表勘测和地球尺寸测量的任务，接下来就是确定地球的质量了。就当时的科学知识而言，这的确是个极富挑战性的难题。我们对地球内部的构造知之甚少——甚至可以说是一无所知。我们的确深入地下，挖掘矿藏资源，但我们进入地下的深度只有半英里，最多不超过1英里①。就探索地心而言，这只能算是浅尝辄止。短短1英里，在地心距离面前，又算得了什么呢？我们对地球的认知仅停留在地表以下极浅的位置，我们完全不知道，在脚下数英里的地方，那里的地质构造究竟是怎样的。既然我们对地球的地质成分几乎一无所知，那么测量地球的质量岂非不成了天方夜谭？然而，我们终究还是解开了这一难题，尽管最终结果不如其他天文实验结果那般精准，但也算是可以接受的近似值了。

① 据说，现在人类的钻探深度已经达到了 12000 米。

我们无须用日常计量单位来表述地球的质量，“数十亿吨”这样的概念根本无法形成直观印象。若将地球的质量与同等体积的水球的质量进行比较，反倒比较自然。不出意外的话，我们将发现地球的质量大于水球。相同体积的情况下，构成地表的岩石的质量应大于盖于其上的海水的质量（地球内部含有大量的金属），此外，随着深度的增加，地球的密度也会不断增加，这很可能是由于地下巨大的压力造成的。所有上述信息都指向一个结论：地球的质量一定大于相同体积的水球质量。

牛顿认为，地球的质量应该是相同体积水球质量的5～6倍。不难看出，这一结论还是有一定合理性的。地表的岩石及其他地质成分的质量通常是水的2～3倍，但离地心越近，地质密度就越大。而且我们有理由相信，在地下极深处还蕴藏着大量的铁，一个铁球的质量约为同体积水球质量的7倍。由此可得，地球的质量约为同体积水球质量的3～7倍。在将地球密度推定为5～6之间后，牛顿得出了一个较为合理的结论，目前看来这一结论很可能是正确的。人们想出了许多办法，来验证这一结果的准确性，而我们只选择其中一种进行介绍，因为此方法是从极其独特的角度来诠释万有引力定律的。

我们曾在介绍万有引力的章节中指出，两个普通大小的物体之间的引力是十分微小的，要想通过引力来测量地球的质量困难重重。在实际操作中，我们会遇到各种各样的阻碍，当然这些都是题外话。整个操作的原理十分简单，具体来说，先假设有一个直径2英尺的大球，为了使这个球尽可能地重一些，我们假设它是由铅构成的。在这个铅球的旁边放上一个小球，使其受到大球的引力作用，尽管这一引力十分微弱，但借助特殊的改良设备，还是能成功测出引力的大小。引力的强弱既取决于两个球体的质量及二者之间的距离，还取决于地球引力的大小。地球作用于小球上的引力大小很容易测得，实际上，地球引力的大小就是我们俗称的小球的质量。这样一来，我们就可以将铅球的引力与地球引力进行比较。

如果地心与小球之间的距离与铅球球心与小球之间的距离相等，那么简单地将两个引力相除，我们就能立即得到地球质量与铅球质量的比例。然而，事情远没有这么简单：铅球与小球只相隔数英寸，而地球引力的中心却远在约4000英里外的地心。我们必须设法化解这种差异，求出铅球在距离小球4000英里外的引力。幸运的是，根据“引力的大小与距离的平方成反比”这一推论，只需通过简单计算便能求出所需数值。先实验，再计算，我们成功地将铅球引力与地球引力进行了比较。众所周知，引力大小与物体质量成比例，因此我们又进一步获知了地球与铅球的相对质量。据此可得，地球质量约为相同体积铅球质量的一半，经过进一步推论，我们最终证实，地球质量约为相同体积水球质量的5.5倍。

我们曾在有关万有引力的章节中提道：在地表做自由落体运动的物体，下落第一秒内的下落距离为16英尺。这一距离在地球各地会略有不同。如果地球是一个标准的球体，那么地球各处的引力就都相同，物体的下落距离也都相同。但地球并非标准的球体，因此在地球上不同地方，物体在下落第一秒内的运动距离也稍有不同。两极地区的地球半径短于赤道地区的地球半径，因此两极地区的地球引力要大于赤道地区。若能准确测量出物体在两极和赤道下落第一秒的运行距离，我们就有办法确定地球的形状。

然而，要准确测量物体在一秒内的下落距离绝非易事。因此，我们不得不另寻他法，来测量赤道以及地表其他地方的地球引力。我们采用的方法便是钟摆法，实际上，钟摆也许是世界上最简单但却最有效的科学仪器。最理想的钟摆应该有一个又小又重的摆锤，这个摆锤被一根结实又灵敏的摆线悬于某一固定点上。若将钟摆从竖直位置拉向一侧，然后再放开，摆锤会来回摆动。

钟摆来回摆动会持续一小段时间，值得注意的是，钟摆的摆动周期并不完全取决于钟摆摆动时划过的圆弧弧长。为了验证这一点，我们在第一个钟摆旁再悬挂上另一个钟摆，两个钟摆的摆线一样长，若同时将它们拉向一侧，然后再释放，它们就会一起摆动一起复原，这一点不难想象。但如果我们将其中一个拉开很大的角度，而另一个只稍稍拉开一点，这两个钟摆还是会一起摆动，这就有些出乎意料了。如果继续试验，将两个钟摆划过的圆弧弧长的差异进一步扩大，就会发现，它们的摆动周期依然是相同的。

还可以换一种方式来进行这个实验。我们可以更换钟摆的摆锤，使两个钟摆的摆锤大小不同，但材质相同（比如都是铁）。这样它们的摆动周期会不一样吗？再次试验后，我们发现周期仍然没有发生变化。无论我们将它们摆动的弧长扩大或减小，它们的周期依然不变。但也有人会说，这是由于两个摆锤材质相同造成的。于是，我们用铅制摆锤代替其中一个铁制摆锤，再进行一次实验，可结果还是一样。即使用木球代替铁球进行实验，钟摆的摆动周期依然不变。由此可得，无论摆锤的摆动弧长如何变化，钟摆的摆动周期都是不变的。

但是，若改变系住摆锤的摆线长度，那摆动周期就会将发生改变。这很容易解释，我们取一个小钟摆，它的摆线长度只有大钟摆摆线长度的四分之一，然后将这两个钟摆悬在一起，再来比较小钟摆和大钟摆的摆动周期，我们会发现，前者的周期仅为后者周期的一半。由此得出的一条规律是：钟摆的摆动周期与摆线长度的平方根成比例。若将摆线的长度变为原来的4倍，则摆动周期变为原来的2倍；若将摆线的长度变为原来的9倍，则摆动周期变为原来的3倍。

使钟摆发生摆动的正是地球引力。引力越大，钟摆的摆动速度就越快。这一点不难解释。如果地球引力能将摆锤猛地吸住，那么摆锤的摆动时间自然会很短，如果地球引力稍弱一些，那么它就无法迅速地使摆锤停住，而摆锤的摆动周期就会增长。

钟摆的摆动周期可以被准确测量。我们可以使其摆动1万次，然后记下这些摆动所用的总时长。尽管钟摆每次摆动的弧长都并非完全一致，但这对摆动周期的影响并不大。即使在1万次摆动的实验中出现了1秒的误差，这对单次摆动周期产生的误差也仅为一万分之一秒，通过单次摆动周期，可以精确地算出实验所在地的地球引力值。

我们可以先带一个钟摆去赤道。在那里进行1万次摆动试验，然后再仔细地记录下这些摆动的总耗时。接着再把这个钟摆带到地球上的其他地方，重复上述实验步骤。这样一来，我们就有办法比较两个不同地区的地球引力大小了。当然，实验过程中还有许多注意事项，在此就不再一一赘述了。

至于钟摆运动的具体方式，温度变化对摆线长度的影响等这些细节问题，无须再继续深究。我们只需明白钟摆摆动周期的准确测量方式，以及如何通过这一周期计算出地球引力，就够了。

综上所述，钟摆使我们能够最大限度地测量出地表的引力大小。但我们不能由此推出，地球引力是影响钟摆摆动的唯一因素。前文中，我们介绍了地球是如何绕轴自转的，并认为地球赤道的凸起正是这种自转的结果。但地球自转还会产生离心力，这一力量能减轻物体的视重量，且影响程度自赤道向两极递减。仅从这一点来看，钟摆在赤道受到的引力就小于其他任何地方，因此钟摆在赤道的摆动周期也会长于其他地区。此时，物体所受引力的部分视变化就是由于离心力所造成的。但排除这一因素，物体所受引力在不同地区的确也存在差异。

作为一本天文学书籍，我们对于地球的介绍就到此为止，不再就其他细节做进一步研讨。至于地表的构造，地球的外形轮廓以及地球上的海洋、山川和湖泊，就留给自然地理学家们去探索吧。而地球上的岩石及其成分、火山、地震，就交给地质学家和物理学家去研究吧。

[今日科学说] 天文学家最关心的与地球有关的概念大概是地球的磁层了，因为地球的磁层远在地球大气之上，已经深入宇宙空间。磁层指的是天体的磁场在宇宙空间中其主导的区域。除了地球，木星、土星、天王星和海王星均拥有属于自己的磁层，火星仅拥有局部磁场，因此无法形成磁层。

科学家研究磁层的历史并不长，1958年美国的探险者一号人造卫星第一次确认了地球磁层的存在。这次探测还发现了地球磁层内部有两个圈形高能带电粒子带，其中内圈距离地面约3000千米，外圈距离地面约2万千米。这些区域日后被称为范艾伦辐射带，以纪念美国物理学家范艾伦。范艾伦辐射带中有大量带电粒子，这些由太阳风吹拂而来的高能粒子被地球磁场俘获，聚集在范艾伦辐射带中。

地球磁层是保护地面上的生命免受太阳高能粒子侵害的重要屏障。如果没有磁层，地球上的许多生命形式可能会被毁灭。一些研究者甚至认为，如果当初没有磁层出现，生命可能永远不会出现在地球上。

第十章
荧惑之星
我们在星空中的近邻
望远镜下的火星表面
独特的火星轨道
火星与其他相似星星
"冲日"的概念
火星轨道的偏心率
火星冲日的不同种类
火星的视运动
地球自转的影响
火星距离的测量
太阳距离的理论研究
火星图像
火星上有雪吗?
火星的运转
火星引力
火星有卫星吗?
阿萨夫·霍尔教授的伟大发现
火星卫星的公转
火卫二和火卫一
《格列佛游记》

如果太阳系的某颗行星与地球之间存在某种特殊联系，那么相较于其他星球，我们对某些行星总会另眼相看。我们掌握的有关水星和金星这两个遥远星球的知识，都是通过望远镜观测以及基于天文实验的测算得来的，而地球相关的知识，则是通过不同方法、不同视角获得的。我们按照由近及远的顺序，将有关地球的内容安排在介绍金星的章节之后，就是为了表明地球在太阳系的真实位置。我们以太阳为起点，逐层向外扩展，在地球之后，即将开始火星的介绍。从本章开始，我们将继续沿用介绍金星和水星的有关方法，但在形式上却进行了一定程度的优化。

从某种意义上来说，金星和火星都得到了我们非比寻常的关注，二者都可以算是离我们最近的星际邻居。相较于那些更远的星球，我们自然会期盼获知更多有关这两个星球的信息。然而，这一期盼在金星这里很难实现了，如前文所述，金星厚重的大气层使我们无法获得清晰的望远镜画面，阻挡了我们进一步探索的脚步。但当我们转向另一位近邻——火星时，却能获取有关其表面的诸多信息。的确，除月球之外，我们最了解的星球非火星莫属。

除物质结构外，这颗美丽的星球上还有许多值得探寻的特点。火星轨道就是火星的一大特点，著名的开普勒定律正是基于对这一轨道的观测而被提出的。当火星偶尔运行至近地点时，我们还能准确测出火星距离，这样就又多了一种测量地日距离的方法，毫不夸张地说，这一方法得出的地日距离的精准度完全可以媲美通过金星凌日得出的数值。值得一提的是，19世纪通过望远镜观测取得的最大成就便是火星卫星的发现。

对用肉眼观测的人来说，火星看上去像是一颗一等星。人们常常依据火星鲜红的颜色将其辨认出来，但天文初学者却无法仅通过颜色来准确识别出火星，因为火星周围还有一些颜色相近的星球干扰。金牛座最亮的星星——明亮的毕宿五，就常被误认为是火星。与其相近的还有猎户座的一颗明星——参宿四。如果初学者能先学习一些星座及主要星球的基础知识，此类错误就完全可以避免，还可能会在追寻行星位置和观测行星运动的过程中，体验到无穷无尽的乐趣。

我们经常可以从年鉴中找到所有星球的位置信息。有时，当某些行星距离太阳过近时，它会随太阳一起日出而起，日落而降，因此整个夜晚它都将位于地平线以下，导致我们看不见。对于其他像火星这样的地外行星来说，观测它们的最佳时机是在它们冲日的时候，行星冲日时，地球恰好位于行星和太阳的正中间，此时，火星与地球之间的距离最短。在冲日时观测火星还有另一大优势，届时，火星和太阳分别位于地球的两侧，因此当火星高悬于天际时太阳恰好位于地球正下方。换言之，午夜时分火星的地平位置最高。然而，有些火星冲日会比其他冲日更加壮观。图59中便是一次大冲的情景，图中的火星轨道和地球轨道都是完全按照实际比例精准缩放的。可以看到，图中地球的轨道近似于圆形，而火星轨道却有明显的偏心率。诚然，除水星轨道外，火星轨道是太阳系大行星轨道中偏心率第二大的行星轨道。

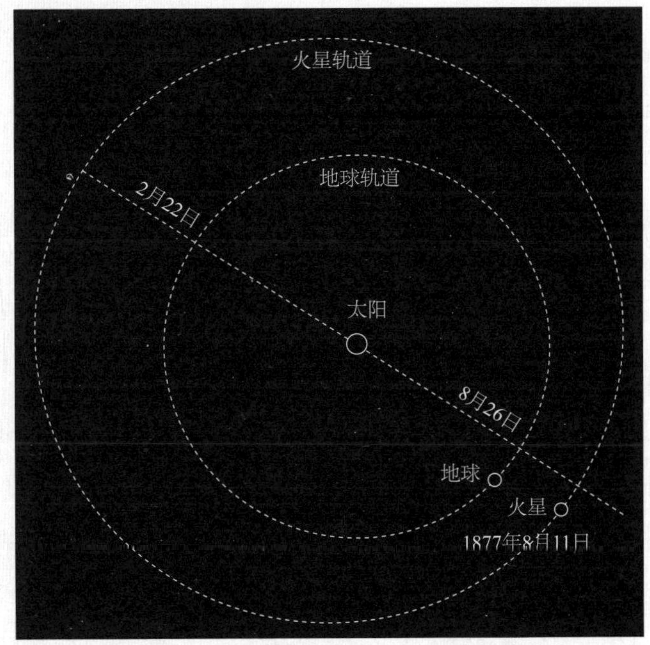

图59　1877年火星大冲时，地球和火星的轨道

不同的火星冲日对观测试验的价值截然不同。最具观测价值的大冲就是那些距离近的，比如发生在8月26日前后的冲日，而2月22日前后出现的情况就是另一个极端，后一时间段火星与地球之间的距离约为前一时间段的两倍。19世纪时最利于观测的大冲发生在1877年，当时的火星看上去十分庞大，可以说是万众瞩目，它也的确配得上这份关注。大冲的发生并无规律性的周期，1900年前后、1909年都发生过一次。

火星的视运动绝非简单运动。不难想象，早期天文学家在试图解读火星运动的过程中，必然遇到了重重阻碍。这颗星球既明亮又显眼，很快便吸引住了一位天文学家的目光。经过仔细的观测，这位天文学家不久便确定了火星与他熟知的那些星座间的相对位置。数夜之后，天文学家再次观测那一颗星球，它还在同一位置上吗？他的答案是否定的，于是，他更加详细地记录下那颗行星和其他星座之间的相对位置。几天后，他又再度观测。此刻他百分百确信，火星的位置绝对发生了改变，它是颗真正的游星。

夜复一夜，这位早期的天文学家一直坚守在岗位上。他将火星的变化一一记下，还发现此时火星的运行速度要快于它之前的速度。它是要完成一个圆周运动吗？这位天文学家决定继续观测这颗行星，他想知道自己的猜想究竟能不能被证实。数夜不间断地观测之后，他终于发现火星的速度开始降了下来，甚至低于初始速度。又过了几个夜晚，他开始推测火星的运动可能会停止。不久后，火星的运动的确停了下来，它似乎静止不动了。但它会永远保持这种静止状态吗？

它漫长的旅程结束了吗？这一情况一直持续了数个夜晚，但最终天文学家开始怀疑，火星一定是开始做反向运动了。又过了几个夜晚，他的这一猜想得到了证实，火星做顺行和逆行运动的伟大发现诞生了。

火星在绕太空运转的大部分时间里，似乎都是自西向东运动。实际上，火星的逆行与月球和太阳相似，都仅占其整个运行过程的很小一部分，而正是这种奇妙的运动让古代天文学家百思不得其解。图60中展示的便是1877年冲日时火星的实际运行轨迹。图中标示出来的月份代表火星运动发生不规则变化的时间，火星运行的其他时间段内，尽管它的速度并非完全一致，但其运动方向都是不变的。

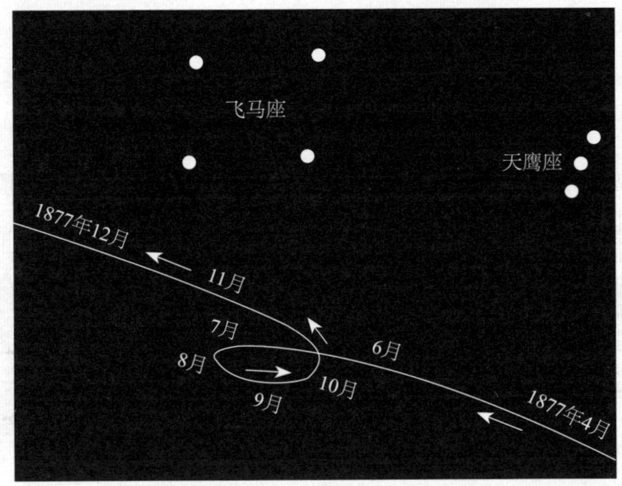

图60　1877年火星冲日时的轨迹

乍看之下，火星复杂的视运动使人们难以接受任何将这一运动简单化的解释。他们会说，如果火星真的只是沿椭圆轨道运行的话，又怎会产生如此奇特的运行轨迹？原因就在于我们脚下的地球也在不停运动。即使火星静止不动，地球的运动也会使火星看上去像在运动一样。因此，火星的视运动是含有真实运动的。这种情况根本难不住几何学家。他们能够将火星的真实运动从它的视运动中剥离出来，完全根据它的真实运动来解释其复杂的运行轨迹。假如我们脚下并非不停运动的地球，而是一个固定不动的点，我们会看到，火星的轨道形状就是椭圆形，它的绕日运动完全遵循开普勒定律，而开普勒的这些发现正是源于对火星的观测。

火星绕日一周需时687天，平均日距为14150万英里。在火星冲日的理想条件下，火星与地球之间的距离不超过3550万英里。如果使用我们在地球上常用的计量标准来衡量，这一距离的确是十分遥远的，然而，这一距离还不及金星与地球之间的最小距离，而且也远小于地日距离。

我们曾在前文中解释过如何运用开普勒定律得知太阳系的形状，还谈到，只要能直接测得某个星体的具体数值，就能获知太阳系以及各种星体的实际大小。

火星接近地球的过程，给我们提供了一个测量其距离的绝佳机会，因此，我们就能用另一种方法，来解答那个借由金星凌日测算地日距的问题。我们将重温地日距离以及行星距离的有关知识，同时掌握更多的太阳系知识。

1877年火星冲日时，人们成功运用这一先进方法，解决了天体测量的难题。这并非人类第一次提出这一方法，也并非第一次将其付诸实践。然而，1877年的这次观测实验设计巧妙，而且事先没人料到，这一次观测将会为天文学做出如此重要的贡献。那时就职于好望角天文台的皇家天文学家——大卫·吉尔博士，于1877年远赴阿森松岛，开展火星视差的测量工作。当时，火星距地球很近，这无疑给吉尔博士提供了一个很好的应用上述方法的时机。吉尔博士成功获取了一系列宝贵数据，通过这些数据，他进一步推算出了地日距离，而且从某种程度上来说，这一数值的精准性甚至高于通过金星凌日测算出的数值。

还有一种方法，也可以通过火星计算出地日距离。这一方法既巧妙又极富趣味性，同时还涉及数学和天文学的一些高端问题。这一方法在牛顿运动定律中已初具雏形，后经列维烈进一步完善。此方法基于伟大的万有引力定律，同时又与行星摄动紧密联系，要知道，行星摄动的发现在现代天文发现史上可是浓墨重彩的一笔。

两个看似毫无关联的数值之间，其实存在某种联系。这两个数值便是地球的质量和地日距离。地日距离与某一距离（如果我们已知地表的引力大小、地球的大小以及一年的时长，我们就能算出这一距离）的比值等于太阳质量的立方根与地球质量的立方根的比值。这个公式是没有任何问题的，需要知道的数值也很明显。若能设法获知地球和太阳的质量比，就能立刻推导出地日距离。怎样才能将硕大的地球放到天平上去称其重量呢？以列维烈观测的火星为例，他向我们展示了其中的巧妙解题方法。

如果火星在绕日运动时，只在太阳引力的作用下发生倾斜，那么根据著名的行星运动定律，火星将永远沿相同的椭圆轨道运行。无论是一个世纪还是数个世纪之后，火星椭圆轨道的形状、大小和位置都不会发生变化。有利于我们解题的是，火星轨道受到了地球引力的影响。尽管地球的质量远小于太阳，但它却足以使地球对火星产生一定的引力作用。这样一来，火星的椭圆轨道就无法保持恒定。它的椭圆形状和位置都在逐渐变化，所以从某种程度上来说，火星的位置取决于地球的质量。我们可以通过观察，确定火星的位置，还可以通过计算，确定没有地球引力时火星的位置。二者之间的差异完全是由于地球引力造成的，当我们测得这一引力时，自然也就能确定地球的质量了。火星的位移量随着时间在不断增加，但由于增长率不高，为了保证测量结果的准确性，我们不得不调用早期的天文观测数据。

幸运的是，三个多世纪以前，一个重大事件的发生使人们准确记录下了当天火星的确切位置。1672年10月1日，三名互不相识的观测者，都观测到了由于鲜红的火星过境，而在宝瓶座发生的掩星现象。由于天文学家们知道那颗被遮蔽的星星的准确位置，继而就能得知当天火星在天空上的准确位置。将这一结果与现代经度观测的结果相结合，我们得知，在过去的三个多个世纪中，火星由于地球引力而发生的位移已达到约5弧分（294弧秒）。人们坚信这一结果的误差不会超过1弧秒，由此得出的地球的质量约为其实际质量的三百分之一，若不存在其他差异，进而得出的地日距离约为实际地日距离的九百分之一。

尽管这一方法拥有其内在的优越性，涉及的原理也十分高端，但我们仍然认为，与其他方法相比，目前这一方法仍缺少可靠性。由于地球的摄动影响造成的火星位移，仍在不断增加，等它最终增加到足够大的数值时，我们就能得到地球质量的准确值，同时也能获得极为精准的地日距离。尽管这一方法极富趣味性和优越性，但目前为止，我们仍然只将其作为引力定律的另一例证，而非测算地日距离的准确方法。

火星接近地球，还使我们有机会借用望远镜更加仔细地观察它的表面。但不要指望我们能像观测月球表面那样，清楚地看清火星表面的所有细节。即使是在绝佳的观测条件下，这一点也无法做到，毕竟火星与我们的距离是月球的100倍，因此，想要像观测月球表面那样，清晰地看清火星表面的地质特征，那这些地质结构至少得比月球表面结构大100倍。

火星的体积远小于地球，其直径为4200英里，略大于地球半径。图61中展示的便是二者的相对大小。我们还复制了两张由威廉·亨利·皮克林教授制作的火星图像，制作地点位于美国亚利桑那州弗拉格斯塔夫市的罗威尔天文台。图62的制作时间为1894年7月30日，图63则制作于同年8月16日。

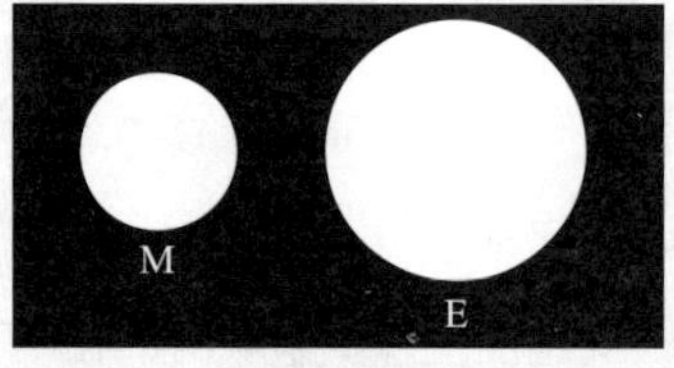

图61　地球和火星的相对大小
M代表火星，E代表地球

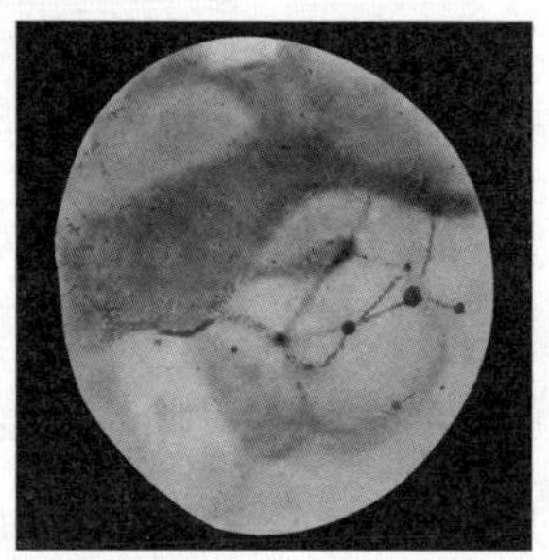
图62　火星图像（1894年7月30日）

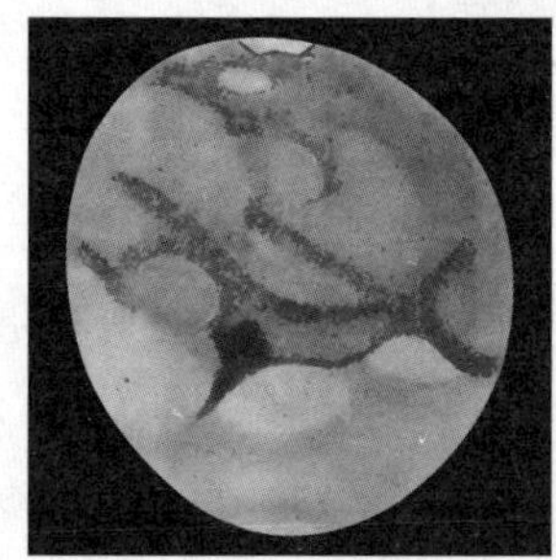
图63　火星图像（1894年8月16日）

图65[①]中展示的是火星的南极极冠，该图像由皮克林教授于1894年7月1日在罗威尔天文台观测得来，图中最为显眼的便是侵入极冠的黑斑。图64中展现的则是出现在火星"晨昏圈"上罕见的若干高地和洼地，图中景物都尽可能地依照真实比例进行缩放，该图同样出自皮克林教授的一双巧手，绘制时间为1894年8月24日。

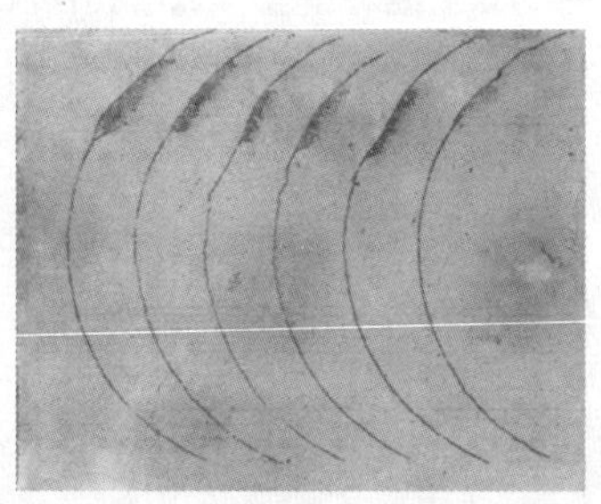
图64　火星"晨昏圈"上的高地和洼地
（1894年8月24日）

我们在观测过程中发现，火星不同于月球，它并非始终以同一面面向观测者。火星绕轴自转的方式与地球十分相似。更为惊人的是，火星自转一周的用时仅比地球自转周期多半个小时，它的准确自转周期为24小时

① 详见《天文学与天体物理学》第128期。

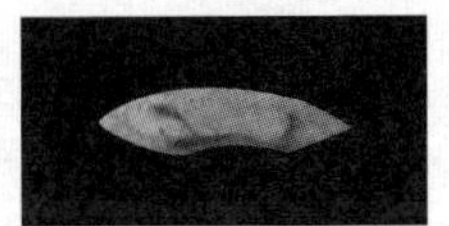

图65　火星的南极极冠（1894年7月1日）

37分22¾秒。因此，火星面向我们的那一面每小时都在发生变换。西面逐渐隐退，东面又开始显现，12小时后火星完全以另一面朝向我们。火星的这些变化，再加上无法避免的透视缩短效应，使我们很难将火星表面的那些物体与地图上的那些一一比对。不得不承认的是，相比于月球地图，火星地图无论是在准确性还是清晰度上都略逊一筹。但其表面的那些主要地形特征，都已在地图上被准确标注了，一些天文学家们甚至还给所有的高地都取好了名字。

火星表面的地质形态可分为两类。有些呈现出近似于绿色的铁灰色，而其他部分则通常是深黄色或橘红色，偶尔呈白色。

前者常被推测为火星上的海洋，而后者则为这颗红色星球上的陆地。目前，我们拥有的火星图像数量庞大，最早的可追溯到17世纪中叶。尽管这些早期图像都略显粗糙，且对火星的地貌探测也没有太大价值，但通过与现代图像的比对，它们能帮助我们测算火星绕轴自转的周期。

古代观测者早已发现，火星的两极各有一块白色斑点。然而，对火星极冠展开系统研究的第一人却是威廉·赫歇尔，这位杰出的天文学家在其研究过程中，还发现了一个有趣的现象。他注意到，火星的两个极冠会随所在半球的季节更迭而发生明显变化。火星上冬至之后的3～6个月间，极冠逐渐增加，直至达到最大值；之后又开始逐渐缩小，并在夏至过后的3～6个月间减小到最小值。这一变化与地球两极的冰雪积聚和消融现象十分相似，直到近期人们才开始相信，火星极冠的白色斑点与地球两极冰盖的组成成分是类似的。

由于火星绕日公转的周期为687天，远大于地球的365天，因此火星上的季节长度肯定也会长于地球。在火星的北半球上，夏天会持续至少381天，而冬天则为306天。在漫长的冬季里，火星两个半球的白色极冠会不断扩大，直至其直径达到45°至50°，而在夏季，它们的面积又会不断缩小，最终其直径将仅为4°至5°。值得注意的是，火星南极白色极冠的中点似乎不与极点重合，而是明显向一侧倾斜，这也许说明火星南极在一年中的某段时间内是没有冰雪覆盖的。

[今日科学说] 火星的极冠可细分为两部分：一部分是永久极冠，永久保持冻结，不会因为季节变化发生大小的改变；另一部分则是季节性极冠，随着季节变化，极冠面积会出现扩大和缩小。如位于火星南极的极冠，其最大直径可达到4000千米，而北极极冠最大时的直径约为3000千米，两极极冠的大小略有不同，原因是火星的公转轨道偏心率较大，通俗来说就是更“扁”，当火星南半球处于冬天时，火星与太阳的距离相比火星北半球处于冬天时更远，因此火星南半球的冬季会比火星北半球的冬季更长更冷，使极冠得以进一步增大。

火星上的季节性极冠完全由二氧化碳构成。在夏季，强烈的阳光照射极冠，使二氧化碳蒸发到大气中，极冠收缩。而在冬季，大气中的二氧化碳再次冻结，极冠再次形成。二氧化碳是火星大气的主要成分，因此极冠的增长和收缩会造成火星气压的实质变化，科学家可以通过研究这些大气的波动估算出季节性极冠中的二氧化碳总量。至于永久极冠的组成，除了有干冰（即固态二氧化碳），也有水冰。

尽管整个19世纪，人们获得了许多有价值的火星观测结果，但直到1877年的火星大冲之后，对火星表面的研究才取得了长足的进步，那次火星冲日在现代天文史上也具有里程碑式的意义。观测者们针对1877年的火星冲日绘制了大量图片，其中最为精美的当属格林先生的那一幅，他的画作后来还被皇家天文学会刊登出版，而另一位来自意大利米兰的天文学家——斯基亚帕雷利教授则彻底更新了现有的火星知识。斯基亚帕雷利仅有的设备是一台8英寸光圈的折射望远镜，但得益于米兰清澈的蓝天，他在明亮的火星表面，成功观看到大量长长的细线。斯基亚帕雷利称其为运河，因为它们起源于所谓的火星海洋，然后向所谓的火星大陆延伸，延伸距离甚至可达数千英里。

这些运河似乎形成了一个河道网，将各片海域都连接了起来。一些更为明显的所谓运河，的确也曾出现在道斯以及其他早于斯基亚帕雷利时代的观测者的画作中。然而真正注意到这些大量存在的细线的人却是这位杰出的意大利天文学家——威廉·亨利·皮克林，他发现这些细线已经成为火星表面的一大显著特征。图51和图52中也都对这一特征有所反映，这两幅图都是威廉·亨利·皮克林教授于1894年在罗威尔天文台绘制的图像的影印件。

当斯基亚帕雷利首次宣称在火星上发现大量运河时，天文学家们无不震惊，但当1882年他再次宣称大部分的运河都成对增加时，更是雷动整个天文学界。在1881年12月至1882年2月间，火星新增约30条衍生运河，其中19条就出现在原生运河旁边，且与其保持平行，其余运河或还未被确认，或与原生运河不平行。

图66是一张斯基亚帕雷利绘制的火星地形图的影印件，这幅图是基于他在1881年至1882年间的数次观测而绘制的。图中清晰地呈现出那些奇特的成对运河，我们从未在其他星球上发现类似的地貌特征。

斯基亚帕雷利的一些后期观测和其他观测者的观测试验似乎都表明，这种运河复制现象具有周期性的特点，常发生于火星上的春分或秋分前后。两条平行线中的一条总是尽可能地叠加在原有的那条上。但有时，两条平行线也可能分别位于原生运河的两侧，完全位于新的区域上。两条平行线之间的距离最大可达360英里，最小则刚刚能被大型望远镜观测到，也就是不到30英里的距离。这些运河的宽度达到了可视极限，即60多英里。

运河复制现象也许是火星留给我们的最大难题。即使能证实这些运河就是极冠融雪向赤道地区流动而产生的水湾或水道，那么衍生的那些运河又如何解释呢？当原生运河逐渐消失，两条宽度可媲美英吉利海峡的衍生运河取而代之，且分别位于原生运河的两侧时，这一问题就变得更加复杂难解了。人们曾多次提出，这种运河复制现象显然只是一种光幻觉，但这一说法始终未得到确切证实。也许眼下，我们应将这一问题暂且搁置，寄希望于后人能更加关注这颗行星，待时机成熟，这一谜题自然将被解开。

总的来说，火星表面的地貌特征是恒定的，所以当我们将300～400年前的图像与近年来的图像进行比对时，能在两幅图中找到完全一样的特征。不过，月球表面就缺少这样的恒定性。除了上文提到的运河之外，火星表面的许多其他地质形态都会随时间发生改变。尤其是那些我们称之为海洋的黑色斑点，它们的外形

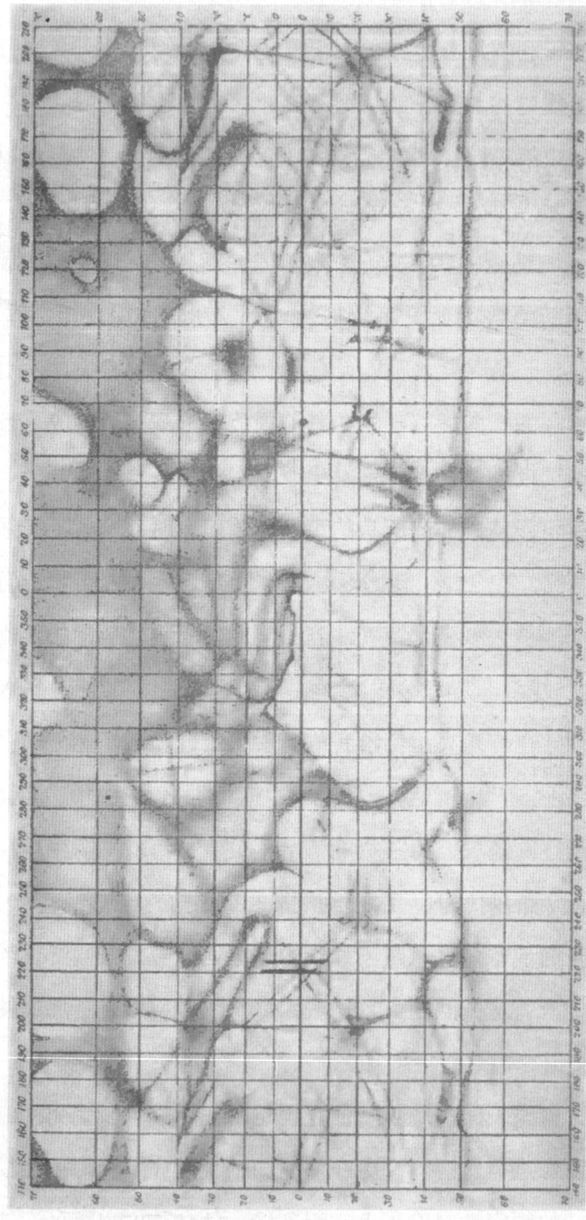

图66　斯基亚帕雷利绘制的1881—1882年间的火星地形图

有时会发生细微的变化，但还不至于使我们在辨认时出现差错。火星部分颜色的变化也是人们时常能观察到的，尽管实际上，有些观测结果实际上是受到了地球大气的影响而造成的，但并非所有结果都可以用这个理由来解释。有些现象必然是由于火星表面的某些真实变化而引起的。

谈到变化，就不得不提到火星西北部的一个显著特征，斯基亚帕雷利将其命名为大流沙地带①。据记载，这片区域在不同年代呈现的颜色有灰色、绿色、蓝色、棕色甚至紫色。大约在北半球秋分前后，当这片区域位于能观测到的火星圆盘的中心时，它的东部比西部要明显绿一些。随着季节更迭，这一绿色逐渐变淡，最终只能在该地区的海岸上发现绿色的存在。火星的大气层通常十分稀薄，这倒是便于我们对其表面进行更加仔细的观测，也无须先排除火星云这样的干扰因素。但这种火星云并非从不出现，我们对火星表面的观测偶尔会受到阻碍，后经证实，罪魁祸首便是其大气层中的云或雾。

要想获知火星表面的物质结构，最先需要了解的便是其大气层的特性。在这一问题上，光谱分析帮不上我们多大忙。

我们当然都知道，火星并非是自体发光的星体，它仅靠反射阳光而发光。面向太阳的半球被阳光照亮，而背向太阳的则陷入黑暗。因此，火星的光谱应该与月球的类似，它们都与太阳光谱完全相同，只不过亮度更弱一些，除非阳光在两次穿越火星大气层的过程中被吸收，从而使光谱上的暗线更多。一些早期观测者认为，他们能从火星光谱中辨认出由水蒸气造成的谱线。然而，利克天文台的坎贝尔先生和阿利根尼天文台的基勒教授②推翻了这些谱线的存在，他们借助先进的设备和适宜的气候环境，在绝佳的观测条件下证实了火星光谱与月球光谱并无分别。如果火星的大气层足够厚，我们就能观测到它对阳光的吸收效应，该效应将在火星边缘尤为明显。但坎贝尔先生的观测显示，火星边缘的光线吸收与其他地区并无区

① 这一区域正是图 66 中，出现在 290°经度、赤道以北（以下）的那个弧形标记物。与所有天文绘图一样，本图中北在下，南在上。

② 时任利克天文台台长。

别。由此可得，火星并没有厚重的大气层，这一结论可以通过若干方法得到证实。

我们在观测火星表面时所达到的清晰度似乎表明，火星的大气层比地球的要稀薄得多。毫无疑问，一个火星上的观测者即使拿着一台先进的望远镜，也只能看清地球表面极少的几个特征。这不仅是因为光线在两次穿越大气时会被大量吸收，更是因为我们的大气层还能对光线进行散射。除此之外，天空中飘浮的大量云层也会模糊火星观测者的视线，使其无法看清地球上的大部分地貌特征。正如前文所述，尽管有时我们也无法看清火星上的某些区域，但可以肯定的是，火星上的云都是十分微小的。不难想象，如果火星极冠的确是由冰雪组成，那么当冰雪融化时，极冠地区就会产生云层，从而对我们的观测造成一定影响，但实际上，这种情况从未发生过。

我们注意到，人们对于火星上有水的观点一直存在质疑。的确，我们常说那些黑色标志就是“海洋”，明亮的就是“陆地”，这种说法在很长一段时间内，一直代表着天文学家的主流观点。数年前，利克天文台的舍贝勒先生却得出了完全相反的结论。他声称那些黑色区域代表陆地，而明亮的部分是由水或其他液体组成的海洋。他指出，黑色区域的那些不规则的阴影，不可能是光线在弧形的水面反射而来的，尤其是在火星圆盘的中心处，这种光线与阴影的对比是最为强烈的。

他还注意到，这些黑色区域上常有一些颜色更暗的条纹穿过，这些直线可以一直延伸出数百英里的距离，而明亮区域的那些所谓的运河似乎正是这些条纹的延续。因此，舍贝勒先生认为那些所谓的运河也许是跨越海洋和陆地的连绵山脉！后来，菲利普斯教授和泰勒先生都指出，如果火星的热带地区存在湖泊或海洋，那么我们就能经常看到阳光在水面上发生反射，从而出现了一个明亮的、像星星一样的亮点。即使在光线不强的情况下，我们仍然能够通过这种方法观测到水的存在，然而此类现象的记载从未出现过。

关于火星上是否有生命的话题，我们还想补充几句。如果能确认火星上有水，那么生命存在的其中一个基本条件就满足了。即使火星大气层无论是在成分还是密度上都与地球大气层相距甚远，但火星上还是可能有生命存在的。但假设一个人能找到充足的营养供给，还有供其呼吸的新鲜空气，也很难说他是否一定就能活下来。由于火星的体积和质量都小于地球，火星表面的引力大小必定也不同于地表。

[今日科学说] 如果火星表面存在液态水，就意味着火星有较温暖的气候以及浓厚的大气。然而火星的平均气温仅有零下60℃，同时火星稀薄的大气（地面大气压仅为地球的千分之六）也不支持液态水持续存在。不过火星上许多地理特征是火星曾经存在液态水的证据，如前文所述的运河很可能就是早期水流侵蚀形成的地貌。

前文中已提到，月球上的引力并不大，火星的引力也许会更小。在地球上2磅重的物体到了火星，就只有不到1磅了。若某一外力，在地球上能举起一个重56磅的物体，那么到了火星上，它将能举起两个相同重量的物体。

地球有一颗卫星，木星却有4颗耀眼的卫星，而火星就位于此二者的轨道之间，与它们也属于同一类星体，又都从属于同一个太阳，这三颗星共同构成了太阳系的一部分。既然地球有一颗，木星有四颗，那火星是否也该有一颗卫星呢？诚然，火星是一颗个头偏小的行星，它的体积小于地球，更小于木星。也许它不会有大型卫星，但为何它就不会像两个近邻一样，有卫星环绕呢？这一问题一直困扰着天文学家们，但即使进入现代社会，人们还是未能找到火星卫星的踪迹。数百年来，天文工作者们带着这一问题，勤勤恳恳地对火星进行反复观测，但却一次又一次地失望而归，在火星的卫星这一问题上，类比推理的逻辑链眼看就要断裂了。人们开始相信，并非所有金星轨道外的大行星都有卫星相伴，没有卫星的火星就是个例外。人们已经不再有信心继续重复那进行过无数次的观测，因为每次的结果都让人大失所望。庆幸的是，笔者那代人亲眼见证了一次天时地利人和的观测。这次观测可谓大获全胜，人类历史性地观测到了两颗火星卫星。

这一发现是由华盛顿天文台杰出的天文学家——阿萨夫·霍尔教授做出的。当时，霍尔先生使用的是位于华盛顿的巨型折射望远镜，该设备放大比率高，制作精良。它的制造商正是著名的阿尔万·克拉克父子公司，这家公司生产出了许多大型望远镜，这些望远镜的放大比率都远超同类实验中所用的其他望远镜。这台望远镜的物镜直径为26英寸，不仅体型庞大，清晰度也毫不逊色。然而，即使是经验丰富的霍尔先生，再加上一台空间穿透力极强的望远镜，在一般观测条件下也无法发现火星卫星。因此，霍尔先生只得抓住1877年那次历史性的火星冲日的时机，因为那时火星与地球的距离异常接近，这一点已在上文中提及。

如果火星卫星的体积能有月球的一百分之一，我们肯定早就发现它了。所以，霍尔先生明白，如果卫星真的存在，那一定是非常小的星体，因此他振奋精神，做好了打持久战的准备。当时的情形可谓是万事俱备：火星与地球之间的距离之近，史无前例，华盛顿的望远镜也是当时功能最强大的折射望远镜，就连华盛顿的地理位置都是绝佳的，从天文台望去火星正高悬于天际。1877年同一时间，英国天文协会正在普利茅斯举行议会，突然，一封电报漂洋过海，从大西洋的另一边传来。霍尔先生辛勤的付出终于得偿所愿。他本期望能发现一颗卫星，即使只发现一颗，也能轰动整个科学界，幸运女神不仅十分眷顾他，还在他发现第一颗卫星之后，紧接着又让他发现了另一颗。将二者进行比对后，霍尔先生还发现了一个太阳系独一无二的现象。

外层的那颗是火卫二，它绕火星的运转周期为30小时17分54秒，而内层的火卫一，则备受全世界天文学家的关注。火星绕轴自转一周需要一个火星日，其长度与地球的一天——24小时十分接近。火卫一绕火星的旋转周期为7小时39分14秒。实际上，在火星自转一周的时间内，火卫一能绕其旋转3周。这种现象在太阳系是独一无二的，就我们所知，这在整个宇宙都是前所未有的。就以我们的地球为例，地球自转27圈，月球才刚绕地球公转1圈。木星和土星的情况也大抵相同，而对于太阳系中心的太阳和绕其旋转的众行星来说，即使是公转速度最快的行星绕日一周所用的时间，也够太阳绕轴自转很多圈了。在已知的天文事例中，还没出现过卫星公转速度大于主星自转速度的情况。不过，人们已经找到了火卫一异常运动的原因。我们在后续章节中还将再次谈到这一话题，它涉及现代天文学的另一个重要分支。

由于火星卫星的尺寸实在太小，我们无法直接测出它们的直径，但通过对它们亮度的观测，我们断定它们的直径不会超过20～30英里，甚至可能更小。火星卫星的快速运转，一定能给观测者提供一些火星表面的显著特征。火卫一从西边升起，越过天际，约五个半小时后从东边落下，而火卫二则从东边升起，在地平线以上停留时间超过2天。

火星两颗卫星的轨道都与主星赤道垂直，一个位于赤道上方不到4000英里的地方，另一个位于赤道上方约14500英里的位置，因此，从火星的两极根本无法看到这两颗卫星。诚然，想要看见火卫一，那么观测者在所处行星纬度不得高于68¾度。这样一来，火卫一就会被火星遮挡，正如我们身处英伦三岛，无法看到在赤道上方数百英里的高空，绕地球旋转的物体一样。

在结束火星卫星这个有趣的话题之前，我们还想提两个相关的文学故事。霍尔先生曾就这两颗卫星命名的问题，咨询过他的一位老友。后来他们谈到了荷马，从其著作《伊利亚特》的某个片段中，他们找到了戴莫斯和福波斯这两个名字。这两个人物都是跟随战神马尔斯奔赴疆场的随从，笔者的朋友提勒尔教授还特意为我翻译了他们出场的那几句话：

“战神马尔斯发话了，他让惊慌和恐惧给他的战马上轭，他的戎马生涯的确光辉灿烂。”

相信熟读《格列佛游记》的读者，一定不会对有关火星卫星的一个奇妙现象感到陌生。据格列佛说，勒皮它飞岛的天文学家们都有敏锐的视觉和先进的望远镜。这位旅行者还说，他们发现了两颗火星卫星，其中一颗绕火星公转的周期是10小时，另一颗是21.5个小时。也就是说，该书作者不仅预测出火星卫星的数量，还以惊人的准确性道出了两颗卫星的公转周期。究竟他是如何得出后一项预测的，我们不得而知。许多年前，读过勒皮它飞岛旅行的所有天文学家都认为，那简直就是无稽之谈。火星可能确实有两颗卫星，但要说其中一颗的公转周期仅为10个小时，根本没人会相信。然而，事实的真相甚至会比小说更离奇。

现在，我们必须近距离地观测这颗美丽又神奇的行星。它的身上藏着那么多有趣的特点，深深地吸引着我们，使我们流连忘返。但太阳系还有那么多各种各样的星体，它们也需要得到我们的关注，还有那么多无论在体积还是重要性上都远超火星的星体，因此我们只得就此打住。不过接下来，我们要介绍的并非是位于火星轨道外的大行星，而是许多有趣的小行星，它们的相关内容会在下一章中，占据较大篇幅。

[今日科学说] 和金星一样，与地球的相似度使人类对火星的好奇从未消减，从苏联在1960年10月10日发射火星1A号开始，50多年来，已有近50个针对火星的探测任务，进入21世纪，每年都至少有两个或以上的火星探测任务。2018年有9个正在运行的火星探测任务，包括美国国家航空航天局发射的2001火星奥德赛号（2001年发射）、机遇号火星车（2003年发射）、火星勘测轨道飞行器（2005年发射）、好奇号火星车（2011年发射）、专家号（2013年发射）、洞察号（2018年发射），欧洲空间局的火星快车号（2003年发射）、欧洲空间局与俄罗斯联邦航天局合作的火星微量气体任务卫星（2013年发射），以及印度空间研究组织在2013年发射的火星轨道探测器。其中洞察号已于2018年11月成功登陆火星表面，并在着陆后一周内开始正常工作。

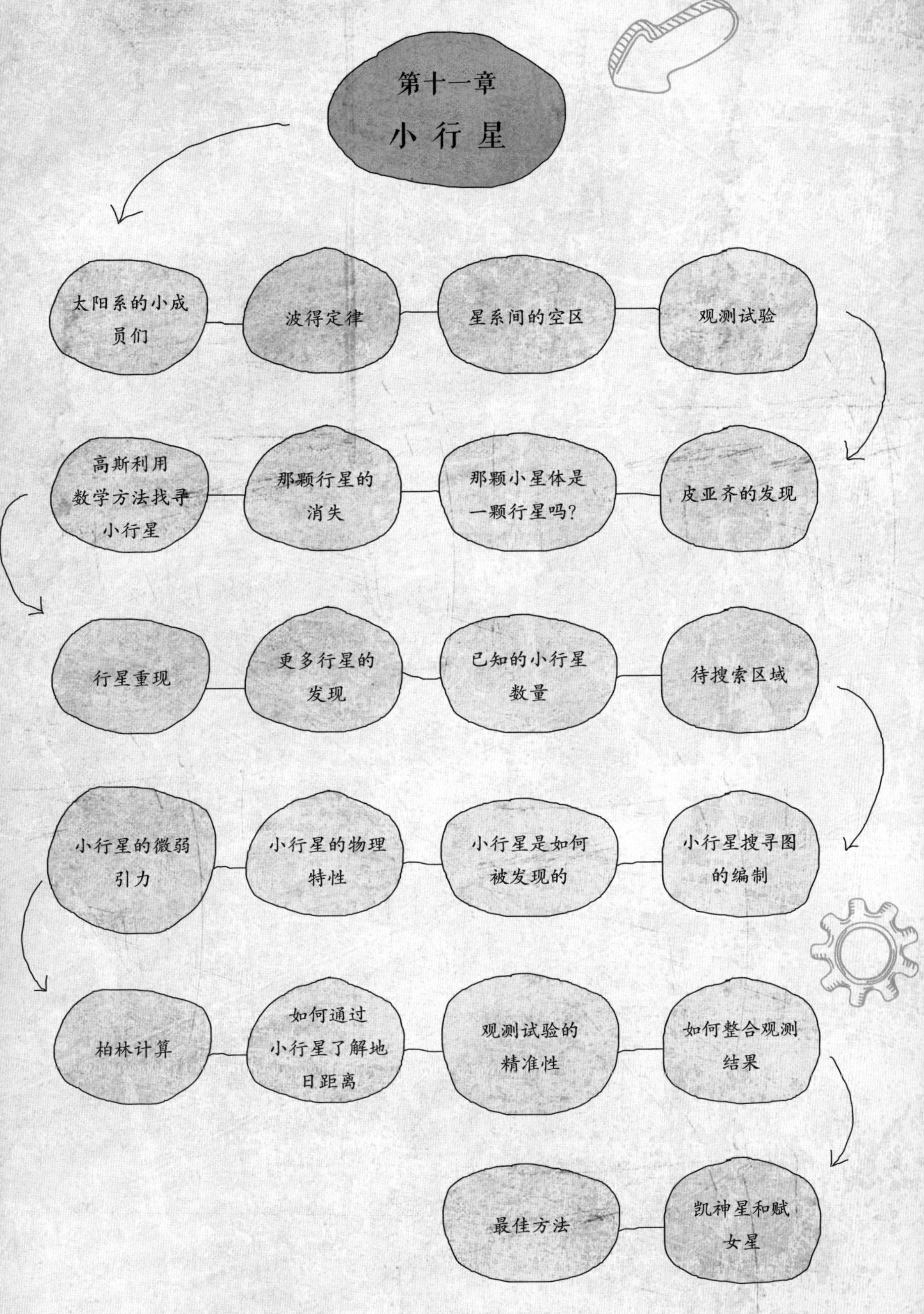
第十一章
小行星
太阳系的小成员们
波得定律
星系间的空区
观测试验
皮亚齐的发现
那颗小星体是一颗行星吗？
那颗行星的消失
高斯利用数学方法找寻小行星
行星重现
更多行星的发现
已知的小行星数量
待搜索区域
小行星搜寻图的编制
小行星是如何被发现的
小行星的物理特性
小行星的微弱引力
柏林计算
如何通过小行星了解地日距离
观测试验的精准性
如何整合观测结果
凯神星和赋女星
最佳方法

在前面几章中，我们介绍了太阳、月亮、地球、金星、水星和火星的各自特点和运动，它们都是体积较为庞大的星体。其中体积最小的是月亮，可即便如此，月亮的直径也有2000英里。在开始介绍小行星之前，我们得做好充分的思想准备，相较于太阳系的那些大星球，这些小行星的体积可谓是十分微小的。它们的直径多为数十英里，有些能稍长一些。如果它们离地球近一些，我们也能看见这些耀眼的星体，但它们实在太远了，既使用最好的望远镜，也无法清晰地观测到它们，仅用肉眼是几乎看不到的。

我们可以在图67中看到，火星轨道和木星轨道之间有一片广阔的空间。人们常常推测，这片区域一定有其他行星存在。后来，一条著名定律的诞生，更是进一步印证了人们的这一猜想，该定律较为准确地揭示了太阳系几大行星相对距离之间的联系。以0，3，6，12，24，48，96这一组数字为例，其中的每一个数字（第二个除外）都是前面一个数字的2倍。如果我们给每个数字都加上4，就得到4，7，10，16，28，52，100。除了第五个数字（28）之外，其他数字都对应着不同行星与太阳之间的距离。实际距离如下：水星，3.9；金星，7.2；地球，10；火星，15.2；木星，52.9；土星，95.4。尽管我们还没有确凿证据证实这一定律——波得定律，是正确的，但就所有已知行星来说，这一定律几乎是完全与事实相符的，我们不禁要问，数字28是否也对应着某个绕日公转行星的距离呢？

18世纪末，这一定律已经深入人心，一些兴致勃勃的天文学家们，甚至决定联手寻找这颗未知行星。这颗行星肯定大不了，否则早就被发现了。假如它真的存在，我们就得想方设法，将它与那些散布在其轨道上的恒星区分开来。

寻找小行星的实验，很快便有了收获，这也使19世纪的第一个夜晚被永远地载入天文学史册。第一颗已知小行星的发现人是皮亚齐，他的天文台位于意大利巴勒莫，正是在巴勒莫澄净的天空中，皮亚齐做出了这一历史性发现。这位勤劳聪明的天文学家发明了一套精妙的系统观测法，可以通过精细的计算将行星与其他恒星区分开来。某天夜晚，皮亚齐会先选取一组恒星，数量在50颗左右，具体视情况而定，然后用子午环，将它们的位置一一确定下来。第二天夜里，或者是任何他觉得合适的时候，他会用同样的设备、同样的方式再次对这50颗恒星进行观测，接下来的数个夜晚，他都会重复相同的观测。当将这些观测结果放在一起比对时，他就能掌握每颗星星在不同夜晚常出现的4个或多个位置，这样，这组星星的观测就算完成了。强大的意志力支撑着皮亚齐，完成了多组星星的观测试验，终于，天道酬勤，他所有的付出都得到了回报。

1801年1月1日晚，皮亚齐开始对新的一组恒星进行第159次观测。他用望远镜一一观测着这50颗星星，还仔细记录下它们的方位。在这些星星中，前面12颗无疑都是恒星，第13颗看上去也像是颗恒星，它是金牛座的一颗8等星。从望远镜中看去，这颗星星与周围的其他星星并没有什么区别。第二天晚上，皮亚齐按例对所有的50颗星星进行再次观测，3日、4日都是如此。随后，他像往常一样，将这些星星的4个位置进行依次对照。在对照过程中，皮亚齐立即发现表中的第13颗与其他星星完全不一样，甚至与他之前观测的所有星星都不一样。这颗神秘星球的4个位置完全不同，换言之，说明它在运动，它是颗行星。

持续多日的观测足以表明，这颗后来被称为谷神星的小行星，是如何围绕太阳旋转，如何在火星轨道和木星轨道之间的那片区域运转的。的确，这一发现的重大意义是显而易见的，它对天文发展的影响程度也是史无前例的。现在，太阳系的大行星们不得不和一个比它们小得多的小行星们一起，分享太阳散播的恩惠。

皮亚齐又进行了数次观测之后，观测这片星空的时节慢慢远去，这颗新发现的小行星也逐渐消失不见。但数月之后，这片星空将会在夜幕降临之后，再次升上地平线，群星也将再次闪现。然而，那颗小行星是在不断移动的，等到下一个观测时节到来的时候，它也许移动到了更远的地方，还可能会再次混入那些跟它十分相近的恒星中去。到那时，我们如何能在它消失数月之后再次捕捉到它的踪迹？当它再次出现在我们的视野中时，我们该如何将它辨认出来呢？

这一难题受到了许多天文学家的关注，他们开始寻找能再次确定那颗行星位置的方法，只有这样才能使皮亚齐的心血不至付之东流。一位年轻的德国数学家——高斯，正是凭借着对这一难题的成功解答，开启了他卓越超群的职业生涯。如前文所述，行星都在椭圆轨道上绕太阳旋转，太阳位于这个椭圆的其中一个焦点上。经证实，如果我们知道一颗行星的三个位置，那么它的椭圆轨道就可以完全被确定下来。皮亚齐当时记录下了那颗小行星的几个位置，这一信息对高斯十分有价值，因为这样一来，他要解决的那个问题就可以概括如下。现已知这颗小行星在三个晚上的所处方位，需要在没有更多方位信息的情况下，确定该行星在数月之后的位置。基于开普勒定律的数学计算可以成功解答这一问题，高斯就做到了。他说，尽管天文学家的望远镜无法在那颗行星隐匿的数月间观测到它的踪迹，但数学家的笔却能准确追踪它的位置。因此，当斗转星移，观测时节再次来临时，人们又重新开始了小行星的搜寻之旅。他们将望远镜对准高斯计算出的那个方位，谷神星果然在那里。自从被再次找到之后，这颗小行星的活动轨迹就被数学家们完全掌握了，他们甚至能通过数学论证，将它这一年每晚的方位都推算出来，且准确率可媲美我们观测月球或太阳系其他大行星的准确率。

一颗小行星被发现之后，其他小行星的发现也接踵而至，短短7年内，太阳系已知小行星又新增了智神星、婚神星和灶神星。所有这些小行星的轨道都位于火星轨道和木星轨道之间，在那之后的数年间，人们一度认为整个太阳系的星谱已全部完成。40年后，人们再度开启了行星的系统搜寻，一颗接一颗的行星被不断添加进星谱中，久而久之，新发现的小行星数量呈现井喷式增长，截至1897年，小行星总数已达430颗，它们在太阳系中的分布如图67所示。随着天文望远镜技术的不断完善，再加上一代代天文学家呕心沥血的潜心钻研，一种专门用于搜寻小行星的观测方法应运而生。

众所周知，所有大行星的公转轨道与太阳在群星间的运行轨道几乎是相互吻合的，太阳移动的路线便被称为黄道。由此可得，这些小行星也将在类似轨道上运转，且它们也会依次穿过黄道十二宫。当然，有些小行星的轨道与太阳轨道偏离较远，但大部分小行星轨道还是与其十分接近的。这无疑给我们搜寻小行星的任务带来了便利。我们只需在天空中的某一特定区域搜寻即可，但如果想将观测扩展到其他区域，那么这一方法就未必奏效。

下一步的工作，就是绘制一张涵盖该区域内所有星星的星图。这可是项耗时耗力的大工程，大型望远镜观测到的星星数量庞大，即使是在如此小范围的区域内，也有数万颗，甚至数十万颗。而实际上，许多已知小行星体积又是十分微小的，只有用功能十分强大的望远镜才能观测到它们，因此想要搜寻到它们，我们使用的图表就必须连最微弱的星星都要涵盖在内。多位天文学家共同参与了这些图表的绘制工作，其中首屈一指是来自维也纳的帕利扎，共有83颗小行星是通过他绘制的图表被发现的。另一位则是彼得斯教授，他的图表帮助天文学家们发现了49颗小行星。

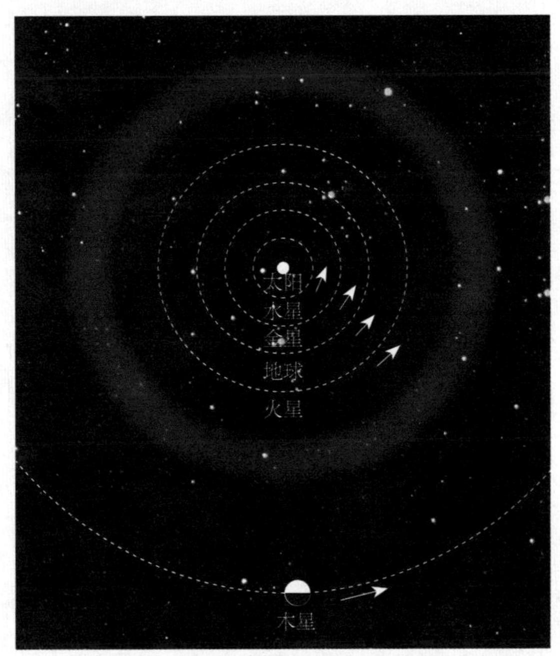

图67 火星和木星之间的小行星带

想要找到一颗新的小行星，天文学家就必须等到午夜时分，将望远镜对准太阳轨道的最高点，那个区域的成功率最高，因为相较于其他区域，那片区域离地球更近。然后再将星图与天空进行比对，将天空中的星星与星图上的一一比照，有时天空中的某一点在星图上没有对应星体，于是这位天文学家便马上警觉起来。这位天文学家会仔细地追踪这个星体，如果发现它在运动，则证明其为行星。但此时，这位天文学家还不能确定是否真的发现了一颗小行星，它的确是颗行星不假，但也许它只是许多已知行星中的一颗而已。为了证实这一点，这位天文学家必须进行更为深入也更为繁复的观测试验，这位天文学家必须参阅柏林年鉴以及其他记述这些行星的星历表，看某颗已知行星是否会出现在上述夜晚的那个方位。如果能证实，没有已知行星会出现在那个位置上，那么这位天文学家就能向同行们宣布，太阳系的另一个新成员诞生了。小行星中较为重大的一些似乎都是很早之前就被发现的，而新发现的这些大多尺寸极小，小型望远镜根本无法观测到。

1891年后，上述寻找小行星的方法很快便被另一种更为先进的方法所取代。人们发现，通过摄影技术也能绘制星图。我们只需将望远镜对准远空中的某一区域，然后将一片感光片置于望远镜中曝光，使望远镜中微弱的星体图像呈现在感光片上。需留意的是，移动相机的发条装置必须使相机与地球保持精准的同步运转，这样望远镜瞄准的星体在感光片上呈现的才是清晰的亮点。如果在冲洗感光片的过程中，发现某个星体后有星流迹存在，那么显然，这个星体在曝光过程中（通常为数个小时）发生了自体移动，换言之，它应该是颗行星。为保险起见，天文学家们通常会在短暂的间隔后，再次对同一区域进行第二次拍摄。如果在第二张感光片中，第一张感光片上出现星流系迹的地方是一片空白，但同时又有新的星流系迹出现在前一张星流系迹位置的直线上，那么就可以百分百确定，你所拍摄的星体正是一颗行星，并且也要排除其他干扰因素，如感光片存有污点或是目标星体附近其他小星体的干扰等。来自海德堡的沃尔夫，以及紧随其后的、来自尼斯的沙卢瓦，都用这种方法发现了大量未知小行星，他们还重新找回了许多由于缺少观测时机而消失不见的小行星。

1898年8月13日，柏林乌兰尼亚天文台的威特先生通过摄影法又发现了一颗小行星。一开始，人们以为这颗小行星与之前发现的432颗并无他异。按照惯例，人们使用简单的字母表排序法对它进行了临时命名，威特的这颗小行星被暂时贴上了“DQ”的标签。但如今，这颗小行星的正式名称已经取代了这一旧称，威特先生将它命名为“爱神星”，而这一名称也获得了天文学家们的一致认可，并被保留至今，成为又一颗已知小行星。

爱神星的发现成为近代天文史上的一次重大事件，其原因在于，在极少数情况下，爱神星与地球之间的最短距离比火星的距离还要短，比金星的最短距离也要短，比任何其他已知小行星的都要短。因此，我们将爱神星视为整个宇宙间距离我们最近的近邻。在某些情况下，它与地球间的距离不超过地日平均距离的七分之一。

我们对于这些小行星的物理结构和地表特征几乎一无所知，如果说唯一能推测出的，也许是它们与地球一样都是尺寸较小的星球，它们的表面可能也有陆地和海洋。这些小行星的直径通常只有数十英里，如果它们表面真有生命体存在，肯定也与我们所熟知的那些完全不同。且不说这些星球上可能存在的缺水、缺少浓密的大气层或缺少必要的呼吸气体等情况，单就它们各自的引力作用而言，都无法使生命体适应地球环境的那样生存。

想要说明这一点，可以一个直径为8英里的小行星，或是一个直径为地球直径四分之一（取整数）的小行星为例。倘若进一步假设，该行星的组成成分与地球相同，就不难得出，该星体表面的引力也将是地表引力的四分之一。也就是说，如果将一个物体送往到该星球上，那么它在那里的重量将只有其在地球上重量的四分之一。当然，普通的天秤无法显示出这一变化，就是那种一个秤盘上放物体，另一个秤盘上放砝码的天秤。如果用这种方法测量物体重量，那么该物体的重量在哪儿都一样。这是因为，如果物体所受引力发生了改变，那么天秤砝码所受引力也将同比变化。但如果使用弹簧秤，那么很容易就能读出，物体的重量已减少为之前重量的四分之一。在该星球上举起1000磅重物体所需的力，在地球上只能举起1磅重的物体，不同引力作用产生的差别是显而易见的。

有关月球的章节中曾提到，我们能够计算出一个初始速度，这一速度能将某一物体从某一星球掷出，并使其永远不再落回该星球。我们正是运用这一定律，成功解释了即使其表面曾存在任何大气层，但月球最终还是会失去大气层。

为了便于说明，我们假设所有行星的密度都相等，这样就能得出所有行星临界速度的计算定律。实际上，此时行星的临界速度与其直径成比例。因此，对于一颗直径为地球直径的四分之一或8英里的小行星来说，它的临界速度将是6英里每秒的四分之一——约30英尺每秒。相比于一般临界速度，这一速度相对较慢。一个儿童能轻易将球抛上15英尺或16英尺的高空，而要达到这一高度所需的初始抛射速度应为30英尺每秒。如果一个儿童，站在直径为8英里的星球上，垂直向上将球抛出，那么球将会升到惊人的高度上。如果抛球的初始速度小于30英尺每秒，那么球最终会停止向上的运动，开始反向下落，并不断加速，直至重新落回星球表面，且最终速度回归到抛出时的初始速度。如果抛球的初始速度大于或等于30英尺每秒，那么该球将一直上升，不再落回。我们在后续章节中还将再次讨论这一话题。

在功能强大的望远镜下，一些小行星星盘的尺寸相当可观，甚至可以用测微计对其进行测量。利克天文台的巴纳德教授利用这种方法，计算出了下列4颗最早发现的小行星的直径数值：

谷神星	485英里
智神星	304英里
婚神星	118英里
灶神星	243英里

然而，婚神星的数值并非十分准确，且到目前为止，大部分已知小行星的直径都远小于上面四颗的直径。我们通过数次观测，得知所有小行星加在一起对火星运动的总影响，因此可以通过某种计算方式，预估出这些小行星的总重量。勒威耶通过这种方法得出，小行星的总重量应等于地球重量的四分之一。而哈策尔则通过更加精准的方法，推出小行星的总重量应为地球质量的六分之一。显然，目前已知小行星的全部重量只占天文学家推算出的总重量的很小一部分。由此可得，还有大量小行星未被世界各地的观测者们发现，而且这些未知小行星的体积

必定也极其微小。

[今日科学说] 20世纪初，天文学家编目了数百颗小行星，并明确测定了它们的轨道。现在，截至2015年，科学家已经发现超过70万颗小行星（包括那些轨道尚未得到精确测定，不足以使它们获得“官方”确认的），其中超过半数获得了编号，小行星获得编号意味着其轨道已经被确定，与此同时，获得命名的小行星数量不足2万颗。关于小行星带的起源，天文学界曾有两派观点：一方认为它们可能是一颗很久以前碎裂的行星碎片，另一方则相信小行星带中的天体是一些没能成功聚成一颗真正行星的原始岩石。目前学界更倾向后一种观点。首先，小行星带内的所有天体加起来的总质量实在太小，甚至不及月球质量，难以构成行星；其次，不同小行星间有着显著的化学成分差异，表明它们不可能全部起源于同一个天体。至于为什么小行星带中的天体没能聚合成一颗行星，相信木星强大的引力场是主要因素。小行星带中的天体从诞生之初就不断受到木星的干扰，使它们一直无法聚集成一个大的天体。

目前小行星带内三颗最大的小行星分别是谷神星、智神星和灶神星，它们的直径分别为940千米、580千米和540千米。只有15颗小行星的直径超过300千米，大多数小行星的直径比这个数字小得多。天文学家估计，所有直径超过100千米的小行星中大概有9%已经被记录在案了，而直径超过10千米的小行星中至少有50%已经被发现了。可以说少数直径大于几十千米的大块头小行星贡献了小行星总质量的大部分。

我们可以按照小行星的光谱性质给它们进行分类。有些小行星含有大量的碳，它们看上去最黑，反射率最低，科学家称其为C型小行星。一些小行星含有硅酸盐等物质，反射率比C型小行星高，这些是S型小行星。在所有小行星中，有75%是C型小行星，约15%是S型小行星，剩下的是其他类型的小行星，当中有一大部分属于M型小行星，这些小行星含有大量镍和铁的成分。S型小行星主要分布在小行星带的内层，而C型小行星则占据小行星带的外层。许多行星科学家认为，C型小行星上有着能够了解太阳系最早阶段的原始物质，它们自46亿年前形成以来没有受到过剧烈的加热或发生化学变化，故能留存至今。

天文学家一般通过小行星反射的阳光量以及热辐射量来估计它们的大小。这些观测虽然困难，但天文学家已经通过这种方式测出了数千颗小行星的大小。在特殊的条件下，天文学家可以看到一颗小行星遮掩恒星，这令他们可以非常准确地确定小行星的大小和形状。

这些小行星的轨道与较大行星的轨道有着显著区别。有些小行星轨道与地球轨道平面的夹角为30°，而大行星轨道平面间的夹角只有几度之隔。有些小行星轨道是极为扁平的椭圆形，而大行星轨道与圆的偏离度不会太大。这些小行星绕太阳公转的周期分别为3年至9年不等。

小行星数量的大幅度攀升，极大鼓舞了为寻找小行星呕心沥血的天文学家们。他们的成功是建立在对《柏林年鉴》的大量计算工作上的。这本书的重要性，远非英国的《航海年鉴》或其他国家的任何同类出版物所能比拟的。一组精于观测的计算者们以为《柏林年鉴》提供小行星运动的详细信息为己任，一旦获得了足够的观测结果，小行星的运动就完全在数学家的掌控之中了。数学家能预测出小行星在未来一年内的运动轨迹，有关所有已知小行星的运动信息都可在上述年鉴中查询到。

小行星发现工作的快速发展使相关前期准备工作的需求量越来越大。不得不承认的是，许多小行星过于暗淡或是缺少太大研究价值，因此天文学家们时常会提倡，计算小行星轨道的部分天文研究工作应该分清轻重，有所取舍。也就是说，我们应该让那些不具有太大研究价值的小行星自由翱翔于天际，不要再用望远镜去追踪它们的轨迹，更无须劳烦测算者们对它们进行无休止的计算工作。

[今日科学说] 大多数小行星的公转轨道偏心率落在0.05～0.3的范围内，这表示它们能始终保持在火星和木星的公转轨道之间。极少数小行星的偏心率大于

0.4，拥有这一特性的小行星是我们特别关注的天体，因为它们的公转轨道可能会与地球公转轨道相交，从而有概率与我们的地球发生碰撞。这些小行星被统称为近地小行星。这些小行星之所以显得特立独行，很可能是因为受附近行星（主要是木星和火星）的引力摄动改变了轨道。这两颗行星的引力场可以扰乱正常的小行星轨道，使其偏转进入内太阳系。

近地小行星可根据其公转轨道特性分为三类：第一类叫作阿登型小行星，这一类小行星大部分时间在地球公转轨道内活动，它们的平均轨道半径与日地距离相当（即一个天文单位），远日点略大于地球的近日点；第二类类近地小行星的轨道半径超过了一个天文单位，但近日点仍落在地球轨道内，这一类小行星被称为阿波罗型小行星；第三类近地小行星叫作阿莫尔型小行星，它们的公转轨道位于地球与火星的公转轨道之间。

截至2018年7月，人们已经发现了大约1.8万颗近地小行星。其中近十分之一（约1900颗）被官方认定为“有潜在威胁”，这表示它们的直径大于150米，同时与地球的最近交会距离在0.05天文单位（750万千米）以内。

已知的大多数近地小行星相对较小，但哪怕是一颗只有1千米大小的小行星与地球的撞击，都可能是灾难性的。这样的天体包含足够的能量，爆炸的威力将相当于一百万吨级核弹的一百万倍以上，产生的冲击波会是毁灭性的。如果撞击时落在海洋区域，由此产生的巨大海啸无疑会影响更大的区域。如果小行星足够大，甚至可能会引发物种大灭绝。事实上许多科学家认为，恐龙的灭绝就源自这样一次小行星撞击。

目前我们如果将要调到撞击，所能做的事也非常有限。如果只有几天的预警时间，我们没办法像科幻电影那般摧毁小行星，或者令小行星偏转。但科学家们相信，如果有足够的预警时间，比如几年，我们就可以在小行星上安装一个推进器，微小但持续的“推力”可以改变小行星的轨道，使其避免与地球相撞。

太阳控制着太阳系所有大行星的运转，但它似乎不太在意那些小行星，对它们疏于管理。有时这些小行星会运行到离地球很近的地方，奖励那些为测算太阳系大小而日夜观测的天文学家们。小行星观测的一个特点是，它们既能缩小到十分清晰的大小，又能被放大到所需尺寸。因此，那些能比金星或火星更准确地反映地日距离的小行星，自然会获得更多关注，对它们的观测持续时间也会更长。当然，最小的那些小行星肯定不是观测的首选，因为它们只能用功能强大的望远镜才能观测到，而且它们的大小无法被准确测量。显然，被选为观测目标的小行星还要尽可能地靠近地球。在适宜条件下，有些小行星与地球间的距离仅为地日距离的四分之三。在这些条件的约束下，真正适合观测的小行星只有12颗左右，其中有1～2颗每年都会运行至绝佳观测位置。

这种通过小行星测量地日距离的方法有着无与伦比的优越性。因为在望远镜中，行星本身就是一个类似星体的小点，我们要测量的就是这个点与附近的恒星之间的距离。在这里，我们有必要简单介绍一下这类观测的特点。我们所说的测量行星到恒星的距离，并非是常规意义上的那种距离。这里所指的，并非行星与恒星之间两点连线的实际公里数。这一数值，即使能够测得，也只能是通过一系列另一种形式的观测试验得出的，那种观测试验我们将在后文探讨恒星距离时再详细介绍。我们现在提到的测量更为简单，它们指的是以角度表示的星体间视距离的测量。这种角度测量与线性测量是完全不同的，通过这两种方法得出的结果在初见之下甚至相互矛盾。

为了便于说明，我们就以组成昴宿星团的恒星和组成大熊星座的那些为例。后者形状较大，前者较小。我们为什么用到“大”和“小”来表示呢？若用肉眼观测，会发现大熊星座的每两颗星之间的角度都很大，而昴宿星团每两颗星之间的夹角都很小，这些角度都是天文测量能最直接测出的数值。因此，我们所说的两颗星之间的距离，实际上就是人眼到两颗星体的两条直线的夹角。这一角度是现有设备所能测量的，且无须知道两条线的实际长度。的确，谈到实际尺寸，我们唯一了解的是，昴宿星团的尺寸大小很可能要远大于大熊星座，而且后者由于离我们更近还存在视觉优势。想要获得最准确的角度测量，需要等两个星体，或者说两个类似星体的小点，运行到十分相近的位置，从而可以同时出现在望远镜的同一视野中。此时，天文学家可以借助特制设备，获得准确的观测结果，这在其他星体模糊不清或星体间视距离更大的观测中，是无法做到的。因此，测量小行星与恒星间距离的观测试验都有较高的精准度。

但是，通过这种方法测算太阳系实际大小的做法，还是引起了更大的争议。小行星测量法的要义，不太注重单次观测的准确性，而是更多地依赖于反复多次的重复试验得出的结果。当然，我们所说的观测准确性，并非指完全没有误差。误差时常会发生，尽管误差值本身并不大，但当所要测量的数值也很小时，那么原本微不足道的误差对结果就会产生可观的影响。消除误差的办法之一，便是多次试验取平均值，这是小行星法所得数值的真正来源。我们无须再等待类似金星凌日的罕见现象了，每年都有1颗或多颗小行星运行到足够接近地球的距离，使我们能成功应用这一方法求得地日距离。不同小行星有不同的观测条件，不同观测条件下又能获得各种各样的大量观测结果，这些结果都将有益于我们进一步消除误差。

行星在天际中穿梭，那里星罗棋布着各式各样的小恒星，这颗像极了恒星的小行星周围，肯定也环绕着许多小恒星。由于我们已经对小行星的运动了如指掌，我们能提前预测出它每一晚的运行位置，所以也就能事先在全球各地安排专门的观测人员，等待特定的观测时机。

人们在吉尔博士的建议下，准备按照上述方法，指派适当数量的观测人员来完成相关观测试验。巧合的是，在1888—1889年间，虹神星、凯神星和赋女星都将运行至与地球十分相近的位置，因此观测人员被分派至南北两个半球，同时进行观测。在观测开始数月前，完整的观测计划就已经出炉了。参与实验的每一位观测人员，都需要提前了解以后每晚都要观测的那些恒星。无论从地球的哪个位置进行观测，好望角也好大不列颠也罢，恒星的位置是绝对不会发生变化的。这是因为它们距离我们十分遥远，地球上不同观测点之间的距离还不足以使它们看上去发生明显位移。但小行星就不一样了。它们与我们之间的距离几乎还不及恒星距离的一百万分之一，因此，从好望角和从欧洲观测到的同一小行星的位置是存在一定差异的。

我们所求的这个差值，可以通过比较南北半球的观测数据而得出。不同地点的观测试验应尽量同步进行，同时还需排除小行星自身在观测间隔时间内的运动因素。尽管在每次观测过程中，我们都会采取一切预先措施消除误差，但实际上，当我们将北半球观测者的数据与其他使用不同设备的观测者的数据进行对比时，就会发现，这些数据之间存在数千英里的差异。尽管如此，但就这一点而言，小行星法却并不逊于金星凌日法。

然而，想要消除差异，使小行星法拥有其他方法无法比拟的优越性，成为无可厚非的最优解法，并非完全不可能。想要解决上述难点，可以安排一位天文学家，在某个晴朗的夜晚，先在北半球进行一系列观测，然后让他带上所有设备，立即前往南半球重复上述实验。如此，就能排除一切未知因素的干扰，将所有观测条件进行等量转移，无疑也就获得了测量我们所熟知的地日距离的最佳方法。吉尔博士已经在婚神星的方案中，成功地应用了这一方法，它还能被应用于许多观测条件更佳的小行星上。

例如，假设有一颗小行星，它与地球之间的距离有时能迫近到7000万英里以内。当它即将冲日时，我们会在赤道附近的合适观测点安排一位经验丰富的观测人员，他将使用的设备有着出色的机械性能和光学性能，俗称量日仪[①]。

当两个星体相距较远时，游丝测微计无法测量二者间的角距离，而量日仪就可以派上用场了。观测试验通常在夜晚进行，尤其要等目标行星上升到足够的高度，能够清晰地被观测到。然后，我们需要将观测者和观测台都转移到地球的另一面。这如何办到呢？实际上，想不办到都难。地球不是在绕轴自转吗，所以在数小时之内，位于赤道上的观测台本身也会随之旋转数千英里。等到清晨来临，

① 量日仪是望远镜的一种，其物镜沿直径被划分为两块。两块半圆中的一块或两块通过一颗螺丝控制，可以横向移动。每块半圆都可以独立呈现物体的完整图像。它的测量原理是，先旋转螺丝使两块物镜上的图像完全重合，然后通过计算螺丝的旋转圈数得出相应观测结果。

观测者便可再次重复观测。届时，相较于恒星，行星一定已经发生了明显的位移。这一部分是由于其自身运动造成的，但更主要的原因，还在于地球自转产生的视差位移，视差位移的影响可能多达20秒。量日仪在单个夜晚的观测数据的平均误差不会超过五分之一秒，因此我们有理由相信，冲日期间连续25个夜晚的观测，将能最大限度地保证测量结果的准确性。四组观测小组给出的地日距离的最终结果，其所含误差不会高于总量的千分之一。观测试验的最大难题在于，在早晚观测试验的间隔期间，行星会不断移动。这一弊端可以通过反复测量该行星与周围恒星的相对位置而得到改进。

1897年，好望角天文台出版了一本不朽的著作，书中介绍称，在吉尔博士的指导下，观测人员通过对虹神星、凯神星和赋女星的观测试验，成功得出了地日距离的最终结果，当地日间距离为平均距离时，地球赤道半径相对于日心的夹角为8度802分。如果使用最精确的地球赤道半径值，则地心与日心之间的平均距离为9287万英里[①]。这也许是目前所能获得的最准确的、有关太阳系大小的数值。

[今日科学说]　目前已有一部分小行星得到了人类探测器的“垂青”。如美国的黎明号小行星探测器就先后造访了小行星带内最大的两颗小行星——谷神星（2015年）与灶神星（2011年）。中国的嫦娥二号也在结束了原定的月球探测任务后展开了深空探测任务。北京时间2012年12月13日16时30分09秒，嫦娥二号在距地球约700万公里远的深空掠过小行星4179，最近距离仅为3.2千米，飞掠时速高达10.73千米/秒。这是中国第一次对小行星进行探测，中国也成为继美国、欧空局和日本后，第四个成功对小行星实施探测的国家或组织。

① 9287万英里合149459777千米，目前测定日地平均距离为149598023千米。

第十二章
狂暴木星
巨大的木星
木星直径与地球直径的比较
木星及其轨道大小
木星的自转
木星与地球的重量及体积之比
木星相对较小的质量
如何解释这一较小的质量
木星可能仍处于高温状态
木星上的带状物
木星表面的斑点
木星上不同斑点的自转时间不等
木星上的风暴
木星并非自体发光
木星的卫星
木星卫星的发现
它们在望远镜中的图像
它们的轨道
卫星食现象和掩星现象
卫星凌木
光速的发现
如何通过实验测得这一速度？
通过木星的卫星食现象测量地日距离
木星的卫星证实了哥白尼学说

在探索太阳系那些美丽星球的过程中，我们从太阳开始，按由内而外的顺序依次介绍。按照这种方法，接下来要介绍的便是木星，它的轨道正位于上一章刚刚介绍的那些小行星轨道的外侧。的确，这些小星球与庞大的木星之间的对比实在是太强烈了。如果换一种介绍顺序——例如，按照尺寸大小对太阳系的众星进行介绍，那么首当其冲的就是木星。木星的这一地位是无人能撼动的。紧随其后的，便是美丽又神秘的土星，但它距离木星仍有很大差距。接下来是天王星和海王星，但它们的大小与前两名的差距就很大了，再往下降一等，才轮到包括地球在内的较小行星组。木星的大小实在是“艳压群芳”，即使是排名第二的土星加上太阳系所有星球的重量之和，也无法与庞大的木星相媲美。

图68中展示的是木星与地球的相对大小，相较于仅罗列出那些准确表达木星尺寸的数值，这幅图能带给我们更加直观的视觉冲击。

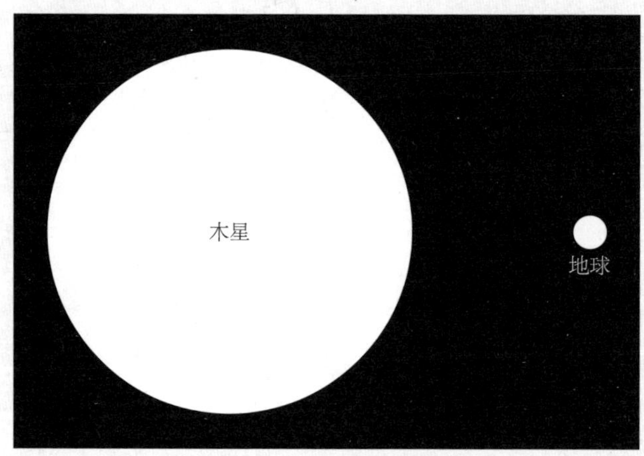

图68　木星和地球的相对大小

然而，我们还是有必要在本章的开篇阶段，向各位读者介绍有关木星的一些数据资料。

木星围绕太阳公转，其轨道是以太阳为焦点的椭圆形，平均日距为48300万英里。由此可得，木星轨道直径约为地球轨道直径的5.2倍。木星轨道的形状与圆形相差甚远，且其最长日距和最短日距分别为地日距离的5.45倍和4.95倍。观测木星的最佳时机是在木星冲日时，但即使在那时，木星与地球之间的距离仍为地日距离的4倍左右。庞大的木星很好地诠释了另一定律，即离太阳越远的行星，公转速度就越慢。地球的公转速度为18英里/秒，而木星仅为8英里/秒。因此，综合速度与距离两方面的原因，地外行星的公转周期均远大于地球，地外行星不仅轨道较长，而且速度较慢。因此，木星绕日一周所需时间为差12年不到50天。

木星的平均直径约为8.7万英里。之所以使用“平均”一词，是因为木星的赤道直径和极直径之间存在明显差异。前文已提到，地球也存在这种情况，地球的极直径短于赤道直径，但木星两种直径间的差异要远大于地球。木星的赤道直径为8.96万英里，而极直径却不超过8.44万英里。我们无须进一步精准测量，仅通过这些数值就能看出木星较为明显的椭圆形状。考虑到木星庞大的体积，它绕最短直径自转的速度算是比较快的了。其自转周期约为9小时55分钟。

我们总会自然而然地将木星的自转周期与地球进行比较，相比之下，地球的24小时可以说慢得多了。如果再将某物分别置于地球赤道和木星赤道上，则其在两地运动的相对速度之差将更为惊人。由于木星直径约为地球直径的11倍，因此物体在木星赤道上的速度将是地球的27倍左右。木星轨道较大的椭圆率无疑应归因于这一极高的自转速度，快速自转会产生极大的离心力，使那些看似构成木星成分的柔软物质向外凸出。

就现有信息而言，木星应该不是液态的。这一问题意义重大，因此有必要做深入探讨，我们会将木星与前文介绍过的其他行星进行多方比对。我们很容易通过已知信息，得出木星的体积或容积。这个庞然大物的体积约为地球的1300倍，换言之，我们需要将1300个与地球一样大的球体，融为一体，才能得到一个与木星一样大的球体。

如果木星的组成物质与地球的性质相同，那么木星重量与地球的比重约等于二者的体积比，这一结论正是我们将要通过实验进行验证的。但我们面临的首要问题是，如何才能测得木星的重量呢？即使是想测量我们脚下的地球的重量都绝非易事，更何况是要测一个比地球大得多，且又距我们数亿英里的大星球的重量呢！没错，这的确是个大胆的设想。但聪明的人类有足够的智慧来发展天体工程学。当然，他们并非直接将庞大的木星放到一个巨大的天秤上去直接称其重量，而是通过某种自然现象，间接获取所需信息。

这种方法的原理是万有引力定律。木星极大的质量会对太阳系的其他物体产生引力作用，而这种作用在其邻近星体上表现得更为明显，这些星体会在此引力下发生特定运动。我们可以通过望远镜观测它们的运动特征，确定引力总量，然后进一步算出发生运动的星体质量。这种方法是那时测量行星质量的唯一方法，但在具体应用时仍会遇到不少难点——这种方法不仅对星体观测的要求很高，而且还需对观测结果进行烦琐深奥的数学计算——不过，至少在计算木星质量时，通过这一方法获得的最终结果还是具有很高准确性的。

通过对其数颗美丽卫星的观测，太阳系最大行星的观测试验得到了极大简化。这些小卫星都在木星的引力下绕其旋转，它们的运动受到其他外力作用，还不足以对我们的观测试验造成影响。我们正是通过对木星卫星的观测，测出木星的引力大小，进而计算出木星的质量。

那些对力学原理不太深入理解的人，可能很难理解这种方法所能达到的准确度。但无疑，通过木星卫星一定能求出木星的质量，而且最终误差不会超过总量的百分之一。想要证实这一点，还需大量数据。有些小行星也会偶尔接近木星轨道，受到木星引力的作用，此时小行星的轨道就会被迫发生偏转，具体偏转的数值可以被测得。将这一数据代入公式，又能计算出木星的质量，具体的运算过程在此不再赘述。通过这种方法计算出的木星质量，与另一种截然不同的卫星计算法得出的结果是高度吻合的。

我们还未曾借用任何已知的天文相关知识。我们可以抛开行星系，仅借助彗星来帮助解答这一问题。彗星偶尔会从行星轨道间一闪而过，同时受到较大，甚至极大的引力作用。就木星的问题而言，曾发生过一两次彗星过境的现象，这些勇敢的小彗星运行到距离木星很近的地点，受到极强的引力作用，它们运动的改变泄露了木星的实际质量。木星的卫星、小行星和彗星，都可以帮助我们求出庞大的木星的质量，而且由于不同实验结果之间的差异十分有限，我们可以自信满满宣称，太阳系最大行星的质量已被准确测得了。

再来说说这些观测结果。结果显示，木星的质量必定远小于太阳——实际上，我们需要将1047个与木星同等质量的球体合为一体，才能得到一个与太阳等重的球体。结果还表明，316个地球加在一起的总重量才能抵得上一个木星的质量。

毫无疑问，这一结果证实了木星就是一个庞然大物。但值得注意的，并非是木星重量为316个地球的重量之和，而是它的重量怎么只有这么大？我们不是在前文说过，木星的体积是地球的1300倍吗？那么它的重量怎么可能只有地球的316倍呢？这会使我们立即想到二者构造的不同。这种不同又该做何解释呢？我们可以从两个方面进行设想。一方面，假设木星的全部或部分构成物质可能是地球上所没有的；另一方面，还有另一种假设，这种假设更合理，也与已知信息更吻合。我们的确对木星的构成元素知之甚少，但现代天文学的一大重要发现告诉我们，其他星球上出现的一些基本元素与地球上的那些在很大程度上是十分相似的。如果木星的构成元素与地球类似，那么造成木星体积和质量不对称的原因，就只剩下唯一一种解释了。对此最好的解读方法，便是回顾地球那久远的历史，因为木星的现状很可能就是许多年前地球的缩影。

我们曾在前文的某一章中，介绍了地球从较早的极度高温状态逐渐冷却的过程。追溯的年代越久远，地球的温度就越高，若能回顾到足够远的年代，就会发现那时地表的高温使一切生命体都不可能存在。继续往前追溯，会发现地球的高温使液态水无法在地球上保持静止状态。因此，在难以想象的远古时期，如今地球上那些覆盖在地表上的海洋以及绝大部分坚硬的地壳，在那时却很可能是处于气态的。地球的这种变化不会使其质量发生改变，因为无论处于何种温度、何种状态，物质的质量是不会改变的，但地球的体积却能产生很大变化。如果海洋都蒸发成水蒸气，那么大气层中会出现大量云团，它的体积也会比其如今的大气层大数百倍之多。若从一颗遥远的星球望去，云层密布的大气层将使地球的可视体积及密度比如今的地球要小得多。

综上所述，若假设今天的木星像无数年前的地球一样，处于极度高温的环境下，那么它与地球的体积比和质量比之间存在的矛盾，就能完全化解了。所有已知证据都能证明这一结论。为什么月球会迅速冷却，使所有月球火山都归于平静不再喷发，我们认为这是由于月球的体积过小造成的。同理可得，由于地球的体积远小于木星，这就能解释为什么较小的地球已经消耗完了大部分的内热，而较大的木星仍保留着大部分原始热源。如果再加入其他行星进行对比，那么这一结论将得到进一步证实。概括说来，像地球和火星这类的小星球，密度较大，因此温度较低，而像木星和土星这类的大行星，则密度较小，同时也说明它们仍保留着大部分原始热量。“原始热量”这个词可能还有待商榷，但至少它所表达的意思与太阳热量毫无关系。的确，这些大行星接收到的太阳热量远少于那些离太阳更近的星体。但这种原始热量究竟从何而来，仍有待进一步探究。

[今日科学说] 需要注意的是，以上的论述成立的前提——木星的构成元素与地球类似，而实际上，地球与木星的元素丰度有着巨大差异。通过对木星反射阳光的光谱研究，天文学家得以了解该行星的大气成分。射电、红外、紫外波段的观测也提供了更多的细节。木星大气含量最丰富的是氢分子，其次是氦，两种气体组成了超过99%的木星大气，此外还发现了少量的甲烷、氨、和水蒸气。以地球为代表的类地行星，它们的引力不足以留住氢、氦等分子量较小的气体，只有质量大得多的，像木星这样的类木行星，可以凭借自身的强大引力，保留像氢气这样超轻气体。自木星形成以来，几乎没有原始大气可以逃逸。

只有当我们通过望远镜，对木星表面进行更为仔细的观测之后，才能对上述相关观点进行一一验证。幸运的是，由于木星的体积实在太庞大，因此即使远隔数亿英里，我们仍能在一年中的某几天，观测到木星表面的一些重要特征。

图69中是4幅不同的木星图像，均选自于格里菲思先生于1897年绘制的一系列

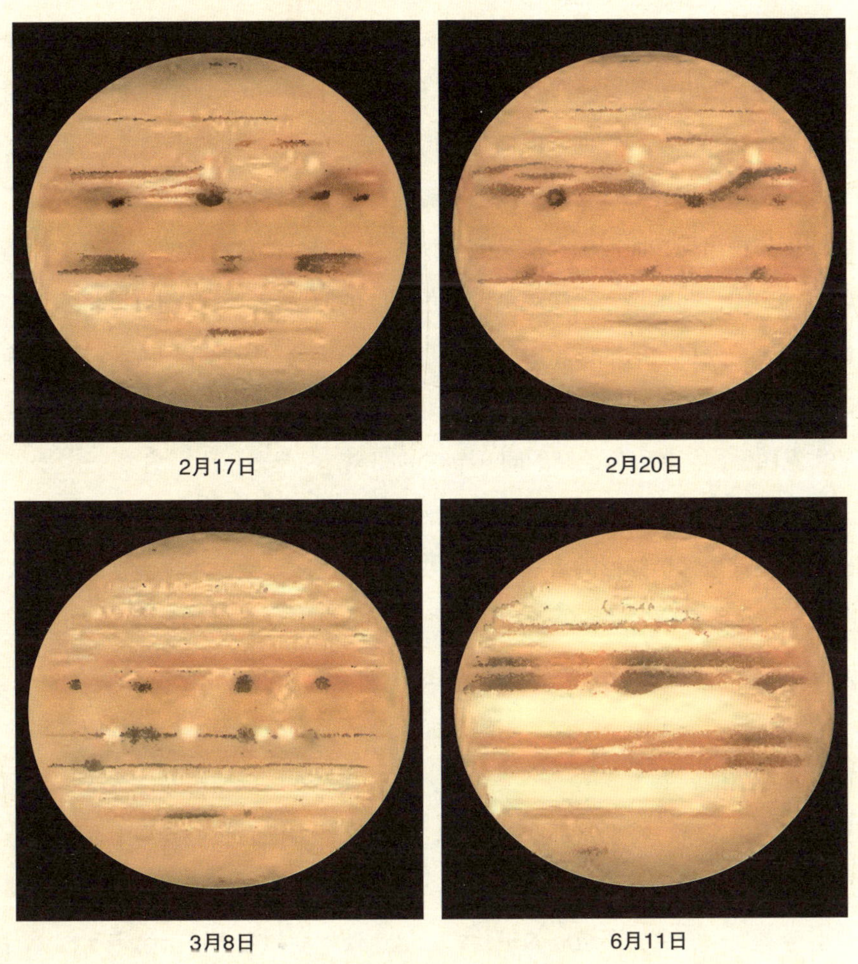

图69　木星图像（绘于1897年）

精美的木星图像。第一幅图上显示的是1897年2月17日格林尼治时间10点20分时的土星图像，当时格里菲思先生的观测设备是一台功能强大的折射望远镜。我们能从图中立即发现，木星的轮廓呈明显的椭圆形，其表面常有明显的带状物分布，且几乎彼此平行，同时与木星赤道相平行。

当我们对木星进行持续数小时的观测时，就会发现那些带状物发生了明显变化。这一部分是由于木星绕轴自转引起的，在不到5小时的时间内，我们最初看到的那个半球将完全转向背面，取而代之的是之前处于背面的另一半球。但除了自转引起的变化外，那些带状物和其他地表特征自身也会发生变化。时常会有新的条纹或标志物出现，而旧的那些又完全消失。实际上，对木星的彻查只能说明一个明显的事实，即木星上无法观测到永恒不变的地质特征。我们可以将木星与火星做个对比，火星上的地形轮廓几乎都是固定不变的，因此我们就能较为准确地绘制出火星表面的地形图；而木星的地形图则根本绘制不出来——我们在今晚绘制的木星图像，与数周后绘制的同一半球的图像，将是截然不同的。

但值得注意的是，木星表面时常出现的一些物体似乎比那些带状物要更加恒定一些。尤其是那椭圆形的大红斑，自1878年以来，一直是木星南半球的一大显著特征。这个万众瞩目的物体长3万英里、宽7000英里。巴纳德教授还指出，这些斑点在木星上的时间越长，颜色就会越红。

至此，我们得出以下结论：木星表面没有任何固态物质。如果我们看到的只是由浓密厚重的云层组成的一个大气层，那么我们就可以理解为什么木星表面的那些特征不恒定了。特别是那些带状物，更是又一力证。我们会马上联想到地球上的赤道区域，如果有一个观测者在距离我们足够远的地方观测地球赤道，那他很可能会看到一些由云层组成的带状物，这也使他联想起木星上的带状物。地球的外观看上去，会介于木星和火星之间。火星表面的那些特征是恒定不变的，而且只被极少量的浮云所遮蔽。而地球的样貌会部分，甚至大部分被浮云遮挡，木星则一直被浓密的云层完全遮挡。

如果换一个角度进行观测，我们依然能得出结论：木星并非固态星体，或者说至少其表面是非固态的。通过观测木星表面的一些较为清晰、较为固定的特征，可以测算出木星绕轴自转的周期。假设其中一个斑点位于木星星盘的中心，我们对其进行仔细观测，并记下开始时间。随着时间的推移，该斑点逐渐移动到星盘的边缘，继而完全转入背面，最终又重新回归星盘。当它准确移动到始发点时，我们再记下那一刻的时间，两个时刻之间的时间间隔便被称为该点的自转周期。

如果木星是一个固体，这些特征又被固定于其表面，那么显然，所有斑点的自转周期都应该完全相同，但观测结果却并非如此。事实上，更准确的说法应该是，每一个斑点都有其独有的自转周期，且不同斑点的周期之间差异不小。我们发现，红斑（位于南纬25度）的旋转周期比赤道附近一些特殊的白色标志的周期长5分钟。人们已经持续观测该红斑约20载了，在此期间，红斑的运动速度呈现逐渐减慢的趋势，具体可参见下列自转周期值：

1879年，9小时55分33.9秒
1886年，9小时55分40.6秒
1891年，9小时55分41.7秒

1891年之后，这一趋势似乎有所终止，而红斑也逐渐消失不见。总体上来讲，木星赤道区域的自转周期约为9小时50分20秒，而温带地区则约为9小时55分40秒。当然，例外情况也时有发生。1880年和1891年，木星北纬22度附近先后爆发了一些黑色的小斑点，它们的自转速度在9小时48分至9小时49分之间。因此唯一可以肯定的是，就那时来看，木星并非是一个固态星球。它的外部一定是由云层和气态物质组成，而且相较于地球较为平静的表面，木星外部似乎一直受到高强度风暴的扰动。

我们已经获得了大量的木星图片，但其中最具趣味性和指导意义的，当属利克天文台的那几张。图70～73是由威廉·亨利·皮克林教授于1892年8月12日在秘鲁阿雷基帕用相机拍摄的，当时的拍摄条件特别好①。

图中有带状斑纹的小星球便是木星，而那个只露出一小部分且快速移动的圆盘则是月球。图中发生的现象被称为“行星掩星”。在图72中，半个木星被月球遮挡，而在图73中，月球边缘仍遮住了半个木星。

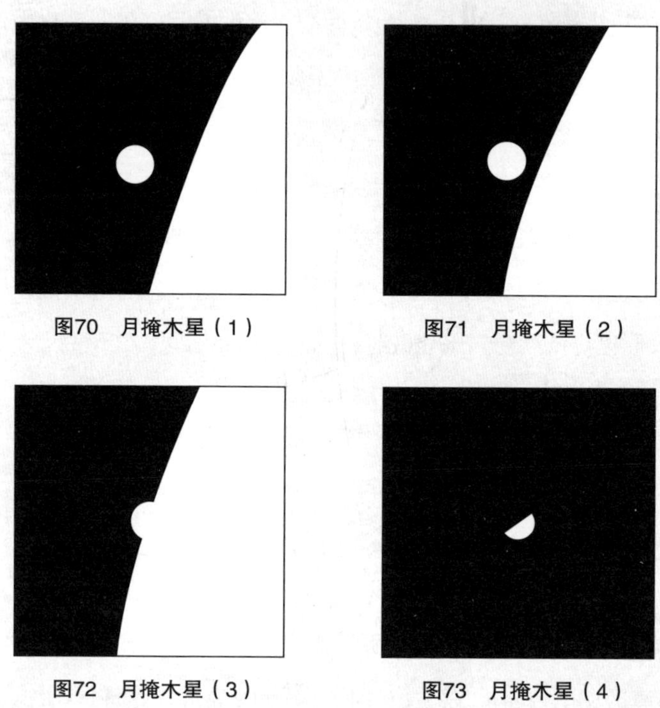

图70　月掩木星（1）

图71　月掩木星（2）

图72　月掩木星（3）

图73　月掩木星（4）

众所周知，扰动地球大气层的风暴归根结底是由于太阳散发的热能造成的。阳光洒满大地，并使空气升温。升温后的空气质量变轻，于是不断上升，而其他空气也会沿地表流动，以填补升温气体的空缺。由此产生的气流便会形成一阵风，而在极端情况下，也会产生风暴和飓风现象，这一切都源于太阳散发的热量。随暴风而至的降雨，也是由于阳光而引起的，这一点想必就无须多说了吧？阳光将海洋中的水分蒸发，形成降雨，滋润地球。

① 详见《天文学与天体物理学》第109期。

木星上的风暴似乎比地球上的要猛烈得多。然而，木星上接收到的阳光仅为地球接收到的很小一部分，或者说不到地球的二十五分之一。引起木星上那些骇人风暴的动力，不可能全部或大部分来自微弱的阳光。因此，我们还需找寻引起这类气流的其他源头。如果我们能确认，木星仍保存着大部分的原始内热源，那么这一源头究竟是什么就不难猜到了。由于内部有强烈热源的存在，太阳也一直受到猛烈风暴的侵袭，同理，我们也能在木星上观测到相同的现象，只不过其风暴的猛烈程度不及太阳而已。还有一点值得注意，太阳黑子的分布区域是较为规则的，这些区域都与赤道平行，这种分布规律不正好与木星上的那些带状物相吻合吗？

既然已经知道木星仍保留着一些原始内热，那接下来的问题就是这些内热的总量有多少。显然，若与太阳的热量相比，木星的热量不值一提。木星的光芒使它在我们的夜空中成为一颗璀璨的明星，但这一光芒的源头，与地球、月球或其他任何行星都一样——木星也是依靠反射阳光而发光，其自体是不会发光的。每一位使用望远镜观测的天文爱好者，一定对那些能证明这一观点的美丽画面十分熟悉。木星的小卫星时常会运行到木星与太阳之间，其阴影便会投射到木星上。相对于木星明亮的圆盘，卫星的阴影却是黑色的，或者说近似于黑色。这也是木星的光亮全部来源于太阳的最好证明。这些卫星还能从另一个有趣的方面来证明上述观点。有时，木星的某颗卫星会进入木星的阴影中。看哪！那颗小星球消失啦！卫星消失的原因在于木星阻隔了照射到卫星上的阳光，使之前还能看见的卫星陷入黑暗。而与此同时，木星本身又无法给卫星提供光线，以弥补被它遮挡的阳光①。

［今日科学说］ 天文学家根据木星与太阳的距离预测木星云顶的温度约为105开尔文，然而当首次对木星进行射电和红外观测时，天文学家发现，其黑体光谱

① 在此有必要补充一点，有些观测者认为，在极端条件下，木星的有些地方会发出微弱的内源光。

对应的温度比105开尔文略高，这与预期不同。随后的几艘木星探测器，包括旅行者号和伽利略号都证实了这一发现。这说明木星必有其自身的内部热源，这一点就不同于类地行星了。

那么是什么为木星提供了额外的能量呢？会不会是行星内部的放射性元素衰变？这个过程在地球上也会发生，但据估计，木星内部由于元素衰变释放的总能量远远低于我们所测量到的温度。那么木星会不会和太阳一样，核心处发生了核聚变呢？天文学家估计木星内部的温度最高可接近4万K，虽然已经很高，但仍然远低于核聚变需要的温度。天文学家推测，木星多余的能量源自行星形成过程中释放的引力势能。随着木星初具规模，它的一部分引力势能在内部转换成热能。这些热量尚未完全逃逸，还能在透过木星浓厚大气层慢慢泄漏出来，产生我们所观测到的多余的热量。

木星上有没有栖息着与地球生物相似的生命体呢？关于这一问题，我们已经掌握了充足的证据，结论是：显然没有。暂且不提其他不利因素，仅凭木星上的高温和恐怖的风暴就足以排除有机生命体存在的可能性。不过，在遥远的将来，木星也许可以成为有机生命体繁衍生息的天堂。总有一天，木星的内热会逐渐消散，云层也慢慢液化，汇入海洋，紧接着，干涸的陆地开始出现，木星将成为又一个宜居星球①。

历史上的木星探测任务以飞掠居多，如20世纪70年代的先驱者10号、11号，以及旅行者1号、2号，还有90年代的尤利西斯号。1989年，美国国家航空航天局发射了第一艘专门用于研究木星及其卫星的航天器，并被著名意大利天文学家，用望远镜发现四颗木星卫星的伽利略的名字命名。探测器于1995年年底抵达木星并开始围绕木星公转开展探测。伽利略号针对木星及其卫星的探测持续了8年之久，由于在发射前航天器未经消毒处理，为避免与可能存在生命的木卫二相撞造成地球的细菌污染环境，地面工程师决定控制伽利略号坠入木星。2003年9月21

① 前文已作论述，木星并非地球的前身，地球也不代表木星的未来。

日，伽利略号以每秒50千米的速度进入木星大气层，结束其长达14年的任务。

伽利略号之后，第二艘进入木星轨道的卫星是朱诺号，朱诺号同样是美国国家航空航天局属下的星际探测任务，“朱诺”一名取自罗马神话中代表木星的朱庇特之妻朱诺。朱诺号于2011年8月5日发射升空，2016年7月5日开始绕木星运转。朱诺号位于绕极轨道，将会研究木星的组成、重力场、磁场、磁层和磁极。另外，朱诺号也要搜寻这颗行星之王是形成的线索，包括是否有固态核心、大气层深处的含水量、内部质量分布，等等。

现在，让我们把话题从木星转移到它那五颗美丽又神秘的卫星①上去。的确，我们在前文中不止一次地提到过这些小卫星，但都是一笔带过，接下来，我们将更为正式地介绍它们。

木星的四颗主要卫星的发现，可以说是为天文史开辟了一个新纪元。这四颗卫星以独特的方式分布于一条分界线上，这条分界线即能将那些仅凭肉眼便能看到的星体与那些需借助望远镜才能看到的划分开来。尽管时常有人宣称，这四颗卫星仅凭肉眼就能看见，但为避免争歧，我们还是介绍那个更广为接受的事实，即尽管我们熟识木星的时间已经长达好几个世纪，但即使是最敏锐的双眼加上最清澈的天空，也无法看见木星的卫星。直到后来，伽利略借助他最新发明的望远镜才看见了它们。那副望远镜的功能虽然不够强大，但对于如此接近可视界线的星体来说，只一点放大功能便足矣。

图74中所示的是普通望远镜下木星及其四颗卫星的图像。我们在图中可以看到木星，然后在一条穿过其球心的直线上，大致排列着4颗小星球，其中3颗在左，1颗在右。这些小星球看似与恒星无异，但它们与恒星的不同在于，它们会绕木星不断旋转，而且在木星公转的过程中，始终伴其左右。对于入门者来说，最壮美的景观，莫过于用望远镜观测到木星的卫星系统的美丽运动状态。

---

① 截至2018年7月，木星的卫星总数已达79颗。

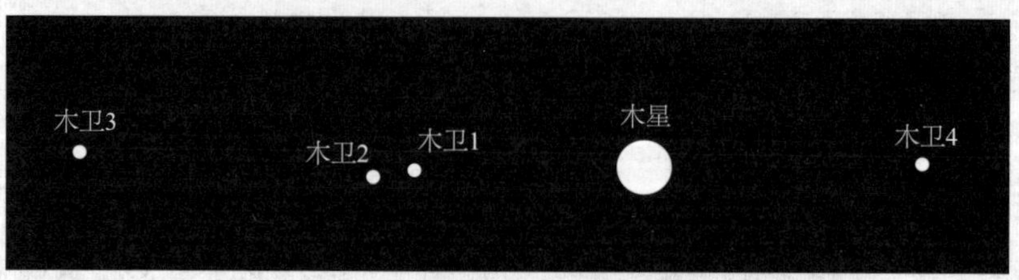

图74　低倍望远镜观测到的木星及其四颗卫星

图75中展示的是木星卫星产生的一些奇妙现象。图中那条长长的黑影，是由于木星移动到了光线传播的线路上而造成的。由于木星距离太阳较远，因此这个黑影的长度会呈锥形延长，延伸距离将远远超出最外层卫星的轨道。木卫二陷入了黑影中，故而消失不见。卫星食并非由于木星介入到卫星与地球之间而造成的。该类现象被称为掩星现象，木卫三就正在经历这种现象。

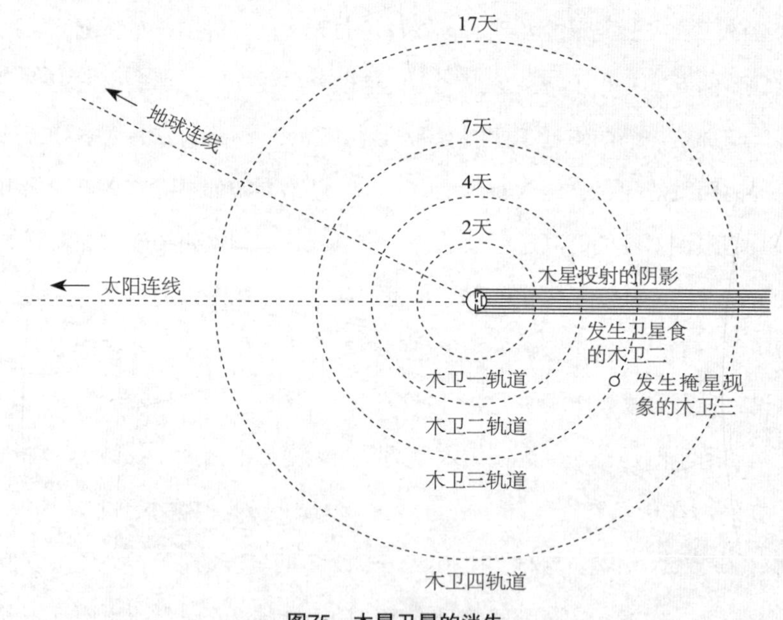

图75　木星卫星的消失

因此，木卫二和木卫三都无法被看到，但造成二者不可见的原因却是完全不同的。卫星食是两种现象中更为壮观的一种，因为当卫星刚刚进入黑影的时候，它距离木星边缘可能存在一定的视距离，因此直到卫星食现象真正开始之前，我们还一直能看到它。当掩星现象发生时，卫星完全消失，且在木星背面运行的过程中，距离木星明亮的边缘一直很近，因此卫星的消光现象远不及发生卫星食时那么明显。

木星卫星在发生“凌木”现象时的所处位置也是十分特殊的。卫星凌木现象并不常见，凌木发生时，卫星美丽的阴影会在明亮的木星星盘上形成一个明显的黑点。的确，当卫星运行至木星与太阳之间时，常会在木星星盘上投下一个黑影，但由于我们是从地球上进行观测，所以投影时卫星并非处于木星的正前方。

木星的四颗主要卫星绕主星旋转的周期各不相同。木卫一的周期为1天18小时27分34秒；木卫二为3天13小时13分42秒；木卫三为7天3小时42分33秒；木卫四为16天16小时32分11秒。由此可得，木星卫星的公转周期明显短于月球的公转周期。即使是距离木星最远的那颗卫星，它的周期也不到一个普通农历月的三分之二。最内层的木卫一，旋转周期不到2天，且一直处于快速变化的状态，每个周期都会发生卫星食现象。木星中心与最内层卫星之间的距离为25万英里，而最外层卫星轨道的半径则超过100万英里。由内向外数第二颗卫星与我们的月球体积相当，其余3颗卫星的体积则都相对较大，其中最大的是第三颗（直径约为3560英里）。由于从地球上观测到的这几颗卫星都十分微小，因此很难看清它们表面的任何特征，但极少数观测结果似乎表明，这些卫星（与我们的月球一样）都始终以同一面面向主星。巴纳德教授曾用著名的利克折射望远镜，在木卫一的赤道附近观测到了一条白色带状物，其两极非常阴暗。道格拉斯先生使用洛厄尔先生的大折射镜，在木卫三上也发现了一些条纹状的标志。

1892年，巴纳德教授做出了一项十分有趣的天文发现。他用利克天文台的一台直径36英寸的折射望远镜，在距木星112400英里的地方，发现了木星的第五颗卫星，该卫星体积极小，公转周期为11小时57分22.6秒，仅在最高倍望远镜下才能被观测到。

人们已经持续多年观测木星的卫星食现象了，并且还记录下了每次发生的具体时间。最终人们认为，这些现象与其他天文现象一样，也应有一定规律可循。一旦找到了卫星食发生的时间规律，我们就能预测未来该现象发生的准确时间。于是，天文学家们进行了数次预测，经证实，这些预测都是比较准确的。后来，人们对算式进行了进一步改善，以期能更加精准地预测。但当对卫星食的预测需要精确到具体分钟数时，难题出现了。实际发生时间不是比预测时间快几分钟，就是慢几分钟。这一差异很快便引起了人们的重视。的确，如果能对这些差异善加利用，人们往往能从中得出更多有价值的信息，下面就是一个典型的例子。

最终，人们还是从卫星食时快时慢的发生时间中，找到了一些规律。他们发现，当地球靠近木星时，卫星食常会早于预测时间发生，而当地球恰好位于轨道上远离木星的另一端时，卫星食的发生就会晚于预测时间。此结论一经证实，丹麦天文学家勒默尔立即于1675年做了一项伟大发现。当卫星进入木星阴影时，它的光线就会逐渐减弱直至完全消失。卫星最后一道光线的消失就代表着卫星食的开始，但在我们观测到这一现象之前，这道光需要先从卫星传播到地球，再进入我们的望远镜中。人们曾认为，光线的传播速度是极快的，因此卫星食发生的时刻就是我们在望远镜观测到它的那个时刻。如今看来，这一观点是不正确的。人们发现，光线的传播也需要一定时间。当地球距离木星较近时，光线的传播距离较短，因此卫星食现象能较快地被望远镜观测到，因此其发生时间会早于预测时间。当地球距离木星较远时，光线的传播距离增长，所需时间也较长，因此卫星食发生时间会晚于预测时间。这一解释看似简单，却很好地消除了卫星食预测的时间误差。但这一发现还具有另一更为重大的意义。我们从中得知，光线的传播速度也可以被测得，研究显示，光速约为186300英里/秒①。

人们在一系列借助天体测量手段测算光速的实验中，还得出了一个计算地日距离的著名方法。这一方法集精确性及趣味性于一体，尽管无法满足一切必要条件，使最终结果已尽如人意，下面我们就对其进行简单介绍。虽然光线的传播速

① 按照现代定义，光速为299792458米/秒。

度极快，但我们还是能够通过实验将其测量出来。这绝对算得上是棘手的实验研究之一。如果说测量步枪子弹的速度尚且不易，那么要测量比子弹快将近100万倍的光速该有多难呢？我们要设计出多么精密的仪器，才能测算出一个在1秒内能绕地球赤道7圈多的速度呢？普通的测量工具显然是派不上用场的，我们必须设计出一种特性完全不同的工具。

在测算运动物体的速度时，我们会先标记一段路程，然后记录下物体走完全程所用的时间。我们可以通过火车在两个相邻里程标之间的运行时间，算出火车的运行速度。基于相同原理，我们还制造出特制设备，来测量步枪子弹的速度。

物体的速度越快，实验中物体运行的距离就应尽可能地长。因而在测量光速时，我们选取了便于测算的最长距离。但是，当我们位于直线距离的其中一个端点时，必须要能看清远端的另一端点。这样一来，1～2英里之外的一座高山就可以被选为远处端点，然后就需要仔细测量出观测者与山上选定地点之间的距离。

接下来的问题就很容易阐述了。我们需要从观测者的位置向山上的观测点发送一束光，并记下光线在二者间传播所用的时间。假设观测者能利用巧妙的方法，使一盏灯发出一束极细的光线。然后这束光一直传播到远处端点，落在一面反光镜的表面。于是它会立即被反射，向新的方向传播，具体方向取决于光线与镜面的夹角。通过调节反光镜，我们可以使光线垂直落到镜面，这样光线就会沿原路返回。在整个实验过程中，应使反光镜一直被固定于同一位置。这样一来，光线从观测点射出，抵达远端之后再次折返，回到最初的灯光处。设想一下，如果在灯前安装一个小的遮光器。当我们打开遮光器，光线就会射向远端，然后再从开口处返回。但假设现在让光线从遮光器中射出，然后在它返回前及时关闭遮光器。多么敏捷的手指才能做到这一点呢？即使两端点之间远隔10英里，光线需要运行10英里抵达反光镜，然后再运行10英里返回，但全程所需时间也才约为九千分之一秒——这一时间究竟多短呢？即使将它扩大1000倍，人手的敏捷度也无法在这么短的时间内关闭遮光器。但我们可以用一个巧妙的方法，设计出一种能达到此实验目的的遮光器。

图76　光速的测量方法

图76中充分展示了这一巧妙方法的基本原理，该图摘自纽康的《通俗天文学》一书。图中有灯、观测者和一个满是凸出齿轮的大圆轮。每个齿轮经过小孔的时候，光线就会从灯中射出，同时观测者的视线也能直接对准远端的反光镜。

当圆轮位于图中所示的位置时，光线就会从灯中射出，抵达反光镜，然后再返回，被人眼捕捉。但如果我们让圆轮旋转起来，那么在第二个齿轮来到观测者眼前，并将其视线遮挡之前，光线将无法及时返回原点。若让圆轮转得再快一点，那么当光线返回时，第二个齿轮已经从眼前经过，这样人眼就又能捕捉到光线了。齿轮旋转的速度是可以测量出来的。这样就能算出一个齿轮移动到眼前所需的时间，继而求得光线往返所用时间，再进一步算出光速的大小。如此看来，想要测量光速的大小，既可以通过观测木星的卫星，也可以通过实验研究而获得。如果采用后一种方法，我们还能推导出更多重大天文成果。事实上，这种方法还能解答那个被数次提到的重大问题——地日距离的测量，只不过这种方法在结果的准确度上，与其他方法还有一定差距。

由于太阳系实在是浩瀚无边，所以阳光要从太阳出发，穿越广袤的宇宙鸿沟，并最终抵达地球，需要一定时间。这趟旅程大约需要8分钟，因此对于地球上的观测者来说，无论何时，我们看到的太阳都是它8分钟之前的样子。实际上，如果太阳突然熄灭，那么在它熄灭之后的8分钟内，我们看到的太阳依然璀璨依旧。我们可以从木星的卫星食现象中测得这一时间。

只要木星的卫星是明亮的，它就会向地球发出一道光，这道光需要穿越木星与地球间的广阔空间，才能最终抵达地球。当卫星食现象开始时，小卫星便不再发光了，但还有光线在前往地球的路上，在所有光线全部抵达望远镜之前，我们看到的卫星依然是明亮如初的。若能计算出卫星食发生的实际时间，再记录下我们看到这一现象开始的时间，通过计算二者的时间差，就能算出光线在此路程的传播所用时间。我们可以较为准确地算出这一时间，再加上光速也是已知的，这样木星与地球之间的距离就可以被算出来了，由此又可以进一步推导出太阳系的实际大小。不过，必须说明的是，这一推导过程的首尾两端，都会可能存在一定偏差。卫星食现象并非瞬间发生的，考虑到卫星体积的大小，它在完全穿越阴影边界线的过程中，也需要一定时间，因此卫星食的观测无法达到足够的精准度，也就不能作为任何重大且精准的测量结果的数据支撑①。

在确定卫星食真正的开始时间时，也会有更大的难题出现，因为我们要在尽可能接近卫星的地方来观测这一现象，这就需要我们掌握更加系统、更加完善的木星卫星的运动规律，而这些都是我们目前无法获知的。这种测算地日距离的方法得出的结果，其误差为总量的千分之一，因此，如果有其他准确率更高的可行方案，我们通常会舍弃这种方法。

木星的四颗主要卫星对数学家们也具有特殊意义，因为他们从这些卫星中进一步证实了万有引力定律的普适性。当然，这些卫星的运动主要受到木星引力的控制，但它们彼此间也会相互吸引，从而产生一些奇妙的现象。

木卫一相对于木星的每日平均行度是203° 4890；木卫二的是101° 3748；木卫三的则是50° 3177。这几个数值间存在以下规律：

木卫一的平均行度加上木卫三的2倍正好等于木卫二的3倍。

另一条与之相类似的规律可以概括如下（平均经度是指某一固定直线与平均轨道半径之间的夹角）：木卫一的平均经度加上木卫三平均经度的2倍，再减去木卫二平均经度的3倍，最终的结果一定是180°。

这些规律最初都是通过观测得出的。然而拉普拉斯表示，如果这些卫星真的以这种方式运行，那么根据万有引力定律，它们之间的相互引力会使它们永远保持彼此间的相对位置不变。

在结束本章内容之前，我们还需补充的一点是，木星卫星的发现充分证实了

① 然而，来自美国马萨诸塞州坎布里奇市的皮克林教授利用光度计，成功改进了发生卫星食时，测量卫星消光量的操作方法，使这类观测结果的准确性有了很大提升。

哥白尼定理的正确性。哥白尼曾想让全世界都知道，太阳是一个巨大的球体，而地球和其他行星都是围绕太阳旋转的小星球。这一真理与哥白尼之前的那个时食的许多定律背道而驰，而且也与我们的经验体会相违背，因此只有经过极为严谨的推理过程才能得出这一结论。木星卫星的发现可谓恰逢其时。我们看到了一个与哥白尼构想几乎一样的星系，只不过这个星系比哥白尼的太阳系要小得多。天文学家们发现，木星的卫星都在围绕主星公转，他们注意到了卫星食等其他所有的有趣现象，他们还真真切切地看到，是木星控制着这些小星球，迫使它们围绕它旋转。可以说，他们看到的就是一个微缩版的太阳系。就像当伽利略宣称发现了太阳黑子时，当时的哲学家们都对他嗤之以鼻，哲学家们坚信自然界的一切奥秘都能从亚里士多德的书中找到答案。著名天文学家克拉维斯曾说，要想看见木星卫星，必须使用望远镜，因为是望远镜创造了它们，但当他亲眼观测到这些卫星时，他的想法就完全改变了。另一位更加谨小慎微的哲学家，甚至拒绝站到望远镜前，他害怕自己真的看到这些卫星，从而被说服。没多久，这位哲学家便与世长辞了。“我希望”伽利略还不忘挖苦道，“他能在前往天堂的路上看见它们”①。

① 纽康：《通俗天文学》，当代世界出版社 2006 年版，第 336 页。

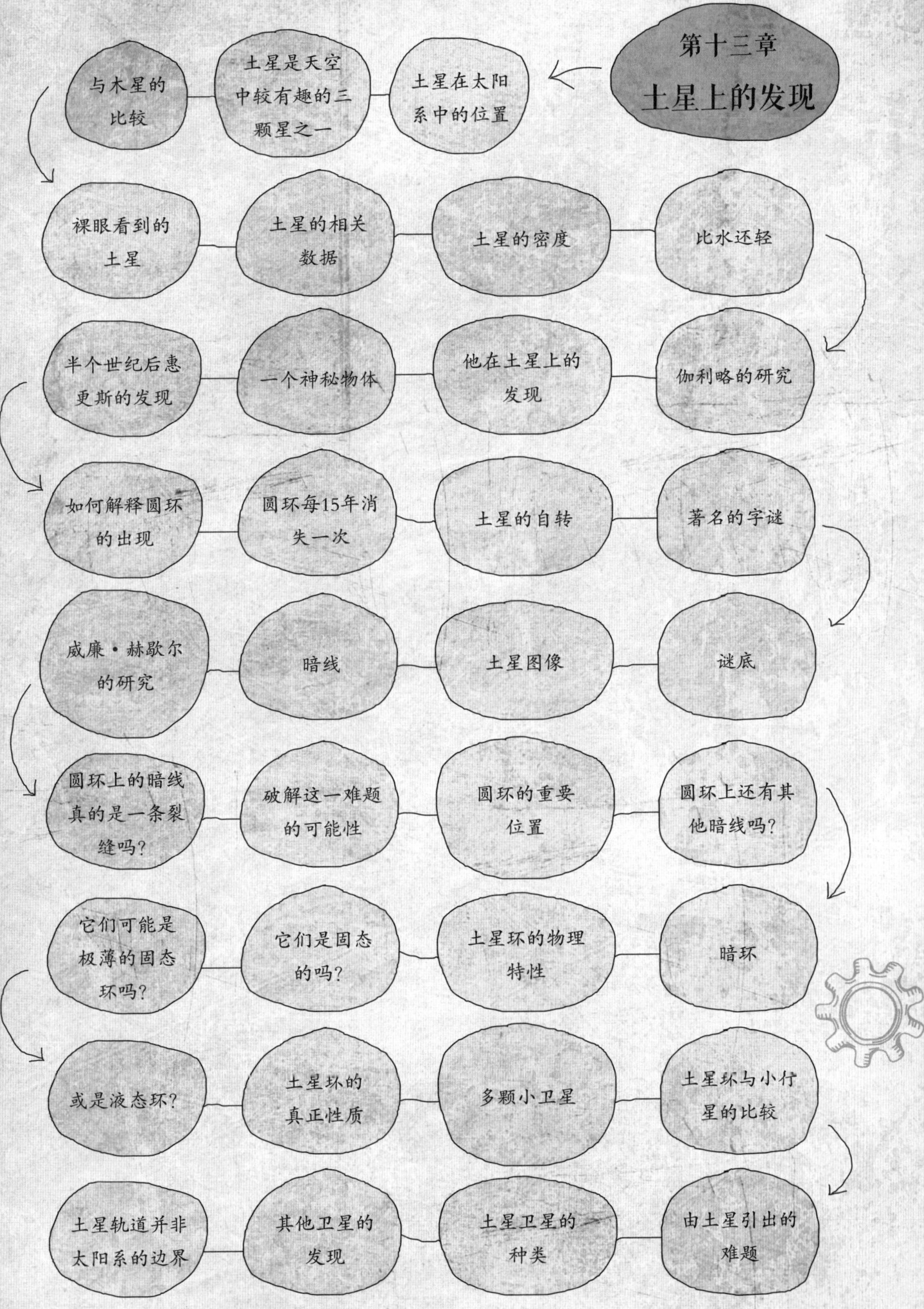

第十三章
土星上的发现
土星在太阳系中的位置
土星是天空中较有趣的三颗星之一
与木星的比较
裸眼看到的土星
土星的相关数据
土星的密度
比水还轻
伽利略的研究
他在土星上的发现
一个神秘物体
半个世纪后惠更斯的发现
如何解释圆环的出现
圆环每15年消失一次
土星的自转
著名的字谜
谜底
土星图像
暗线
威廉·赫歇尔的研究
圆环上的暗线真的是一条裂缝吗？
破解这一难题的可能性
圆环的重要位置
圆环上还有其他暗线吗？
暗环
土星环的物理特性
它们是固态的吗？
它们可能是极薄的固态环吗？
或是液态环？
土星环的真正性质
多颗小卫星
土星环与小行星的比较
由土星引出的难题
土星卫星的种类
其他卫星的发现
土星轨道并非太阳系的边界

在遥远的宇宙那边，距离地球平均距离约为7.93亿英里的地方，土星沿着巨大的轨道正在绕日公转，公转周期为29.5年。先民们一直认为，土星巨大的轨道就是太阳系的边界。

尽管土星的体积没有木星大，但它比地球大得多，无论在体积上还是质量上，而且也远大于除木星外的其他任何行星。尽管就体积而言，土星在庞大的木星面前只能俯首称臣，但可以肯定的是，即使木星和它的所有卫星加在一起，也无法与美轮美奂的土星系相媲美。对笔者来说，土星绝对是北半球地区观测者们能观测到的三大较有趣的星体之一。另外两个我们将在后续章节中予以介绍，它们分别是猎户座的大星云和武仙座的星团。

就土星自身而言，我们并未发现它有任何与众不同的特征。土星的体积比木星小，由于后者离我们更近，土星的视尺寸还不到木星的一半。还有一点是由于土星的日距更长，它看上去也没有木星那么明亮。尽管我们常能在土星上发现一些标志和带状物，但它们不同于木星上那些变幻无穷的带状物，土星上的这些既不引人注目，也不具有标志性。望远镜下的土星，甚至远不及火星有看点。在绝佳观测点时，我们在火星表面能看清许多奇特的细节，而那时的土星，是又远又暗，在其表面什么细节都看不到。也许只能将土星视为一个普通的球体，因为它不及金星有趣。金星耀眼的光芒完全可以将土星比了下去。望远镜下，昏星那明亮的月牙更是远胜过任何时期的土星图像。但即使金星再有趣，我们还是无法否认，土星确实是天空中较美丽、较有趣的行星之一。只是这种趣味性与它的球体无关，而是土星周围环绕的、美丽的环系统——这一系统无论从哪个角度观测，都是美轮美奂的。

若仅凭肉眼观测，土星看上去似乎是一颗一等星。但就明亮度而言，它远不及那些亮得多的恒星。不过，先民们对于土星倒并不感到陌生，他们也知道它是一颗行星。它与其他四颗大行星——水星、金星、火星和木星一起，被划入了游星的类别中（游星不同于恒星，它们在天空中的位置是不固定的）。由于土星的距离十分遥远，因此相较于先民们熟知的其他行星，它的运行速度要慢得多。这个遥远的星球绕日旋转一周需要29.5年的时间。

图77　土星（由爱德华·埃默森·巴纳德教授摄于1894年7月2日，观测设备：36英寸赤道仪）

虽然相较于不断变换的金星，土星的运动实在算不上快，但也足以引起细心观测者的注意。在1年内，土星的运动距离约为12度，这一距离对于经常观测土星的人来说，已经足够明显了。若能不嫌麻烦，将土星与周围恒星的相对位置标记下来，那么任何人都能看出土星在一个月，甚至一星期内移动的距离。那些能用上精准的天文设备的观测者，更是可以轻而易举地观测出土星在数小时内的运动变化。

太阳与土星间的平均距离约为8.41亿英里。与其他行星一样，土星轨道也是个椭圆，而太阳也位于其中一个焦点上。土星的椭圆轨道与标准的圆形轨道存在明显差异。它在此轨道上绕日公转的平均速度为5.96英里每秒。

土星球体的平均直径约为7.1万英里。它的赤道直径约为7.5万英里，而极直径则为6.7万英里——这两个数值之间的比率约等于10除以9的比率。由此可得，土星的形状与标准的圆形存在明显差异。毫无疑问，赤道的凸出一定是由于其高速的自转引起的。土星的自转速度虽不及木星，却也是地球的2倍多。土星自转一周用时约10小时14分。不过，斯坦利·威廉姆斯先生经过仔细观测，在土星上发现了一些斑点，他还发现，在北纬27°左右的那些斑点的自转周期为10小时14分至15分不等，而赤道附近的那些斑点的周期则不超过10小时12分至13分。这些斑点的周期特征是，同纬度不同地区的斑点，它们自转周期之间的差异在一分钟或几分钟之内。不过大量观测结果表明，这些斑点的周期似乎每年都在变化。

上述事实表明，土星和这些斑点并非坚固不变的固体。如果土星的组成成分与地壳的一样，都是坚硬的固体物质，那么这就与土星较轻的质量相矛盾。土星周围环绕着一些卫星，这些卫星又组成了一个系统，尽管不像著名的环系统那般漂亮，但这个系统能使我们将土星的重量与太阳进行比较，这也将有助于推导出它相较于地球的实际重量。结果有些出人意料，地球的密度可能是土星的8倍。事实上，后者的密度甚至比水还要小，因此一个体积与土星相等的水球，它的重量会比土星还要重。假设有一片巨大的海洋，如果我们将一个体积质量都与土星相同的大球扔进去，那么这个球不会像地球或其他行星那样沉入海底，反而它会轻快地浮在海面上，并露出四分之一的球体。

由此可得，我们通过望远镜观测到的土星表面很可能并非固态，它也许只是一层厚重的云层包裹着一颗炽热的内核。难以否认的是，土星很可能像木星一样，由于过大的体积，导致它仍保留着一部分原始热量。不过，我们不得不提到一种情况，虽然它似乎与上述观点有些出入，但我们已经注意到，木星和土星的密度都要远小于地球。当我们将这二者再进行比较时，会发现土星的密度又远小于木星。每立方英里木星的重量约为每立方英里土星重量的2倍。由此得出的结论似乎是，土星的热量应该大于木星。然而，由于木星的体积更大，从理论上来说，它所含有的热量应该比其他行星更多。我们从未试图化解这一矛盾，是由于我们对两个星体的组成物质一无所知，在这种情况下讨论这一问题将是毫无意义的。

[今日科学说] 木星与土星在很多方面都非常类似，比如在大气的构成上，

土星的大气和木星一样，都是由氢和氦主宰，区别在于土星大气中氢的比例更高，这成了困扰科学家的一个问题。会不会是氦气从土星上逃逸了呢？依据元素周期表显示，氦的相对原子质量要大于氢，这意味着氢气比氦气更容易从土星上逃逸。有天文学家推测土星上出现氦气比例降低的反常现象，可能是因为氦气下沉因此在上层大气中的丰度减少，从而使氢气丰度上升。

土星和木星另一个相似点在于土星内部同样存在热源。科学家相信土星内部加热背后的机制同样和氦气下沉有关。土星中的氦并没有逃逸，而是以氦雨的形式落向了土星核心，这一过程中释放的引力势能成为土星内部热量的来源。

即使土星的单位质量相对于地球来说，要小得多，但它的体积实在是太大了，所以它的总重量仍然超过地球总重量的95倍。图78中显示的就是土星和地球的相对大小。

图78 土星和地球的相对大小（E代表地球）

由于肉眼无法看到土星周围的那些奇幻景观，因此人们对土星那些奥秘的探测应该始于望远镜发明之后。我们有必要简单回顾下这段历史，因为我们对于这颗复杂星体的许多本质特性，也只是略知一二罢了。

当伽利略的折射望远镜完工之后，他第一次用它观测到了群星，留下了难以忘怀的美好记忆。尽管这个望远镜的放大倍率只有30倍，但它还是能极大地提高肉眼的观测效率。伽利略看到了太阳上的黑子和月球上的山峦，还观测到了金星的月牙状和木星的卫星。受到这些伟大发现的鼓舞，伽利略自然是继续观测着其他行星，于是他的望远镜指向了土星。此时，伽利略有了一大发现——他注意到，土星的形状与其他行星无异，但与它们不同的是，土星是由三个相连的星体组成的，而且它们始终保持相对位置不变。这三个星体连成一线——中间的那个体积最大，其余两个分别位于东西两侧。还从未有过任何天文现象，能让伽利略如此震撼，这一现象似乎根本无法解释。

为了揭开这一谜团，伽利略在1610年一整年的时间内，一直在进行观测。令他惊讶的是，他发现那两个小星体竟不断变小，并最终在两年后完全消失，只剩下一个像木星一样的大圆盘了。这给伽利略又平添了一份担忧。他不得不与那些古代天体系学说的拥趸据理力争，他们嘲笑他的发现，拒绝接受他的理论。但他已经宣称土星系是一个复合星系，那此时他不得不向别人解释，这两个附属星球为何逐渐变小，并最终消退。对此，伽利略很担心，他的对手们会趁机站出来指责他，宣称他观测到的一切都只是他的幻觉[①]。“我该如何解释”伽利略写道，“这么奇特的一个变化呢？这两个小星体是像太阳黑子一样，能量耗尽然后消失的吗？它们是不是发生了突然逃逸？土星难道会吞并自己的卫星吗？又或者，这一切真的都是幻觉，长久以来，我的望远镜不仅欺骗了我，还欺骗了那些用它观测的其他人？那些深受旧学说影响的学究们，那些曾在新发现中发现疑点，认为这些新现象完全不可能真实发生的人们，也许此刻，他们那即将破灭的希望又将死而复生。面对着一个如此意外、如此震惊、如此玄妙的现象，我不知道还能说些什么。这一现象发生的时间之短、性质之特殊，我知识的有限以及害怕被误解的担忧，这一切都使我充满了挫败感”。

然而，事实上伽利略并没有错。当他第一次观测到那些星体时，它们的确是真实存在的，而且它们确实是逐渐消退并最终消失，但这种消失是暂时性的——

① 详见格兰特：《物理天文学》，第255页。

它们还会再度出现。之后人们对它们一直进行着持续观察，并逐渐揭开了它们的神秘面纱。随着望远镜倍率的不断提升，人们发现，伽利略描述的那两个在土星左右两边的星体并非球体——它们实际上是两个明亮的月牙，且它们的凹面朝向中间的土星。人们还发现，这两个星体会发生明显的周期性变化。起初，只有中间土星的圆盘；之后两颗附属星就像两个附肢，直接从土星两侧向外伸展开来；再后来，这两个附肢逐渐弯成了两个月牙，看上去就像土星的两个把手，7~8年后，它们的宽度达到最大值；接下来，它们便开始收缩，又过了7~8年后，再度消失。

1655年，惠更斯终于解开了这两个星体的真正本质，此时距伽利略第一次发现它们已经过去了半个世纪。惠更斯注意到了土星上的环状物投下的阴影，并用一种哲学化的方式诠释了这一现象。他指出，地球、太阳和月球都围绕着各自的自转轴旋转，因此他假设太阳系的所有星体都围绕某一根轴自转。那时还没有任何观测结果表明土星也在自转，但要说哪颗行星能不自转，这几乎是不可能的，或者说绝对不可能。通过对土星与太阳系其他行星的比对，我们可以肯定土星的自转速度一定十分可观。我们已知土星的一颗卫星的公转周期是16天，略长于月球的一半。惠更斯认为——这绝对是一个合情合理的推断——土星极有可能围绕其自转轴快速旋转。而且，如果这两颗附属星与土星之间，真的有实物将它们连接在一起的话，那么这两颗星也会随土星一起运转。只要土星与太阳系其他行星存在相似之处，那么即使两颗附属星与土星间没有实物连接，它们依然也会旋转。我们看到木星的卫星就绕着木星旋转，往近了说，月球也是绕地球旋转的，我们还知道太阳系的所有行星是如何绕太阳旋转的。当所有上述事实都摆在惠更斯的面前时，他终于得出结论：无论这两颗奇妙的附属星与土星是否有实物连接，它们一定都在旋转。

有了上述理论依据，土星系的真正属性就不难推测了。我们已经知道，两颗附属星每15年都会经历一个周期性变化，从减弱、消失到再度出现，就像从土星上笔直射出的两条附肢。整个变化过程较为缓慢，连续数周或数月之内，它们每晚的样子都没有丝毫变化。但在这期间，土星及其周围的神秘星体都在不停运转。无论这两个神秘物体究竟为何物，即使它们一刻不停地旋转，在我们看来，它们永远都是那个样子。

什么形状的物体才能满足上述变化过程呢？显然，现有证据还无法证明这两个投射物就是从土星中延伸出的辐条。若真如此，那么它们每自转一周就会经历一次消失再重现的过程，形态也会不断发生改变，而无须经历为期15年的缓慢变化周期。当然，从其他方面来考虑，也能排除上述可能性，因为相较于土星的直径，它们的长度总是保持不变的。若转念一想，或许还有一种假设——也是唯一的一种——能满足上述所有事实。如果在土星赤道周围，有一个又薄又匀称的圆环在其轨道平面上运行，那么就能解释那些神秘物体一直保持同一形态的原因了。这一假设即刻便化解了那个最大的难点，接下来只需进一步推测，由于这个圆环实在太薄，所以当它刚好用边缘对着地球时，我们就看不到它了。然后它的轨道平面上明亮的那一边会不断向地球倾斜，此时我们看到的土星的附属物就会逐渐增大。神秘物体规律性出现的把手形状说明，这个光环不可能与土星相连。

终于，惠更斯发现，他已经找到了解开这个伟大谜题的钥匙，这个在过去50年间一直困扰着天文学家们的谜题终于要被解开了。惠更斯觉得这个圆环不仅奇特，而且独一无二，即使在今天看来，也依然如此。不过，他认为之前对这个圆环的理解存在一些不确定性，还需进一步核实。但他又不想推迟公布，因为他担心其他天文学家会捷足先登，夺走这个本属于他的发现。一旦这一发现被证实是正确的，他又怎么能既使自己保有发现权，同时又能争取时间不断完善这一发现呢？惠更斯采用了当时比较流行的方法，他用字谜的形式第一次宣布了他的发现。1656年3月5日，惠更斯出版了一本小册子，其中包含了以下文字：

Aaaaaaa ccccc d eeeee g h
iiiiiii llll mm nnnnnnnnn
oooo pp q rr stttt uuuuu

许多好奇的人们，特别是对藏头藏尾离合诗颇有研究的那些人，也许都仔细揣摩过这份字谜，甚至还曾试图破解。但即使他们绞尽脑汁，可还是未曾听闻有人成功破解。又经过几年深入研究之后，惠更斯终于证实了他的发现。他想尽一切办法，从各个角度证明他的观点，核实了所有细节。因此，他终于决定不再向世人隐瞒他的伟大发现了，1659年——在他的字谜问世约3年之后——他公布了谜底。在将字谜中的所有字母恢复原位之后，他的发现表述如下："Annulocingitur, tenui, plano, nusquamcohaerente, ad eclipticaminclinato." 翻译过来就是："土星周围有一个薄而平的圆环环绕，它与土星表面处处不相交，形状类似于椭圆形。"

惠更斯并不满足于仅向世人阐述他的观点及完整地解释了所有已知现象，他甚至用那些适用于任何天文定律的高难度实验，来进一步验证自己的观点。惠更斯试图借此进行预测，如果预测成功，那将为他的发现画上完美的句号。通过计算，惠更斯得知土星将在1671年7月或8月只呈现出一个圆盘的形状。这一预测可以算是较为成功的，因为有人观测到土星环在当年5月就已经消失了。当然，经过长期准确的观测，如今的测算技术使我们能更精准地预测土星环出现和消失的时间。但不要忘了，惠更斯做出预测的时候，正处于人们认识土星的初级阶段，他的预测以圆满的方式，充分证实了他的土星及土星环理论的正确性。

自此，土星环的存在也成为天体知识体系中的又一个确凿事实，一代又一代天文学家们孜孜不倦地探索着更多有关它的奥秘。

图77就是一幅土星图像，由巴纳德教授于1891年7月2日在利克天文台绘制而成。

继惠更斯之后，下一个有关土星系的重大发现是，环绕土星的土星环上有一条深色的同心线，这条线将土星环分隔为两个部分——外环相对内环较窄。这条线最初是由卡西尼于1675年发现的，那时土星刚被阳光照亮。1715年马拉尔迪的实验明显表明，这条黑线不仅仅只是土星环上的一个标志，它实际上是一条裂缝。多年后，一贯秉持严谨态度的赫歇尔，又对土星进行了仔仔细细的全方位观测。他利用先进设备，一夜又一夜地对土星进行持续数个小时的观测，为我们补充了许多土星及其星系的相关信息。

赫歇尔重点观测了那条将土星环一分为二的暗线。他发现，这条线的颜色与土星和土星环之间空隙的颜色十分接近。10年间，赫歇尔一直观测着这条线在土星环北面的部分，结果发现，10年间它的宽度、颜色和轮廓形状没有一丝改变。后来，他又幸运地观测到了土星环的南面。那里同样也有一条暗线，且与北面暗线的形状和位置完全吻合。真正的事实显然是，土星被两个一样薄的同心圆环围绕，其中一个圆环的外边与另一个圆环的内边十分接近。

但不得不说的是，我们还没能通过望远镜获得任何确凿证据，证明那条线的确是两个圆环之间的缝隙。赫歇尔描述的那条线的外观，也可以理解成是圆环上厚度较厚的部分，而这一部分的组成物质的反光性能又不及圆环的其他部分。人们不知道究竟能对这条暗线有多少了解。要做到这一点，只有一个办法行得通。但它只能应用在那些极端条件下，而且适用这一方法的时机似乎还未曾出现过。假设在土星运行的过程中，它恰好运行至地球和某颗恒星之间。在望远镜下，恒星就只是一个亮点，比土星和土星环要小得多。如果土星环正好位于恒星正前方，然后暗线盖在恒星上，如果它真是一条缝隙，那么我们就能透过这条狭窄的缝隙，看到明亮的恒星。

为了验证土星环的双重性特征，需要进行这一重大实验，但实验所需的时机仍未到来。1900年时，全世界已经有许多望远镜都满足这类观测条件，我们殷切地盼望，在不久的将来，有人能通过实验真正解开这一谜题。但是，实验选取的恒星不能过小。当然，如果证明那条暗线是裂缝的话，那么小体积的行星的确可以使实验结果更直观更准确，但需谨记我们需要将小行星与明亮的土星环进行比对，所以除非小行星具有一定体积，否则太小的小行星是无法在明亮的土星环间被辨认出来的。不过，1900年前后的观测结果显示，土星的球体似乎可以透过那条暗线，被辨认出来，这几乎可以说明，这条暗线至少具有一定的透明度。

外环也被一条线分成两部分，但这条线比刚才描述的那条要暗得多。我们需要在晴朗的夜晚，借助高倍望远镜，同时还要选择土星位于绝佳观测位置，才能清晰地看到它。最容易观测到它的地点，是在土星环距离土星最远的端点上。我曾经在丹辛克天文台，使用南边赤道仪上的12英寸折射望远镜观测过土星。在我看来，外环上的暗线与那条著名暗线的宽度十分相近，但它显然颜色更暗，而且不那么明显。这当然不能说明外环上的暗线就是一条裂缝，而且它还经常长时间消失。更为可能的是，土星环在此处的厚度更薄，组成物质更少，但并非完全没有物质存在。

在这些问题上，我们只能寄希望于下一次当土星环位于绝佳位置——即其轨道平面处于地球和太阳之间时，我们能获得更多有用信息。这种情况极为罕见，而且即使真的发生，土星的位置可能也并非利于观测。下一次最佳观测时机是1907年。届时，阳光将会照亮土星环的一边，而它的另一边则朝向地球。这种情况下，我们需要借助高倍望远镜来观测。也许人们会希望天文学家们对土星环暗线的相关问题，还有其他许多天文话题，做进一步的阐述和说明。

偶尔也会有报道称，在土星的内环和外环上又出现了其他的暗线。不得不说的是，这些暗线都不是永久性的标志。不过，一些经验丰富的观测者们经常言之凿凿地宣称，他们的确观测到了这些暗线，以至于人们不得不相信它们有时是真的存在的。

在距惠更斯第一次诠释土星的真理约200年后，另一项非常重要的发现诞生了。在1850年以前，人们一直认为，土星的环系统就是由被那条著名暗线分隔的两个圆环组成的。但就在1850年，来自美国马萨诸塞州坎布里奇的邦德教授做出了一个震惊整个天文学界的举动，他宣称发现了第三条土星环。与此同时，另一位英国天文学家——道斯也观测到了这条土星环，这种多人观测到同一土星环的情形并不稀奇。第三条土星环位于那两条著名圆环中内环的内侧，向土星延伸出半个间距的长度。前两条的结构相对紧密，而第三条则完全不同。目前的信息只能表明前两条土星环并非固态——甚至也不是液态——但与第三条相比，它们还是具有相对致密的结构的。它们既可以接收和显现出土星深色的阴影，也能在土星上投射出它们自己的阴影。但第三条的结构却稀疏得多，也不如前两条那么明亮，更像是一条暗黑色的、半透明的圆环。“暗环”这一称谓对它来说，绝对是名副其实的。由于这条环的颜色极暗，导致其常被早期的土星观测者所忽视。

据观察，当有人利用高倍望远镜做出了一项新的天文发现之后，人们总是能借助更先进的设备来观测同一物体。也就是说，当观测者知道自己要寻找的是什么之后，他就能看到常被自己忽略的那些现象。土星暗环的发现就是这样一个例子，对于那些拥有高倍望远镜的观测者来说，土星暗环早已不再陌生。然而，我们能如此轻易地、清晰地观测到暗环真的完全只是出于上述原因吗？这难免使我们产生疑惑。的确，出于某些原因，暗环可能会越来越清晰可见。有人根据暗环变亮的假设，推测土星环目前很可能在逐渐发生某种变化。但哈德利表示，他曾在1720年的观测中就看到了暗环，并且此前，坎帕尼和皮卡德都曾在土星周围观测到这条暗色的圆环。1889年11月1日，巴纳德教授在观测土卫八的卫星食现象时，曾经详细地描述过暗环的半透明状。在暗环的阴影中，土卫八的图像依稀可见，但在前两条著名土星环的阴影中，则完全看不到土卫八。

土星环的各种特征都完美呈现于前文提到的、特鲁夫洛绘制的图像上了。在图上，我们可以看到内环、外环及其两者间的分隔线。外环上还有一条暗线，将其一分为二，在内环的里面，还有一条神奇的半透明状的暗环。土星的暗影被投射在土星环上，这表明土星环与土星一样，都只能借助落在其上的阳光发光。土星的阴影看上去有些异常，但这种反常，在某种程度上，是由于视错觉造成的。

毫无疑问，我们对土星环的任何描述，都还仅限于这个神奇系统的最显著特征。由于与土星相距甚远，我们所能看见的只有那些尺寸巨大的物体。目前掌握的只是土星环的大致概况，更多的细节仍有待进一步观测。比如，我们渴望探明这些圆环的真正构造，了解它们的组成成分，我们还希望能解开暗环的奥秘，这个神奇的薄膜与宇宙中已知的其他物体是否一样。尽管受困于距离的遥远，但等待我们去认识的还有很多。一代又一代的天文学家们借助先进设备，还能在更广阔的知识领域自由翱翔。我们希望获得精确的土星图像，每一处细节都显露无遗。我们需要不厌其烦地反复观测，以近乎苛刻的态度，求得最为精准的数据。这些观测试验能使我们知道这些土星环的尺寸和形状，还能知道暗线和边缘的准确位置。也许只有在无数代人持续数个世纪的不断观测之后，地球上的天文学家们才能知道土星的环系统究竟是有恒久不变的特性，还是持续处于变化之中。

我们早已习惯在太阳系的每一个角落，都能发现万有引力定律的影子。也时常以引力为突破口，去解开许多看似无解的天文现象。因此，我们有理由相信，万有引力定律在土星系中必然也起着举足轻重的作用。土星的周围，不仅有土星环，还有卫星环绕。这些卫星的运动与其他卫星一样，都遵循开普勒定律。鉴于此，无论我们会得出有关土星环本质的何种结论，它必须满足的一个前提条件是，这些圆环一定受到圆环中心的那颗巨大行星的引力作用。

初见之下，似乎很难发现土星环现象与土星引力之间的联系。我们也许会假设土星环均匀环绕着土星，且一直处于静止状态。位于正中的土星，对土星环每一部分的引力都相等，这样土星环就不会在某个方向上向土星倾斜，也就能一直保持静止。实际上，这是不可能的。一个由绝对坚硬的物质组成的圆环，在这种情况下，只可能在短时间保持静止，它不可能永远处于保持静止，它保持静止的时间，不超过一根针尖头朝下保持直立的时间。而且这种平衡还是不稳定的，哪怕最轻微的干扰都会破坏这种平衡，导致土星环不可避免地落到土星上。实际上，这些扰动因素会不断出现，因此，这种不稳定的平衡状态根本无法解释土星环现象。

即使排除了干扰因素的难点，假设土星环是由我们所熟知的任何物质构成的，那也还存在另一个难以克服的难点。多思考片刻就会引出目前有关土星环的最被广泛认可的解释。

假设你站在土星赤道附近，你的正上方就应该是土星环，它的两端分别从东西两边的地平线落下。出现在地平线上的这半个圆环就像一扇巨大的拱门，跨度长达近十万英里。这个拱门的每一部分都受到引力作用，被拉向土星，如果避免拱门坍塌，就必须遵循一般的力学原理，我们熟悉的铁路拱桥就是按照这一原理设计建造的。

拱门的存在依赖于石块间的阻力，这些阻力使石块相互挤压成型。拱门的每一块石块都承受着巨大的压力，但石块的材质使它能经受住这种重压，从而保持拱门的形状不变。拱门的跨度越大，每块石块承受的压力就越大。拱门跨度的最大值，对应着石块在安全范围内能承受的最大压力，因此，我们能算出建造砖石材质的拱门所能达到的最大跨度。如果我们将这些原理应用在土星环组成的巨型拱门上，就会发现，面对如此惊人的巨大跨度，组成拱门的物质所承受的压力必定是十分巨大的，我们已知的任何材质都无法承受如此重压。即使这个拱门是由世界上能制造出的最坚硬的钢铁组成，这种巨大的压力也会将钢铁挤压成液体状，整个拱门会随之坍塌，倒在土星表面。我们坚信，任何现有物质都无法承受如此巨大的压力。于是，我们想到了引力定律，或许我们可以通过某种方法减轻这一压力。

现成的方法就有一个，而且我们在太阳系的很多地方都遇到过类似情况。我们之前假设过土星环静止的情况，现在让我们假设土星环处于运动状态，假设它以土星为圆心，在它的轨道平面上绕土星做圆周运动。我们马上就得到了一个与土星引力方向相反的作用力，那就是大家熟知的离心力。如果假设土星环在不断旋转，那么环面各点的离心力方向与土星引力完全相反，这样一来，土星环上的巨大压力就会被大大减弱，我们又成功解决了一大难点。

由此，我们可以假设每个土星环都绕土星公转，这样那些难以消除的压力就都能得到一定程度的消减。但我们还不能说这个难点被完全解除。倘若外环的公转速度正好能抵消其外边缘受到的引力，那么其内部的离心力就会相对较小，而那里的引力又相对较大，这样外环的内部就会承受巨大的压力。倘若外环的公转速度正好能抵消其内边缘受到的压力，那么其外部的离心力就会远大于引力，从而使外环具有向外撕裂的趋势。

为了避免上述情况发生，可以假设每个土星环外部的公转速度比内部的要慢。当然，这就要求圆环的两部分能相对移动，由此推测，这些土星环可能真的是由液态物质组成。乍一看，这个观点也算合情合理。每个土星环的每个部分都有各自的运行速度，每个环都出现速度不等的动力波，这些动力波都是大小不等的同心圆。数学家们可以使这个研究更进一步，他们能研究出这种液体在此种环境下的表现，还能用算式表达一般语言难以表述的物体间的复杂关系。数学家们发现，这些动力波如若源自组成土星环的某种液体，那这些动力波将最终导致土星环的瓦解，因此，液体理论也站不住脚。

但是，我们还可以再做一两个假设。假设每个土星环都是由大量同心环构成，且每个环的速度都能产生恰好可以抵消引力的离心力，那又会怎样呢？显然，这个假设会遇到许多难点。曾有人在环面发现若干条暗线存在，这些观测又该做何解释呢？这个假设需要解决的还有动力学的问题。这样固体环系统的存在是与动力学定理相违背的。

这样一来，我们不得不进行最后一次尝试，将土星环进一步细化。如果我们彻底摒弃土星环是连贯体的假设，这看似令人震惊，但我们实在没有其他选择了。面对这一假设，我们似乎只能得出一个结论，即土星环真的是一个布满了极小星体的大沙洲，每一个小星体都在自己的轨道上绕土星旋转，实际上，这些小星体都是卫星。这些星体数量庞大、紧密相连，整体看上去很像是一个连贯的物体，但实际上这些星体体积极小——也许还没有地球上一片云彩中的水珠大，即使我们在距这些云彩很近的地方观测，它们看上去也像是一个连贯的物体一样。

尽管从数学角度来看，这一有关土星环构造的理论无懈可击，但直到数年之前，它却一直没有被任何观测试验证实。唯一坚称亲眼观测到土星环旋转的天文学家是赫歇尔，他曾于1789年持续观测土星环上一些亮点的运动，那一年土星环的轨道平面正好穿过地球。赫歇尔从这些观测试验中得出，土星环的旋转周期为10小时32分。尽管后来的观测者们使用的观测设备比赫歇尔的先进得多，但没人能成功证实赫歇尔有关土星环旋转的理论。倘若土星环由大量小星体组成，那么通过开普勒第三定律，我们就能计算出这些小卫星绕土星公转一周所需的时间。结果显示，土星环外缘的所有卫星的周期都长达13小时46分，中部的周期不超过10小时28分，而处于内缘的周期都为7小时28分以内。即使是观测水平最高的天文学家，使用倍率最高的望远镜，在最为晴朗无云的天空下，都无法观测如此细微的现象。的确，土星环的运动与火星处于较内轨道的卫星一样，它们绕主星公转的周期都要短于主星绕轴自转的周期，只不过土星环的轨道比火星卫星要大得多。

然而，那些望远镜观测不到的现象，分光镜却通过最高效、最奇特的方式观测到了。我们曾在有关太阳的那一章中解释过，光源在视线方向上向观测者靠近或远离，会使光谱线的位置发生细微变化。通过测量光谱线的位移，可以了解光源运动的方向和距离。当时，为了更好地诠释这一方法，我们还向各位展示了，如何使用此方法测量太阳表面的运动速度。

1895年，阿勒格尼天文台台长基勒教授①成功通过此法，测算出土星环的旋转速度。他将分光镜的缝隙对准土星，在土星椭圆球体的主轴方向上，由于透视效应的存在，我们看到的土星环便如图79中所示，成为两条东西走向的平行线。

基勒教授的感光片上应该显示出3条紧密相连的谱线，土星本身的谱线在正中间，它与上下两条较窄谱线之间被黑色的间隔隔开，这两条谱线就是土星环的两个柄状突出（也常被称为“环脊”）。关于土星和土星环，我们分别假设它们处于运动和非运动状态，图80中展现的就是这三条谱线在两种状态下的不同形态。

在最上面的第（1）行，我们看到的是无旋转运动下的三条谱线的样子，这三条依次由土星环、土星和土星环产生的谱线处于同一条直线上。当然，这些光谱实际上都与太阳光谱一样，只不过亮度更加微弱，它们也会显示那些暗色的夫琅和费谱线，所以读者需要对照图中所示谱线，自行对比想象。但土星和土星环并非静止不动，它们在不停运转，东半球（图79中所示E）不断转向我们，而西半球（图79中所示W）则不断背离②。因此，在E点处，三条谱线同处的直线将向光谱的紫色端靠近，而W点处则向红色端靠近，且由于直线速度越大，我们距离土星球心就越远（假设土星环与土星一起运动），3条谱线将如图80中第（2）行所示，但它们仍同处于一条直线上。如果土星环是由被卡西尼缝分隔的两个独立圆环组成，且它们的速度不等，那么这些谱线将如图80中第（3）行所示，由于内环

---

① 时任利克天文台台长。

② 我们并未在此提到土星的轨道运动，虽然这一运动能使整个土星系整体向地球靠近或远离，但由于它对土星和土星环的作用是完全一样的，因此就不会对三条谱线的相对位置产生影响。

的速度更快，其所对应的谱线相较于外环谱线就会发生更大偏转。

最后一种假设是，土星环是由无数个遵循开普勒第三定律，绕土星公转的微粒组成。这些微粒每秒运行的距离如下：

土星环外缘处	10.69英里
土星环中部	11.68英里
土星环内缘处	13.01英里
土星表面的旋转速度	6.38英里

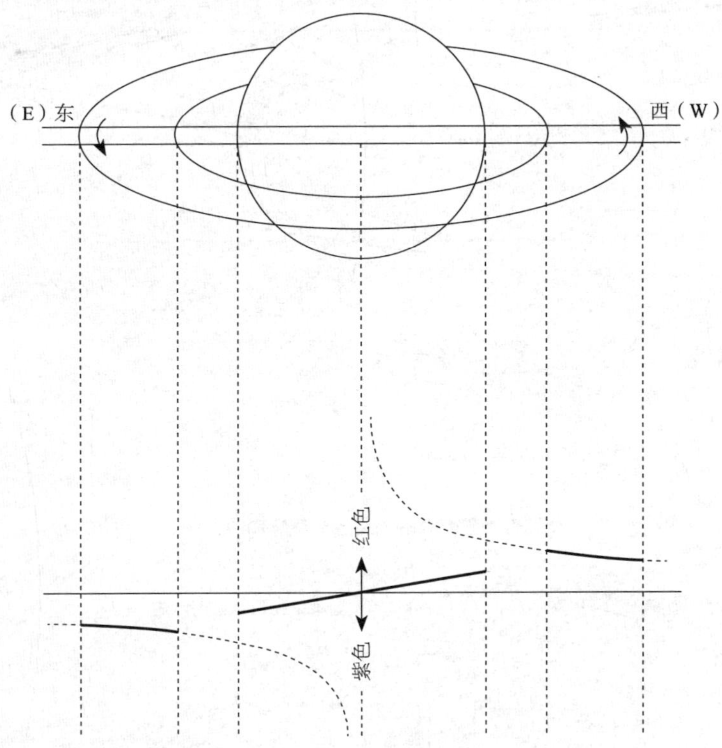

图79　基勒教授测量土星环运动的方法

谱线的移动对应着不同的运行速度，不难看出，最后一种假设情况下的谱线位置应该如图80中第（4）行所示。当基勒教授查看这些光谱图像时，他发现三条谱线倾斜的方式是完全一致的，这表明土星环外缘绕土星旋转的线速度比内缘要慢，如果光源（或者说反射的阳光）是遵循开普勒第三定律自由运动的独立微粒，那么外缘速度就会较慢；如果土星环是坚硬的固体，那么外缘的速度就会最快，因为它需要运行的距离最大，那么就会出现相反的现象。最终，它证实了土星环的陨石结构论。此后，来自阿勒根尼、利克、巴黎和普尔科沃天文台的观测结果均证实了基勒教授的这一美妙发现。

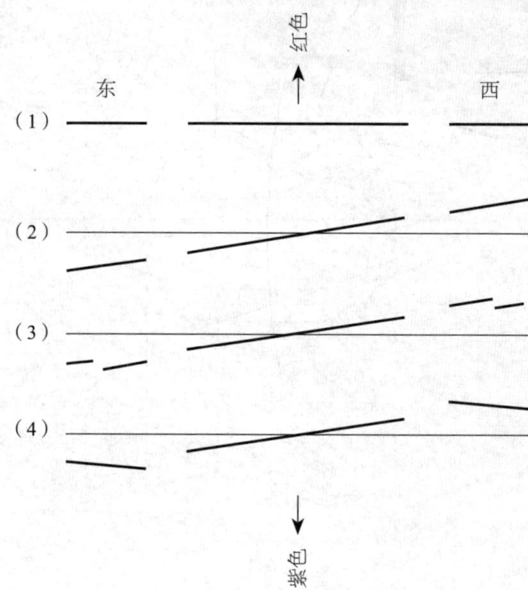

图80　基勒教授测量土星环运动的方法

通过对谱线位移的观测，我们得到了土星环的实际速度，这一速度与计算得出的数值十分吻合（观测误差在合理范围内），如此，这一精妙的论证，证实了克拉克·麦克斯韦的数学推导结果，并获得了学界一致认可。

土星的光谱实在太过昏暗，只有颜色最深的谱线才能被看见，但土星大气层似乎会大量吸收光谱中的蓝色和紫色部分，这种现象在赤道带附近尤为明显，一条红色光带足以证实该处大气层的厚度。这条红色光带在土星环的光谱中却没有出现，这表明土星环上没有大气层。

土星环是独特的，以至于我们不可能再找到其他像它们这么特别的结构了。

但太阳系却为我们呈现了一些类似现象。比方说，在太阳周围就有这样一群更大规模的星系结构。我们所指的就是那些大量的小行星，它们都分布在太阳系的特定区域之内。试想一下，如果这些小行星的数量成倍增加，它们或高或低或倾斜，从而使它们的轨道都调整到同一平面内，那么在太阳周围也将出现一个圆环，这个环系统与土星的环系统就十分相似了。

关于美丽的土星系，我们还想继续驻足思考，我们想知道从土星上看到的土星环会是什么样子的，我们还想知道土星环是否像木星、卫星或我们的月亮一样，是太阳系的固有特征，恒久不变。无论从哪个角度看，这一问题都充满着无限趣味，它为各类天文学家都留下了充足的探寻空间。如果他是个有着先进望远镜设备的天文学家，他就需要在观察、绘制和测量方面多下功夫，如果他是个精于测算的天文学家，他的工作很少涉及实际的望远镜观测，而是基于他人的观测结果进行计算，他必须能预知土星环的不同阶段，能提前告知天文学家们土星环不同特性的最佳观测时间，以及证实各种特性的最佳时间节点。他还需预测土星卫星的运动及其他土星系现象的周期，预测内容之详细应力超木星的各项预测。

最后，如果这位天文学家属于——从某种程度上来说，顶级的天文学家，这群人凭借着超群的智慧，通过最深奥的实验研究来解答天文学的动力学问题，那么他也能在研究土星的过程中，遇到挑战人类智慧极限的终极难题，不过这些问题终究可以通过最玄奥的分析得到解答。他会发现，土星环是如此奇特的物体，以至于他不得不研发新的“数学武器”来迎接挑战。他会发现，土星系中蕴藏着这么多令人惊叹的特性，还有如此精妙的环系统，这一切都使他不得不承认，如果他不曾亲眼看到土星环，他根本想象不到会有这样一个环系统的存在。当时，数学家们对这一精妙系统的研究尚处于初级阶段。一方面，由于这类研究过于深奥抽象，因此它对学科专业性的要求就越高；另一方面，研究所需的数据素材还远远不够。对这类研究来说，实验素材必须先行于理论计算。虽然目前获取的少量结果对环系统的精妙之处都有所反映，但这些还远不足以构成土星庞大的数学定理的基础，但这些定理，有朝一日，必将呈现于世人面前。

不过，土星不仅为关注天文事业的人们提供了研究方向，它更是满足了更多普通人的好奇心。每一个受过教育、对大自然哪怕有一丁点热爱的人，都将或必将感受到土星带来的乐趣。凡是热爱自然美景的人，每每在望远镜中观测到土星的图像，其赞叹之情必溢于言表，如果他还有充足的知识储备，在之前就已了解到他正在观测的物体的巨大尺寸，他就会深信，自然界中再也找不出能与此媲美的壮景了。

我们已经花费了较大篇幅，向各位介绍土星环的魅力之处，接下来我们将就土星的卫星系统进行简单叙述。我们曾在前文中不止一次地提到这些卫星，现就它们的若干细节特点稍做介绍。

1655年3月25日，发现土星环真正构造的第一人——惠更斯，观测到了第一颗土星卫星。当天夜里，惠更斯在用自制望远镜观测土星的过程中，在土星附近发现了一个小的星状物。第二天晚上，当他继续他的观测试验时，却发现这个小星体随土星一起，在空中运行。这说明该星体实际上是土星的一颗卫星，进一步观测表明，它绕土星公转的周期为15天22小时41分。惠更斯的这一发现开启了后续多颗土星卫星的发现之旅。一颗接一颗的卫星被不断发现，迄今为止，人类已知的土星卫星不少于9颗①，它们陪伴着土星一起遨游在浩瀚的宇宙间。不过，后来的那些卫星都不是由惠更斯发现的。在现代人看来，惠更斯放弃进一步搜寻卫星的理由多少有些荒谬，但这种想法在他那个年代却并不稀奇。惠更斯认为，从对称性上讲，万物皆有对称之美，因此卫星（亦称为二级行星）的数量应与主星的数量相等。太阳系的主星，包括地球在内，一共有6颗，而惠更斯发现第一颗土星卫星之后，卫星的数量也达到了6颗。地球1颗，木星4颗，土星1颗，正好凑齐全部6颗卫星。

只可惜，大自然并不具备惠更斯赋予她的这种数字特性。如果能少受这些错误观点的影响，惠更斯也许就能先于卡西尼发现土星的其他卫星，从而推翻卫星

① 截至2018年，我们已经发现了至少62颗土星卫星。

数量必等于主星数量的错误观点。随着更多卫星的出现，卫星总数第一次超过了行星总数。但近来，由于人们陆续发现了一大批小行星，行星总数又迅速赶超了卫星总数。

1671年，即发现第一颗土星卫星16年之后，卡西尼发现了第二颗土星卫星。这颗卫星的轨道位于所有已知行星的最外侧，它绕土星公转的周期为79天。第二年，卡西尼又发现了另外一颗，12年后的1684年，他再度发现了两颗，使土星的已知卫星总数上升到了5颗。

土星系统的复杂程度在整个宇宙都是独一无二的。土星共有5颗卫星，而木星仅有4颗，且土星至少有1颗卫星的体积要大于所有木星卫星的体积，这颗卫星便是土卫六（泰坦）①。

[今日科学说]　最新测量数据显示土卫六是太阳系中第二大卫星，仅次于木卫三。土卫六最大的特点是拥有浓厚的大气层，甚至比地球大气更厚、密度更大。20世纪80年代以前，我们对土卫六大气的组成知之甚少，只能确定土卫六上有甲烷和其他一些简单的碳氢化合物。1980年，旅行者1号作为首个近距离飞掠土卫六的探测器对土卫六进行了初步探测，结果显示土卫六的大气实际上主要由氮气和甲烷组成，另外还有氩气和其他气体的痕迹。土卫六的表面大气压是地球大气压的1.45倍，大气总质量也比地球多出近20%。旅行者1号的近距离探测还证实了我们无法透过土卫六的大气层直接观测到土卫六的表面。

于是科学家决定设计一艘着陆器，这样就能深入土卫六的大气，甚至在它的表面降落。这就是后来的卡西尼-惠更斯号土星探测计划。2005年1月，惠更斯号探测器到达了土卫六，穿过厚厚的大气层降落在卫星表面。惠更斯号成功拍摄到了土卫六表面的照片，并传送给卡西尼号。惠更斯号在土卫六表面“存活”了大约90分钟，最终因电池耗尽停止工作。

---

① 据巴纳德教授最新观测显示，土卫六（泰坦）的直径为2700英里。土卫六由惠更斯发现，以土星为起点，由内向外的第六颗就是它。

卡西尼号是第一艘环绕土星的探测器，于1997年10月15日升空，2004年7月1日正式入轨，由此开始了长达13年的土星探测。其间卡西尼号取得了诸多新发现，如土卫二表面的地质活动，土星南极的极大风暴，土卫六上的碳氢化合物湖泊，等等。与伽利略号类似，为避免卡西尼号可能携带的地球微生物的污染，美国国家航空航天局决定在卡西尼号任务结束后控制探测器坠入土星自我销毁。2017年9月15日，卡西尼号进入土星大气层，结束了自己的使命。

卡西尼在几次卫星发现实验中所使用的望远镜都是超大尺寸的。这些望远镜的长度，或者说物镜与观测者双目之间的距离不小于100英尺。显然，这些庞然大物很难再进一步推动望远镜观测试验的深入发展。但最终，人们还是开始大幅度提升天文设备的制造工艺。在赫歇尔的一双巧手之下，大小适中、便于操作的反射望远镜的生产成为可能，相比于卡西尼的长焦望远镜，这些望远镜不仅放大倍率更大，精准度也更高。1789年8月28日，赫歇尔就将刚完工的那台40英尺长的反射望远镜对准了土星。此前，土星还从未被如此精细地观测过。

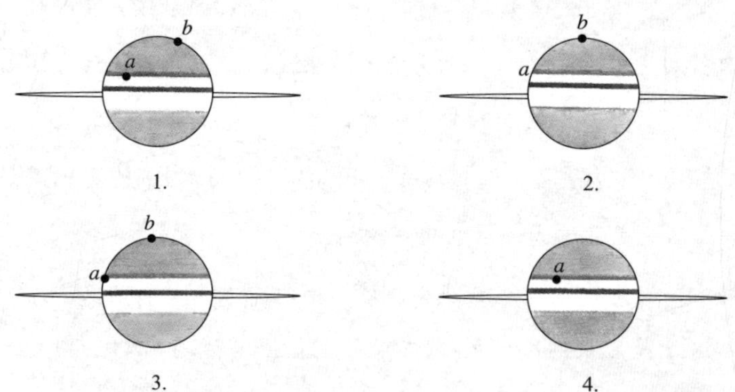

图81　土卫六的凌食现象，由特比·卢万摄于1892年4月12日

赫歇尔对于前人的观测了如指掌。他也常用高倍望远镜观测土星及其5颗卫星。除了之前的5颗外，他在土星环的平面附近还发现了1颗星状物，他推测这可能是土星的第6颗卫星。快速验证这一推测的时机迫在眉睫。当时，土星正在宇宙间高速运转，如果这个星体真的是颗卫星，那么它一定会随土星一起运行，赫歇尔迫不及待地想要一探究竟。谜底很快就被揭晓了，在短短两个半小时内，土星发生了明显的与它一同发生位移的，除了已知的5颗卫星外，还有那第6颗星体。如果它是颗恒星的话，它就会保持原位不动，但实际上它也发生了位移，这说明第六颗星体确实是颗卫星。这样一来，在长达一个世纪的蛰伏期之后，使用望远镜探寻土星卫星的观测再度开启。赫歇尔也怀着丝毫未减的热情，一如既往地观测着这颗小卫星，他发现这颗卫星比其他任何已知卫星都要靠近土星。按照一般规律，卫星的距离越近，公转周期就越短，赫歇尔观测到这颗小卫星的公转周期为1天8小时53分。不久后，赫歇尔依然凭借着同样的设备、同样的观测技巧，发现了另一个更有趣的现象。赫歇尔在那台40英尺的大反射望远镜中，还看到了一个极小的小点，经证实，这也是一颗卫星，且距离土星极近，公转周期仅为22小时37分。这颗卫星的体积极小，只能借助功能最强大的望远镜进行观测，而且只有在它没有完全被土星环遮挡的短暂时间间隔内才能被看到。

又过了许久，在大约50年内，人们一直认为土星系就是由环系统和7颗卫星组成。但接下来的这一发现却更有意思。这一发现是由两名观测者同时报道的，他们分别是美国马萨诸塞州坎布里奇市的邦德教授和利物浦的拉塞尔先生。1848年9月19日，这两名天文学家都证实，此前各自观测到的那个小点就是一颗卫星。不过这颗卫星距离土星较远，公转周期为21天7小时28分，从土星开始，由内而外的第7颗就是它。

1898年8月，威廉皮克林教授于16日、17日、18日连续三天通过摄影技术，在距土星更远的地方发现了1颗异常暗淡的卫星。该卫星与土星间的距离远超那些体积更大、发现时间更早的卫星。它的运动周期还未得到确切证实，但它公转一周所需的时间不会低于490天。

由土星卫星的观测实验可得，3500个与土星等重的星体加在一起，才等于一个太阳的重量。

柯克伍德教授还发现了一条规律，它反映的是土星4颗最内层卫星的运动之间的联系。这条规律的内容使我们推测它应该是由于这4颗卫星间的相互引力作用而产生的。我们曾在讲述木星3颗卫星间的关系时，提到了一条类似规律。由于土星的卫星数量不低于4颗，因此这一问题到了土星这里就变得格外复杂了。数学家们在研究太阳系其他星体运动之间的联系时，也会用到摄动理论，但研究土星时，这一理论的适用范围将大大增加。在阐述这一规律之前，我们需要先了解4颗卫星各自的日运动。

卫星	日运动
土卫一	382°2
土卫二	262°74
土卫三	190°7
土卫四	131°4

这一规律可以概括为土卫一日运动的5倍加上土卫三再加上土卫四的4倍，其总和等于土卫二日运动的10倍。具体算式如下：

5倍的	土卫一	等于	1911°0			
	土卫三	等于	190°7	土卫二	等于	262°74
4倍的	土卫四	等于	525°6		乘以	10
			2627°3		约等于	2627°4

验证这一规律并不难，难的是解释这一规律产生的原因。土星是古人所知道的最遥远的行星。它的轨道远在其他早已被发现的行星之外，因此直到1781年天王星被发现之前，人们一直以为土星轨道就是太阳系的边界。这颗“自带光环”的行星的确配得上如此特殊的地位。但如今，我们已经知道土星的巨型轨道并非太阳系的最外边，一个伟大发现导致了另一个更伟大的发现的诞生，它们共同证明，在土星轨道之外更遥远的地方，那个望远镜几乎无法看清的地方，还有两颗大行星在绕日公转，这无疑又将太阳系的边界向外扩展了不少。这两颗行星看起来都没有土星那么美，甚至都无法用望远镜看清它们的样子。但这两颗外层行星

却都具有最为特殊的意义。它们的发现都算得上是天文史上的重大事件，其中有一种合理的观点一直流传至今，该观点认为两颗行星中较外层的海王星的发现，是自牛顿时代以来最伟大的天文成果。

第十四章
天王星——最冷的星星

对笔者来说，天王星的发现及其历史，共同在整个科学史上写下了较为华美的篇章之一。我们完全可以站在新的高度上研究太阳系。尽管我们对其他所有大行星的认知可能存在偏差，但它们都是从古至今一直为人所熟知的。它们都是引人瞩目的星体，它们的运动总是能吸引那些观测群星的人们驻足。但现在要介绍的这个大行星，古人是完全不知道它的存在的，因此在展开叙述的过程中，我们必须先介绍这颗行星被发现的情况，然后再介绍它的若干物理特性。

在前面的章节中，有一个受人敬仰的名字一直与天文学的各类分支学科紧密联系在一起，那便是威廉·赫歇尔，但我们迟迟没有对这位伟人进行更为详细的介绍，直到来到了这一章。天王星早期的历史故事就是赫歇尔的早期事业史，而们不能也不愿将这两者完全割裂开来。

赫歇尔，著名天文学家，1738年生于德国汉诺威。赫歇尔的父亲多才多艺，恭敬谦和，一生都在追求着音乐教授的荣誉。赫歇尔有9个兄弟姐妹，他在家排行老四。值得一提的是，这个低调的大家庭中的所有孩子都遗传了他们父亲的音乐天赋，成为优秀的演奏家。曾有不少优秀的文章介绍过这个有趣的大家庭，文中既谈到了赫歇尔与众不同的天资，全家人对音乐和哲学的探讨，还谈到了最小的妹妹卡罗琳以及她在数年后注定要走的那条职业道路。赫歇尔很快就学完了老师能教的所有常规知识，14岁时，他就已经成为一名优秀的管弦演奏家。还加入了汉诺威宫廷乐队，同时也成为汉诺威禁卫军乐团的一名成员。好景不长，动乱的战争年代使赫歇尔的家庭四分五裂。法国人入侵汉诺威，在哈斯滕贝克一役中，汉诺威禁卫军大败，年轻的赫歇尔无法忍受战争之苦，他的身体也每况愈下，于是他下定决心，打算另谋出路。但他当时的做法，就连他的传记作者也百口莫辩。实际上，赫歇尔当了逃兵，流亡到了英格兰。可以肯定的是，直到20年后，赫歇尔第一次拜访乔治三世国王时，他才接到了国王亲手颁发给他的一封正式的赦免令。

19岁时，这位年轻的音乐家开始了他在英格兰的“淘金之旅”。起初，他四处碰壁，但凭借着出众的才华和不懈的努力，他克服了一切困难，并于26岁时，彻底在英格兰站稳了脚跟，事业上也干得风生水起。据考证，早在1766年，赫歇尔就已经在音乐界声名鹊起，他成为著名的巴斯大教堂的一名风琴手，整天不是给孩子们上课，就是准备各种音乐会和清唱剧。

尽管工作忙碌，但赫歇尔依旧保持着从孩童时代起便拥有的强烈求知欲。一有闲暇时间，他便迫不及待地投身于知识的海洋。在探寻更加深奥的音乐理论的过程中，他偶然接触到了数学，随后又从数学转向了光学，开始接触光学知识之后，他便自然而然地了解到了望远镜的相关知识，并逐渐跨入了天文学领域。

赫歇尔的起点并不算高。这位伟大的天文学家是凭借着一台低端小型望远镜，第一次看到了那些闪耀的天体。当然在此前，他就曾在无数个晴朗的夜里，看着那群星闪烁的夜空赞叹不已。但此刻，他能更加清晰地看清这一切，尽管放大倍数并不大，但眼前的景色足以使他心旷神怡。之前看到的那些星星此刻变得更加清晰，不仅如此，以前看不到的那些如今也能出现在眼前。的确，这一美景在任何热爱自然之美的人眼中，都是无与伦比的。对赫歇尔来说，这惊鸿一瞥立刻颠覆了他的整个人生。他音乐教授的声誉、他的清唱剧、他的学生们，此刻都被抛到了脑后，他要将余生全部奉献给伟大的科学学科之一——天文学。

赫歇尔不满足于仅用那台低端小型望远镜进行观测。在整个职业生涯中，他一直渴望能尽自己最大的努力，以最清楚的方式看清一切星体。他立即决定更换一个更好的设备，于是给伦敦一家著名的眼镜制造商写信，洽谈购买望远镜的事宜。但眼镜商的报价高得离谱，赫歇尔不能也不愿付这么大一笔费用。但他心有不甘，一定要拥有一台高倍望远镜，既然买不起，那就自己做一个。被环境所迫导致的这个决定，对赫歇尔和整个科学界来说，反倒成了件幸事。不过乍一看，要做成这件事简直是希望渺茫！一个日夜钻研音乐的音乐教师，此前又没有受过专业训练，想要完成一个需要最高科技含量和光学知识的任务，无异于天方夜谭。但在满腔热情和超群天赋的面前，一切困难都是纸老虎。在久负盛名的巴斯城中，刚刚结束了一场演唱会的赫歇尔，马不停蹄地赶回家中，连演出服都来不及脱，便立即投入体力劳动，开始研磨反射镜，为透镜抛光。古代炼金师对点石成金的热情都比不上赫歇尔制造望远镜的决心。他把他的家变成了一间实验室，把画室变成了木匠作坊，车床成了卧室里最豪华的家具。赫歇尔下定决心，必须拥有一台望远镜，而且不仅要好，还要无与伦比。皇天不负有心人，赫歇尔制造出了当时世界上最大的一台望远镜。尽管我们常说，赫歇尔是一位天文学家，但作为一位望远镜制造商，他创造出的商业价值也是不可小觑的，所以赫歇尔在望远镜制造领域亦是享誉盛名。当世人开始关注他的那些伟大发现，同时得知他所使用的观测设备均出自他自己之手时，他制造的设备一时间供不应求。据说，他一生制造出了80台大型望远镜和许多小型望远镜。其中的许多台还被外国的皇家成员和权贵人士[①]给买走了。虽未曾听闻这些显贵人士中有人成为知名天文学家，但无论怎么说，他们购买赫歇尔的望远镜时还是出手阔绰的。所以通过售卖望远镜，赫歇尔成为一名收入不菲的科学家。

步入中年之后，赫歇尔逐渐隐退，人们只知道他是一位勤奋的音乐家，不仅在巴斯，甚至在整个英格兰西部都享有盛誉。他只利用空闲时间制造望远镜，而且大部分敬仰于他的音乐造诣的人们并不知道他的这一特殊才能。1774年，赫歇尔第一次通过自制望远镜观测到了夜空的景象。尽管与之后制造的那些相比，这台体积较小，但它也能使赫歇尔立刻感受到作为望远镜制造者的好处。他能通过每一夜的观测情况，不断对望远镜进行改进，有时是增加镜片面积，有时是调整支架或是修正目镜的不足。经过坚持不懈的努力，赫歇尔的制镜工艺也达到了登峰造极的地步，在不断的改进中，他总能将夜空观测的水平提高到更高的层次。他对科学的热情也使他结交了一群志同道合的朋友。他与威廉·沃森爵士的初次

① 摘自查尔斯·皮亚齐·史密斯：《沙俄三城》（第二卷），第164页。“1796年，英王乔治三世将一台由赫歇尔制造的10英尺反射望远镜作为礼物，赠予俄国女皇凯瑟琳。由于女皇陛下想要立即见识这台望远镜的威力，于是她将还在天文学会的罗摩夫斯基请到了当时的皇宫所在地——皇村。礼物被拆开后，凯瑟琳女皇连续8晚不停地观测着月亮以及各式各样的行星和恒星，不仅如此，她还详细了解了本国的天文事业发展现状。随后，罗摩夫斯基当着女皇的面，向她提出了学会搬迁天文台的建议，还详细阐述了天文台搬迁的必要性和若干优点。这位‘北方的塞米勒米斯’‘北极星女神’仔细聆听着每一个细节，并愉快得同意了这一建议。不幸的是，数周后，死神结束了女皇的天文之旅，也阻止了天文台搬迁项目的继续实施。”

相识也被传为一段佳话，而沃森爵士后来也成为赫歇尔最亲密的挚友。当时，赫歇尔正在观测月球上的月坑，随着时间的推移，他不得不把望远镜搬到房前的大街上，才能继续观测。而此时，沃森爵士碰巧路过，他立刻被眼前奇特的场景吸引住了：午夜时分的大街上，一个天文学家正用一台看上去有些古怪的大机器在观测夜空。

由于曾接触过天文知识，沃森爵士停下了脚步，当赫歇尔将视线从望远镜中移开后，威廉爵士问赫歇尔能不能让他也看一眼月亮。赫歇尔欣然同意了这个请求，他还以为在这个繁华热闹的都市中，没有几个人会关心这档子事。很快，两人便互生好感，开始了一段深厚的友谊，这段友情在赫歇尔日后的学术生涯中也结出了丰硕的果实。

终于，时间来到了1781年，这一年见证了赫歇尔的伟大实验成果。经过7年天文观测的磨砺，赫歇尔成功研制出一台新型望远镜，尽管尺寸比之后制造的那些要小一些，但这台望远镜却拥有出色的光学效能。赫歇尔就是借助这台望远镜，开启了一系列井然有序的观测试验。他制订出了详细的计划，准备系统观测在一定亮度范围以上的所有星星。开始这项计划时，赫歇尔似乎并没有特定的观测目标，而且他怎么也想不到这项工作即将取得的巨大成功。在一一筛查的过程中，望远镜对准一颗星，赫歇尔就仔细观察这一颗，然后再对准另一颗，赫歇尔又继续观察那一颗。在这种情况下，望远镜中看到的每颗星都只是一个小光点，星星本身的光亮度将直接决定对应光点是明是暗。当然，这些光点还会反映出星星的颜色，但却无法准确显示出它们的可视尺寸或形状。实际上，望远镜的精准度越高，所呈现的星星图像就越小。

赫歇尔究竟在这一系列实验中检测过多少颗星星，我们已无从得知。但无论如何，在1781年3月13日那个值得铭记的夜晚，他正在按照自己的进度安排，观测双子座的群星。他就这样逐一观测，逐一通过。然而，一个不同于其他星星的星体终于出现在了赫歇尔的视野中。那不仅仅是一个光点，它还有一个极小的、但清晰可辨的星盘。但要补充的是，我们所谓的清晰可辨，唯独只在赫歇尔的强大的望远镜中才是如此。其他天文学家们此前也看到过这个星体，在这位巴斯音乐家用自制望远镜观测到它之前，天文学家们曾不少于19次地观测过这颗星体的位置，但以前的观测者使用的都是低倍率的小型子午仪。在赫歇尔公布这一发现后，许多优秀的观测者在赫歇尔的指导下，使用先进的设备进行观测，无人不被这位伟大的天文学家敏锐的观察力所折服，这种敏锐的观察力使赫歇尔只一眼便看出了那颗星体与恒星的区别。

如果它不是恒星，又会是什么呢？要回答这一问题，首先就需要对这一星体进行持续的观测。赫歇尔就是这么做的，他连续数晚对其进行观测，并很快又发现了这个星体与一般恒星的另一个本质区别。恒星的特征是位置恒定不变，但这个星体却并非如此，每一晚，它与其他恒星之间的相对位置都在变化。无疑，这个星体一定是太阳系的成员之一，又一个有趣的发现诞生了。但直到数月之后，赫歇尔才真正意识到这一发现的重大意义。他当时并没有意识到，自己发现的是另一个在土星之外绕日公转的大行星，起初他以为那只是一颗彗星。当然，这个星体看上去肯定不像一颗拖着彗尾的大彗星。它的图像也许与某些彗星在望远镜中的图像有几分相似，以至于赫歇尔才会做出如此推测，而他对外也是宣称该星体可能是彗星。但在这颗星体的真面目被揭开之前，人们总是需要一些时间来证实。它会沿着轨道运行一段距离，这期间人们需要准确测出其在不同时刻的不同位置，这样数学家们才能计算出该星体的轨道数据。不过，一旦人们的注意力都被转移到这颗星体上来，越来越多的天文学家们就都会加入观测者的行列。然后这些观测数据就被交到数学家们的手中，结果显示，这个星体不是彗星，但它像其他行星一样，在一个近似圆形的轨道上绕太阳公转，并且其轨道在土星轨道以外数百万英里的地方，而之前人们一直以为土星轨道就是太阳系的边界。

这一伟大发现的意义绝非言过其实。其他的5颗行星从古代起就已经为人所知，并且在适宜的观测时节中，人们用肉眼就能看见它们闪烁在夜空之中。但现在人们却发现，在这些行星轨道以外很远的地方，还有一颗明亮的行星，它的体积不仅大于水星、火星，还大于金星，甚至远大于地球，仅次于木星和土星。这个明亮的新成员距离我们十分遥远，以至于尽管它有着不小的体积，但只有在极少数情况下，才能用肉眼勉强看到这颗看上去极小的小星星。这个大星体需要在其巨型轨道上运行84年才能完成一次公转，轨道直径约为36亿英里。

尽管天文史就是一部光辉的发现史，记录着哥白尼和开普勒的理论贡献，伽利略的望远镜的发明，牛顿的伟大定理，光行差的探索与发现以及其他许许多多人类智慧的结晶，但巴斯八角教堂风琴手的这一发现，却拥有着与众不同的地位。在此之前，那些与地球同处于太阳系的其他星体，有关它们被发现的情况从未有过任何历史记录。早期的那些行星肯定是被某个人发现的，但我们对当时情况的了解甚至与对太阳或月亮的发现情况相差无几，这些发现几乎都出现在史前时期。但现在，我们第一次记录下一颗行星的发现过程，这颗行星与地球一样绕日公转，而且可能与地球一样，也是一个有生命体存在的星球。这一发现的独特性立刻引来了整个科学界的目光。这位来自巴斯的音乐大师，一位默默无闻的天文学家，迅速跻身于一众科学巨匠的前列。人们开始对这位不知名的科学家的一切都充满好奇。赫歇尔——这个在当时的英国人耳中并不熟悉的名字，出现在了所有的期刊杂志上，还有一份有趣的清单一直保留至今，上面记录着“赫歇尔”这个名字被拼错的次数。不同学科领域的专业人士都在这个值得铭记的时刻纷纷表达他们的敬意。

汉诺威音乐家的这一伟大发现很快就传到了乔治三世的耳朵里，于是他将赫歇尔请到皇宫中，也许国王想要听发现者亲口讲述他的重大发现。赫歇尔带了一台自制望远镜和一张太阳系的行星图，这样他就能向国王准确指出他所发现的天王星的位置。国王饶有兴致地听着赫歇尔的介绍，同时对赫歇尔本人也充满了好奇。那台望远镜被安置在了温莎宫，国王在赫歇尔的指导下，用它观测到了土星和其他著名星体。据说，第二天皇宫里的女士们都缠着赫歇尔，她们也想见识一下那个让国王欣喜不已的景象。于是那台望远镜又被转移到了王后的某间寝殿的窗前，但夜幕降临之后，天空却布满了乌云，一颗星星都看不见。这种情况可以说是赫歇尔和其他天文学家最常见、却也最不愿见到的。但并不是所有天文学家都能像赫歇尔一样，提前做好万全的准备，巧妙地摆脱尴尬处境。赫歇尔将“授课内容”临时改为向皇宫里的女士们讲解望远镜的构造。他讲解了镜片的光学原理，以及这些镜片的制作抛光过程。后来，当赫歇尔发现这些云层根本无法散去之后，他便提议，既然无法让她们看到真正的土星，他就打算给她们展示一个最逼真的仿制土星。女士们接受了这一提议，于是赫歇尔将镜筒从夜空移开，转而对准远处花园里的一面墙。女士们向目镜中一看，果然看到了土星，不仅有土星的圆形球体，连它周围的土星环系统也都格外逼真，赫歇尔说，即使是经验丰富的天文学家都可能被这一逼真的画面给骗了。原来，白天的时候，赫歇尔就预测到夜晚的星空很可能会被乌云遮蔽，于是他提前准备了一套应急预案，在一块硬纸板上割下了一个土星形状的洞，然后将这块板子靠着远处花园的围墙放着，后面再摆上一盏灯，这样一开灯纸板就能被照亮了。

这次温莎之行对赫歇尔以及整个科学界都带来了许多重大影响。由于对赫歇尔青睐有加，国王甚至提出要特别任命其为温莎宫的皇家天文学家。国王承担所有大型望远镜的制造费用，同时还给赫歇尔发放每年200英镑的年薪，不得不承认的是，这一年薪刚刚能够满足一个普通天文学家的日常开销。这些细小之事赫歇尔只在他的挚友沃森爵士面前提起，结果沃森爵士当场惊呼，“国王的恩典从未如此吝啬！”其他人若有问起，赫歇尔便只说国王负责他的一切衣食住行。接受这个职位，对这位伟大的天文学家来说无疑跨出了一大步。他立即舍弃了他的音乐事业，要知道，这份事业如今能给他带来不菲的收入，但他心意已决。赫歇尔明白，他对天文事业投入的执着和热情即将为他带来一系列值得铭记的学术成果。他一直深信，上帝赋予他的天赋使他注定要沿着这条路走下去，这是他不可推卸的责任。他已人到中年，青春不再，对于一个还要完成终身事业的人来说，每时每刻都显得尤为珍贵。于是他迅速从一切纷扰的杂事中抽身出来：他的学生和音乐会，他在巴斯的一切人情往来，全部被抛却。他欣然接受了国王的任命，在一两次搬迁之后，终于定居在了温莎附近的斯劳。

我们的确可以说，与天王星的发现有关的最重大的事件，就是发掘出赫歇尔那无人能敌的观测能力。即使没有赫歇尔，天王星也迟早会被发现，我们也依然能了解天王星的发现史。对科学界来说最重要的是，要让赫歇尔摆脱了普通教授的职称，让他从诸多使其分心的杂事中抽身出来，让他的天赋得到充分的施展。天王星的发现成功做到了这一点，并使赫歇尔的余生都奉献给了天文事业①。

天王星距离我们十分遥远，因此即使是最先进的现代望远镜，也无法呈现出一张清晰的天王星图像。正如赫歇尔所看到的一样，我们可以看到天王星的星盘，通过测量盘面的大小，我们得出天王星的直径约为31700英里。这一数字约为地球直径的4倍，由此可得，天王星的体积约为地球体积的64倍。我们发现，天王星与其他大行星类似，它的组成物质似乎也比地球的要轻得多，所以虽然它的体积是地球的64倍，但重量却仅为地球的15倍。若相信太阳系的行星间都具有相似性，那我们就确信天王星必定也会绕轴自转。对于一个表面看起来又小又暗的星体来说，我们很难用常规方法来观测它的自转，从而无法得知其自转周期②。但分光镜实验表明，天王星被一层厚厚的大气层包裹，且该大气层中所含气体与地球大气中的不同。

不过，对于那些拥有超大尺寸和超高精准度的望远镜的天文学家来说，天王星还有一个特点，能给他们带来许多有趣的研究课题。天王星有一个卫星系统，其中一些卫星表明极暗，需要极其仔细的观测才能发现它们。这些卫星的发现也是赫歇尔任职后的若干成就之一。然而，即使是有着超常观测能力和严谨态度的赫歇尔，在观测这些小卫星时也难保不出差错。

有些亮点赫歇尔以为是卫星，但如今看来可能只是更遥远的一些恒星，只不过恰好进入了视野范围。那时，已知的天王星卫星共有4颗③，它们的运行规律还有待于更进一步的望远镜观测。这4颗卫星的名字分别是艾瑞尔（天卫一）、乌姆伯里厄尔（天卫二）、泰坦尼亚（天卫三）和欧贝隆（天卫四）。以天王星为起

① 详见霍尔登教授：《威廉·赫歇尔爵士，他的人生和事业》。

② 天王星的自转周期约为 17.2 小时。

③ 目前已知的天王星卫星有 27 颗，大部分是在太空时代通过探测器发现的。

点，由内向外的第一颗是艾瑞尔，公转周期为2天12小时；最远的欧贝隆，公转周期为13天11小时。

根据开普勒定律，卫星绕主星公转的轨道，与主星绕太阳的轨道一样，都是椭圆形。但这些椭圆轨道的偏心率却大小各异，有的可能近似于圆，有的可能就是标准圆形，还有的可能与圆的偏差极大。总体来说，行星轨道都是近似于圆形的，但我们还没有发现标准圆形的行星轨道。目前已知的最接近于圆形的轨道，就是天王星的卫星绕其主星公转的轨道。我们的意思并非是指它们的轨道就是标准的圆形，而是我们的望远镜在这些轨道上测不到任何的偏心率。另一个有趣的现象是，天王星所有卫星的轨道都处于同一平面内。无论是那些绕日公转的大行星，还是绕主星公转的卫星，都做不到这一点。不过，天王星星系最大的特点就在于这个平面所处的方位。这一独特奇观就像土星环一样，在太阳系可以说是独一无二的。我们曾在前文中提到，地球绕太阳公转的平面与所有其他大行星绕日公转的平面几乎是重合的。从更大范围来说，尽管有些小行星的轨道与地球轨道间存在一定的倾斜角度，但总体来说，地球轨道与所有小行星轨道也几乎是重合的。月球公转轨道也与所有行星公转轨道十分接近，此外，土星卫星和木星卫星，甚至是发现较晚的火星卫星，它们的公转轨道也都无一例外地符合这条规律。整个太阳系——至少就目前发现的这些大行星而言——我们将所有轨道都挤压到同一平面上，它们的形状不会发生太大变化。但凡事总有例外。天王星卫星的公转平面与所有其他星体轨道平面之间就存在很大夹角，实际上，天王星卫星的轨道平面几乎垂直于天王星的轨道平面。我们暂时还不能很好地解释这一现象产生的原因。但显然，在天王星星系刚刚形成的初期，它肯定受到了某种极不寻常的、且仅作用于局部的外界影响。

[今日科学说] 天王星的自转轴也是太阳系内特立独行的存在，其他的行星的自转轴大致与黄道面垂直，而天王星的自转轴几乎位于黄道面内，也就是说天王星其实是“躺着”自转的。那时的主流猜想是在太阳系形成时，一颗与地球大

小相仿的天体与天王星相撞，导致其自转轴出现变化。然而计算机模拟显示在这样的情况下，天王星的卫星系统无法“跟上”这一突变：这些卫星不会形成现在观测到的顺行且围绕天王星赤道面的轨道。天王星的现状有可能是由于多次撞击导致的，这样可以解释得通卫星们仍能维持它们的轨道。但目前学界认为类似的撞击在外太阳系是罕见的，这一结果可能迫使天文学家要重新思考太阳系形成理论的一些细节。

1781年天王星被发现后不久，人们已经获得了足够的观测数据，可以测算出天王星轨道的相关数据了。一旦确定了天王星的轨道信息，我们就能仅凭数学计算，知道过去某个时刻它的运行位置，也能预测它在未来任一时刻的方位。人们由此还产生了一个有趣的疑问，在赫歇尔真正发现天王星之前，其他观测者们曾在多少年前就已经观测到它的存在。天王星看上去像一颗六等星。此前，没有几位天文学家能像赫歇尔一样，拥有那么高清晰度的望远镜，而能拥有赫歇尔那么敏锐的观测能力的则更是凤毛麟角。因此，我们只能这样推测，即使之前真的有人曾观测到天王星，他们也很可能只将其记录为一颗恒星，在普通望远镜下，它可能就是一颗明亮的星星，与其他数千颗看上去差不多的星星一样，无法引起人们特别的关注。许多早期天文学家花费了毕生的心血，用于编纂用途广泛的恒星表。在恒星表的编制过程中，天文学家们将望远镜对准星空，然后每观测一颗恒星，便详细记录下它的位置和亮度，这样，恒星表就被逐步编辑成册，其中如实记载着每一颗恒星的具体方位，以便日后进行辨识。从天文学诞生至今，成百上千的恒星在不同的时空里就被这样一一记录了下来。于是就有人提议说，既然天王星看起来与恒星十分相似，且亮度较高，既使用普通望远镜观测也能注意到它，那么很可能前人已经观测过它，并且将其作为一颗恒星列入了那些年代较早的星图中。这一观点的确值得推敲，而且它与我们下一章将要介绍的不朽发现有着重大联系。但我们要如何查阅这些星图呢？天王星一直处于不断运行之中，这样的查阅过程包含的不确定因素会不会太多？让我们先来介绍一个典型案例。

格林尼治的国家天文台始建于1675年，作为第一位皇家天文学家——著名的弗兰斯蒂德，于1676年开始了对天体的系列观测，这一系列观测一直延续至19世纪，并为科学发展带来了无数裨益。一开始他们使用的设备都是较为简陋的，但经过几年的努力，弗兰斯蒂德成功提升了设备性能，使其能服务于恒星表的编制，而他本人也怀着极大的热情，全身心投入到这项事业中去。正是在这项伟大工程期间，弗兰斯蒂德的《不列颠天图》编纂完成，该书也是最早记有天王星观测的书籍。书中首先提到，这颗星体的轨道与其他大行星轨道相似，都与黄道之间存在较小的夹角。这样一来，我们就能一直沿着黄道找到它的踪迹，还能计算出它每年所处的具体方位。我们发现，1690年当天王星位于黄道的某一位置时，弗兰斯蒂德在当天也进行了观测。于是我们自然而然地找来了弗兰斯蒂德当天的观测记录，看看是否有哪颗所谓的恒星正是天王星。《不列颠天图》中有这样一颗星体，它的位置与天王星当天所处的位置完全一致，这颗星会是天王星吗？人们立即进行了验证，他们将望远镜对准那个弗兰斯蒂德发现了一颗六等星的位置。如果那真的是颗恒星，我们必定还能在原处看到它。可结果是：我们没有发现任何类似的恒星，这说明那颗星无疑就是天王星了。紧接着，其他验证结果也陆续出炉。这些结果表明，布拉德雷和托拜厄斯·梅耶尔都曾观测到天王星，而且显然，弗兰斯蒂德不止一次观测到天王星，实际上他分别于1712年和1715年前后4次测算过天王星的准确位置。可即便这样，弗兰斯蒂德还是与如此近在咫尺的发现擦肩而过了。他显然是形成了思维定式，认为所有的观测都与恒星有关。更令人印象深刻的是，勒莫尼耶曾先后12次观测到天王星，甚至于1769年1月间连续4晚都对其进行了记录。如果勒莫尼耶能够仔细检查他的记录，如果他能仔细观察（他本该如此），就会发现，昨天看到的那颗星今天已消失不见，而今天还能看到的那颗明天又不知去了哪里，若真能如此，勒莫尼耶就能赶在赫歇尔之前发现天王星了。此后，勒莫尼耶会向赫歇尔一样，不辱使命继续钻研天文知识吗？这个问题似乎没人能给出答案，但笔者认为，勒莫尼耶没有比对观测数据[①]，这对科学界来说绝对是一大幸事。那些与笔者一样，坚信赫歇尔是实至名归的天文学家的人们，一定也会认同这一观点。

这些偶然得来的天王星的早期观测数据，并不仅仅是为了作为历史见证或满足人们的好奇心。只需稍做解释，大家就能理解它们对于天文学自身的重大意义。

要知道，天王星沿其巨型轨道绕日一周所需的时间不少于84年。自被发现以来，天王星已经完成了一次完整的公转，直至今日（1900年），它又运行了不少于三分之一个周期。行星轨道的研究，需要尽可能多的测量数据，时间跨度也要尽可能的大。此时，早期的天王星观测数据就能发挥作用了。当我们再在星图中遇到天王星时，准确的轨道数据就能够提供天王星的位置，从而让我们从星图中将它识别出来。这样我们就能找到之前发现天王星的那些观测记录，从而查询到天王星的准确位置。因此，我们掌握的天王星数据就不仅限于一个多公转周期之内的了，而是能得到远超于两个公转周期以上的天王星数据。

通过对天王星的观测，我们也能获得其相关的椭圆轨道信息。我们既可以从天王星被发现之后的观测数据中获取其轨道数据，也能借助其被发现之前的那些数据进行计算。如果开普勒定律准确无误的话，那么如今的天王星轨道与被发现前的天王星轨道，或其他任一时期的轨道，都应该是完全相同的。我们可通过一个有趣的方法来验证这个观点，将通过早期观测得出的椭圆轨道与通过现代观测计算出的进行比较。这些轨道十分相似，几乎是一模一样的，但重要的是，即使排除了各种已知的干扰项（具体原理我们将在下一章进行介绍）可能带来的误差，这些轨道仍并非完全一样。在天王星这里，开普勒定律好像也并非绝对准确。这里的确存在一个不容忽视的问题。我们不是反复强调开普勒定律在行星运动方面的普适性吗？那对于这一定理与天王星不规则运动之间的矛盾，我们又该做何解释呢？

① 布瓦尔曾向阿拉戈展示过勒莫尼耶的观测记录，这些数据都被勒莫尼耶写在了一个装满荞发粉的纸袋上，阿拉戈直言："勒莫尼耶的观测记录简直就是鬼画符。"

让我们再进一步思考这个问题。我们知道，开普勒定律是万有引力定律的产物；我们也知道，行星是在太阳引力的作用下沿椭圆轨道绕日公转；我们还知道，如果在太阳与行星间的相互引力不变，且没有其他外力干扰的情况下，行星的椭圆轨道将永远保持不变。我们还能计算出每一颗已知行星对其轨道的形状和位置究竟能产生多大影响。但即使所有外部影响在计算时都留有修正的余地，我们观测到的轨道数据与计算得出的仍无法完全一致。结论是显而易见的，天王星的运动，不仅受到太阳和其他内层行星的引力影响，除已知因素外，肯定还有其他外力也作用于天王星之上。这一话题我们将在下一个章节中进行深入探讨。

[今日科学说] 天王星的大气中含量最高的是氢，其次是氦，排第三位的是甲烷。天王星的大气层相当寒冷，最低温度只有零下224摄氏度。和土星一样，天王星也有属于自己的光环，1977年，天文学家在观测天王星掩星的过程中发现了环绕天王星的光环系统。他们发现恒星被遮蔽前后，恒星都曾经短暂地消失了五次。天王星是继土星后第二颗确认有光环的行星。天王星的环与土星的环有很大的不同。土星的光环明亮而宽阔，光环之间的空隙相对狭窄；天王星环则正好相反，天王星的光环暗淡且狭窄，相互间的间隔很宽。大部分的天王星环的宽度还不到10千米，而环与环之间的距离则从数百千米到数千千米不等。

目前尚未有针对天王星的探测计划，旅行者2号是唯一一个近距离飞掠天王星的探测器。1986年1月24日，旅行者2号距离天王星最近，和天王星的云层顶部距离约8万千米。旅行者2号发现了天王星的10颗卫星，并探测了天王星的寒冷大气层和环，同时发现了两圈新的光环。

第十五章

海王星——蓝色的世界

- 海王星的发现
- 一项数学成就
- 太阳引力
- 所有星体互有引力
- 木星和土星
- 行星摄动
- 三体
- 大自然帮助我们简化难题
- 近似答案
- 成功的根源
- 地球的问题
- 拉格朗日的发现
- 偏心率
- 所有行星同向运动的必要性
- 拉格朗日的发现在戏剧性和趣味性上不如那些更现代的成就
- 天王星的轨道变化
- 那颗未知行星一定在天王星轨道外运行
- 相关数据
- 勒威耶和亚当斯都研究过该问题
- 亚当斯指出了该行星的位置
- 如何进行搜寻
- 勒威耶也解决了这一问题
- 通过望远镜发现了该行星
- 反对意见
- 海工星的早期观测
- 海王星望远镜观测研究的难点
- 海工星的若干轨道数据
- 海工星外还有其他行星吗?
- 水星和海王星的比较

本章将要介绍的伟大发现，可以说是寻遍整个科学史，都找不出能与之媲美的了。我们要谈论的也并不属于实用天文学的学术知识。海王星的初次发现得益于深奥的数学研究，而非仔细的望远镜观测。只有极为详细地讲述每一个细节，才能体现科学史上这一灿烂篇章的重要性。因此在开始阐述之前，让我们将本章的主题放一放，先来介绍一个略显深奥但趣味无穷的天文学分支学科，这一学科我们在之前很少提及。

在整个太阳系中，太阳的引力主导一切。太阳系的每一颗行星都受其引力作用，且在这种引力作用下沿椭圆轨道绕日公转。物体具有的引力大小与其质量之间存在直接关联。太阳的质量是木星质量的1000多倍，而木星的质量又超过太阳系所有行星质量的总和，因此太阳的引力对太阳系所有行星的运动起着最主导的作用。然而，万有引力定律并非只限于太阳对所有行星具有引力，它的使用范围更广，它表明宇宙中的所有星体之间都存在相互的引力作用。依据万有引力定律，每一颗行星受到的引力作用，不仅来源于太阳，也来源于无数其他星体，因此行星运动受到的是所有这些引力的共同作用。其他恒星对太阳系的影响甚微，因此可忽略不计。这些恒星无疑都是巨大的天体，它们的体积很可能远超太阳，但由万有引力定律可得，引力的大小与距离的平方成反比，距离越长，引力就越小。大部分恒星与我们之间的距离约为地日距离的100万倍，因此它们的引力作用极其微小，在此可忽略不计。我们唯一需要考虑的，是太阳系内星体间的相互引力。就以太阳系最大的两颗行星——木星和土星为例。它们的运动主要受太阳引力的作用，但它们对其他星体也具有引力作用，结果就是，它们的位置会稍稍偏离仅受太阳引力时的位置。用天文学的术语说，就是土星引力使木星轨道受到摄动；相反，木星引力也使土星轨道受到摄动。

多年来，这些不规则的行星运动给天文学家们制造了不少难题。不过，这些难题都逐渐被一一攻破，尽管有少数仍未被破解，但科学家们还是成功解答了大部分的重大问题。而我们要谈论的主题却是天文学家不得不面对的最大难题之一：计算某颗行星作用于另一颗行星的引力大小。具体的计算过程中会出现各种各样难以想象的难点，只有拥有最超群的高等数学思维才能将其一一化解。现在就让我们来看看这个问题究竟难在何处。

当两个星体在相互引力作用下运动时，它们的运转轨道就可以被准确测量出来。事实上，这两条轨道都是椭圆形的，且它们有一个共同焦点，若将这两个星体视为一个整体，那么该焦点就位于整体的质心上。如果两个星体一个是太阳另一个是行星，那么由于太阳的重量远超行星，二者的质心会与太阳的质心十分接近，而太阳的轨道相比于行星轨道又很小。此时，这两个星体的所有数据的计算都属于基础运算，都可以得到准确的数值。但倘若再加入第三个星体，使它与前面两个星体之间产生相互引力。在这种引力下，第三个星体会发生位移，而它对另两个星体的引力大小也会随之变化；接着另两个星体对它的引力又会发生相应变化，这些作用与反作用使三个星体间产生一系列复杂烦琐的联系。这就是著名的“三体问题”，自牛顿时代以来，几乎所有的数学家都曾关注过这一问题。如果从纯数学的角度来阐述，同时删除那些简化条件，保持其最原始的复杂性，可以说，这一问题几乎是无解的。数学家们对测算宇宙中自由运动的三个星体间的相互引力值也是难如登天。如果星体数量大于三个，或者说与太阳系的实际情况相同，那么想要解答这一问题的希望就更加渺茫了。

然而，大自然在这个问题上帮了我们大忙。的确，她给我们出了一道无法准确回答的难题，但她赋予了太阳系某些显著特征，极大地降低了这一问题的难度。我们依然无法给出一个“数学家式”的缜密答案，也无法提供精确完整的计算数值。尽管我们的答案无法做到绝对精准，但它还是相对准确的。我们的答案都是近似于准确值，我们能算出一个星体作用于另一个星体上的引力的近似值，并且经过不懈的努力，还能将误差控制在可接受的范围之内。这样一来，我们在这一问题上就有了切实的方案，所得数据也能满足一切科学研究的需要。这一方案无法为我们提供行星位置的准确数值。但我们得出的近似值与实际位置之间的差异是望远镜所无法观测出来的，若能确定这一差异的具体数值，那么所需的一切数值就都能被计算出来。之所以能避开那些无法化解的难点，找到解题方法的原因就在于，三体问题应用于太阳系时会呈现出若干特点。首先，由于太阳的质量远大于其他行星，所以许多相关因素都可以忽略不计，如果存在质量与太阳相当的行星，那么这些因素意义重大，根本不可忽略。成功解题的另一个原因在于，这些行星轨道间的夹角都不大，同时这些轨道又都是近似于圆形的，这一点也极大地简化了我们的工作。其他星球上的数学家们可就没有这么好的待遇了。我们在许多其他恒星系中发现，在那里想要解决三体或多体问题，根本不存在我们太阳系所拥有的那些便利条件。就以猎户座θ的疏散星团为例，当中有三四个大小相当的星体，这些星体间必然会产生十分复杂的运动。即使我们地球上的数学家们能以坚持不懈的态度，直面一切困难，但在未来的几十年间，他们仍可能解答不了这一问题。因为这类研究必须以准确的观测数据为支撑，仅凭现有的这些遥远星体的数据还远远不够。

由开普勒定律可知，在不受其他外力干扰的情况下，行星绕日公转可以使其一直保持恒定的气候状态。例如，若只按照开普勒定律的内容，地球今年每一天所处的位置应该与去年同一天的位置完全一致。随着时光的流逝，如果太阳保持不变，那么地球接收到的热量也不变，现有的四季也将永远保持恒定。但是随着人们对行星摄动的了解愈加深入，许多重大问题也随之而来，人们迫切想知道这种摄动会带来什么样的影响。众所周知，地球的轨道并非完全恒定不变，它还受到金星和火星的影响，此外，它必定也受到了太阳系其他所有行星的影响。的确，在1年甚至一个世纪以内，这种影响带来的变化并不明显，地球今天运行的椭圆轨道与100年前的椭圆轨道之间并没有很大区别。但重要的是，我们想知道这种真实存在的微小变化是否不会再持续增大，是否最终会发展到改变我们的气候，甚至达到使万物灭亡的程度。诚然，如果我们不在这一问题上进行深入思考，上述一切很可能就是太阳系的最终命运。地球的轨道位于巨大的木星轨道以内，因此地球会持续受到木星的引力作用，当地球追赶上了木星，来到木星和太阳之间时，它与木星之间的距离相对较近，于是就会被木星引力拉向外侧。那么这种引力会不会使地球逐渐远离太阳，并且在越来越大的轨道上绕日公转呢，这种假设也并非毫无道理。然而，我们不可能仅凭这种简单推测就来给某一力学问题下定论。我们必须用具体的数字来说话，准确评估一切可能干扰结果的因素。这样的论证过程绝非易事。只有拉格朗日和拉普拉斯的出众才华才能做到这一点，这两位对于行星摄动理论的贡献也是天文史上杰出的贡献之一。

在此，我们无法将这两位伟大数学家的论证过程一一展示，因为所有步骤都只能用公式表达，而这些公式对于不熟悉数学研究的人来说是很难理解的。不过幸运的是，拉格朗日和拉普拉斯推导出的最终结果，经过其他数学家的多次验证，已经可以用简单的语言进行概括了。

就以太阳和绕其公转的两颗行星为例。这两颗行星间会产生相互作用，但它们之间的作用力与太阳施加在它们身上的作用力相比，却是很微小的。拉格朗日表示，尽管这两颗行星的椭圆轨道由于受到对方引力的干扰，会发生变化，但这些椭圆轨道有一个特征，是摄动作用永远也无法改变：椭圆的最长轴始终恒定不变，因而行星与太阳的平均距离，即最长轴的一半，也保持不变。这一发现具有出人意料的重大意义。因为它立刻就打消了人们的顾虑，使人们不再担心摄动作用会对太阳系的稳定性造成不良影响。这一发现意味着，尽管地球会受到火星、金星、木星和土星的引力作用，但它与太阳之间的平均距离会永远保持不变，因此，就这一点而言，无论是四季的更迭还是一年的长短都会始终保持不变。

拉格朗日在继续深入研究的过程中发现，平均距离是不会改变了，但我们还需确定的是，这种摄动作用是否会对地球椭圆轨道的偏心率产生影响。可以说，这个问题与前一个问题同样重要。即使地日间平均距离保持不变，但倘若二者间最大距离与最小距离差别过大的话：那么地球在轨道某些位置上就会与太阳十分接近，而在相对位置上则会距离过远。对于地球和所有地球生命的生存而言，这一问题与平均地日距离同等重要。半年酷暑，半年寒冬，这样的热量补偿根本无法满足地球生命的生存条件。于是拉格朗日又立即投入到这一问题的研究中。他又一次破解了所有数学难题，并再次确认太阳系的稳定性将得到永久保障。不过这一次，拉格朗日没有说所有行星轨道的偏心率将保持不变，因为事实并非如此。但通过反复论证可以确定的是，所有行星轨道的偏心率都变化将永远保持在很小的范围内。我们了解到，地球轨道的形状时而膨胀，时而收缩。这个椭圆轨道的最长轴保持不变，但其形状会时而接近圆形，时而又偏向于椭圆。这些形变仅局限于很小的范围之内，所以它们可能会对季节更迭带来一定影响，但并不会危及整个太阳系的稳定，但如果偏心率的变化过大，那么由此产生的影响就另当别论了。后来，拉格朗日再次利用出色的运算技巧，分析出了摄动作用对行星轨道角度的影响。最终结果与偏心率问题的结论类似。若假设行星间的轨道倾角很小，那么由数学演算可知，这些轨道倾角将永远保持在较小范围内。综上所述，行星摄动并不能影响太阳系的稳定性。

只要一想到这些伟大研究的结果能使许多问题都迎刃而解，我们就能更加充分地理解它们的重要性了。假设有这样一个星系，它与我们的太阳系几乎一模一样，只有唯一的一点不同。这个虚拟星系有一个与我们一样的太阳，一样的行星系统甚至是一样的卫星系统。它所有星体的质量、距离以及公转周期都与太阳系一模一样。它的所有轨道位置也与我们的相仿，不过它存在衰亡的可能，而我们的太阳系却没有。有一点我们未曾指出，在太阳系中，所有行星都沿相同方向绕太阳公转。假设虚拟星系不符合这条规律，它的其中一颗行星沿反方向公转。仅凭这一微小变化，整个虚拟星系就可能在行星摄动的作用下面临着被毁灭的危险。据此，我们就明白了所有行星必须沿同一方向绕日公转的必要性。如果行星的公转方向不统一，那太阳系可能在很早以前就已经彻底灭亡了，我们也就无法在这里探讨行星摄动或其他问题了。

拉格朗日——这位杰出的法国数学家的确做出了许多伟大的发现，他的成功也是有目共睹的。20世纪也见证了数学分析法在万有引力定律应用方面的绝对优势。但拉格朗日的发现在戏剧性和趣味性上略逊于勒威耶和亚当斯，他们在天王星以外又发现了海王星，从而进一步拓宽了太阳系的边界。

前文中曾提到，我们在化解天王星的早期观测数据和后期数据之间的差异时，遇到过不少困难。我们也谈到，天王星的轨道经历了一些变化，这说明除太阳引力之外，它还受到了其他外力作用。

那么问题来了，这些外力究竟是什么呢？既然我们已经了解了行星间的相互摄动作用，自然就会联想到，天王星轨道的变化是否由其他行星的引力作用引起的呢？天王星的内侧就是土星，而土星的质量又远大于天王星，那么会不会是土星引力将天王星拉近，从而引起其轨道变化呢？这个问题得交由数学家来回答。他们能计算出土星的引力大小，当然也会发现，土星的确能够使天王星发生位移。

同样，质量较大的木星也会对天王星产生摄动作用，且其引力大小也可以被数学家们计算出来。当所有已知行星对天王星的引力值都被算出来之后，我们也许就会发现，这些引力加在一起足以使天王星的轨道产生不规则变化。然而，事实并非如此。即使将所有干扰源一一排查，仍会发现土星还受到其他外力的干扰，由此可得，一定还有其他未知星体对天王星产生了影响。这一未知星体究竟是什么？它又在哪里？我们可以用类比法来试着解答这些问题。已知的能够影响行星运动的外力因素，似乎只有其他行星的引力，那么天王星是否受到了未知行星的引力作用呢？许多天文学家都提出了这个疑问，他们还列出了这个未知行星应该具备的几个条件。首先，它的轨道应该位于天王星的外侧，因为想要产生足以使天王星轨道发生明显变化的引力，那么这颗行星必须具备较大的体积和重量。如果位于天王星内侧，就一定会十分显眼，必定早就被人类发现了。许多其他证据也表明，如果这颗行星的引力确实引起了天王星轨道的不规则变化，那么它只能在这颗被赫歇尔发现的行星外侧运行。通过与其他行星的类比还可得出，这颗未知行星的轨道虽然一定也是椭圆形，但它与圆形的差异不会太大，同时它的轨道平面也几乎与地球的轨道平面重合。

我们所能掌握的资料，只有天王星在轨道不同位置的具体偏差数值，这也是我们找寻未知行星的唯一线索。我们必须为这颗未知行星反复尝试不同的轨道和重量，使其能够对天王星轨道产生上述影响。比方说，我们先假设在一定距离上有一个虚拟星体，然后再为它的轨道和重量设置具体数值，使这些数值能产生天王星所受到的摄动效果。如果第一次设置的距离过大，就再用一个较小的距离进行尝试，此时的计算结果就会更加接近实际的观测数据。第三次尝试时误差就会进一步缩小，直到最后完全确定该星体的准确距离。我们还能用同样的方法来确定星体的质量。先假设质量为某一数值，然后计算引力大小，如果结果大于实际观测数据，则说明假设数值偏大。接着再代入一个较小值重新计算，如此反复多次，就能得到一个满足实际引力大小的行星质量的准确值了。这颗未知行星的其他数据——它的偏心率和自转轴位置，都可以通过类似方法确定下来。最后，我们可以得到一个完全能给天王星带来同样摄动影响的虚拟行星，它的质量和轨道位置都是确定的，并且，与该虚拟行星相比，轨道形状差异过大或重量悬殊的其他任何行星都无法满足实际的观测数据。

这些卓越的计算工程分别由两位天文学家独立进行——一位来自英格兰，另一位来自法国。二人都潜心钻研这一伟大课题，并且都给出了满意的答案。英格兰的科学家们和法国的科学家们都认为这一伟大发现的殊荣应该归本国科学家所有。这一问题从最初被提出到逐渐被破解，前后经历了40年的时间，而在此期间，英法之外的科学界已经对这一荣誉的归属做出了公正裁决，认为两位科学家应该共享这份殊荣，他们分别是剑桥大学的教授——约翰·柯西·亚当斯和巴黎天文台的台长奥本·勒尚·约瑟夫·勒威耶。

1843年，亚当斯在剑桥大学以数学学位考试第一名的成绩获得学位后毕业，此后不久，他便将注意力转移到天王星的摄动问题上，并且仅凭着这些摄动数据，开启了他的寻找未知行星之旅。这项研究可谓长期性与艰巨性并存——它既需要大量烦琐的数字运算，又需要有超常的数学天赋，但最终亚当斯成功克服了一切困难。随着最终答案的逐渐显现，亚当斯发现天王星的摄动完全可以用一颗天外行星的影响来解释，最终，他不仅能确定这颗未知行星的轨道信息，甚至还知道在天空的哪一位置能找到它。由于研究工作已至收尾阶段，亚当斯先生于1845年10月来到了格林尼治，拜访了皇家天文学家——乔治·艾里爵士，并将一份准确反映该未知行星位置的数据资料交到了艾里爵士的手中。如此看来，亚当斯似乎是第一个破解此难题的人，在他克服一切困难成功解题7个月之后，才出现了第二个成功解题的人，而且亚当斯计算出的行星位置与如今测算出的位置间的偏差不超过1度。对于亚当斯和整个英国科学界来说，想要独享这一发现的殊荣，只需用望远镜从上述位置观测到该行星的清晰图像即可。

可能有人会问，为什么这一观测没有立即进行呢？如果40年前，所有的天文台都能像今天一样，拥有详细的星图，他们早就开始着手观测了。但在缺少星图（有关未知行星所在的那片星空的星图也未编制出来）的情况下，搜寻一颗行星无异于大海捞针。有人会说，只要能看到它的星盘不就能找到它了吗？但别忘了，即使是离我们近得多的天王星，它的星盘看上去都如此之小，尽管最终没能从赫歇尔敏锐的观察力中逃脱，但先人们曾20多次看到它却依然忽视了它的存在。这样一来，找到海王星的方法就只剩一个了。就是编制一张邻近星域的星图，然后每晚都将此图与天空中的星星一一比对。在编制星图的繁复工作开始前，那位皇家天文学家认为有必要先对亚当斯先生的研究进行一项重要的初试。亚当斯的研究可以算出天王星不同经度上受到的准确的摄动数值，于是皇家天文学家就问亚当斯，他能否以同样的精准度解释一下天王星距离的远近变化。亚当斯的理论当然可以给出一个满意的答案，但不幸的是，亚当斯对这一问题似乎并不十分重视，所以没有立即回复艾里爵士。这样一来，从亚当斯初次告知研究成果，到真正开始用望远镜系统搜寻未知行星，中间相隔了9个多月的时间。而直到此时，他的任何研究成果都未曾公之于众。亚当斯的所有研究除了皇家天文学家和剑桥大学的查利斯教授以外，再无几人知晓，后来查利斯教授也承担了未知行星搜寻的任务。

与此同时，法国的著名数学家兼天文学家、巴黎天文台的台长——勒威耶，却在阿拉戈的指引下，将注意力转移到了天王星的摄动问题上来。勒威耶详细分析了一切可能的摄动源，他重新计算了所有已知行星的摄动值，但也再一次证明已知行星的摄动作用无法完全解释天王星所受到的影响。于是，在对亚当斯的研究毫不知情的情况下，勒威耶借助数学运算，开始了寻找未知行星的研究。这位法国天文学家的部分研究成果分别于1845年11月和1846年6月1日被公之于众。结果一公布，那位皇家天文学家立刻意识到这与亚当斯的那些研究成果几乎完全一致，二人计算出的行星位置间的差异甚至不到1度！这无疑是一项令人赞叹的成果。这颗未曾被人类观测到的行星，通过数学家精准的运算，仿佛就出现在我们眼前。这两位天文学家在对对方的研究毫不知情的情况下，将这颗未知行星的位置几乎锁定在了同一位置上。这颗新行星的存在似乎已是确凿无疑的事实，接下来就需要实践天文学家们刻不容缓地开展搜寻工作了。1846年6月，皇家天文学家向格林尼治天文台的到访者们宣布，由于勒威耶和亚当斯二人研究结果高度吻合，因此迫切需要立即在邻近星域展开详细的寻星工作。负责管理剑桥诺森伯兰大赤道仪的查利斯教授接受了这项任务，并于1846年7月29日正式开展寻星工作。

查利斯教授采用的搜寻方案十分繁复。他先是找到亚当斯提供的理论位置，由于如此深奥的计算过程可能会产生一些不确定因素，因此查利斯教授划定了很大一块目标区域，该区域位于黄道附近，据估计，未知行星一定会在那出现。接着，查利斯教授决定观测该区域的所有星体，并测算出它们的相对位置。当所有工作结束后，再将这一步骤重复一遍。查利斯教授甚至还考虑过，要将划定范围内的所有星体测算工作重复进行三次。如果未知行星的亮度足够达到查利斯教授设定的星级，那么无疑它将被这一寻星工作所找到。当我们将三次测算的结果进行一一比对后，就会通过该星体与其他恒星间的相对位移将其识别出来。在如此严密的计划之下，这颗未知行星的发现成了情理之中的事——实际上，后来发现，查利斯教授曾不止一次地观测到这颗未知行星，再通过后续对其位置的比对，自然就会分毫不差地将其辨认出来。

在此期间，勒威耶也在相同的研究方向上有条不紊地开展研究工作。首先他坚信这颗卫星一定存在，他不仅预算出该星体的具体位置，甚至还估算出它的实际大小。勒威耶认为这颗行星一定有足够大的体积（尽管它在望远镜中的图像并不大），仅从其星盘大小就能将其与其他星体区分开来。这些精准的预测使我们更加坚信，太阳系中又将诞生另一项伟大发现，所以在1846年9月10日，约翰 • 赫歇尔[①]在给英国学会的信中写道："过去的一年，我们发现了义神星，不仅如此，我

① 约翰 • 赫歇尔是威廉 • 赫歇尔的独子，也是一位天文学家。他写了一本科普书《天文学概要》，于 1849 年出版，堪称为当时的《时间简史》。本书中为了区别其父威廉 • 赫歇尔，我们称其为约翰。

们还有望发现另一颗星体。我们坚信这颗行星的存在，就像哥伦布从西班牙海岸发现了美洲新大陆一样。我们已经基本分析出它的运动规律，其准确度不亚于望远镜观测所得数值。”

这颗行星被发现的伟大时刻很快就来临了。1846年9月18日，勒威耶写信给柏林天文台的加勒博士，信中提到了他测算出的该行星的具体位置，并请求加勒博士据此开展望远镜观测工作。同时，查利斯也接到了类似请求，希望他能针对亚当斯的研究成果进行进一步观测研究。于是，对于同一片星域的望远镜观测工作在柏林和剑桥同时展开。然而，对于柏林天文学家们来说，他们手中拥有着一个查利斯教授当时无法拥有的利器。我们曾在前文中提到，一张精心编纂的星图对于望远镜寻星工作能带来极大的便利。实际上，拥有星图之后唯一要做的，就是将其与星空中的星体一一比对即可。巧合的是，多年以前，柏林科学院已经开始着手准备一系列星图的编制工作。这些星图准确地记录了包括十等星在内的所有星体的位置。这些星图无疑在本次寻星工作中发挥了重大作用，但它们的编制者恐怕难以料到，自己数十年如一日的枯燥的编纂工作能给这个伟大发现带来如此大的便利。出版社认为这种长期的研究成果适宜采用分期连载的方式进行出版，因此，当星图编制彻底完成后，出版社已将其一张张陆续出版发行了。而巧合的是，就在勒威耶有了新发现的消息传到柏林前不久，有关待搜寻星域的星图刚刚结束了编纂和印刷工作。

9月23日，勒威耶的信终于被交到了柏林的加勒博士手中。当晚的夜空晴朗无云，可以想象，加勒博士是多么迫不及待地将他的望远镜对准那片星空。他按照勒威耶的指引，将望远镜对准指定区域，视野中出现的景象与夜空中其他区域一样，满是闪亮的星星。那位未知行星一定就在其中，于是，加勒博士展开星图，将图中的星星与夜空中的一一比对。随着寻星工作的深入，夜空中的每一个星体都在星图中找到了对应的记载，因此也就被一一排除。终于，一颗八等星——一个明亮的星体，出现在加勒博士的视野中。他翻阅了所有星图，都没有在该位置上找到对应的星体。显然，当时人们编制星图的时候，这颗星体不可能出现在现在的位置上。因此它应该是一颗游星——即行星。但在这种情况下，还是应该谨慎为先，需要先将其他可能性一一排除。例如，它可能的确是颗恒星，但由于某些观测失误，导致它未被制图者敏锐的观察力所捕捉。更有甚者，这颗恒星也许是一颗亮度变化很大的高等星，当时人们在制图的时候，碰巧它的亮度十分微弱，致使制图者未能观测到它。又或者，它可能是一颗在火星和木星间运动的小行星。即使这些可能性都被一一排除，我们仍需证明这个星体的运动完全符合勒威耶推算出的运动速度和运动方向。加勒博士只用了一天时间，便将所有这些疑虑全部打消。第二天夜里，他再次对这个星体进行观测。它的位置的确发生了变化，并且当加勒博士测算出它的运动数据后，发现这些数据与勒威耶事前推测的完全吻合。至此，我们似乎无须再验证其他条件了，加勒博士在柏林还对这颗行星的直径进行了测算，结果表明其数值与勒威耶之前计算出的完全吻合。

有关这一惊人发现的消息立刻传遍了全世界。一时间，勒威耶的名字也被推到了风口浪尖，任何年代、任何国籍的天文学家都无法与之媲美。这一发现诞生的全过程也被人们津津乐道。我们能想象出这样的一幅画面：这位伟大的天文学家伏案数月，他的双眼并非注视着群星，而是紧盯着纸上的算式。他的手中没有望远镜，超群的智慧便是他唯一的工具。他凭借着优秀的数学技巧，佐以日复一日勤劳的付出，熟练地操控着一组组数据。他不断尝试着一套又一套的解答方案。每一次的验证过程都能排除一些假设情况；每一次他都能从中受到启发，找到未来工作的新思路。最后，这位天文学家从一团乱麻中整理出了一些头绪。迷雾逐渐散去，他终于在遥远的星空中找到了那颗未知行星的准确位置，就如同我们亲眼所见一般。他从桌前起身，前去求助一位实践型天文学家。看哪！在他计算出的位置上，那颗行星果然出现了！科学史上从未出现过如此壮举。这是对万有引力定律的一次最成功的证明。此前，牛顿定理确实已经取得了至高无上的地位，但似乎是要将其真理性进一步发扬光大，海王星随后被发现。

一时间，这位法国人似乎将要独享这一伟大发现的荣耀。法国，这个诞生了拉格朗日和拉普拉斯的国度，这个通过其国人卓越的付出，将牛顿定理进一步发扬光大的国度，的确配得上这份殊荣。直到柏林的加勒博士用望远镜观测到这颗行星之前，查利斯的寻星工作从未对外公布，就连作为该寻星工作的基础，亚当斯的那些理论研究也从未被公之于众。当整个法国都在为勒威耶的伟大发现举国欢庆时，约翰却在1846年10月3日出版的《图书馆报》上刊登了一封公开信，信中公布了亚当斯的研究内容，并主张亚当斯应与勒威耶共享这一殊荣。这一主张无疑是公平合理的，且如今已获得了各界权威人士的一致认可。但是不难想象，当时那些嫉妒心作祟的法国学者们，一开始根本不愿认同这一主张。他们优秀的同胞将与另一位名不见经传的外国小伙子一起分享这份无上荣耀，此前根本没人听说过这个人的任何研究，在勒威耶的寻星工作顺利结束前，这个人的相关工作也从未被人所知晓，这些法国学者自然拒绝了这一要求。因此在整个法国，这个为亚当斯申诉的主张从未获得任何认可，随之而来的却是一番激烈的唇枪舌剑。渐渐地，英国天文学家们为他们同胞的申诉获得了认可。的确，亚当斯没有将他的研究成果公之于众，但他将该结果汇报给了本国科学界的最高权威——皇家天文学家。而且剑桥大学的天文学教授——查利斯教授对整件事也十分了解。于是随后，亚当斯的研究成果也被公布了出来，人们发现其结果与勒威耶的一样详细精准。大家还发现，查利斯教授采用的观测方法不仅会成功，而且在一定程度上已经成功了。当加勒博士用望远镜找到了那颗行星的消息一经传出，查利斯便自然而然地回头翻阅自己的记录，看自己是否也曾观测到它的存在。查利斯是在10月1日听说了加勒博士成功观测的消息的，而在那之前，他已经针对这一课题，系统观测了不少于3150颗星体。他很快便在这些星体中发现，有一颗在8月12日的位置与7月30日的不同。而这就是那颗未知行星，倘若当时查利斯有时间比对这些观测数据，他就能发现这颗行星了。事实上，如果查利斯当时立即将这一结果拿出来供大家商讨，那么发现这颗行星的荣耀无疑将完全归属于亚当斯。他也将成为同时通过理论测算和实际观测，证实该行星存在的第一人。还值得一提的是，从另一个角度看，查利斯也险些与海王星的发现失之交臂。勒威耶曾在论文中谈到通过星盘的大小来辨别未知行星的可能性。查利斯就曾尝试过这种方式，且在该行星被发现的消息从柏林传到他的耳中之前，他就已经对勒威耶划定的那片星域进行了观测筛查。共计约300颗星体出现在查利斯的视野中，他在其中选取了一个星盘大小与未知行星差不多的星体，事后证明，他选取的那颗正是海王星。

即使勒威耶和亚当斯当时没有进行研究，遥远的海王星肯定迟早还是会被发现，只不过那样的话，每一位真正热爱科学的人都会为它被发现的方式而感到惋惜。我们时常能听到新的小行星被发现的消息，但是这些发现的重大意义远不及海王星的发现。真正惊险的是，海王星本来可能像天王星或其他小行星一样，仅仅通过普通的天文观测就被发现了。如果真是这样的话，那么理论天文学，这个由牛顿创立的伟大学科，就将失去一次绝佳的实践机会。

实际上，在此之前，海王星差点就以一个十分简单的方式被发现了。当时人们已经收集到足够的观测数据，能够测算出该未知行星的运行路线。这样一来，我们就可以从众多恒星中辨别出该行星的运动轨迹，因此我们需要找到早期天文学家们制作的星表，看其中是否有将海王星误认为是恒星的记录。我们找到了几条相关记录，在此仅就其中一条具有特殊意义的进行简述。我们发现，在1795年5月10日晚，该行星的位置与拉朗德星表中的一颗所谓恒星当天所处的位置十分吻合。通过对星空的进一步观测，我们发现在拉朗德记录的位置上并不存在这样的一颗恒星，所以当时他观测到的无疑正是海王星。在查找拉朗德的原始手稿时，我们发现了一个更为有趣的现象。拉朗德曾分别在5月8日和5月10日晚两次观测到同一颗恒星（他认为那是颗恒星）。每一次他都测量了它的位置，并且都准确记录了下来。但当他在准备编制星表的过程中，发现这颗星体前后两次出现在不同的位置上时，他舍弃掉了早期的观测结果，仅以第二次的结果为准。

倘若拉朗德对自己的观测有足够的信心，他就将做出这个不朽的伟大发现。倘若他能拍着胸脯保证说："5月10日的观测没有任何问题，5月8日的也没问题，我的这两次记录绝对不会有错，我在8日晚看到的那个星体一定是逐渐移动到了10日的位置上。"若果真如此，他无疑将会发现海王星的存在。但如果海王星真的被他以这种方式发现的话，那对自然科学来说将是多大的损失啊！那样的话，海王星的发现就仅仅是对勤奋的观测者的意外奖励，而无法成为人类理论推理令人瞩目的成就之一。

除了简述它的发现过程以外，我们所能介绍的、有关海王星这颗遥远行星的内容并不多。无论是火星还是金星，木星还是土星，我们都能通过望远镜看到它们表面的若干特征，使它们在望远镜下各具特色，但如果我们在天王星表面都无法观测到这些特征的话，又怎么可能期望能在海王星上看到呢？要知道海王星的距离足有天王星的1.5倍。如果能拥有一台放大倍率不错的高级望远镜，确实能看到海王星的星盘，但却无法在星盘上识别出任何地貌特征。因此，我们还无法确定海王星绕轴自转的周期，但由太阳系行星间的相似性可知，海王星一定是会绕轴自转的。海王星直径的测量工作倒是颇有成效，我们测得其直径约为35000英里，是地球直径的4倍多。此外，海王星很可能像木星和土星一样，被一层十分浓密的大气层所包裹，因为它的平均密度仅为地球的五分之一。这颗大行星绕太阳公转的平均距离不小于28亿英里，约为地日平均距离的30倍。尽管公转速度超过3英里每秒，但由于公转距离过长，海王星公转一周所需时间约为165年。自其被首次发现至今，已经过去了50多年，海王星在这期间只完成了公转周期的三分之一，即使从1795年拉朗德第一次真正观测到它算起，它实际运行的路程也仅为整个周期的五分之三。

与地球一样，海王星也只有一颗卫星环绕。海王星被发现后不久，拉塞尔先生便利用一台两英尺的反射望远镜发现了海王星的卫星。海王星卫星的轨道几乎为圆形，其平面与黄道面呈35°夹角，尤其值得一提的是，海王星卫星与天王星的卫星一样，它们的运动方向都与几大行星的运动方向相反。海王星的卫星绕其公转的周期略小于6天。通过对其卫星运动的观测，我们得出海王星的质量约为太阳的一万九千分之一。

由此可知，我们整个行星系统的边界一边是水星、另一边是海王星。水星的发现是史前时代的一项重大成果。早期天文学家，在缺少辅助设备和系统理论知识的情况下，依然能做出如此伟大的发现，对于他们敏锐的观察力和领悟力，我们表示由衷的钦佩。而另一方面，行星系统的外边界——海王星的发现，也受到了世人的瞩目，因为它是完全依靠高深的理论推导而得出的。

尽管我们已经介绍完所有的行星和它们各自的卫星，但在结束太阳系的有关知识前，我们还有两章的内容需要补充。太阳系中还有一些更引人注目的星体，它们既不是行星也不是卫星，但却同样遵循着万有引力定律绕太阳公转。这些星体便是彗星以及稍显逊色的流星。在这些星体的研究过程中，有许多有趣现象，我们将在接下来的两个章节中进行一一介绍。

[今日科学说] 目前我们发现了海王星的14颗卫星。其中最特别也是最早发现的卫星是海卫一。海王星被发现后仅仅17天，英国天文学家威廉·拉塞尔就发现了海卫一。之所以说海王星特别，是因为它位于一个逆行轨道上，即海卫一的轨道公转方向与海王星的自转方向相反，卫星的公转方向与行星的自转方向相反，除了海卫一，太阳系内还有别的例子，比如木星和土星的一些小卫星，以及天王星的三颗卫星，而海王星的特殊之处在于它的个头特别大，与其他逆行卫星的体型格格不入。天文学家推测海卫一是一颗被海王星俘获的天体，在此之前海卫一应该是一颗类似冥王星的柯伊伯带天体，如果没有被海王星俘获，海卫一可以取代冥王星成为柯伊柏带最大的天体。

我们没有在海王星之外再发现其他行星，也没有证据能够表明那里还会存在其他行星。在小行星一章中，我曾提到一种寻找这些星体的方法，即通过将天空中的星体与星表中的进行仔细比对，从而将这些小行星寻找出来。这种方法同样适用于海外行星的寻找。事实上，如果海外行星真的存在的话，那么除了如今被各大天文台反复使用的上述寻星方法外，我们也实在找不到更好的办法了。数百颗小行星的发现就是对那些寻星者们最好的回报。但有一点值得注意，那就是这些小行星都局限于太阳系的某一特定范围内。但人们有时会设想，也许随着时间的流逝，我们会发现海王星的轨道也受到了摄动作用的影响，这些摄动作用也许能使我们发现一颗更遥远的行星，尽管由于距离过远，亮度过暗，我们的望远镜根本无法实际观测到它的存在。不过迄今为止，这样的探测工作还很难在实践天文学领域真正开展。我们无疑已经对该行星的运动进行了详尽的分析，但想通过摄动作用得出一颗更遥远行星存在的结论，还需在更大范围内对其轨道数据进行反复演算①。

[今日科学说]　和天王星一样，目前没有专门针对海王星的探测任务，旅行者2号曾于1989年8月25日造访海王星，这是旅行者2号离开太阳系前近距离接触的最后一颗大型天体。旅行者2号发现了海王星上有大黑斑，这是海王星大气活动剧烈的表现。海王星的风暴被认为是太阳系中最强的，不仅远超地球上的风暴，甚至比木星上的风暴还要强。天文学家认为海王星表面的风速可达每小时2000千米，相当于每秒550米，超过音速。旅行者2号近距离飞掠海王星也给科学家一个难得的精确测量海王星质量的机会，结果显示海王星的质量比过去计算的要低0.5%。过去认为海王星以外可能存在一颗未知行星影响了天王星和海王星的轨道，但更精确的海王星质量数值表明，这种假设是不必要的。

---

① 20世纪初，针对海王星外的行星搜索最终导致了冥王星的发现，冥王星一度被认为是太阳系第九大行星，但现代观测数据显示冥王星的大小与其他八大行星相差甚远，而且不能清空其轨道附近的空间，因此不能将其视为行星，冥王星是柯伊柏带内个头较大的一位成员，被归类为“矮行星”。

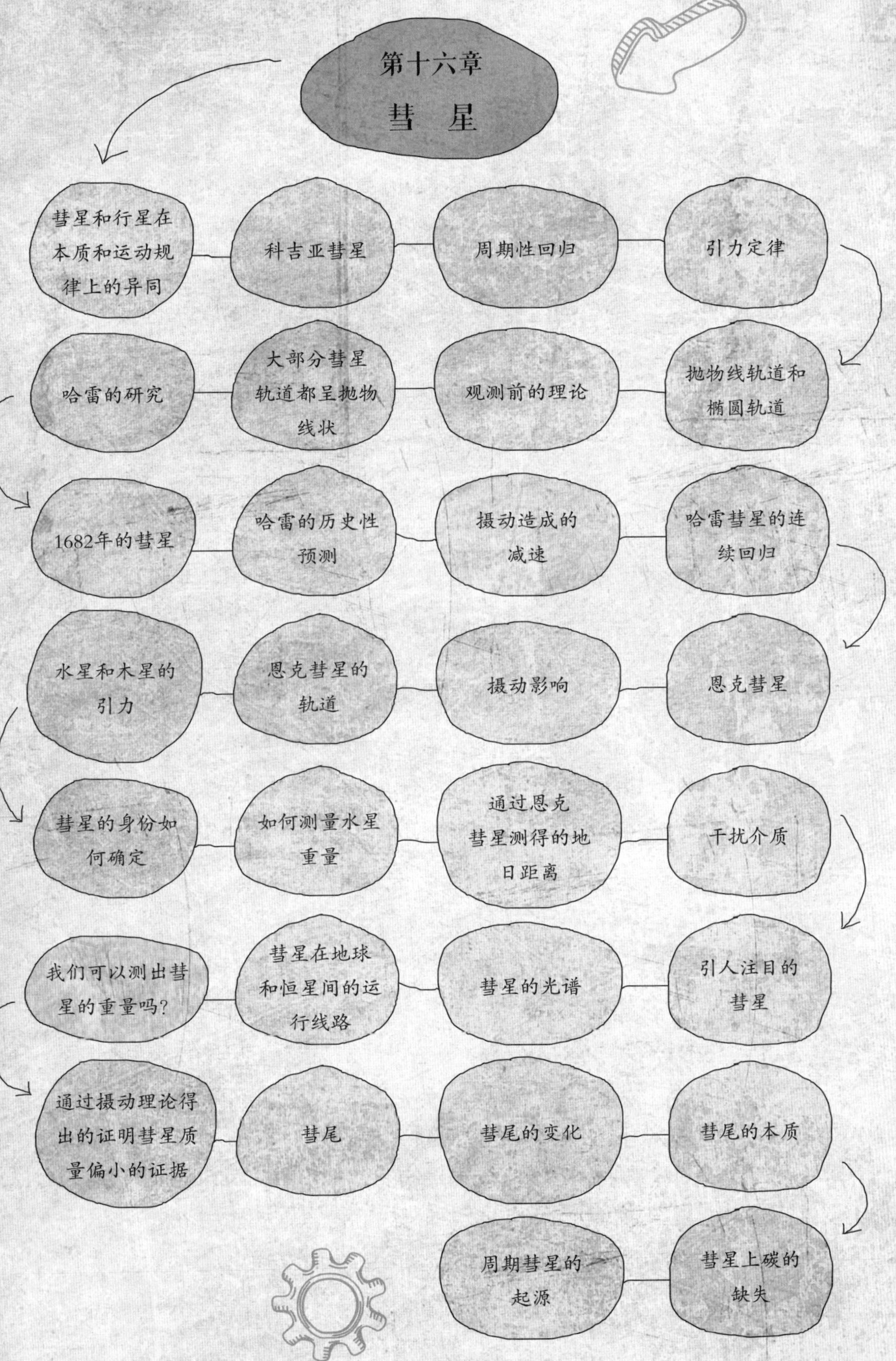
第十六章
彗星
彗星和行星在本质和运动规律上的异同
科吉亚彗星
周期性回归
引力定律
抛物线轨道和椭圆轨道
观测前的理论
大部分彗星轨道都呈抛物线状
哈雷的研究
1682年的彗星
哈雷的历史性预测
摄动造成的减速
哈雷彗星的连续回归
恩克彗星
摄动影响
恩克彗星的轨道
水星和木星的引力
彗星的身份如何确定
如何测量水星重量
通过恩克彗星测得的地日距离
干扰介质
引人注目的彗星
彗星的光谱
彗星在地球和恒星间的运行线路
我们可以测出彗星的重量吗?
通过摄动理论得出的证明彗星质量偏小的证据
彗尾
彗尾的变化
彗尾的本质
彗星上碳的缺失
周期彗星的起源

在前面的章节中，我们分别介绍了太阳、月亮、行星和卫星，我们发现这些天体的形状无一例外都是接近于球状的，且大多由固态物质组成。尽管有些星体的密度远小于地球，但它们的密度仍比仅由气体构成的星体大数百倍之多。但接下来要介绍的这类星体，却有着完全不同的特性。它们并非是重量庞大的球状天体。总体来说，彗星的形状都是极不规则的，而且大部分彗星都是由极其纤薄的物质构成，它们的质量更是极小，目前还无法测出它们质量的具体数值。彗星不仅在结构上有别于行星或太阳系的其他固态星体，它们在运动方式上也与那些按周期运转的行星有所不同。彗星时常会出乎预料地突然出现。有时，它们的体积会在短时间内急剧增大，没过多久，它们又会突然消失，且通常很难再次被观测到。毫无疑问，现代科学已经揭开了许多有关彗星的秘密。我们已经能在很大程度上解释彗星的运动现象，而且对于它们的本质也有了进一步的了解，但不得不承认的是，我们所了解的终究只是有关彗星知识的很小一部分。

让我们先借由高倍折射望远镜下观测到的彗星结构，对彗星的本质进行概述。图82中有两张有趣的图像，它们都是哈佛大学天文台于1874年拍摄到的、那颗大彗星的图像，该彗星被以其发现者科吉亚（Coggia）的名字命名。

图中可以看到彗星的彗发，彗发中那个最亮的部分被称为彗核，而彗核中物质的密度是最大的。彗核周围那一层由发光物质组成的发光层，被称为彗发，彗发的直径从2万英里到100万英里不等，而从彗发中延伸出的就是彗尾。这种形状是最典型的彗星图像，但不同的彗星所呈现出来的结构却是多种多样的。有时找不到彗核，有时又找不到彗尾。那些引人瞩目的大彗星，无疑都有彗尾作为它们最显著的特征，但每年用望远镜观测到的那些小彗星，却大多没有彗尾。不仅不同的彗星有着各异的形态，即使是同一个彗星，它的形态也会发生巨大改变。彗星的体积时而急剧增大，时而急剧减小。有时它拖着巨大的彗尾，有时它的彗尾又会完全消失。想要测量彗星的大小根本就是妄想，即使在观测当晚的数小时内，它的大小都会不断发生变化。事实上，我们根本不可能仅凭外观来识别一颗彗星。但彗星识别问题通常又具有十分重大的意义，因此我们必须在无法凭借外

图82 科吉亚彗星
（分别于1874年6月10日和7月9日被观测到）

观进行识别的情况下，找到其他识别彗星的方法。

众所周知，一些彗星的运动具有周期性。在消失数年后，它可能会再次出现在同一视野中，但之后又会再次消失，进入下一个周期的运动。此时问题就出现了：当彗星再次回归的时候，我们如何将它识别出来呢？彗星的形状、明亮度、有无彗尾、它的大小，这些都是短期特征，根本无法帮助我们识别。不过幸运的是，开普勒归纳的椭圆运动定律能帮助我们准确识别出这些彗星。

当牛顿发现了引力定律，并成功证明行星绕太阳公转的椭圆轨道就是该定律的必然结果之后，他自然又试图用这套理论来解释彗星的运动。在此问题上，牛顿再次取得了巨大的成功。人们曾在1680年12月至1681年3月，观测到一颗引人注目的星体，而牛顿完整地解释了该星体的运动，再一次成功验证了他的理论。

有一种十分优美的曲线，几何学家们称为抛物线。抛物线的形状如下图所示，抛物线就是向某一定点（即焦点）弯曲的一条弧线。这一定义中并未涉及抛物线的几何特性（这些内容可以在数学专著中找到）。而在此书中，我们只着重探讨抛物线和椭圆之间的关联。在前文的某一章中，我们曾介绍过椭圆的画法，还介绍了椭圆的两个焦点。假设现在我们画了一组椭圆，每一个椭圆的焦距都比前一个椭圆的大。若按照这一方法继续画下去，到最后，椭圆的焦距就会远大于每个焦点到弧线的距离，这个椭圆两端的形状就会与抛物线的形状极为相似。我们在图83中可以看到，后面的那条弧线是一个大椭圆的一端，它的另一端一定在很远的地方。

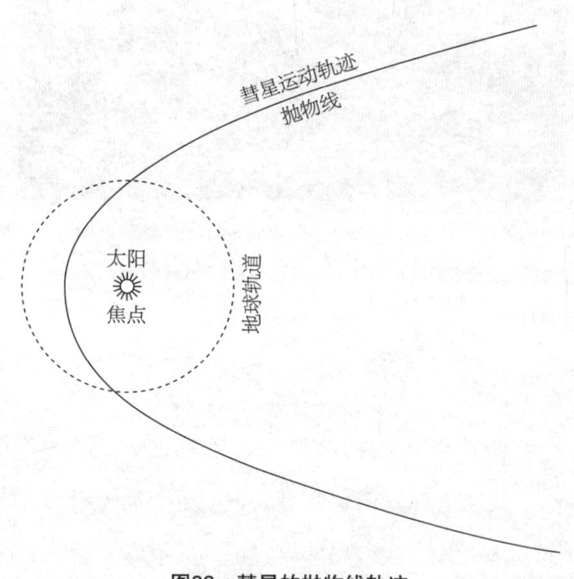

图83 彗星的抛物线轨迹

1681年，萨克森的一位牧师——德费尔证实了当时观测到的一颗大彗星的运动轨迹是一条抛物线，且太阳位于该抛物线的焦点上。牛顿认为，万有引力定律使星体在椭圆轨道上运行，这一特殊轨道相较于那些更为常见的形状的确更为特殊。而这个星体却沿抛物线形的轨道运动，且以太阳为焦点，它先是逐渐靠近太阳，接着绕其旋转，最后再逐渐远离。抛物线运动与椭圆运动间存在一个明显的差异。在椭圆运动中，星体逐渐远离太阳，抵达远日点后，会再次返回，并逐渐向太阳靠近。实际上，这些星体必须在其轨道上进行周而复始的周期运动，正如行星的轨道运动一样。但在真正的抛物线运动中，星体是不会再返回的，要想返回，它必须绕过遥远的另一个焦点，而由于这个焦点的距离十分遥远，该星体根本无法抵达。

因此，抛物线运动的特点可以概括如下：星体先从一个十分遥远的焦点处出发，逐渐朝另一个焦点靠近，然后在绕过该焦点之后，又逐渐退回到那个十分遥远的焦点处，并且永不再返回。当牛顿意识到，这种抛物线运动可能是由于万有引力定律引起之后，他马上联想到（这与德费尔的发现无关，牛顿当时并不知道德费尔的这一发现）彗星的运动也可以用万有引力定律来解释。牛顿明白这些彗星一定是受到太阳引力的作用。他发现彗星的轨迹通常是先突然出现，然后绕太阳运行，再逐渐隐退，且永不再返回。彗星的这一轨迹真的是抛物线运动吗？幸运的是，他手中已经掌握了足够的资料，能够立即验证这一重大问题。他不仅了解了1680年出现的那颗彗星的运动情况，还掌握了许多由天文学家们收集到的其他彗星的观测数据。牛顿凭借着他一贯的机敏睿智，设计出了一个方案，使他能够从已知信息中总结出彗星的运行轨迹。他发现彗星的运行轨迹的确是条抛物线，而且还发现了彗星运行速度的规律，即太阳与彗星间的连线在相同时间内扫过的面积相等。这一事实是对万有引力定律的又一次成功验证。实际上，此次研究可谓是理论先于计算。开普勒通过观测试验得出行星轨道是椭圆形的结论，而牛顿则正好相反，他从结论出发，阐述这一结论是如何由引力定律引起的。但在研究彗星的过程中，人们从未将彗星的这种极不规则的轨道与任何几何形状联系起来，直到后来，牛顿定理表明它们很可能就是抛物线，于是牛顿立即开始了观测试验，以验证通过他的定理得出的上述结论。

大部分彗星的轨道形状与抛物线无异，而拥有这种轨道的星体仅会出现一次。尽管万有引力定律表明，彗星的轨道形状可能是抛物线，但它并非是指彗星轨道只能是这种形状。我们曾指出，抛物线只是椭圆的一种极端类型，只要太阳位于焦点处，且彗星在相同时间内扫过的面积相等，那么彗星沿任何一种类型的椭圆轨道运行，都将完全符合万有引力定律。而如果星体沿椭圆轨道运行，那么它就会返回到太阳周围，我们也能定期看到它的身影。

于是，天文学家们又多了一个有趣的研究领域。不久后，一颗周期彗星的发现，以一种令人震惊的方式，准确地印证了人们对它的预测。著名天文学家哈雷的名字，常与一颗彗星联系在一起，而这颗彗星就是他通过测算发现的。哈雷通过运用牛顿定律，得知彗星的轨道可能是椭圆形之后，就开始了一项繁复的研究工作。他从各种各样的彗星观测记录中，收集了大量可靠的数据信息，使其能相对准确地测算出约24颗大彗星的运行轨道。其中一颗，就是1682年被哈雷所观测到的那颗，他测算出的该彗星的轨道完全与牛顿定律相吻合。随后，哈雷又继续求证，看它是否曾造访过我们的太阳系。为了解答这一问题，哈雷找出了自己详细编制的彗星记录表，他发现这颗彗星无论在外观还是轨道形状上，都与1607年以及1531年观测到的两颗十分相似。这三次观测到的会是同一颗彗星吗？我们只需要假设，这颗彗星的轨道不是抛物线，而是一个两端被极度拉长的椭圆，使其公转周期约为75年或76年。哈雷用了能想到的所有测试方法来验证这一假设，结果发现这三次观测得出的彗星轨道是如此相似，他坚信这种巧合绝非偶然。于是，哈雷决意将这一理论应用于天文史上最著名的一次实验中。他大胆地做出了一次预言，而后人们将有机会见证其真伪。若按照之前观测的结果可知，该彗星的周期为75年或76年，于是哈雷预测该彗星将于1757年或1758年再次回归。但哈雷同时指出，在此期间可能会出现一些干扰因素，导致回归时间的延迟。这颗彗星在途经木星轨道时，将会受到木星较强的摄动作用。综上所述，哈雷认为该彗星的回归时间将被推迟至1758年末或1759年初。

这一预测算得上是天文史上的一次重大历史事件，因为这是人类第一次尝试对一颗彗星的出现进行预测，而此前，人们一直将这种神秘星体的出现视为重大事件将要发生的征兆，认为这些神秘星体的运动毫无规律可循。哈雷自己也意识到这一预测的重大意义。他知道在这颗彗星再次回归之前，自己一定早已离开人世。于是这位伟大的天文学家十分动情地写下了这段话："如果它真的如我所料，在1758年回归，那么公正的后人们，绝不会拒绝承认这是由一位英国人首次发现的。"

随着这一重要时刻的日益临近，天文学家们对这一问题的热情又再度被调动了起来。著名数学家克莱罗凭借着先进的测算方式，重新计算了行星对该彗星的摄动影响。他对行星摄动作用的分析足以表明，该彗星的回归时间在土星和木星的引力作用下，将先后被推迟100天和518天。因此，克莱罗将哈雷的预测进一步细化，最终得出该彗星将于1759年4月中旬抵达近日点，即轨道上距太阳最近的那一点。这位睿智的天文学家（要知道，他生活的年代远早于天王星和海王星被发现的年代）还进一步补充道，该彗星之所以会撤离到距离太阳很远的地方，可能是受到了某种未知外力，甚至是某颗未被发现的遥远行星的影响。于是，克莱罗是这样表述他的预测的：由于这些潜在的可能性，他的计算结果可能存在前后1个月的误差。1758年11月14日，克莱罗将上述预测结果汇报给了科学院。天文学家们的目光立刻汇聚于此，他们很想知道这颗76年前出现的造访者是否会如期回归。他们每晚都在密切地观测着天空中的群星。终于，在1758年圣诞节当晚，人们首次观测到了这颗彗星，第二年3月12日午夜时分，它抵达了近日点，这一时间比克莱罗预测的整整提前一个月，但仍在他划定的潜在误差范围之内。

这次成功的预测进一步证实了万有引力定律的真理性。那次之后，人们又于1835年，在几乎相同的情况下，观测到了哈雷彗星的再度回归。通过对史料的进一步研究，我们发现了许多有关哈雷彗星出现的早期记录。我们甚至还在一份资料中找到在公元前11年有一颗明亮星体出现的记录，而这个星休的出现就是哈雷彗星的一次早期回归。哈雷彗星最著名的一次回归发生于1066年，当时它的出现可以说是万众瞩目。贝叶挂毯上甚至还生动地绘制了它出现时的情景，哈雷彗星的下一次回归预计将发生在1910年①。

① 哈雷彗星先后于 1910 年和 1986 年回归，下一次回归预计发生在 2061 年。

如今，我们已经辨识出了一些沿椭圆轨道运行的彗星，因此这些彗星就可以被称为周期彗星。这些彗星大多需要借助望远镜才能被观测到，这就与明亮耀眼的哈雷彗星形成了鲜明对比。其他大部分周期彗星的周期都比哈雷彗星的短得多。这其中尤其值得关注的是，迄今为止最著名的恩克彗星。

恩克彗星有着令人瞩目的观测史，它曾多次完美印证了万有引力定律。我们所要谈论的，并非仅仅是乏善可陈的行星轨道。行星主要受太阳引力的强力作用而运动，但同时它也会受到来自其他行星的轻微的摄动影响。长久以来，数学家们早已惯于用数学演算来预测这些天体的运动。他们知道太阳引力是如何决定行星的具体位置，也知道如何调整由于其他行星摄动而造成的位置偏差。若被作用星体像彗星一样，沿偏心轨道运动，那么其他行星对其的摄动作用将大大增强。我们常会发现，沿这种轨道运行的星体会运行至十分接近某颗行星轨道的地方，此时这两个星体即使不发生碰撞，也几乎是擦肩而过。在这种情况下，行星的摄动作用就会显著增加，因此我们常会借用比较典型的彗星案例来解释行星摄动理论。

在选定彗星作为标的物后，接下来的问题就是：选哪一颗呢？当然，可供选择的范围并不大。那些偶尔出现，行迹莫测的明亮彗星可以被立即排除。它们显然是首次造访地球的探访者，但渐行渐远之后，我们又根本不知是否还能再见到它们。这类彗星的轨道都呈抛物线形，它们仅唯一一次绕过太阳，之后便退回出发点。只有连续观测到某颗彗星的数次回归过程，我们才能完整计算出作用于该彗星上的摄动作用大小。这样一来，我们的选择范围就仅限于相对较小的周期彗星了。在对这类彗星进行研究之后，我们从中选取了一颗最适合的彗星，这颗彗星就是众所周知的恩克彗星，尽管恩克并非这颗彗星的实际发现者，但这颗彗星是通过他的计算才被发现的，所以因此而得名。在近期开展的研究中，恩克彗星体现出了更大的研究价值，因而更适用于阐述行星摄动理论。

1818年，一位勤勉的天文学家——庞斯，在马赛发现了一颗彗星。不难想象，这颗彗星肯定没有明亮耀眼的外观。它在望远镜下只是一个很小的星体，甚至与那些成千上万散布于天际的微弱的星云无异。不过，这颗彗星与星云最大的区别在于，星云会永远保持在相同位置上，而这颗彗星在其他恒星间会发生相对位移。除发现者外，其他天文学家也观测到了这颗彗星的具体方位，恩克还从观测试验中发现，这颗彗星每隔3年零几个月就会再次回归至太阳附近。这绝对是个振奋人心的发现。在当时，人们还未曾观测到任何周期较短的彗星，因此太阳系的这个新发现吸引着无数人的目光。也有人立刻提问称，既然这颗彗星如此频繁地回归，那么我们是否曾在之前的观测中发现过它的身影呢？我们曾记录过数百颗彗星的出现情况，应该怎样从这么庞大的记录中，找到与庞斯发现的这颗相吻合的呢？

首先，我们肯定无法从彗星图像上对它们进行直观分辨，但幸运的是，我们可以从彗星的另一个特征入手，这一特征不会受其结构形态的变化而改变。星体在宇宙间运行的轨道不会随其结构形态的变化而改变，轨道的形状和位置完全取决于太阳系中其他星体对其的影响，这一点在恩克彗星的问题上表现得尤为突出。图84中绘有3个行星轨道。按照实际比例，它们依次代表：最内层的水星轨道，中间的地球轨道，最外层的木星轨道。

除上述三个轨道外，我们在图中还能看到一个更接近于椭圆形的轨道，它代表的就是恩克彗星的轨道，部分投射在地球的轨道平面上。而太阳则位于该椭圆轨道的一个焦点上。这颗彗星在太阳引力的作用下，只能沿此轨道运行，且需要3年多一点的时间来完成一个周期的运转。当距离太阳最近时，它抵达近日点，该点位于水星轨道内，而当它距离太阳最远时，又与木星轨道十分接近。这一椭圆轨道主要是由于太阳引力的作用而形成的。无论这颗彗星的重量是1盎司、1吨、1000吨还是100万吨，也无论它的直径是几英里或几千英里，这一轨道都将保持不变。我们就是根据这一椭圆轨道的形状、实际大小和所处位置来识别彗星的。人们曾分别于1786年、1795年和1805年观测到这颗彗星，但当时并未发现它的轨道成抛物线形。

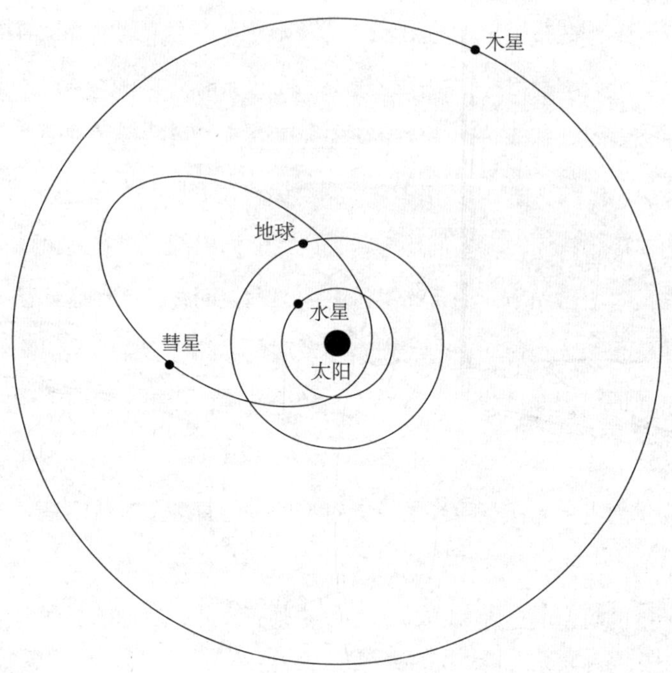

图84　恩克彗星的轨道

恩克彗星常常十分昏暗，因此，即使是世界上功能最强大的望远镜也无法找寻到它的踪迹。在一次周期性出现后，它会逐渐隐退，直至抵达远日点，然后才返回，并再次接近太阳。仿佛阳光的照射能使它重焕生机一般，恩克彗星在太阳的影响下体积开始逐渐增大，而当它运行至轨道的远日时，它与地球间的距离也在逐渐缩短。因此，它的亮度每天都在不断增加，最终，由于亮度的增加以及与地球间距离的缩短，恩克彗星终于进入望远镜的视野中。我们可以预测恩克彗星下次出现的时间，也知道应将望远镜对准天空中的哪个区域才能在它重返近日点时捕捉到其身影。那时，它根本无法从数学家们的掌控中逃脱。数学家们能预测出它下次出现的时间和地点，但还无人能预测出它再次重现时的样貌。

若将太阳系中的其他星体全部排除，恩克彗星就将永远以相同的周期沿相同的轨道运行。但我们现阶段的主要目标并非研究它的周期性和规律性，而是研究太阳系其他星体给其轨道带来的不规律性。例如，我们可以研究它在近日点附近的运行情况，也就是其靠近水星轨道的那一段。一般情况下，当恩克彗星靠近水星轨道时，水星通常会位于轨道较远端，此时水星对它的摄动影响相对较小。不过，二者相互靠近的情况也时有发生。最有趣的一次两星相遇发生在1848年11月22日。当天，恩克彗星与水星之间的距离约为地日距离的三十分之一，即约300万英里。而在其他情况下，二者间的距离不少于1000万英里——当然，这一数字相较于整个太阳系的尺寸来说，实在是小之又小的。二者间如此近的距离势必会对彗星的运动产生一系列重大影响。尽管水星是个小星体，但它足以对恩克彗星产生影响。水星的引力一直作用于恩克彗星，但当恩克彗星运行到水星周围时，这一引力作用就会成倍增加。这一引力会迫使恩克彗星偏离原轨道，同时运行速度也会发生变化。在彗星逐渐远离的过程中，水星的摄动影响将快速削减，很快便几乎完全消失。但时间无法抹去水星摄动曾在恩克彗星轨道上留下的痕迹。受到水星影响的彗星轨道与仅受太阳引力影响的轨道，是不一样的。我们可以计算出仅受太阳影响的彗星运动数据，如果水星的质量已知，我们还能测算出水星摄动对彗星运动的影响。

尽管水星是最小行星之一，但它却是让天文学家最头疼的那一个。由于极其接近太阳，水星无法像其他大行星一样，时常能被观测到。它的轨道偏心率较高，而且其他星体的摄动作用对它造成的影响，我们还无法完全解释清楚。最大的难点是，我们无法测出其重量。我们可以测出地球、太阳、月球、甚至是木星和其他行星的重量，唯独水星的重量难以测得。不过，勒威耶曾想出了一个测量水星质量的方法。他解释称，地球受到水星的引力作用，而这一引力大小又可以通过观测太阳而得出，于是，他经过一系列测算，得出了水星重量的近似值。勒威耶的结果显示，水星重量约为地球的十四分之一。换言之，如果在天秤的一端放上地球，另一端放上14个与水星质量相等的球体，那么天秤就会保持平衡。使用这一结果时需要格外谨慎，因为它是基于一些不太可信的测量数据而得出的。这一结果只能是水星质量的暂定数值，一旦得出更精确的数值，这一结果应被立即舍弃[①]。

在恩克彗星接近水星的过程中，冯·阿斯滕和巴克隆德都对这一彗星进行了详细调研，因此也对水星质量问题提供了一些思路，但由于恩克彗星运动的特殊性（这一点我们将在下文中谈到），他们的调研工作也是困难重重。巴克隆德的最新研究成果表明，太阳的重量约为水星的970万倍，他对这一结果的准确性充满信心[②]。但这一结果（换算出来，即地球重量约为水星的30倍）与勒威耶的结果相去甚远；同时，黑尔特通过对温内克周期彗星的观测，算出的水星质量又与勒威耶的结果相似。然而，水星是唯一一个质量存疑的行星，但我们绝不应就此质疑彗星计算出的结果的准确性。就以木星轨道为例，在恩克彗星逐渐远离太阳的过程中，它会与木星十分接近。有时，木星和彗星间的距离十分接近，巨大的木星对彗星易弯曲的轨道产生了很大的摄动作用。后者的轨道就同时受到了木星和水星的摄动作用。由于这两种摄动作用都不及太阳引力的巨大影响，因此我们似乎无法将这两颗行星各自产生的影响区分开来，但数学分析却可以帮我们解答这一难题。它能告诉我们水星摄动造成了多少影响，而木星摄动又造成了多少影响，因此，恩克彗星的运动既可以帮助我们算出木星的质量，也能算出水星的质量。还有一种方法，能测试彗星计算法得出结果的准确性。我们曾在前文中提到，可以通过对木星卫星的测算而得出木星的质量。这些卫星不断围绕主星运转，我们可以借由它们的运行速度来测算主星的质量。卫星测算法告诉我们，若在天体天秤的一边放上太阳，另一边就需要放上1047个与木星等重的星体，才能使天秤保持平衡。这一结果几乎是不存在任何误差的，因此只需将其与彗星计算法得出的结果进行比较，便能验证恩克彗星定理的真伪。阿斯滕将二者进行了对比，由恩克彗星计算法得出，太阳的质量为木星质量的1050倍，这一结果几乎与卫星计算法得出的相一致，因此彗星计算法的准确性也得到了确认。但对恩克彗星的摄动计算是一项极为错综复杂的研究，而阿斯滕的结果意义并不大。黑尔特则从温内

① 水星质量的现代测量值大约是地球质量的十八分之一。

② 现代测量结果显示太阳的质量大约是水星的 600 万倍。

克周期彗星的观测中得出，太阳的质量约为木星质量的1047.17倍，这一结果完全与那些最准确的结果相吻合，而那些结果都是通过测算木星对其卫星或其他行星的引力而得出的。

到目前为止，我们已经讨论了恩克彗星在几个我们熟悉或不熟悉的问题上，给我们提供的新思路。接下来要讨论的这个著名问题，只有恩克彗星能给出最权威的答案。每隔1210天，恩克彗星就会绕轨道运行一周，再度返回到太阳附近。然而，它的运动却并非如此规律。我们已经解释过水星和木星对其的摄动影响，其他摄动影响还来自地球和其余行星的引力。如果万有引力定律是真的，那么当我们将所有影响全部排除之后，这颗彗星的运动就应该与数学家的计算结果相吻合。但恩克彗星却使这一希望落空了，它的运转周期正在逐步缩短！它每一次回到近日点的用时都比上一周期短2个半小时。毫无疑问，与整个周期时间相比，2个半小时的确只是很小一部分，但在我们所能看到的那部分轨道上，这颗彗星的运行速度极快，所以它在2个半小时内移动的距离还是相当可观的。这一不规律性不容忽视，因为它在恩克彗星的约20次周期性回归中都出现了。有的观点认为，恩克彗星的这种周期差异性可能是由于被遗漏的或是没有完全计算出的行星摄动引起的。然而，阿斯滕和巴克隆德精妙的分析却推翻了这种可能性。他们仔细研究了上至1891年的所有观测资料，却只能证实恩克彗星周期时间缩短的这一事实。

很早以前，恩克曾针对这类不规律现象提出了一种解释。让我们简要地解释一下他的这一著名猜想。当我们说某一星体在引力作用下，沿椭圆轨道绕日公转时，这其中还包含了一个前提，即该星体在宇宙中是自由运动的，它不会受到摩擦力、空气阻力或其他外力的影响。但我们假设这个前提是不可能存在的，假设宇宙中确实存在某种介质，它会对彗星产生阻力，正如空气对步枪子弹产生阻力一样，那么这个介质又会带来怎样的影响呢？这就是恩克提出的猜想。即便宇宙的大部分空间都是真空，而这个纤薄到几近无形的彗星的轨道也感受不到任何阻力的存在，但在太阳周围，还是会存在一些超薄的介质，能够对如此轻薄的彗星产生影响。不难证实，我们假设的这种干扰介质将会使彗星的轨道变小，周期时间缩短。不过，这一猜想如今也被否定了。因为奇怪的是，并没有其他彗星由于我们假设的这种干扰介质，而出现任何周期时间的变化。但巴克隆德的研究却准确无疑地表明，恩克彗星的加速运动并非是一个持续不断的过程，并且无论我们假设的那种干扰介质的密度如何随其与太阳间的距离变化而变化，都始终无法解释恩克彗星的这一不规律性。巴克隆德发现，加速过程在1819年至1858年间一直在持续，然后在1858年至1862年间开始减慢，这一减慢过程一直持续到1868年至1871年间。从那之后，加速过程又持续进行。他认为产生这一加速过程的原因，只可能是由于恩克彗星会周期性地遇上流星群，若能在更大范围内观测到恩克彗星的更多轨道运动，就能知道它与流星群相遇的准确位置。

我们分别以哈雷彗星和恩克彗星为例，介绍了周期彗星的特点，当然，这两颗彗星也算是同类彗星中的佼佼者。另一颗知名的周期彗星是比拉彗星，我们将在下一章对其进行详细介绍。而对于数量更多的非周期彗星来说，可以引述的例子就更多了。我们就简要介绍一些出现于本世纪①的非周期彗星。首先是现身于1843年的那颗璀璨的彗星，它于当年2月突然出现，由于明亮异常，即使在白天也能看到它的身影。虽然这颗彗星的轨道是一个两端极度延伸的椭圆，但看上去却与抛物线并无明显分别。由于很少有机会能确定这类彗星的运行位置，因此有关它们轨道形状的问题总是无法给出确切答案。我们仅能在其轨道很小一段弧线上观测到它，而这些位置还远不足以使我们获得观测恒星或行星时能得到的精准度。然而，1843年的这颗彗星尤其使人印象深刻，运行速度极快以及日距极短。它在太阳周围运行时所承受的热度，要远远大于地球上最大的熔炉所能创造的最高温。无论它的组成物质是玛瑙或玉髓，或是地球上已知的最难以熔化的任何物质，它都将在太阳的高温下完全熔化，并升华为气态。

1858年的那颗大彗星可谓是当代的一次天文奇观。它由多纳蒂（Donati）于

① 19世纪。

当年6月2日首次发现，后来该彗星也被以多纳蒂的名字命名。当时它还只是一个模糊的暗点，接下来的三个月内，它沿轨道在天空中不断运行，一直未曾显露即将亮度爆发的任何迹象。到8月末，肉眼几乎无法看到它的身影，而它当时也仅拖着一条极小的彗尾。但到了9月，随着与太阳的距离越来越近，它很快便发出了耀眼的光芒，一条粗大的彗尾也很快成形。到了10月中旬，它的亮度达到了最大值，长度也延展为一根弧线。当时那个时节的夜空格外漆黑，这颗彗星又处在极为有利的观测位置上，这些都为它的华美增色不少。

1881年5月22日，来自温莎的特巴特先生在新南威尔士发现了另一颗彗星，这颗彗星很快便成为当代发现的有趣的天体之一。6月22日前后，这颗彗星会在午夜时分，出现在上述纬度地区的北部天空上。接着，它会逐渐升高，直至越过北极。它的彗核如一等星般明亮，彗尾约有20度长。从9月2日开始，肉眼就无法再看到它的身影了，但直到翌年的2月以前，人们还是可以借助望远镜观测到它。这是人类成功拍摄到的第一颗彗星，需格外说明的是，彗星的光化能力十分微弱。据估算，就拍摄所需条件而言，月光的光化能力约为彗星的30万倍。

另一颗获得广泛关注的非周期彗星，是于1882年9月初在南半球发现的。这颗彗星的亮度急剧增加，使科曼先生在当月17日白天都能观测到它。就在同一天，好望角的天文学家们也十分幸运地赶在它消失前，观测到了它逐渐向太阳边缘靠近的画面。众所周知，这颗彗星会从太阳和地球之间穿过，但我们却从好望角的观测者口中得知了一个有趣的现象：当这颗彗星被投射到日盘上时，它却消失得无影无踪。第二天，我们又能在白天用肉眼看到它，当时它离太阳的距离并不远，因此我们同时在杜内赫特和巴勒莫对其进行了分光镜的观测试验。当时，这颗彗星正在近日点附近快速移动，大约一周后，人们开始在日出前才能看见它的身影，只见它拖着一条又大又长的彗尾，出现在东方的地平线附近（如图85所示）。它的彗核逐渐拉长，最终分裂成四个连成一线的块状物，与此同时，彗发被一个暗淡模糊的管状物所包裹，并不断朝着太阳的方向运行。人们在这颗彗星的周围，还发现了一些伴随其一同运行的游离状的小碎块，但这些碎块的速度与彗

图85　1882年的那颗彗星

该图描绘的是1882年11月4日凌晨4点在斯特里特姆观测到的彗星图像

星的速度并不相同。1883年2月，人们用肉眼已无法再观测到这颗彗星了，而同年6月1日，在南美洲，它最后一次出现在望远镜的视野中。

这颗彗星的轨道与1668年的那一颗、1843年的那一颗以及1880年在南半球被发现的绕日旋转的那一颗有一个明显的相似之处。事实上，这四颗彗星的运行轨道十分相近，而且它们都在距离太阳表面几十万英里的范围内绕日运行。此外，根据亚里士多德的记载，公元前372年出现的那颗彗星很可能也与上述几颗彗星有着相同的轨道。但我们还不能肯定，上述现象都是同一颗彗星出现时的情景，因为1882年的观测表明，当年那颗彗星的运行周期约为772年。当然，1843年和1880年看到的有可能是同一颗，但这两年的观测持续时间都不长，因此无法判断轨道形状究竟是抛物线还是椭圆。但由于1882年的那颗始终清晰可见，我们看到的似乎更有可能是一个彗星群，它们来自宇宙中的同一片区域，且沿相似轨道运行。其他一些较为显眼的彗星的轨道间，也存在这种相似性。

在最近数年发现的有趣彗星中，还有一颗值得一提，那就是1892年11月6日由霍尔姆斯先生于伦敦发现的那一颗。当时，这颗彗星的位置距离仙女座明亮的星云不远，且刚好能被肉眼观测到。后来，它的亮度逐渐变暗，形状也逐渐向外扩展，翌年1月16日那天，它的内部突然出现了一个类似于八等星的中心凝聚物，外侧则被一个较小的彗发包裹。此后，它的体积再次膨胀，亮度也继续衰减，最终于第二年4月6日后彻底消失[①]。据观测，这颗彗星的轨道呈椭圆形，且比其他任何已知彗星的轨道都更接近于圆形。它的公转周期约为7年。1892年的另一颗著名彗星，是由利克天文台的巴纳德教授在一张天鹰座的照片上发现的，当时，巴纳德教授通过对该彗星运动的观测，很快便将其与另一片星云区分开来。

1864年以来，人们借用分光镜，对所有出现过的彗星的亮度都进行了一一分析。由于这些彗星表面的亮度十分微弱，因此分光镜的狭缝必须打开到很宽的程度，同时色散补偿又不能太大，这些都对测量工作的准确性提出了挑战。彗星光

① 1884 年发现的第一颗彗星也是亮度突然增大，后来它明亮的星盘（如今已经成为彗核）又逐渐变成了一个耀眼的光点。

谱的主要特点，是有三条亮带，这三条亮带朝紫色端过度柔和，但朝红色端过度则较为不自然。这是因为该光谱由大量密集的细线构成，越靠近紫色端，细线的亮度和间距就会越小。这三条亮带表明，彗星上有碳氢化合物存在。

当我们联想到碳元素对地球的重要性时，便立即意识到它在彗星组成过程中扮演着尤为重要的角色。我们认为，碳是所有植物体的首要构成元素，所有动物体中也都含有碳元素。这个对地球意义重大的元素，如今却被发现存在于这些游离的星体中，这的确是个十分有趣的现象。然而，这三条碳氢亮带并非彗星光谱的唯一特征。1882年春，科普兰教授在一颗彗星的光谱中，发现了一条新的黄色亮线，这条线刚好与钠元素的D线重合。随后，科普兰教授和其他研究人员还发现，这条线出现了第二条美丽的复线。事实上，我们在这颗彗星的多处都找到了钠元素存在的证据，只需将分光镜的狭缝打开，彗头和彗尾就能在钠光中清晰地显现了，就如同日珥在氢光中能清晰显现一样。当这颗彗星距离太阳最近时，钠线的亮度达到最大值，而同时碳氢的亮带也不是十分暗淡，导致根本无法被看见。在对1882年9月发现的那颗大彗星的光谱进行研究时，人们发现，钠线的亮度与彗星和太阳之间的距离也存在同样的联系。

1882年9月18日白天，科普兰和洛泽对当年发现的那颗大彗星的光谱进行了研究分析。结果，除钠线外，他们还看到了一些其他的亮线，这些亮线似乎是由铁蒸汽引起的，而那些只有在本生灯[①]的温度下才会出现的锰线，也出现在这张光谱中。这次意义重大的观测，发生在该彗星刚刚通过近日点不到1天的时间内，因此也很好地反映出彗星在距离太阳很近时，其内部发生的剧烈活动。

除上述亮线外，彗星光谱通常都是一些暗淡连续的细线，我们偶尔还能在其中辨识出较暗的夫琅和费谱线。当然，这表明该连续光谱很大程度上是由于反射太阳光而形成的，但不可否认的是，其中部分谱线确实是由于彗星内部的光线形成的。

① 本生灯是用煤气为燃料，与空气混合后在灯内燃烧得到的 80 × 90℃的无光高温火焰。

1884年发现的第一颗彗星便证明了这一点。当时这颗彗星突然爆发出明亮的光线，其光谱的亮度也随之显著增强。三条碳氢亮带相对亮度的变化表明彗星的温度明显升高，在此期间该彗星持续发出耀眼的白光。

相较于其他恒星，彗星与地球之间的距离相对较近，因此有时，彗星会恰好运行至地球与某颗恒星之间。这一现象与月球的运动十分相似。月球时常会运行至地日之间，使太阳被掩蔽，天文学家们对此类现象并不陌生，但是当遮住恒星的是一颗彗星时，情况就大不相同了。他们时常注意到，即使彗星位于恒星正前方，该恒星依然清晰可见，仿佛彗星根本没有遮蔽到它一般。此类观测中最著名的是约翰对比拉彗星的那次观测。这颗彗星是一颗周期彗星，我们将在下一章对其进行详细介绍。有一次，这位著名天文学家看到这颗彗星正准备穿越一个星团。该星团由无数颗超小的恒星组成，这些恒星小到只有用最高倍的望远镜才能看到。哪怕最微弱的雾气或最纤薄的云层，都足以遮蔽所有这些小恒星。因此，约翰兴致勃勃地观察着比拉彗星的运行。渐渐地，这颗彗星开始蚕食那个星团的边缘，倘若它含有任何看得见的固态物质，这些星星点点都将被其完全遮住。但事实又如何呢？即使是那个星团中最小的恒星，即使是望远镜所能观测到的最小的亮点，都没有被遮挡分毫，那个星团中的所有星体都透过比拉彗星清晰地散发着光芒。

这次观测意义重大。要知道，阻隔在那个星团与我们望远镜之间的，并非一层薄纱，那是一团厚度足有几千英里的彗星物质。我们可以将彗星的这种难以想象的纤薄与熟悉的云层做个比较。一片数百英尺厚的云层，别说是恒星，就连巨大的太阳都可以完全遮蔽。即使是夏日天空中浮现的最轻薄的雾气，它的遮蔽效果也好于厚度达10万英里的这类彗星物质的遮蔽效果。

多纳蒂彗星穿过了多颗恒星，我们却能从其彗尾处清晰地看到其经过的所有恒星。这些恒星中有一颗特别亮，那就是著名的大角星。巧合的是，这颗彗星正好经过了大角星，可即使阻隔在地球和大角星之间的是这颗彗星密度最高的部分，大角星的光芒在穿过这一厚重的星幕后，却依然丝毫未减。不过，观测试验表明，在某些情况下，当彗星密度较高的部分经过恒星时，恒星的亮度确实发生了变化。的确，如果一颗巨大彗星的彗核经过某一恒星时，该恒星却能依然清晰可见，这种情况实在难以想象，但能够验证这一观点的时机似乎还未曾出现。

如果彗星中含有透明的气态物质，那么当它接近某一恒星时，该恒星的位置可能就会发生偏移。因为空气的折射能力是十分可观的。当我们欣赏落日时，我们似乎可以看见太阳在缓缓地落下地平线，但实际上，当我们看到太阳的最低点还在地平线上时，太阳其实已经完全落到了地平线以下。空气的折射使光线发生弯折，使我们依然能看见被障碍物遮挡的太阳。天文学家们仔细测算了彗星物质的折射能力。他们选取了一颗正在逐渐向两颗恒星靠近的彗星，当彗星经过其中一颗恒星时，他们便透过彗星观测那一颗恒星，而另一颗恒星仍可直接观测。如果彗星含有一定数量的气体，那么两颗恒星之间的相对位置就会发生改变。天文学家们曾多次通过实际测量来求证这一问题。有的实验结果表明，两颗恒星并未发生相对位移，而这也就说明该实验中的彗星并不存在实际密度。

然而，对1881年出现的那颗彗星的观测结果表明，该彗星彗核附近存在一定折射率，但这一折射率必然无法与地球大气层相媲美。

由这些观测结果可立刻得出，就其体积而言，彗星的质量很可能相对较小。但当我们试图测量彗星的质量时，却发现一切努力都是徒劳的。我们能够测出巨大的木星和土星的质量，甚至连太阳这个大火球的质量我们也能测算出来。万有引力定律给我们提供了一个强大的测重武器，使我们成功测出许多天体的质量，但这一武器在测量彗星质量时却失效了。天文学家还没能找到一个能测出彗星质量的测重方法。我们所有测重方法的原理就是通过将两个天体质量进行对比，从而得出结论。但当我们用地球或其他大行星的庞大的质量与彗星进行对比时，发现彗星的质量几乎小到无法估量。当然，这里所说的彗星质量极小，是相对于太阳系其他天体而言的。至此，大家应该都相信彗星的质量一定是以吨为计量单位了，但彗星的质量无论是数十吨、数百吨、数千吨或数百万吨，相对于地球这样

图86　1892年的那颗快速运行的彗星
由巴纳德摄于1892年4月7日

的星体来说，其数值都是微乎其微的[①]。

倘若联想到上一章所讲的，有关行星摄动的重要内容，我们就能更直观地感知彗星的质量之小。当时，我们谈到了太阳系的恒久性，且这种恒久性要求行星运动必须遵循若干规律。这些行星的轨道必须都近似于圆形，且都几乎位于同一平面内，它们的运动方向也要保持一致。若上述任意一条未满足，太阳系的恒久性就将面临危险。当时在论述这一话题时，我们并未提及彗星。但实际上，它们也是太阳系的成员，而且它们的数量远大于行星。彗星完全不符合行星严格遵循的轨道规律。它们的轨道从来不像圆形，实际上，它们的轨道通常是抛物线形，

① 据测算，哈雷彗星的质量大约为300万亿吨，是地球的200亿分之一。

也就与圆形轨道截然不同。彗星轨道的平面也毫无规律可言，它们的倾斜角度各不相同，运动方向更是神秘莫测。行星遵循的一切运动规律都被彗星给破坏了，但我们的太阳系却依然完好如初，它拥有了漫长的历史，似乎还将在未来无尽的岁月中继续运转。彗星会受到行星的引力作用，相反地，行星也会受到彗星的引力作用，它们的轨道也会因此受到一定程度的影响，但究竟有多大呢？如果彗星运动与行星运动一样，遵循同样的定律，那么我们据此得出的结论可能就与事实不符。行星可能会在彗星引力下发生偏转，但随着时间的流逝，这些引力会相互抵消，太阳系的恒久性就不会受到影响。但当我们对彗星轨道进行分析后，就会发现事实并非如此。倘若彗星的确能对行星运动造成一定干扰，那么这些摄动作用并不会彼此抵消，而太阳系就会在行星逐渐累积的不规则运动下，最终分崩离析。可事实是，太阳系依旧存在，而且是在彗星存在的情况下，依然正常运转。由此可得知，彗星的质量与大行星相比一定是十分微小的。

上述分析以一种直观的方式，再现了万有引力定律及其与太阳系恒久性间的关系。如果算上彗星，我们可以说，太阳系中包含数千个天体，它们的轨道大小、形状和位置都各不相同，唯一的共同点是：太阳是所有这些轨道的一个共有焦点。大部分天体的质量都远小于行星，因此无论它们的轨道形态如何，无论它们受到多少其他星体的摄动影响，它们都无法对其他星体产生任何实际的干扰。但是一些大行星产生的摄动影响却十分可观。如果它们的轨道不能得到合理控制，那么太阳系迟早会陷入一片混乱之中。通过将它们的轨道形状调整为近似圆形，将所有轨道调整在几乎同一平面之内，再将运动方向进行统一，大行星间才得以保持一种恒久的均衡状态。由于那些质量较小的彗星的存在，大行星永远也无法对彼此造成过大干扰，因此大行星间的相对稳定就有了保障，但我们发现，彗星间的稳定性却缺乏保障。它们的轨道偏心率高且形状极不规则，存在发生较大偏转的可能。的确，天文史上记载着许多小行星轨道变迁的例子。

大彗星的出现总是变幻莫测。无论是天空中的哪一部分、哪一个星座或星域，都可能偶尔会出现这些神秘星体的踪迹。无论哪个季节、无论白天或黑夜，也无论哪个具体时刻，彗星随时都可能跃出地平线。不同彗星的形态和大小也各不相同，有的是借助高倍望远镜才能看到的暗点，有的却是又大又亮，其粗大的彗尾一直从地平线延伸至天顶。初见之下，这些彗星彗尾的方向似乎也各不相同：有的直立于天际，仿佛彗星将要直直地扎入地平线以下；有的从彗头开始向下延展，整颗彗星仿佛是被从下往上射出一般；而有时，彗尾又会向彗头左右两侧偏转。对于这些形态各异、变幻莫测的彗星，我们是否能在这些不同间找到相似之处呢？我们发现了一条有关彗尾的规律——这条规律是如此真实可靠，以至于如果告诉我们彗星的位置，我们便能立即指出其彗尾的方向。

夏日的午夜时分，一颗美丽的彗星出现在北方的天空中。当我们注视着暗淡的彗尾时，会发现它的方向完全垂直于地平线，且指向天顶。也许它会发生或轻微或严重的弯曲，但总体来说，它的方向是从地平线指向天顶的。这一现象并非某颗彗星所特有的。所有在午夜时分，出现在北部天边的彗星，无论大小，它们的彗尾一律都沿着近似垂直的方向直指天顶。这一事实曾多次得到证实，因此成功揭露出彗尾方向的规律性。让我们联想几个相关事例。夏天的时候，北边的暮光显示出太阳的位置，而彗尾的方向与暮光方向相反，也就与太阳的方向相背离。再看这个例子，傍晚时分，太阳已经西沉，群星开始闪烁，拖着一条长长的彗尾的彗星也出现了。无论这颗彗星的位置是高是低，也无论它出现在东南西北哪一个方向上，它的彗尾永远与落日余晖还未散去的西边那一点相背离。再举一例，如果一颗彗星在清晨出现，当我们把视线从第一缕晨曦发出的地方转移到彗头，然后顺着这一方向，在远离太阳的另一端，一定能发现彗尾的踪迹。这条规律还有着更广泛的应用，无论在任何季节，在夜晚的任何时刻，彗尾的方向永远是背离太阳的方向的。

300多年前，彗星运动中的这一现象就已经引起了那些关注天体运动的人们的注意。常规观测就能发现这一规律，它也使人们能从各种各样的彗星现象中找到一些共同之处，这一规律也是我们研究彗尾结构的理论基础。

图87中显示的，是一颗彗星抛物线轨道的一部分，图中还标示出彗星在不同

位置时其彗尾的方向。我们或许还无法就此断言，在彗星运行的整个过程中，彗尾的方向始终与太阳相背离。首先，我们能看到的，仅仅是该彗星靠近太阳或远离太阳的很小一部分轨道运动。还有一点要记住的是，当彗星来到太阳周围时，太阳的亮度会完全盖过彗星，从而使彗星无法被看见，就像我们在白天看不到群星一样。而且在某些情况下，彗星物质的喷发会朝着太阳的方向进行。

有关彗尾方向的问题，如果不经深入思考，很可能会认为由于彗星运行速度极快，彗尾一定会沿着彗星运行的方向，拖在彗头的后面，就像沿着火箭运行的方向拖在其后的火花束一样。

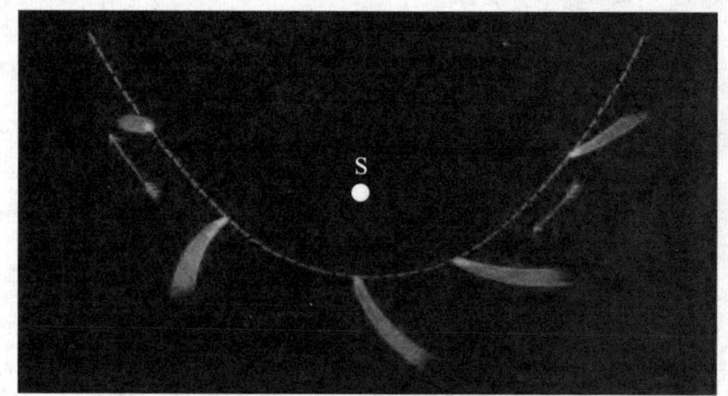

图87　彗尾方向与太阳相背离

这其实是个完全错误的类比，彗星并非在大气层中穿梭，它是在开阔的宇宙空间内运行，那里没有任何介质能使迫使彗尾沿彗头运动方向运行。彗星的另一个显著特征是，在其不断接近太阳的过程中，彗尾会逐渐增大。当彗星距离太阳很远时，我们几乎无法看到它的彗尾，但随着彗星与太阳之间的距离不断缩短，彗尾会逐渐增大，有时甚至能达到十分可观的大小。这种体积的增大并非距离拉近后产生的视觉尺寸的变化，因为据观测，彗尾体积的增长速度远快于彗星视觉体积的增长速度。因此，彗尾的形状一定与彗星距太阳的远近有关——一个新的谜团出现了，而且我们还无法从太阳系中，找到其他能提供参考的类似现象。

整体来说，彗星还是受到太阳的引力作用，这一点是毫无疑问的。彗星沿椭圆或抛物线轨道运行的事实又表明，彗星与太阳间的作用和反作用都遵循万有引力定律。彗星作为一个整体，在受到太阳引力的同时，它的彗尾却又肯定受到太阳的斥力作用。我们不确定这一切究竟是如何发生的，但似乎能从一些相关事实中得出下面的这种解释。

分光镜实验明确表明，彗星中含有碳氢及其他气体元素。但我们不能由此认为，彗星仅由在太空中运行的气体组成。尽管由观测试验可知，彗星的质量极其微小，但实际上，彗星很可能是由许多分散的、具有一定质量的颗粒物所组成。当我们在下一章探讨彗星和流星的主要联系时，我们就有理由相信这一观点很可能是对的。因此，我们可以将彗星视为固体微粒的集合体，且每颗微粒都被大量气体包裹。

一颗彗星在接近太阳的过程中，我们首先会看到它的彗核逐渐变亮，而且轮廓愈加清晰。在下一个阶段中，彗星中的发光物质仿佛突然朝着太阳的方向喷出，其形状常为扇形或喷射状，有时还会像钟摆一样来回摆动。例如，1835年10月，贝塞尔在哈雷彗星的彗头处发现，那个巨大的喷射物在8小时内的摆动角度达到了36°。在其他情况下，彗核周围还会出现一圈圈的同心光弧，这些光弧的亮度由内向外逐渐变暗。显然，这些扇形光弧中的物质受到了彗核的斥力，但同时也受到了太阳的斥力，且这一斥力使其克服了引力作用，被推回至彗核，然后在将彗核包围后继续向背离太阳的方向延伸。这就是彗尾的成因。彗尾形成的数学原理基于一个假设前提，即彗尾的构成物质同时受到彗核和太阳的斥力作用。伟大的天文学家贝塞尔是开展这一研究的第一人，他将其研究结论记录在1835年观测哈雷彗星的回忆录中。此后他的结论又由罗奇和俄罗斯天文学家布列季钦进一步补充完整。尽管我们还无法断言这一结论是否绝对正确，但可以肯定的是，它很好地解释了在彗尾形成过程中所观测到的主要现象。

布列季钦教授常会以审慎的态度思考问题，因此在科学领域也做出了不少伟大贡献。他曾仔细核对过许多不同彗星的彗尾的观测数据和图像。通过前期调研，他得出了一个重要结论，即使他的所有后续工作都需进一步核实，但这一结论的正确性是不会受到任何影响的。在对不同的彗尾进行比照时，布列季钦发现彗尾的弧形轮廓主要有三种形状。其一是一条最为平直的彗尾，方向完全与太阳相背离；其二是一条弯曲的彗尾，在背离太阳延伸之后，又会发生偏转，向彗星运动反方向延伸；其三是一条弧度更大、更趋向于彗星轨道的彗尾。一般来说，所有彗星的彗尾都属于这三者之一，有时也会出现一颗彗星有两条彗尾的情况，此时这两条彗尾就分属于三者中的两种不同形状。

图88是一幅虚拟图，图中的彗星拖着三条不同类型的彗尾。图中彗星的彗核被一条直线穿过，彗星的运动方向为该直线的箭头所指方向。布列季钦认为，三条中最为平直的、被标注为Ⅰ型彗尾的那条很可能是由氢元素组成；Ⅱ型彗尾则是由彗星中的碳氢化合物组成；而最短小的Ⅲ型彗尾则是由铁或其他原子量高的元素组成。但请注意，下图并不代表任何真实彗星的实际情况。

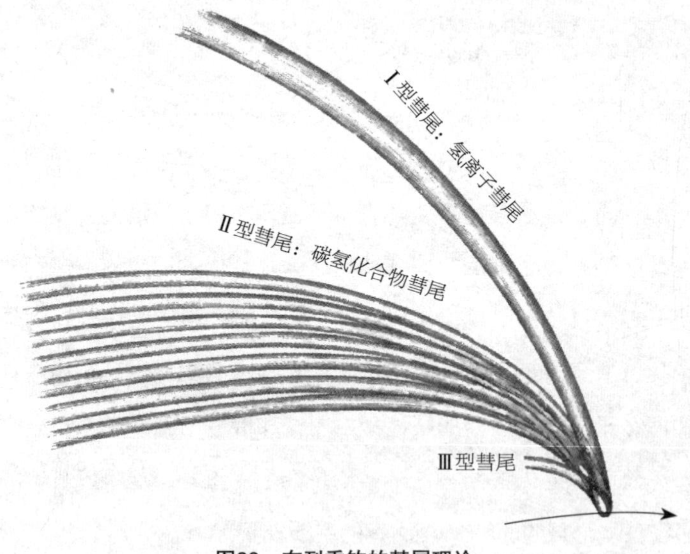

图88　布列季钦的彗尾理论

前文中曾提到过一颗出现于1858年的著名彗星，实际上，这颗彗星十分精妙地诠释了布列季钦的理论，图89中所示的就是该彗星的图像。

图中除了该彗星标志性的大彗尾之外，还有两道昏暗的白光，这些便是I型彗尾那中空的圆锥体的两边。彗尾中心区域的光线不够强烈，因此无法看清，这不难理解，而彗尾两边彗星物质的厚度却足以使我们看清图中所示的影像。多纳蒂彗星似乎有两条彗尾，一条由氢离子组成，另一条由某些碳化合物组成。该彗星中的碳化合物似乎种类繁多，因此相较于氢离子彗尾，它的Ⅱ型彗尾的轮廓更加模糊不清。据资料显示，有些彗星会同时出现若干条彗尾。其中最著名的当属1744年出现的那一颗。布列季钦教授一直潜心研究彗尾的相关理论，他甚至较为准确地解释了这颗彗星多种彗尾的形成原因。

图89 1858年出现的那颗彗星的彗尾

图90来源于基尔希女士于1744年3月7日早晨在柏林天文台绘制的一张彗星草图。图中可见11道白光，其中前10条（从左往右数）分别代表5条彗尾明亮的白边，而最短的第六条彗尾则位于图片最右端。这一罕见现象同样也被在瑞士洛桑的舍索克斯和在圣彼得堡的德利尔用画笔记录了下来。在抵达近日点之前，这颗彗星仅有一条彗尾，但其亮度却十分耀眼。

图90　1744年出现的彗星

有些相关问题可以通过数学计算来进行验证，而计算结果表明，能够产生平直的Ⅰ型彗尾的斥力大小仅需引力的12倍即可。产生Ⅱ型彗尾所需斥力约等于引力，而Ⅲ型彗尾所需斥力则约为引力大小的四分之一[①]。

自然界中最主要的斥力来自电流，于是人们自然而然地将彗尾现象归因于太阳和彗星的电流状态。

要说我们已经完全解开了彗星的电流特点，未免为时过早，那时所能确定的是，电斥力已经能很好地解释我们观测到的现象了，这总比再假设其他可能的斥力来得方便。要知道，在许多其他情况下，太阳通常都是电流现象发生的根源[②]。

彗星在逐渐远离太阳的过程中，所受到的斥力也在不断减弱，因此我们发现彗尾也在逐渐变小。如果该彗星是周期彗星的话，那么在它下一次返回近日点的过程中，这一系列变化还会再次上演。它会再次出现一个新的彗尾，然后在逐渐远离太阳时，该彗尾也逐渐消失。若用地面的蒸汽来打比方的话，也就是说，在

① 12、1、¼这三个数值分别与氢、碳氢化合物、铁蒸汽的原子量成反比。布列季钦也因此认为这三种物质分别组成了三种不同彗尾。但目前还未找到证明氢离子存在的分光镜证据。

② 彗尾的形成的确与太阳有直接关系，现代天文学理论认为，当彗星接近太阳时，太阳的辐射压和太阳风（即文中所谓的“斥力”）会把从彗星本体挥发出来的物质（如气体、尘埃等）外推，形成彗尾。

彗星撤离的过程中，它的彗尾会凝结成许多小颗粒。此时，万有引力会主导这些小颗粒，使其不再受斥力的主导作用。然而，彗星本身的质量又过小，无法仅凭自身的引力将这些小颗粒召回。这样一来，彗星每次经过近日点时都会产生一条彗尾，但每次又都会消耗掉一定量的彗尾组成物质。假设彗星在开始运行前储备了一定量的特殊物质，这些物质可以用来形成彗尾。每次经过近日点的旅行，它都会形成一条新的彗尾，然后再消耗掉一定量的原始物质。显然，这一过程不可能永远持续下去。对于大部分彗星来说，由于它们鲜有机会经过近日点，因此它们的物质消耗并不会特别明显，但对于那些运行周期短，回归次数多的周期彗星来说，最终的结果是可想而知的，彗尾物质逐渐消耗殆尽，它们最终就成了没有彗尾的彗星。甚至可以认为，这些彗星可能就以这种方式最终完全消散，我们将在下一章中见证比拉周期彗星的这一最终命运。

[今日科学说] 彗星的结构一般可分为三部分：彗核、彗发与彗尾。彗星的彗核通常比较小，一个典型的彗核直径只有大概几千米，即使通过大型望远镜观察，也只是一个微弱的光点，然而，彗星的大部分质量都集中在彗核上。彗核主要由内部混杂着尘埃颗粒的甲烷、氨、二氧化碳，以及普通水冰的混合物构成，因此彗星常常被形容为“脏雪球”。在轨道上的大部分时候，彗星都远离太阳，当彗星来到距离太阳只有几个天文单位时，它冰冻的表面受到阳光的加热升温，彗星的一部分变成气态，并扩展到太空中，形成弥散的彗发。当彗星接近太阳时，彗发变得更大更亮。彗发的直径可达数千到数十万千米不等，有时候甚至会变得比太阳还要大。彗发的最外层是氢包层，在太阳风的影响下，会跨越上百万千米的空间。彗尾是当彗星最接近太阳时最明显的结构，这时彗核的物质挥发最为剧烈，由此产生的彗尾的长度甚至可以达到1个天文单位以上。彗尾可分为两类：离子尾和尘埃尾。比较直的离子尾往往是由电离分子构成，包括一氧化碳、氮气、水，以及许多其他分子。而尘埃尾在观感上略有弯曲，而且相对离子尾更弥散。尘埃尾顾名思义，含有大量可反射阳光微小的尘埃颗粒。

但既然彗星会在整个太阳系间穿梭，它们就可能会运行到距离某颗大行星较近的地点，于是在经过这些大行星周围时，它们的运动就会受到行星引力的极大影响。如果彗星在这种摄动影响下速度有所提升，那么它的轨道就会由抛物线变成双曲线，它就将在绕过太阳之后，逐渐远离，永不返回。但如果行星所处的方位使彗星的速度有所减慢，那么彗星轨道就将由抛物线变为椭圆，这颗彗星也将成为一颗周期彗星。倘若注意到有些短期彗星（周期为3～8年）运行至其轨道某些位置时，会与木星轨道十分接近，我们就会相信，这些周期彗星就是以这种方式被“捕获”，从而成为太阳系的永久成员的。所以，这些彗星必定都曾经运行至距离木星很近的地方。同理可得，一些周期较长的周期彗星也曾十分接近土星、天王星或海王星的轨道，而且使哈雷彗星成为周期彗星的，很可能就是海王星。诚然，我们曾不止一次地观测到行星摄动给彗星轨道带来的巨大影响。其中最有趣的，当属莱克塞尔彗星的例子。1770年，法国天文学家梅西耶（这位天文学家成功发现了多颗彗星）观测到了一颗彗星，随后莱克塞尔对其轨道进行了测算，得出其轨道形状为椭圆形，运行周期为5年零几个月。但此前，人们从未看到过这颗彗星，且此后它也没再出现。很久以后，经过伯克哈特和勒威耶的艰苦研究，人们才终于发现，这颗彗星在1767年之前沿完全不同的轨道运行。但在1767年年初，这颗彗星偶然间运行到距离木星很近的地方，随即木星巨大的引力使其产生了一个新的运行轨道，运行周期为5年零6个月。这颗彗星于1770年8月13日经过近日点，1776年，当它再次经过近日点时，由于运行位置关系，我们在地球上未能看到它的踪迹。1779年夏，当再次运行至木星附近时，它从轨道中被甩出，从那之后，我们再也没能看到它，或者更准确地说，从那之后，我们再也没能观测到可能是莱克塞尔彗星的星体出现。我们还能利用同样的计算方法，测算出其他周期彗星第一次沿当前椭圆轨道运行的准确日期。

以上就是有关彗星——这个既有趣又令人费解的星体的一些基本情况。令我们倍感欣慰的是，我们所述之事都是确凿无疑的事实，而并非我们能力之外的无端猜想。我们看到，彗星不仅遵循着伟大的万有引力定律，它们还以令人赞叹的方式力证了万有引力定律的真理性。我们还见证了，现代科学是如何破除古代有关彗星出现的迷信思想的。我们不再将彗星视为不祥之兆，而是将其视为一位优雅美丽的探访者，它的到来不是恐吓更不是毁灭，它带给我们的是乐趣，是启示。

[今日科学说] 天文学家一般会根据彗星的回归周期将彗星分为短周期彗星与长周期彗星两类。其他太阳系天体的轨道一般位于黄道面附近，但彗星轨道不一定仅限于黄道面的几度之内。相对而言，短周期彗星的轨道往往更紧贴黄道面，而长周期彗星的轨道会呈现出更多样化的角度，而且公转方向既可以是顺行也可以是逆行。

短周期彗星指回归周期在200年以下的彗星，如哈雷彗星。它们来自海王星轨道之外的柯伊伯带，这是一个距离太阳约30～50个天文单位，位于黄道面附近的圆盘状区域。荷兰裔美国天文学家杰拉德·柯伊伯提出，位于黄道面的短周期彗星原本是在这个区域绕日公转的天体，但由于引力摄动的影响进入了内太阳系，成为一颗彗星。长周期彗星是那些回归周期在200年以上的彗星，根据长周期彗星的一系列特性，天文学家推断在距离太阳1光年左右的地方存在一个叫作“奥尔特云”的区域，这是长周期彗星的发源地，可能包含万亿颗彗星，总质量可以和内行星相媲美。奥尔特云的名字取自著名荷兰天文学家简·奥尔特，他通过分析19颗长周期彗星的轨道，提出了这一假说。

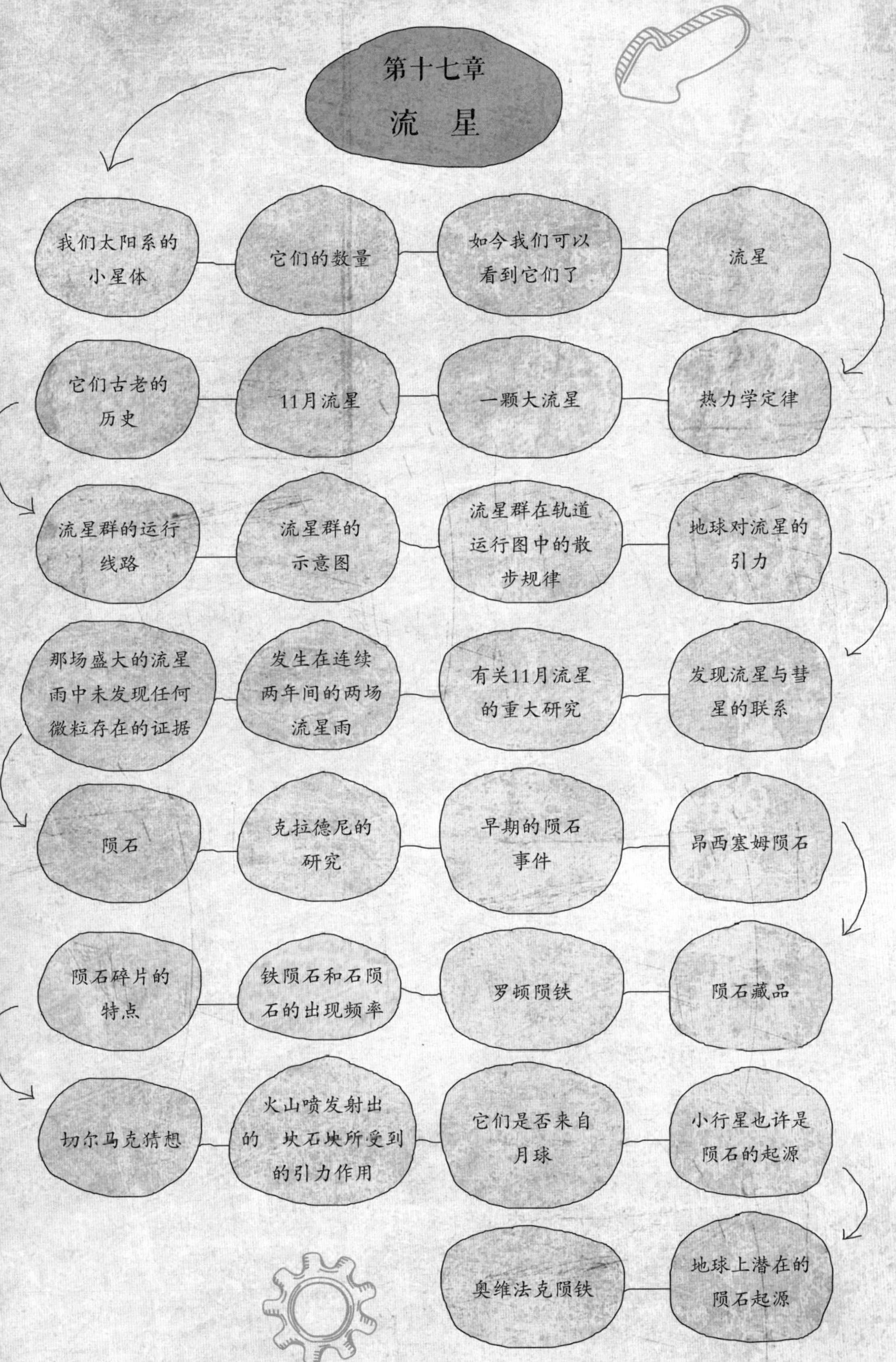
第十七章
流 星
我们太阳系的小星体
它们的数量
如今我们可以看到它们了
流星
热力学定律
一颗大流星
11月流星
它们古老的历史
流星群的运行线路
流星群的示意图
流星群在轨道运行图中的散步规律
地球对流星的引力
发现流星与彗星的联系
有关11月流星的重大研究
发生在连续两年间的两场流星雨
那场盛大的流星雨中未发现任何微粒存在的证据
陨石
克拉德尼的研究
早期的陨石事件
昂西塞姆陨石
陨石藏品
罗顿陨铁
铁陨石和石陨石的出现频率
陨石碎片的特点
切尔马克猜想
火山喷发射出的 块石块所受到的引力作用
它们是否来自月球
小行星也许是陨石的起源
地球上潜在的陨石起源
奥维法克陨铁

在前面的章节中，我们依次介绍了太阳系的主要成员，它们都是相对较大的星体。我们研究过那些直径达数千英里的大行星，也介绍过那些绵延数百万英里的彗星运动。我们还曾在前面某一章节中，介绍过一种体积比这些星体小得多的星体，这些数量众多的小星体被我们称为小行星。但是现在，我们必须再进一步，或者说进一大步，介绍一种体积远小于上述星体的天体。这些小星体常以一种有趣又意外的方式出现。它们的体积极小，与它们相比，就连小行星也算得上是庞然大物了。

尽管体积微小，但这些小星体时常成群出现，这在某种程度上也算是一种弥补吧。的确，当它们成群划过天际时，我们根本无法测算出它们的具体数量。它们的尺寸也大小不均。有的可能有数磅或数吨重，而有的可能还没有卵石，甚至是沙粒大。不过，尽管这些星体看起来微不足道，但太阳依然没有放弃对它们的掌控权。每一颗星体，无论渺小似阳光中的尘埃，还是庞大如木星，它们都必须遵循开普勒定律，沿既定轨道绕日公转。

没见过也至少听闻过被称为流星的美丽现象吧？当它散发出极为明亮的光彩时，我们也称其为火流星。接下来，我们的注意力就将聚焦于这类星体上。

太阳的周围有一颗小星体正在绕其公转。正如大行星沿椭圆轨道绕日公转一样，即使是如此小的星体也会在椭圆轨道上绕日公转，且以太阳为其轨道的一个焦点。此时此刻，有无数颗流星正以这种方式在不断运转。由于它们的体积过小，距离过远，我们的望远镜根本无法捕捉它们的身影，只有在特殊条件下，才能看到它们。

当流星掠过我们的视野时，它的运行速度常常大于20英里每秒。这一速度是如此之快，我们在地表根本无法实现这一速度。这是因为空气阻力会对其速度造成很大的影响。但当它飞行在浩瀚的宇宙空间时，那里就没有空气会阻碍它的运行了。它能够在不受任何干扰的情况下，绕太阳环行数千年，甚至数百万年之久，但它只能在闪过一道亮光之后陨灭消失。

在运行过程中，流星会接近地球，当它来到距离地表数百英里以内的高空时，它就会接触到包裹着地球的大气最外层。当一个星体以流星般惊人的速度冲入大气层时，通常都会带来致命的后果。尽管大气最外层十分纤薄，但它们需要瞬间阻挡住快速进入的流星，就像水面需要挡住突然射入其中的子弹一样。在流星穿越大气层的过程中，空气摩擦会使其表面发热。渐渐地，流星会达到红热状态，继而是白热状态，最终随着一道耀眼的白光，流星被完全升华为蒸汽。而位于一二百英里以下的地面上的我们，却在惊呼着："嘿，看哪！流星！"

接下来，我们通过一个实验，来解释热力学定律。难道仅靠摩擦生热就能够产生如此绚烂的光亮吗？这看似有些不可思议，但我们必须记住两个事实：首先，流星的速度可能高达子弹的100倍；其次，摩擦生热的效率与速度的平方成正比。因此，在穿越大气层时，流星与大气摩擦产生的热量约为步枪子弹的1万倍。毫不夸张地说，子弹在与空气的摩擦中，其表面温度将上升10摄氏度。如果事实果真如此，那么流星在飞行过程中产生的热量将是无比惊人的，即使是其中的很小一部分就足以使流星升华为气态了。

让我们先来谈谈这些地外星体出现的若干条件，为了方便说明，我们就以1869年11月6日出现的那个大火球为例。当时，英格兰多地都观测到了这颗流星。在将各种观测资料综合比对之后，我们得出了有关该流星高度和运行速度的准确数据。

据资料显示，该流星首次出现于萨默塞特郡的弗罗姆上空90英里高的某一位置上，之后消失于康沃尔郡圣艾芙附近的海域之上27英里的高空。人们观测到该流星的运行轨迹长约170英里，运行时间为5秒，由此得出其平均速度为34英里每秒。这个大火球外观上的一个最主要的特征是，那一片绵延的发光云，长约50英里，宽约4英里。而且一直持续了50分钟。

在此例中，我们能够从一个很大的视角来观察流星现象的主要特征。但是，我们在观测期间还发现了一个对流星来说不常见的特点，就是那些持续存在的白光。

这些偶尔从望远镜中划过的小星体告诉我们，在宇宙间还有无数颗类似的流星，它们又小又暗，肉眼根本无法看见它们。但这些流星都会像我们描述的那样逐渐陨灭。实际上，只有在它们彻底陨灭的那个瞬间，人类才能意识到它们的存在。尽管这些流星的体积并不大，但它们的运行速度却极快，倘若地表没有遮挡物阻止它们的闯入，那地球将生灵涂炭，一片荒芜。因此，大气层的诸多益处之中还有一条，就是保护我们不受狂暴流星雨的侵袭。要知道，这些流星体的运行速度是所有炮弹都望尘莫及的。事实上，导致这些流星体最终陨灭的，正是它们极快的速度。它们气势汹汹地朝地球逼近，却最终在空气的摩擦下升华成无害的蒸汽。

最壮观的流星现象中，除了上文提到的耀眼的大流星之外，就非流星雨莫属了。曾经，流星雨现象引起了人们极大的关注，当然它也使人类做出了许多最有趣的当代天文发现，这也算是对人类刻苦研究的一份丰硕的回馈。

流星雨现象并不常见。当然，当其他人只能看到一些零散的流星体时，那些对流星颇有研究的人们，却能以更加敏锐的观察力观测到流星雨，但总体来说，笔者那一代人很可能只能见证二三场流星雨。笔者本人见过两场，1866年11月的那一场场面极为壮观，给我留下了深刻印象[①]。

在回溯11月的那场流星雨之前，让我们先将时间倒回约1000年前。902年10月12日，摩尔国王逝世，一位年迈的年代史编者将这一事件与另一现象联系了起来，他写道："那一夜，天空中无数颗星星如雨点般四下散落，其形状犹如根根长矛，那一年也因此被称为星年。"

如今，没人会相信上天是为了纪念这位国王的死才下了这场流星雨。但这一记录仍具有重大意义，因为它让我们知道，902年曾发生过一场盛大的流星雨。天文学家们怀着极大的兴趣发现，这是一个周期性流星雨的最早记录，近年来，它还先后发生于1799年、1833年和1866年。进一步的数据研究表明，世界各地关于这一惊人天文现象的记录，完整反映出了这个11月流星雨的每一次周期性回归。

① 1866年11月，那种每小时能看到上千颗甚至更多流星的流星雨，一辈子确实可能就能遇到2～3次，甚至会毕生罕见。

从902年至今，它总共出现了29次，而且很可能每一次都被地球上不同地区的人们所观测到。有时候，看到它的可能是原始部落的人们，对他们来说，流星雨象征着灾难，他们既不愿意也没办法将这一现象记录下来；而有时，看到它的可能是文明社会的居民，尽管无法理解这一现象的本质，但他们还是将其记录了下来。其中有些记录，虽历经岁月的洗礼却依然流传了下来，如今与其他记录一起，向我们展示着这一奇妙现象的历史。历史上共有12次流星雨的记录，其中很大一部分都是由牛顿教授收集整理的，他的研究极大地增进了我们对流星的了解。

让我们先想象这样一个画面：一大群小型个体在一定空间内穿梭。可以是由许多鲱鱼组成的一个鲱鱼群，占据着数平方英里的海域；或是在美国成群结队出现的野鸽，正如奥特朋所描绘的那样。流星群中流星体的数量可能会远远超过鲱鱼或野鸽的数量。只不过它们不会紧紧汇聚在一起。流星体之间的平均距离约为好几英里。因此，流星群的规模总是十分庞大。据观测，它们的尺寸可达数十万英里。

与鲱鱼群类似，流星群也不能自行选择轨道，它们必须沿着太阳给它们制定的轨道运行。每颗流星都在不受其他流星干扰的情况下，沿各自的轨道，每33年完成一次数十亿英里的旅行。流星在轨道上运行的大部分时间内，我们都无法看到它们。此时此刻，无数颗流星正在它们的既定轨道上不停运转。在地球捕获它们之前，我们永远也无法看到它们。每隔33年，地球就会像捕捞鲱鱼的渔夫一样，捕获大量的流星，且渔夫有捕鱼的大网，而地球则有捕星的大气层。我们用不着担心鲱鱼会因捕杀而灭绝，因为相较于海里丰富的鲱鱼总量，渔民捕捞的只是很小一部分。地球捕获流星也是这个道理。宇宙间有无数颗流星存在，因此地球每33年捕获数百万颗之后，仍有大量流星留存于宇宙空间。图91中展示的就是地球捕获流星的过程。图中既有地球绕日旋转的轨道，也有流星群的椭圆轨道，不过为了方便起见，此图并非按准确比例绘制。实际上，流星轨道相对于地球轨道的比例远大于图中所示。每年，地球都会完成一次公转，且在11月13日至16日间经过流星轨道。通常情况下，当地球经过流星轨道时，流星群并不位于该点处。但是一些零星的流星体会偶尔经过，所以地球在此期间也能观测到一些流星现象。这些流星体冲入我们的大气层，形成了俗称的11月流星现象。

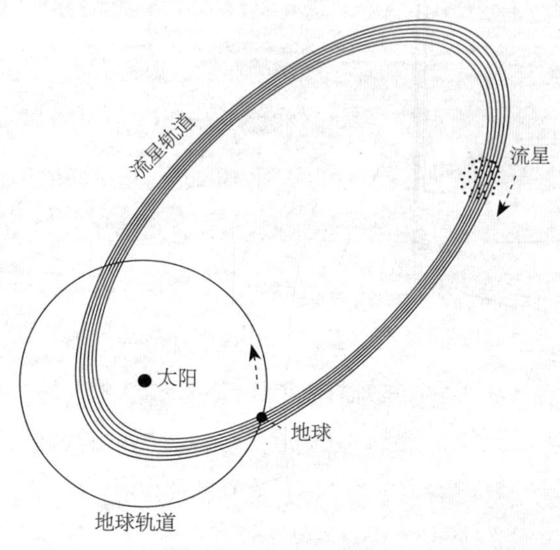

图91　流星群的运行轨道

在极少数情况下，当地球经过流星轨道时，恰好遇见流星群。随后，地球就裹着厚厚的大气层，闯入了流星群中。无数颗流星被地球大气这张巨网所捕获，再也没能逃脱。在数个小时之内，地球就以18英里每秒的速度穿梭于流星群间，最终它带着捕获的那些流星残骸，穿越了流星轨道，出现在该轨道的另一边。而那些侥幸逃脱的流星，它们的轨道也会发生微小的改变，这就是这场浩劫留下的证据。流星群中的其他成员却未受到丝毫干扰，继续它们的旅程。地球也许带走了数百万颗流星，但却留下了数亿颗继续前行。

这就是1866年11月13日和14日出现的那个震惊世界的奇观。当时，地球进入了流星群中，当晚的夜空万里无云，月亮也不见了踪影。那场流星雨不仅数量庞大，而且明亮异常。那一晚的景象使我永生难忘。当时，我像往常一样，正在用罗斯勋爵望远镜观测星云。当然在此前，我已经知道一场流星雨即将到来，但我怎么也没有想到，这一壮丽的景象会如此迅速地出现在我的眼前。大约在晚上10

点左右，我身旁的助理发出了一声惊呼，我将视线从望远镜移开，刚一抬头，正好就看见一颗明亮的流星划过天际。紧接着又是一颗，三三两两的流星预示着那场意料之中的流星雨即将到来。此时，罗斯勋爵也来到了我的望远镜前同我一起观测，没过多久，我们决定先放弃观测星云，转而登上罗斯勋爵望远镜（如图7所示）顶端的瞭望台，那里能清晰地看到北半球的整个天穹。接下来的二三个小时内，我们亲眼见证了一个终生难忘的壮丽景观。流星的数量逐渐增多，同一时刻出现的流星也越来越多。它们有的从我们头顶划过，有的向左，有的往右，但都背离东方运行。夜色渐浓，狮子座悄悄地升上地平线，这场流星雨的一个惊人的特征显现了出来，所有的流星都是从狮子座辐射出来的。有的流星似乎直奔着我们而来，因此我们几乎看不出它的运行轨迹，它看上去就像是一颗恒星，只是会突然变亮而后又迅速暗淡下来。少数流星在划过夜空之后，其明亮的轨迹依然能保持数十分钟，但大部分的轨迹都是转瞬即逝的。我们根本无从知晓，那晚究竟有几千颗流星划过，这些流星中的任意一颗，在任何平常的夜晚，都足以令我们赞叹不已。

图92中描绘的就是这些流星从某一点向外辐射的奇特现象。当然，图中所示的所有流星并非同时出现。流星雨观测者可以先准备一张地图，地图上描绘的就是流星即将出现的那片星域。然后，他先仔细观测某一颗流星，将它运行的轨迹与邻近恒星进行比对。接着，他就可以在地图上画上一根线，表示该流星的运行方向。此后，他继续以同样的方式记录这场流星雨中其他流星的运动情况，最终他的地图将会表明，几乎所有流星的轨迹都是从同一点或同一片区域发出的。当然，难免有些运行异常的流星出现，但大部分流星的运动都符合这一规律。乍看之下，仿佛所有流星真的都是从这一点射出的①。

但稍加思索就会发现，事实并非如我们所看到的那样。倘若这些流星真的有一个共同的辐射点，那么不同地区的观测者看到的这一点与邻近恒星的相对位置

① 这也是流星雨会用某个星座来命名的原因，一场流星雨的辐射点在哪个星座方向上，就会用这个星座的名字命名流星雨。

肯定是不一样的，但事实并非如此。无论从地球上的哪个地方进行观测，这场流星雨的辐射点都在同一位置上。

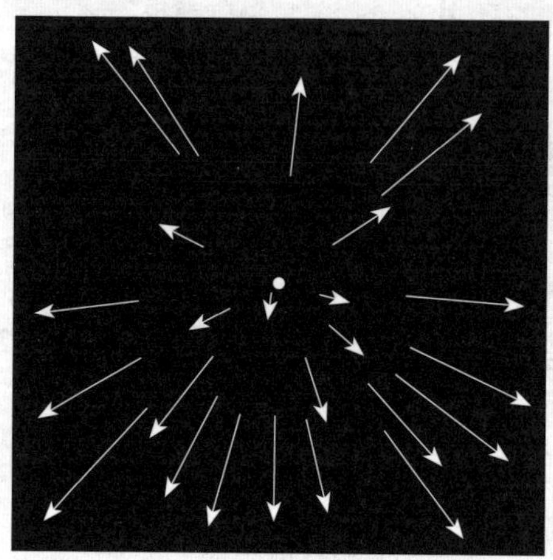

图92 流星的辐射点

所以我们只能用透视理论来简单地解释这一现象。了解透视理论的人都知道，如果想要在纸上画出位于一个区域内的多条平行线，那么就只能在纸平面上取一点，然后使所有直线都穿过该点。在观测流星时，我们可以看到它们在夜空中划过的轨迹。既然所有流星的轨迹都经过同一点，我们就可以据此推断出，这场流星雨中所有流星的运行轨迹都相互平行。

这样一来，我们就能确定这些流星的真正运行方向了，因为观测者的眼睛与辐射点的连线必定也平行于该方向。当然我们并不是说，同一场流星雨中的所有流星，在各自周期中的运行轨迹都是相互平行的。我们的意思是，在我们能观测到的、它们运行周期的这一小段时间内，它们看上去都沿直线运行，且这些直线都相互平行。

1883年，狮子座流星雨（人们以此命名11月流星雨）抵达远日点[①]，并开始回归。每年，地球都会穿越该流星群的轨道，但一直未曾与它们相遇，也没有观

① 这里指的是造成狮子座流星雨的母彗星抵达远日点。

测到任何显著的流星现象。在接下来的数年中，流星群逐渐向地球轨道靠近，到了1899年，流星群终于进入了地球轨道。那一年，人们本以为能观测到一场盛大的流星雨，可结果却让人大失所望。流星群的队伍冗长，它们需要一年多的时间才能从头至尾完全经过两轨道的交汇点。这样我们必定能见证地球捕获它们的画面。但当流星群抵达交汇点时，地球却刚刚经过了该点，一年后才能再次返回。因此，位于队首的那些流星幸运地躲过了地球的捕获，但队尾的那些就没有这么幸运了，地球再次返回时吞噬了不少队尾的流星。有时，地球会在连续两年间先后两次闯入流星群内。第一年，地球恰好进入了该流星群的前部，而由于队伍冗长，地球绕其轨道运行完6亿英里，再次返回交汇点时，流星群还未完全通过该点。据史料表明，人们曾在连续两年的11月间，都观测到了壮美异常的狮子座流星雨。

每隔33年，地球就会吞噬大量的狮子座流星体，该流星群的总数必然会不断下降。这样一来，日后出现的流星雨的壮观景象，肯定会大打折扣。它们的亮度肯定大不如前。还有一个有趣的现象是，这个流星群的形状也在逐渐发生变化。流星群中的每颗流星，都不受其他个体的干扰，且沿着独立的轨道绕日公转。每颗流星都有独特的运行周期，且周期长短完全取决于其椭圆轨道的周长。只有当两颗流星的轨道长度完全一致时，它们的公转周期才会相等。流星轨道的长度通常都有数亿英里，因此任意两颗的轨道长度不可能完全相同。据此，我们也许能推测出流星群发生形变的根本原因。假设有A、B两颗流星，A的公转周期为33年，而B需要34年。如果二者同时出发，那么当A绕日一周后，B还需1年才能完成；A再次绕日一周后，B就落后了2年，以此类推。这就像是许多男孩参加长跑比赛，他们需要绕赛道跑很多圈才能最终完赛。起初，整个队伍都从同一点出发，在开始的1～2圈内，它们彼此间的距离还没有被拉开，但是渐渐地，跑得快的跑在了前面，速度慢的被落在了后面，整个队伍也就逐渐拉长。随着比赛的深入，整个队伍分散开来，将赛道完全包围，队首的男孩甚至追上了队尾的同伴。这似乎也是11月流星群的最终命运。整个流星队伍将分散在巨大的轨道上，最终，我们再也不能每隔33年都观测到一次壮观的流星雨了。

亚当斯正是从1866年的11月流星雨现象中，观察到了一个既有趣又美丽的数学天文学发现。我们已经知道狮子座流星群沿椭圆轨道运行，且每33年回归一次，但我们的望远镜无法对其进行全程追踪。我们从观测中所获知的仅仅是它们出现的时间，辐射点的位置以及为期33年的公转周期。如果将这些信息综合起来，就可以测算出这些流星运行的椭圆轨道——但现有数据无法使我们得出确切的结果——我们只知道它应该是5条轨道中的其中一条。这5条可能的轨道是：第一条，就是我们目前推测出的那条巨大的椭圆轨道，流星群绕日一周需要33年；第二条，是一条近似于圆形的轨道，比地球轨道略大，流星群运行一周所需时间约为1年零几天；还有一条类似轨道，其周期略短于1年；还有两条小型的椭圆轨道，都位于地球轨道以内。牛顿明确指出，只有当流星轨道属于上述5条中的任意一条时，我们观测到的那些现象才能得到合理的解释。但问题是，究竟哪一条才是真正的流星轨道呢？对此，牛顿提出了一个解题思路。他提出的这一方法较为复杂，因为需要借助摄动理论的一些繁复的数学运算。不过值得庆幸的是，亚当斯承担起了这项研究，在他出色的工作下，狮子座流星群的轨道最终得以确认。

当人们在查阅有关狮子座流星群出现的早期记录时，他们发现这一流星群出现的日期在持续变化，后来牛顿将其归纳为每隔70年便出现在同一天。如此一来，流星轨道与地球轨道的交汇点也在不断变换，但在相邻的两次回归之间，交汇点会沿地球运行的方向向前移动0.5°。因此，流星运行的轨道也在不断发生变化，前后两个周期的轨道会略有不同。然而，由于这些变化始终朝着同一方向发生，久而久之，就会日益明显。图93中有两个椭圆，实线代表公元126年的流星群轨道，虚线则代表如今的轨道，二者之间的差距大致代表了十几个世纪间流星轨道的变化情况。

天文学家们将流星轨道的这一明显变化归因于前文提到的摄动作用。毫无疑问，流星的椭圆运动是由于太阳引力造成的，如果不受其他外力影响，这一运动将一直保持下去。但是，我们从椭圆轨道的形变中发现了行星引力的作用。观测试验表明，若流星沿较大轨道运行，则使其发生变化的一定是木星、土星、天王星或地球的引力作用；反之，若沿较小轨道运行，则能够对其产生影响的一定是距离够近，质量够大的行星，即地球、金星或木星。这样，我们就能够通过数学运算解答流星的轨道问题。我们需要分别算出每颗行星对上述5条轨道产生的摄动作用大小，这个过程虽然很难，但却并非完全不可能。这就是亚当斯当时的工作。他发现，如果流星群沿大轨道运行，那么木星引力引起的变化约占三分之二，剩下的则主要由土星引力引起，此外，天王星引力也引起了小部分变化。这一算法表明，巨型轨道的假设是行得通的。亚当斯还分别计算了流星群在其他四个小型轨道上运行时，可能发生的位移量。这一计算过程可谓十分艰难，但最终结果却使亚当斯的一切付出都得到了丰厚的回报。结果表明，如果流星群沿其余任一小轨道运行，那么其轨道位移量还不及实际观测到的一半。因此，这四条小轨道就被排除了。至此，我们可以完美论证：流星群是沿巨型轨道运行的。

所有这些轨道运动都遵循开普勒定律：当运行至远日点时，流星速度最慢，略大于1英里每秒，随着流星不断向太阳靠近，其速度也逐渐增大，当最终经过地球轨道时，其速度超过26英里每秒。由于地球是以18英里每秒的速度与其近似于反向而行，所以如果流星冲入地球大气层，那么它的相对速度几乎高达44英里每秒。倘若未能与地球大气相遇，那么流星就会以逐渐减慢的速度继续向前运行，待它终于完成了一次完整的周期运动时，33年零3个月的时间已经悄然逝去。

狮子座流星群中的无数颗流星，汇聚成了一条巨大的流星流，其宽度相较于其长度略显狭窄。如果以一个周长为7英尺的椭圆代表流星群的轨道，那么流星流就像一根长约1.5英尺或2英尺的极细的缝纫丝，蜿蜒于轨道之上[①]。但即使是相对较窄的流星流的宽度，也不低于10万英里，所以流星流的大小可见一斑。而流星流的长度则可以这样估算：虽然流星的速度达到了26英里每秒，但整个流星流却需要大约2年的时间才能完全通过流星轨道与地球轨道的交汇点。1866年11月13日

① 这个比喻以及流星轨道的数值，都来源于斯托尼博士于1879年在英国科学研究所的一场有趣演讲，该演讲的主题是《11月流星的故事》。

至14日的那个历史性的夜晚，地球进入了这条流星流的前部，直到5小时后才从其尾部穿出。在那期间，地球面向流星群的那个半球上正好包含欧洲、亚洲和非洲大陆，因此见证这场盛大流星雨的恰好是以前。第二年的同一天，地球再次抵达同一地点，那时流星群还未完全经过交汇点，于是地球再次进入流星群内。这次与流星群迎面相遇的是美洲大陆，因此1867年，人们在美洲大陆上观测到了那场流星雨。即使到了第三年，整个流星群还未完全经过交汇点，从那以后，每次穿越这条“流星高速公路”时，地球总会遇上一些零散的流星体。

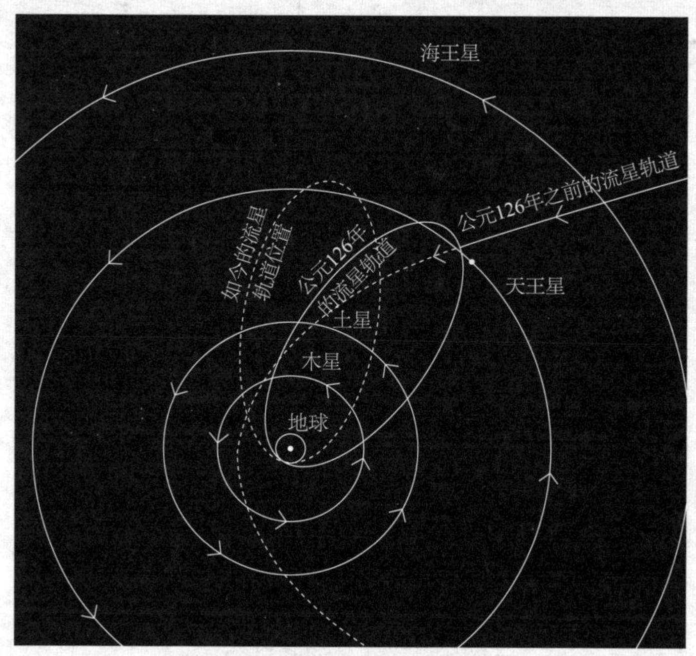

图93　狮子座流星群的历史轨道

勒威耶曾就这些流星群如何进入太阳系进行了解释，为了论证其推断的权威性，人们为此还制作了专门的图解。流星轨道不与木星、土星或火星的轨道相交，但却与天王星的轨道相交。因此，有时天王星会与流星群相遇在其轨道的同一点上。勒威耶已成功证实了天王星与流星群曾于公元126年相遇，但此后却再未发生。这条线索似乎在告诉我们一个惊人的历史真相：流星群就是在那一年进入太阳系的。1899年将再现一场盛大流星雨的预测曾一度甚嚣尘上，而且有根有据，分析得头头是道，可结果却令人大失所望，人们仅观测到了几颗普通大小的流星体。

斯基亚帕雷利先假设8月流星的轨道是一条抛物线，当他计算出该轨道的大小和位置后，却发现它的每一个特征都与1862年夏天出现的一颗彗星的轨道十分吻合。这绝不可能只是个巧合。这颗彗星运行的平面与流星的完全吻合，二者轨道轴的方向一致，运动方向一致，就连与太阳间的最短距离也相同。这一切都表明，彗星与流星群间一定存在某种更深层、更本质的联系。这一观点很快便得到了进一步证实，当勒威耶计算出11月流星的轨道后，他立即注意到，这一轨道与另一颗彗星的轨道完全一致，该彗星曾于1866年1月经过其轨道近日点，且公转周期恰好为33年零2个月。

在狮子座流星群中，我们偶尔会看见比金星还要亮的大火球，看上去甚至有半个月球那么大，它们如闪电般划过夜空，身后留下许多耀眼的白光，这些白光的持续时间从1分钟至1个多小时不等。但绝大多数流星的光芒仅接近于二等星、三等星或四等星的光芒。由于流星的亮度取决于其质量和速度，因此我们就能对这些流星的实际重量有所了解，大部分流星的重量可能还不到0.25盎司，甚至许多都不到1格令。我们在前文中提到，彗星极有可能是由一大群松散的微粒组成，这些微粒都被稀薄的气体包裹，而且彗星在宇宙间穿梭的过程中，其组成物质也会逐渐被消耗。现在，我们再来讲一个彗星解体的故事，让各位了解这些微粒后来可能变成什么样子。

1872年11月27晚出现了一场盛大的流星雨，该流星群的辐射点位于仙女座。从观赏性的角度来说，这场流星雨当然比不上1866年的那场，但要论科研意义，二者难分伯仲。

当时，地球在经过比拉彗星轨道时，恰好遇上了仙女座流星群（人们以此命名该流星群），这不得不说是个绝妙的巧合。我们既观测到了仙女座流星群进入地球大气层的方向，也能确定比拉彗星进入地球轨道的运动方向，结果发现，二者的方向是完全一致的。这一结果已足以表明二者间一定有所关联，但事实还远不止于此。人们对该流星群的记录可追溯到18世纪，从这些记录中我们发现，该流星群出现的时间逐渐从12月6日或7日提前至11月底，而这刚好符合地球轨道与比拉彗星轨道交汇点的逆行规律。在这颗彗星的7年周期被发现以前，人们曾先后于1772年和1805—1806年间观测到它的身影。1826年，比拉发现了这颗彗星，1832年又再次观测到它。1846年，整个天文学界无比震惊地发现，在该彗星的位置上出现了两颗彗星，且这两块彗星碎片于1852年再次回归。1859年，由于与地球间的相对位置关系，人们没能观测到比拉彗星。就在它理应回归的1865年至1866年间，人们依然没能看到它的身影，此后，比拉彗星再也没能出现在人们的视线中。1872年秋天，本应是比拉彗星回归的时节，但一场盛大的仙女座流星雨却不期而至。于是人们不禁猜测，这些流星就算不是比拉彗星的组成部分，也必定与其存在极为深厚的联系。这场流星雨中还有另一个令人难忘的细节，当时，克林克弗斯教授给在马德拉斯的波格森先生发了一封电报，内容如下："比拉于27日光临地球，请在半人马座阿尔法星附近寻找。"波格森的确按其提示进行了搜寻，也果真发现了一颗彗星，但不幸的是，由于天气状况不佳，波格森只在两个夜晚成功观测到该彗星。众所周知，要想测算行星或彗星的轨道，至少需要三次不同的观测结果，因此波格森无法知晓该彗星的轨道信息，但几乎可以肯定的是，那颗彗星并非是比拉彗星两块碎片中的任意一片，它反倒可能是恰好沿比拉彗星和比拉流星群同一轨道运行的一颗彗星。

比拉流星群的另一次出现发生在1885年，1872年与1885年的间隔恰好够该流星群运行完两个完整的轨道周期。1885年11月27日的那场流星雨壮美异常。据牛顿教授估计，流星体数量达到峰值时，其出现频率为75000颗每小时。1892年11月27日本应是该流星群回归近日点的日子，但人们在当天却并未观测到任何流星，反而在当月23日观测到大量流星体从同一辐射点射出。布列季钦认为，流星群轨道与地球轨道的交汇点提前4天的原因在于，木星的摄动作用对流星群的运动产生了影响。

但有一个值得注意的现象是，在那场壮观的流星雨中，没有任何一颗流星体落到地表。无论是狮子座、英仙座还是仙女座流星群，它们中从未有一颗流星体被地球大气所捕获，我们也从未成功辨识出某颗特殊的流星体①。据了解，那些从天而降的、俗称陨石的物体并非源自流星雨，它们的成因也许与周期流星大不相同。

[今日科学说] 前文提及人的一生可能只能目睹2～3次流星雨，这个说法不能说是错误的。因为这指的是流量特别大的流星雨。这里就涉及一个流星雨流量的概念，可以类比气象中降雨量的概念，在天文学中，我们用天顶每时出现率来体现一场流星雨流量的多少。一般认为ZHR在1000以上②的流星雨可以称作流星暴雨，“人一生看到2～3次”的流星雨说的就是这种流量上千乃至在数千以上的流星雨。近些年来，每年有三场ZHR在100左右③的流星雨值得一般民众观赏，分别是1月4日前后上演的象限仪流星雨，8月12日前后的英仙座流星雨，以及12月14日前后的双子座流星雨。需要注意的是，ZHR是一个表示理想状态下每小时能观测到的流星数量，属于理论值，实际观测到的流星数量会受到各种条件影响，如天气，环境光的亮度，辐射点的高度等。现代人越来越相信陨石从天而降的说法了，这难免有些奇怪。因为在古代，常有一些怪石从天而降的传言，但人们似乎并不相信这些。在一个世纪以前，即使有大量证言可以从旁佐证，人们仍将这些传言当神话听。证人们发誓曾亲眼看见这些石块陨落，这些石块与地球上的其他物体根本不一样，甚至还有人言之凿凿地宣称有人被这些天外来客袭击致死。

---

① 1885年11月27日，在仙女座流星雨发生期间，一块陨铁落在了墨西哥的马萨皮尔，但它究竟是不是流星的某个碎片，我们无从知晓。值得注意的是，据说同年11月底的时候，有人在其他情况下也看到了一些陨石从天而降。

② ZHR达到1000的流星雨，在理想状态下可以3秒左右看见一颗流星。

③ 相当于1分钟看到大约2颗流星。

毫无疑问，看到陨石陨落的通常都是普通的民众。他们在事实真相中掺杂了大量想象的成分，这就使那些审慎之士们拒绝相信陨石从天而降的论断。即使是今天，我们也很难准确验证这些言论的真伪。比方说，丛林中的一个印度人看到了一颗陨石的陨落过程。现在这颗石头就摆在眼前，它也的确具有流星体的特征，目击证人也亲眼看见了其降落过程中的一切细节，但由于被巨大的声响惊吓过度，再加上以为自己刚刚死里逃生，这位目击者几乎被吓得说不出话来。

但有一点他倒是可以肯定，他觉得那块陨石在丛林间一直追了他2个小时，才最终落到了地上！

1794年，克拉德尼发布了一项声明，宣称一位旅行者帕拉斯在西伯利亚发现了一大块陨铁。那是人类第一次正式确认此类物体来源于外太空。但即使是克拉德尼的声望加上他提出的系列论证，都依旧无法获得大众的认同。此后不久，一颗重达56磅的石头在伦敦被展出，好几位目击者宣称，曾在1795年亲眼看见该石块掉落在约克郡的沃尔德农舍附近。随后，这个石块就被纳入本国藏品之列，并在南肯辛顿的自然历史博物馆展出。此后，来自世界各地的陨石样品大量涌入。经检测表明，有些从意大利和贝拿勒斯送来的陨石与约克郡发现的那些有着相同的组成成分。那些不相信陨石从天而降的质疑之声渐渐消退。1802年的《哲学学报》上，还刊登了一篇由霍华德撰写的有关贝拿勒斯陨石的详细报道。仿佛为了印证霍华德的报道非同一般，第二年在诺曼底拉阿格地区发生了一场壮观的陨石雨。法国科学院委托物理学家毕奥前去当地走访，并详细调查这场陨石雨发生的前因后果。毕奥的调查结果打消了人们最后一丝疑虑，自此，陨石的研究被从地质学领域划分至天文学领域。我们还注意到，陨石天体起源的认定恰好与第一颗小行星的发现同时发生。这两大发现都为太阳系增添了不少小星体，尽管它们的尺寸不大，但却能给我们提供大量信息。

一旦确定了天降陨石的可能性之后，我们便能够找到那些早期的观测记录，对它们被掩藏了数个世纪的真实性给予最公正的评判。在那些具有一定史实性的陨石记录中，最早的或许就是由李维记录的，发生于公元前654年的那一次，陨落地点为罗马附近的阿尔班山上。而在那些较为近代的记录中，有一条记录则得到了确凿无疑的证实。事件发生在1492年，地点是阿尔萨斯的昂西塞姆。当时，马克西米利安皇帝下令将该陨石存放在教堂内，同时再附上一封有关其陨落过程的简介。于是这块陨石便被悬挂于教堂内长达3个世纪之久。随后，法国大革命爆发，该陨石被带到了科尔马，途中还有几块碎片脱落，其中一块如今已列入英国藏品之列。值得庆幸的是，这块神奇的陨石最终还是回到了它最初的存放点——昂西塞姆的教堂内，时至今日，它仍吸引着不少游客前去一睹它的真容。人们对它的评述如下："公元1492年，在圣马丁节前的一个礼拜三——11月7日，一个绝无仅有的奇迹发生了，在中午11点至12点之间，天空中突然发出了一声惊雷，紧接着，远处的雷声开始轰隆作响，一块重约260磅的陨石突然从昂西塞姆的空中落了下来，此时远处的雷声似乎比这里的还要响。后来，一个男孩看见这块陨石朝着莱茵河的方向，落在了吉斯冈地区附近的一片麦田上，除了砸出一个大洞之外，这个天外来客并未造成其他影响。于是人们一起将其搬离了坠落地点，尽管当地的地方长官明令禁止，可人们还是偷偷敲下了不少陨石碎片。最终，人们将其奉为一个时代的奇迹，存放在教堂内，前来观赏的人们络绎不绝，有关这块陨石的话题也层出不穷。就连学者们也不得不承认，他们也不清楚这究竟为何物，因为从天上掉下这么大一块石头这件事，本来就不符合常理，但这绝对是一个来自上帝的神迹，因为此前人们从未看过、听过或记录过类似物体。当人们找到那块陨石时，发现它埋入地下的深度正好有半个人高，大家都说上帝是刻意将它埋到这个深度，好被人类发现的。菲林根的卢塞恩以及许多其他地方的人们都听到了陨石降落时的轰鸣声，人们甚至以为房屋都会被巨大的声浪给掀翻。同年圣凯瑟琳节后的第一个礼拜一，马克西米利安皇帝到了当地，并下令将这块陨石带回他的城堡，但在与其他权贵商议一番之后，马克西米利安皇帝说，昂西塞姆人民应该拥有它，于是他命人将该陨石悬挂在当地的教堂内，不准任何人触碰。不过，这位皇帝自己却拿走了两块陨石碎片，他留下了其中一块，并将另一块赠予了奥地利的西吉斯蒙德公爵。民间流传着许多有关这块陨石的故事，直至今日，它依然被挂在教堂的圣坛之上，许多游客都慕名而来。”

既然承认了陨石的天体来源，我们自然就会对其多加关注。陨石是我们直接了解其他星体组成物质的唯一途径。我们可以将其拿在手中，对其进行分析，测出它的组成元素。有关陨石结构的内容我们就不再详述了，那些问题并非天文学家的研究范畴，更应交由化学家和矿物学者去讨论。我们需要了解陨石的更多显著特征，才能更准确地分析出它们的真正来源。

在南肯辛顿的自然历史博物馆中，还可以看到许多各式各样的陨石藏品。这些陨石来自世界各地，大小不一，最小的只有针头那么大，而最大的却重达数英担。此外，这里还藏有许多著名陨石的模型，它们的原型则被各地博物馆收藏展示。

多数陨石的外观并无任何特殊之处。倘若在沙滩上遇见它们，我们根本无法从一堆石头中将它们辨认出来。但只要能获得一颗小小的陨石，它就能给我们讲述一段伟大的历史！的确，我们看到的只是它从天而降的过程，但在此之前它又是如何运动的呢？百年以前，甚至千年以前，它又在哪儿呢？它在哪片星域游行呢？为什么它此前从未陨落过？又为何现在陨落？当我们在研究这个有趣物体时，这些问题常会涌现在脑海中。有些陨石的材质十分特别。例如，那颗较为近代的陨石——俗称罗顿铁陨石。这块陨石与普通的石陨石存在很大差异，即使是普通的路人也很难忽视它的存在。它极大的重量也十分引人注目，如果用锉轻锉其表面，就会发现它几乎是一块纯铁块。这块铁块陨落到地球上的情形，我们也有所了解。1876年4月20日下午3点40分左右，在里京以北8～10英里的什罗普郡上，附近数十英里范围内的村民们都突然听到了一声奇怪的轰鸣声，紧接着又是一声骇人的爆炸声。大约1小时后，一位农夫注意到他的一片草场出现了异常情况，于是他走近那个被陨石砸出的坑洞，上前细细查看了一番，他发现洞内的泥土还是热的，洞深大约在18英寸左右。一些在附近劳作的人们也听到了陨石下落过程中发出的巨响。这块著名陨石的重量为$7\frac{3}{4}$磅，尽管所有边缘部分都已被大气层熔化变圆，但这块陨石仍有几处不规则的棱角，除了最初撞击地面的那部分之外，其余部分都密密麻麻地覆盖着一层四氧化三铁的黑色薄膜。该陨石坠落的区域属于克利夫兰公爵的领地，随后，这位公爵便将它赠予了上文提到的自然历史博物馆，此后，这颗陨石就被命名为罗顿铁陨石，并一直受到所有对陨石感兴趣的人们的关注。

这块铁陨石最显著的特征，就是其独特的金属性。相较于石陨石，铁陨石并不常见。事实上，人们真正观测到铁陨石陨落的次数并不多，而相反的，石陨石的观测次数则多达数百次。也就是说，铁陨石比石陨石要罕见得多。不过，对于那些到博物馆参观的游客来说，这可能与他们的第一印象并不相符。到目前为止，在博物馆展出的各式各样的陨石中，铁陨石的数量大大超过其他陨石。这一点其实不难解释。那些巨大的铁块无疑都是陨石，这一点毋庸置疑。但是，其中绝大多数陨铁的下落过程并未被人类所观测到，只不过，它们独特的金属性使人们很容易发现它们罢了。打个比方，假如一位游客在西伯利亚或中美洲的某一平原上，发现地上有一块铁块，他会对此做何解释呢？这块铁块肯定不是被别人带到这里的，方圆数百英里内也没有这种铁块。这一铁块上还含有镍，其构造方式与陨石完全一致，而且也常常被视为追寻陨石起源的一条重要线索，但人类是不会制造这种铁块的。这位游客还注意到，由于铁在空气中会受到锈蚀，因此这个大铁块不可能一直就在这里，它在这里停留的时间一定十分有限。这样一来，就只剩下一个解释了——它一定是从天而降的。而在同一片平原上，成百上千的石陨石也都坠落于此，但它们会随着时间的流逝而逐渐腐蚀瓦解，而且它们也不像铁陨石那样，容易引起路人的注意。因此，尽管石陨石下落的次数更多，但除非人们亲眼看到了它们的下落过程，否则它们很容易就会被人们所忽视，而铁陨石就大不一样了。这就是铁陨石在英国陨石藏品中数量占优的原因。

前文中曾提到，罗顿铁陨石的陨落还伴随着一声轰鸣，而且据记载，当陨石坠落在昂西塞姆时，还发生了一次爆炸。这些信息使我们找到了陨石现象的一个显著特征。我们观测到的所有陨石陨落过程几乎都伴随着一次爆炸。

不过，这并非是一条亘古不变的规律，而且流星爆炸时也常常不会产生任何固体碎片。最能说明陨石现象随着爆炸同时发生的，是布苏拉陨石的例子。该陨石于1861年降落在印度。在一声爆炸声后，三四英里的范围内都出现了若干陨石碎片，当人们将这些碎片收集到一起时，发现这些碎片刚好能还原出陨石的原始形状。尽管仍有不少碎片遗失（显然，人们没有注意到它们的陨落，也就很难再找到它们），但现有的碎片数量足以使我们看到这块陨石在解体前的不规则形状。布苏拉陨石是一块普通的石陨石，它与前文提到的罗顿铁陨石形成了鲜明的对比。除了这两种外，陨石还有其他种类。布赖滕巴赫陨铁就是另一种陨石的典型代表，这种陨石介于铁陨石和石陨石之间。它是一种极为粗糙的、蜂窝状的铁块，这些密密麻麻的小洞内蕴藏的都是矿物质。在博物馆中，我们能找到这种陨石的部分样品，可以仔细观察到它们的奇特结构。

让我们先来看看这类陨石最显著的特征。当然，这里所指的并非是它们的化学成分，而是它们的外观。这类陨石外观上最明显的特征是什么呢？——你肯定第一眼就会发现，它们都是碎片，都是从更大的物体上脱落下来的。只需看一眼它们的形状，便能一目了然。如果再细看它们的物理结构，那这一点就更加确信无疑了。人们常会发现，陨石本身也是由许多更小的碎片组成的。查科山脉（Sierra of Chaco）上曾发现过一块重约30磅的小陨石，它的截面图（如图94所示）能完美印证陨石的碎片化结构特点。

查科陨石属于石陨石的范畴，以下截面图中展示的，便是它的复合结构。棱角分明的外观表明，查科陨石应该是一块陨石碎片。毫无疑问，在第一次冲入大气层以前，它的体积应该远不止于此。其外部锐利的棱角可能是由于那次爆炸引起的，但其内部的结构却并非由同一原因造成。可以看到，这些不同材质、不同形状的碎片凝结在一起，成了一个整体。要论地球上与之相似的物体，就应该到火山岩中去寻找了，火山岩也是由大量不规则

图94　查科陨石的截面图

的、棱角突出的碎片凝结而成。这块陨石给我们提供的证据，使我们几乎可以确定陨石来源必备的一个条件。这些陨石一定是从一些尺寸非常可观的物体上脱落的碎片。在这块陨石内，还可以看到许多与矿物质混杂在一起的铁质颗粒。许多陨石中所含的铁的特性与用炸药炸出的铁十分相似。人们由此发现，从巴西出土的大量陨铁其实在坠落到地球之前，就应经炸成碎片了。落地后，它们又被那些零散的矿物质再度凝结到一起。此外，还有一种与众不同的陨石种类，其代表为1864年5月14日落到法国的奥盖尔碳质陨石。它降落的过程中还出现了一颗流星，其亮度能与满月的月光相媲美。这颗流星的真实直径至少有数百码，它的100多块碎片散落在15英里长的一段距离上。这块奥盖尔陨石有着与众不同的特殊意义，因为它属于一类特别稀有的陨石种类，这类陨石中都不含有金属铁。它们所含的大部分矿物质都与其他陨石相同，但不同的是，它们还含有碳和另一种呈白色或乳白色的结晶体，这种结晶体可溶于乙醚，且与碳氢化合物的性质有所相似。这类陨石，如果不是亲眼看到它从天而降，你很可能会以为它只是动物或植物的腐败物质。

前文中谈到，一个高速冲入大气层的物体会如何达到红热或白热状态，甚至升华成气态。那么陨石又是如何避开了足以使其汽化的高温炙烤，以极快的速度，带着余热，坠落到地球上的呢？比方说，假如罗顿铁陨石以20英里每秒的速度冲入大气层，那么毫无疑问，它将被高温熔化成气体，当然，这些气体微粒又会在逐渐降落到地面的过程中，重新凝结成小铁珠。陨石是如何躲过被汽化的命运的呢？要知道，我们的地球也在以约18英里每秒的速度运行，因此，陨石与地球之间的相对速度才是决定其所受摩擦力大小的主要因素。如果陨石与地球发生直接撞击，那么这一撞击速度一定是大得惊人的，但真实的情况是，尽管二者的速度都很快，但它们之间的相对速度却并不大。这一观点无论在何时，都能够很好地解释陨石降落在地表的现象。

在本章前面的内容中，我们曾提到流星雨与彗星之间存在紧密联系。事实上，每个流星群都沿着某一颗彗星的轨道运行，而这些流星体很可能就来源于该彗星。因此，流星群与彗星必然存在紧密联系，但我们还不清楚，陨石与彗星之间是否也存在联系。截至目前，人们还未能在流星雨期间，观测到任何陨石坠落的现象。无论在狮子座流星雨还是英仙座流星雨期间，都没有发生陨石坠落。据我们所知，天文学家们耳熟能详的其他流星群，如天琴座、象限仪座或双子座等，都未曾坠落过任何陨石。显然，陨石与流星群之间并不存在任何直接联系，所以它们与彗星可能也并无关联。

关于陨石的来源问题，天文学界一直还未达成一致。每一套陨石理论都存在不少争议，所以唯一剩下的最终答案却是看似最不可能的那一个。笔者认为，能满足这一条件的，是由奥地利矿物学家切尔马克提出的一个理论。他曾对维也纳收藏的所有陨石进行过系统研究，并得出结论称："陨石源自某些天体上的火山"。让我们试图跟随切尔马克的推理过程，来探讨这一问题，他的推理可概括如下：假设有些陨石的确是从火山上喷发而来，那么这些火山所在的某个或某些天体究竟位于何处呢？这个问题完全可以交给天文学家和数学家来解答，一旦确定这些陨石来自天体火山，那么这个问题就演变成了一个数学问题，同时也是一个概率权衡的问题。

首先，我们需要明确火山喷发陨石的动力问题。假设某颗行星上存在一座火山，且该火山处于活跃期，它在一次大爆发中喷射出了一块陨石：这块陨石会逐渐上升，然后停止，紧接着再次落回地面。这是地球火山喷发时将会出现的情况。科多帕希火山能将巨大的石块高高射出，但这些石块最终还是会落回地面。地球引力会逐渐征服火山喷发产生的速度，因此喷发物终将下落。但假设火山喷发得更加猛烈，使石块能被射到距离地表更远的高空。例如，石块被喷出的高度等于该行星的半径：此高度上的引力大小将降至该星球表面的四分之一，因此该行星就更难将石块拉回。此时，随着石块高度的增加，行星需要将其拉回的距离也在不断增加，而引力却在不断减弱，这使行星拉回石块的难度双倍增加。我们曾多次提到这个话题，而且还提到每个行星都有一个特定的临界速度，这一速度取决于行星的质量和半径。如果抛射物的初始速度大于或等于临界速度，那么它将一直上升，永不返回。在儒勒·凡尔纳的《从地球到月球》书中描写了一台虚拟的大炮——哥伦比亚炮，这台大炮的发射速度能达到6～7英里每秒。这一速度就是地球的临界速度。若排除空气阻力的影响，那么一台抛射速度为7英里每秒的大炮，将能够使抛射物一直上升，永不再落回地面。

切尔马克火山起源论的最大难点在于，陨石喷发所需的巨大初始速度。哥伦比亚炮只存在于幻想之中，就目前而言，地球上已知的任何介质，无论是天然的还是人造的，都无法产生如此惊人的巨大速度。喀拉喀托火山的轰鸣声能传到数千英里以外的地方，可即使是在最猛烈的喷发过程中，它也无法以6英里每秒的速度将任何物体射出。因此，我们只能继续寻找陨石的其他天体来源。我们唯一能观测到火山的星体，只有月球。其他星体都距离我们太过遥远，根本无法看清如此微小的结构。月球火山的喷发物有没有可能会降落到地球上呢？

这个观点曾一度得到了一些权威人士的推崇。月球的质量约为地球的八十分之一。所有星体抛射物体的临界速度并非直接与它们的质量成比例，准确的表达应该是，临界速度与星体质量的平方根成正比，而与其半径的平方根成反比。这样一来，月球抛射物体的临界速度仅为地球的六分之一。如果月球表面火山的喷发速度达到1英里每秒，那么这些陨石的来源很有可能就是那些火山。我们在月球表面也的确找到了频繁的火山活动留下的许多痕迹。如此说来，月球上抛射出的物体的确能够落在地球上，而且有些陨石很可能真的是从月球抛射而来的。但是，月球火山喷发论存在一个重大难点。假设月球火山上喷出了一个物体，该物体在地球引力的作用下，将按照开普勒定律，绕地球旋转。在不考虑月球及其他星体摄动作用的情况下，如果该物体最初没能落到地球上，那么它将永远也无法落下来。如果一块来自月球的陨石想要落到地球上，那么在它第一次绕地球运行时，它的轨道与地心间的最短距离必须小于地球半径。由于陨石只需要数天的时间便能从月球运行至地球，而目前又仍有许多陨石不断坠落在地球上，由此可知，月球必定还在持续不断地喷发出陨石。然而，月球上的火山已经休眠了（观测者们对月球进行了长期研究，但却并未找到月球火山仍在喷发的确凿证据）。

无论曾经的情况如何，今天的月球已经绝不可能再继续喷发出陨石了。不过，有一种可能的情况是，在月球火山还未休眠之前，它曾喷射出一块陨石，此后，在太阳系其他行星的摄动影响下，该陨石的轨道发生了改变，使其最终进入了大气层，并落到了地面上，但无论如何，今天的月球已经无法再向我们“发射”陨石了。鉴于此，我们只得再去寻找其他能够满足条件的火山了。

现在，让我们把目光转移到行星上，看看它们的火山是否能满足条件，成功发射陨石，并使其最终落在地球上。尽管我们既无法看清这些行星上是否存在火山，也无法找到任何火山曾经存在过的证据，但这些巨型星体上热量的出现，似乎使我们确信，它们一定存在某种形式的火山活动。首先需要排除的，是那些超大行星：如木星或土星。一方面，这些行星的表面与火山表面截然不同；另一方面，这些行星通常都拥有十分庞大的重量，倘若陨石想要成功摆脱行星引力，它就必须具备大得惊人的喷发速度。要满足上述条件，木星上的火山喷发速度必须达到地球火山的5～6倍。为了解决这一难点，我们自然而然地便会转而考虑太阳系的那些较小的行星，如小行星中的某一颗。让我们先来想想，小行星需要将物体喷射到多高的高度，才能使其最终落到地球上呢？有些小行星的直径仅有数十英里。太阳系中有的小行星体积极小，所以一个普通的喷发速度就足以将物体永远射离其表面。在小行星那一章中，我们已经解释过这一点。小行星上的火山完全具备足够的喷射速度，将陨石射入太空，直到其受到其他外力影响，坠落在地球上。这样的火山完全有存在的可能性，并且它们也能够将物体从小行星表面射出。但不要忘了，它们射出的陨石需要落到地球上，因此我们还必须考虑到相关的动力学问题。为了更好地解释这个问题，我们需要借助一颗小行星来举例说明，就以谷神星为例。如果一块陨石想要落在地球上，它必须先穿过地球轨道，这条狭窄的轨道宽约8000英里。仅仅穿越轨道，进入黄道面还不够，在该陨石穿过这条狭窄的轨道之后，地球需要恰好在同一时刻运行至同一位置，该陨石才能落到地表。因此，想要满足第一个条件，那么该陨石的轨道必须与地球轨道相交。这一点主要取决于谷神星抛射该陨石时所处的轨道位置。但仅从动力学的角度来看，尽管谷神星火山无须具备很大的喷射速度，就能将陨石永远射出，但要使射出的陨石能够穿越地球轨道，则该火山的喷射速度不得低于3英里每秒。如此一来，小行星火山的可能性也被推翻了，因为普通的喷射速度并不足以使陨石落到地球上。此外，谷神星火山论还存在另一个难点，那就是，相较于这个问题中的其他尺寸数据，地球轨道的宽度实在是太窄了。而谷神星又距离地球十分遥远，因此谷神星火山喷发时，必须具备非常高的精准度，才能使陨石恰好能不偏不倚地进入地球轨道，既不会落在轨道外侧，也不会落在轨道内侧；既不会在轨道上方，又不会在轨道下方。陨石每一次靠近地球轨道，都很可能会与地球擦肩而过。我们尝试着用概率论做过一个计算，结果发现，该陨石进入地球轨道的概率是五万分之一，也就是说，从谷神星轨道上射出的每5万块陨石中，仅有1块能满足落到地球的两个条件中的一个条件。因此，谷神星（以及其他小行星）作为陨石来源的设想就存在两个明显的难点。首先，尽管小行星的质量很小，但其火山仍需具备较大的喷射速度；其次，这些小行星需要至少喷射5万块陨石，才可能有1块落到地球，这是个不争的事实。显然，如果陨石是从太阳系的行星喷射到地球上的，那么无论该行星的体积是大还是小，其火山必须具备极快的喷发速度。于是我们只有再进一步去探寻，哪颗行星在特定环境下最有可能符合这一条件。

首先可以肯定的是，地球上目前存在的这些火山不具备这样的喷射能力，但这些地球火山的喷射能力一直都如此不足吗？我们绝对有理由相信，早在地质时期，地球火山的能量肯定远大于今日。我们绝不避讳陨石的地球起源论存在的那些难点，但这些陨石必定有其源头，我们只是尽可能地推测出最能满足所有条件的选项，这一点无可厚非。试想一下，在火山活动频繁的远古时期，几次剧烈的火山喷发过程中，火山以极快的喷发速度喷射出一些陨石。这些陨石不断上升，并摆脱了地球引力的束缚，最终它们被太阳引力捕获，不得不永远围绕太阳运行。当然，这里存在一个空气阻力的问题，但是如果火山的海拔高度很高，那么空气的阻力就会大大减弱；同时，如果喷发的固体物周围还伴有大量的喷射气体或蒸汽，那么空气阻力的效果也会被进一步减弱。有的喷射物可能沿双曲线轨道运行，它们逐渐远离地球，并永不再返回，而其他的则可能沿椭圆轨道运行。这些物体可能会围绕太阳公转，但在每一个公转周期内——轨道上有一个重要的地点——它们都会经过那个原始喷射点。换句话说，每个从地球上被喷出的物体都会在其每一次公转周期内再次经过地球轨道。从这个角度来看，相比于谷神星，地球作为陨石起源的可能性就要大得多。每5万个从谷神星射出的陨石中，只有1个可能经过地球轨道，而每个从地球射出的陨石，都肯定会再次经过地球轨道。

若事实果真如此，那么宇宙间一定有许多沿椭圆轨道绕太阳公转的陨石。这些轨道的一个共有特征是：它们都与地球轨道相交。在有些情况下，当陨石进入地球轨道时，地球也刚好位于轨道同一位置。这种情况一旦发生，这块小陨石漫长的公转就将宣告终结，它将再次回归到阔别已久的地球怀抱。

我觉得有必要将陨石的月球起源论（我们认为不太可能为真）和地球起源论（似乎更可能为真）做一个对比。正如前文所述，月球起源论若要为真，则必须证明有些月球火山至今依然活跃。而对于地球起源论来说，只需证明地球火山曾经拥有更强大的喷发能力。没人会相信如今的地球火山喷发出的碎片，在未来会变成陨石再度回归，但是，没人能否认，地球在无声的岁月中，可能正在逐渐收回它在远古时期喷发出的那些陨石碎片。因此，从切尔马克的“多数陨石来源于某个天体上的火山”这一假设出发，我们得出的结论是：这个天体很可能就是地球。

有趣的是，我们甚至还注意到了一些能证实陨石来源于地球远古火山的细节。陨石在成分上最显著的特征就是铁镍合金，而这种合金在地球上到处都有。只不过，有的陨石还会含有一些其他元素，如罗顿铁陨石，而在有的陨石中，铁镍合金是以颗粒的形式，散布在整个陨石内部的。当努登舍尔德在格陵兰发现了一块含镍的天然铁块之后，人们立刻断定其为一块陨石。这个铁块被称为奥维法克陨石，它的许多大碎片都被运到了我们国家[①]的博物馆。例如，在国家博物馆中，就展示着一块极为有趣的奥维法克陨石碎片。仔细观察就会发现，这块所谓

① 英国。

的陨石，其实是附着在一层从地底喷发出来的玄武岩上的。因此，那些坚信奥维法克铁块就是陨铁的人们不得不承认，这层玄武岩刚被喷发出来不久，在它们的质地依然柔软时，那块又重又大的陨铁恰好就砸在了这层柔软的基床上。然而，越来越多的证据逐渐推翻了这一观点，这个大铁块根本不是什么天外来客，它只是与玄武岩一起被从地下喷发出来。通过观察大英博物馆那些美丽的样品，我们能看到这些铁块是如何逐渐融入玄武岩的，这也就说明，这些铁块更可能是来源于地球而非其他地外空间。如果我们的研究还能继续向前推进（似乎我们现在也有条件这样做），那么就能在求证陨石的地球起源问题上，迈出重要的一步。如果奥维法克铁块的确是与玄武岩同时被喷发出来的，那么就能证明，铁镍合金确实是深埋于地下的一种地球物质，并且它与火山喷发现象密切相关。若果真如此，我们也就不难解释，为什么真正的陨石中会含有铁了。当地球火山还处于活跃期时，它们曾喷发出大量的此类铁合金，这些物体在围绕太阳公转数年后，最终又再次回到了地球。仿佛为了印证这一观点，安德鲁斯教授在巨人之路的玄武岩柱中发现了大量的天然铁颗粒，而普罗沃斯特·劳埃德的磁力学研究则进一步证实，这些铁块与玄武岩是同时形成的。

除了较为坚硬的陨石外，那些流星残骸也会以尘埃的形式散落到地球上。人们在北极地区的冰雪中，常会发现含有铁微粒的尘埃。类似的颗粒物也常见于教堂塔顶或许多其他高层建筑物上，这些地方的颗粒物都只可能是从空中散落而来的。毫无疑问，无论是阳光中的尘埃，还是爱干净的家庭主妇最讨厌的灰尘，它们都可能来自外太空。在著名的挑战者号海洋考察过程中，拖网从大西洋底打捞上的物品中没有“金块、巨型船锚或无数的珍珠”，人们反而在打捞上来的淤泥中，发现了大量磁粉。据考证，这些磁粉应该是先从空中散落，之后再沉入海底的。当人们将非洲沙漠中的细沙放在显微镜下观测时，发现这些沙子中含有一些微小的铁颗粒，而且这些颗粒上还留有高温灼烧的痕迹。

地球仍在不断吸收这些宇宙尘埃，但它却不再向外喷发任何微粒。由此造成的必然后果是：地球的质量一定会持续增加，虽然这一变化是极其微小的，但对于那些研读过达尔文有关蚯蚓的著作或是熟知进化论的朋友们来说，这种在同一趋势下的微小变化，必将带来严重的后果。地球上的部分固体物质很有可能来源于流星体，而这些流星体正是在那些流星雨中被消耗瓦解的。

[今日科学说] 目前学界一般认为大部分陨石是小行星的碎片，在太阳系形成之初就已存在。大部分陨石的年龄在44亿~46亿年——大致与月球上最古老的岩石年龄相当。故陨石也可以为研究太阳物质的原始状态提供必不可少的线索。大多数陨石的主要成分是岩石，但有少量的陨石主要由铁和镍构成。多数铁陨石被认为来自多个曾经被熔解的小行星核心。小行星之间难免发生碰撞，这些位于小行星核心的物质在相撞后重新进入宇宙空间，并被地球引力俘获。

科学家在地球上发现了一些来自月球和火星的陨石。1981年在南极洲阿兰山发现的陨石ALH81005，经分析与地球上的岩石不同，反而与阿波罗宇航员从月球带回的岩石样本相似。另外，1979年同样在南极洲发现的EETA79001陨石，分析其化学成分，发现岩石中氮和氩的成分与火星大气中的对应成分相同。

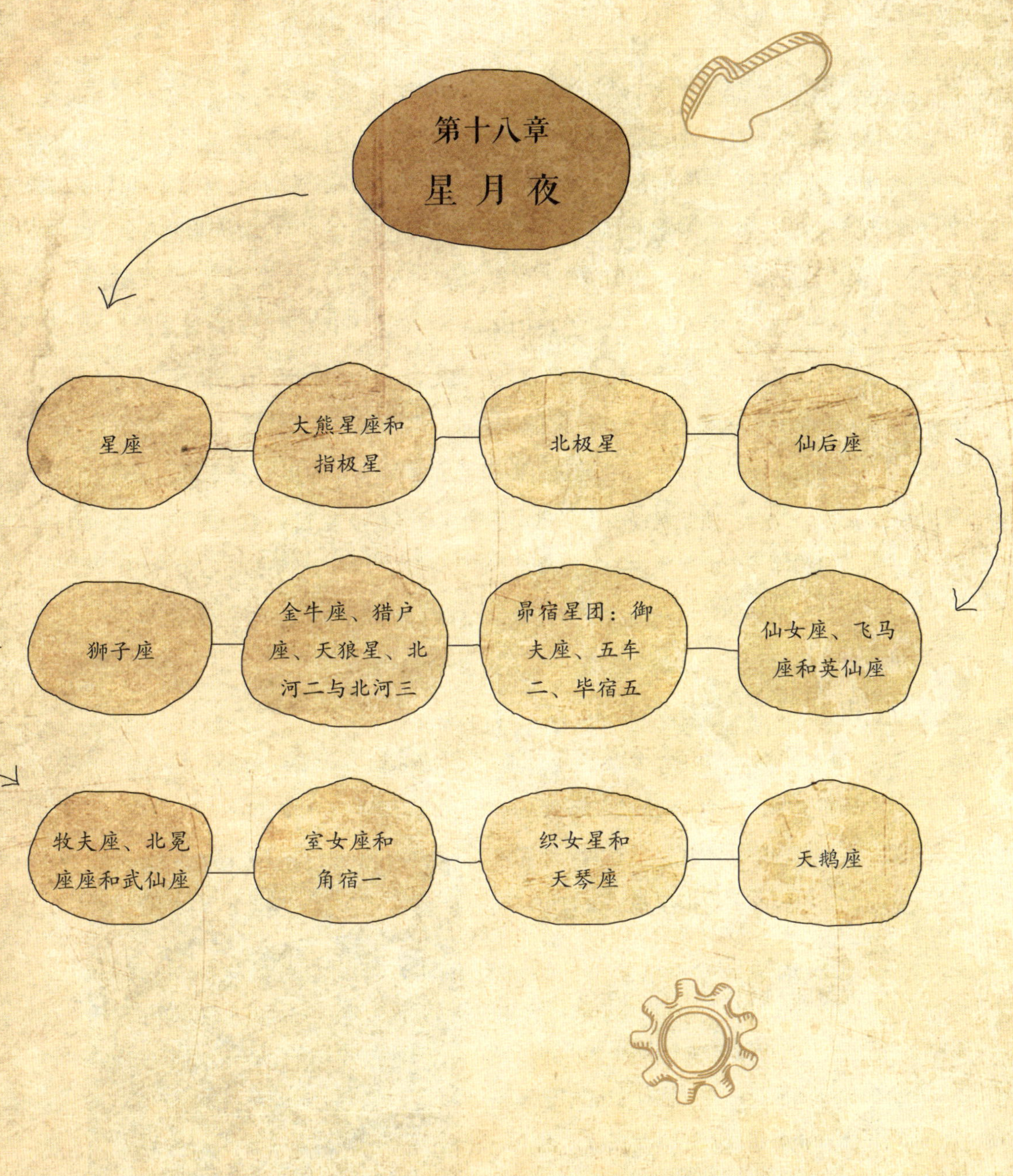
第十八章
星 月 夜
星座
大熊星座和指极星
北极星
仙后座
仙女座、飞马座和英仙座
昴宿星团：御夫座、五车二、毕宿五
金牛座、猎户座、天狼星、北河二与北河三
狮子座
牧夫座、北冕座座和武仙座
室女座和角宿一
织女星和天琴座
天鹅座

对于天文初学者来说，熟知星空中的主要星座是十分必要的。学习的过程会充满乐趣，也能丰富少年儿童的课外知识。接下来将要讨论的，是星座的有关内容。首先，我们会简单介绍一下在北半球所能看到的一些主要星座。在此过程中，我们还会插入一些星座图片，从而帮助初学者更快地辨识这些星座的显著特征。

在前文的某一章中，我们曾向各位提到了一个十分特别的星座，天文学家称其为大熊星座。它是北天星座中最亮的那一个，且对于北半球的观测者来说，它永远不会落到地平线以下。每年4月间，在晚上11点时（对于英国观测者来说），大熊星座恰好位于头顶正上方，而在9月的同一时刻，它会出现在北天地平线附近。7月的同一时刻，它出现在西边，而到了圣诞节前后，则出现在东边。在很早很早以前，这个星座就已经引起了古人们的注意。在流传至今的一份编制于2000年前的星表中，大熊星座中的几颗星星就已经赫然在列了。通过查阅此表中所记录的这几颗星的位置，我们就能够还原出大熊星座在2000年前的形状。还原工作结束后，我们发现，大熊星座7颗主星的位置并没有随着时间的流逝而发生明显变化，因此，大熊星座如今的形状与数千年前几乎是一致的。初学者必须先熟知这个由7颗主星组成的星座，因为这将有助于我们深入研习其他的星座知识。

毋庸置疑，大熊星座的确是一个明亮的星座，在亮度上唯一能与之媲美的是猎户座，尽管猎户座在星空所占的面积不如大熊星座这么大，但星座却含有更加明亮的星星。

北极星，是北天中最重要的一颗星。首先，让我们来看看，大熊星座能如何帮助我们迅速地找到它。大熊星座中的α星和β星对北极星具有指示作用，所以这两颗星也被称为“指极星”。大熊星座的指示作用如图95所示，若将线段βα的延长线稍稍倾斜，则该线将直指北极星。

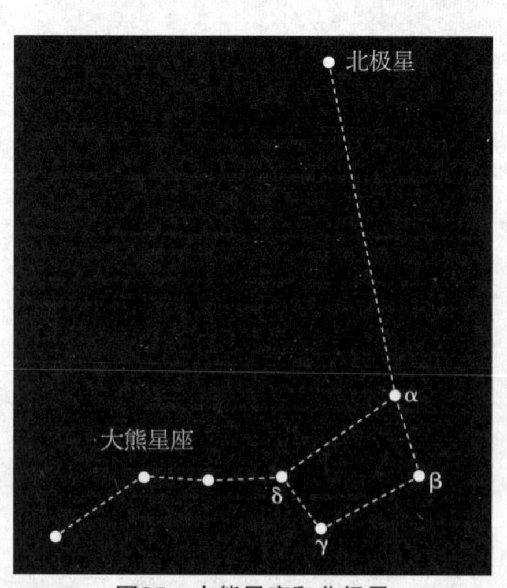

图95　大熊星座和北极星

通过这种方式，我们一定能准确地找到北极星，因为它是那片星空内唯一明亮的星星。只要观测者能成功找到北极星，那么以后再想将它辨识出来就并非难事了，毕竟北极星在天空中的位置是保持不变的。其他恒星的位置看上去不是升高就是降低，或者像大熊星座一样，有时候，虽然它本身的位置并未降低，但在我们看来，它已经沉到北天的地平线上了，而北极星的位置却永远不会有明显变化。无论冬天还是夏天，无论白昼还是黑夜，北极星永远在同一位置上——至少，我们用普通设备观测到的就是这样的结果。当然，如果使用高精准度的观测设备，就会发现，这一观点并非完全正确。我们会看到北极星在缓慢运动，它每24小时都会绕北天极做一次小小的圆周运动。北天极与北极星虽然相隔不远，但这两点并不重合。它们之间的距离略大于1°，但这一数值正在逐渐缩小，到2095年，这一距离将小于0.5°。

实际上，北极星属于另一个较小的星座——小熊星座。这个星座的两颗主星，在亮度上略小于北极星，常被称为北极星的“守护星”。大熊星座、小熊星座和北极星共同构成了北天中最明亮的一个星座组合，南天中任何类似的星座组合都无法与之媲美。南天中没有能准确指示北极星位置的明亮星星，这对于南半球的天文学家和航海学家来说，的确是个不利因素。

确定了这两个星座之后，我们就能轻而易举地找到第三个星座。与大熊星座隔着北极星遥遥相对的，是另一个由5颗明亮的星星组成的星座，这个有趣的星座呈“W”形，它与北极星之间的距离约等于大熊星座与北极星之间的距离。这5颗星就是仙后座中较亮的几颗，而这个星座中能用肉眼观测到的星星共有60颗左右。当大熊星座位于北天较低位置时，仙后座就会高悬于天际，而当大熊星座升至天顶时，仙后座又会落到北天较低位置。仙后座几颗主星连线的形状十分特别，所以一旦认出了它，日后找它就不难了——而且，如果还能记得北极星正好位于仙后座和大熊星座中间（如图96所示），那么寻找仙后座就更不在话下了。这几个星座能够引导我们找出其余的星座。下面，我们就将向各位展示，如何辨认在同一纬度地区能看到的各种星座。

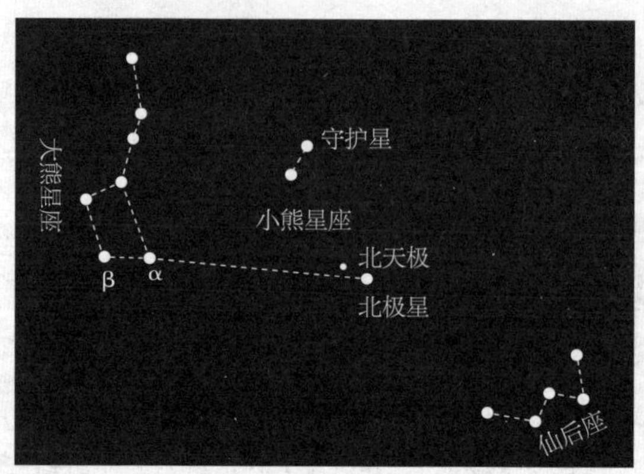

图96　大熊星座和仙后座

接下来要带大家认识的，是一个非常壮观的星座组合，其中还包括了著名的“飞马大方框”。与大熊星座或仙后座这类“拱极星座”不同，飞马大方框每天都会升起，也会下落。在春夏季节中，我们很难观测到飞马座，但在秋冬季节，飞马大方框的四个顶点很容易就能被辨认出来。在飞马座的这片“封闭”区域内还有一些小星星，我们国家[1]或与我们纬度相同的其他地区的普通观测者，仅凭肉眼便能在飞马座中数出约30颗星星。而在欧洲南部地区，由于天空更加清澈晴朗，那里的观测者常能看到更多的星星。雅典有一位视力超群的观测者，他曾在飞马座中数出了102颗星星。

如果从北极星出发，在仙后座上方画一条直线，那么这条直线将经过飞马大方框；如果将北极星与仙后座的连线延长一倍，那么这条线的另一端就将是飞马大方框的中心（如图97所示）。

将飞马座β和α的连线向南延伸45°，将指向另一颗重要的亮星——北落师门（Fomalhaut），此星位于南鱼座的鱼嘴处。在这条连线的右边，向下延伸约一半的距离处，就是十分黯淡的宝瓶座，你会发现，宝瓶座的形状是一个小小的等边三角形，在其中心还有一颗星星。

① 指英国。

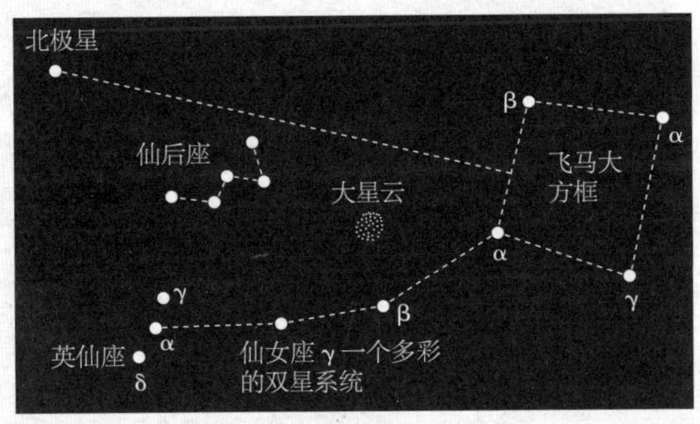

图97　飞马大方框

“飞马大方框”这一说法其实并不十分贴切，它没有准确反映出不同星座边界之间的关系。将这样的4颗星连成一个大方框，人们理所当然地认为它们属于同一个星座。实际上，那3颗标记为α、β和γ的星星确实属于飞马座，但是位于第四个角上——同样标记为α的那颗，却属于另一个星座——仙女座，且此α星也是仙女座中最亮的一颗。仙女座中其余的亮星分别是β星和γ星，只需将飞马大方框的一条边沿弧线向外延伸，就能轻易地将它们识别出来。这样一来，我们又认识了一个七星组合，虽然它是由三个不同星座的星星组合而成，但还是很容易识记的。这七星分别是飞马座的α、β和γ，仙女座的α、β和γ以及英仙座的α。从飞马大方框左侧延伸出的三颗星，像是一个手柄，这三颗星不仅异常明亮，而且还能帮助我们进一步识别其他星体。仙女座β与另外两颗小星星共同组成了不幸的安德罗墨达公主的腰带。

英仙座α位于该星座的γ星和δ星之间。如果我们画一条弧线，依次经过英仙座的这三颗星，然后再将该弧线继续延长，若这条弧线扫过的面积足够大，它就能带领我们找到北天上的另一颗璀璨明星——御夫座美丽的五车二（如图98所示）。五车二周围还有三颗小星星，它们形成了一个等腰三角形——这三颗星被称为子星。除大角星外，五车二和织女星是北天中最亮的两颗恒星，虽然织女星的亮度可能大于五车二，但也有人提出了相反的观点。在比较两颗亮度相仿的恒星时，不同的人可能会得出完全不同的结论。在比较织女星和五车二的亮度大小时，我们常会遇到两个难点。一方面，这两颗星在天空中距离过远，我们无法更直观地进行比较；另一方面，二者在颜色上存在微小的差异，织女星的颜色看上去较五车二更白一些，这无疑也增加了对比的难度。在对不同恒星的相对亮度进行对比时，恒星颜色的差异常会给最终结果带来更多的不确定性。所以，当我们需要通过技术手段对恒星亮度进行实际测量时，必须先找到一个颜色介于二者之间的物体，然后轮流将二者与之进行比对。

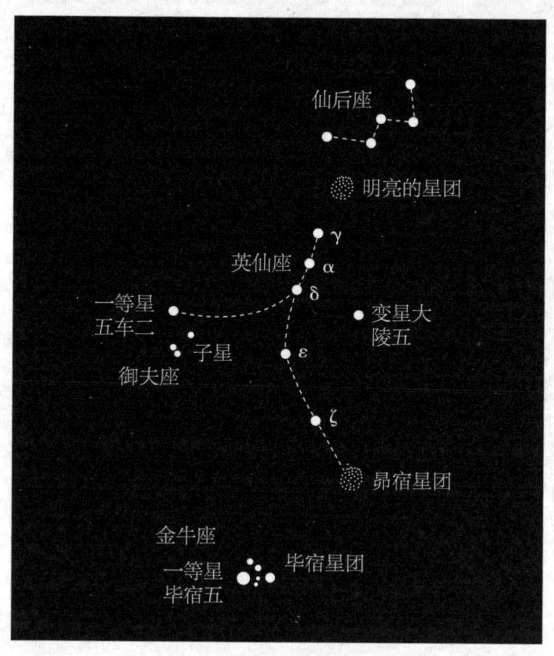

图98　英仙座及其邻近星座

在北天极与五车二连线的对面不远处，有4颗小星星，它们连成了一个四边形，成为天龙座的龙头，龙身部分的星星则围绕着北极星。

让我们再回到那条依次经过英仙座 γ 、α 和 δ 的弧线，若按照图99中所示，将这条弧线反向延长，我们就会找到英仙座的另外两颗主星—— ε 和 ζ 。英仙座是恒星数量最多的星座之一。它是银河中最壮丽的部分，在观测英仙座时，我们的望远镜中会出现无数颗明亮的星星。即使是用一台小型望远镜或观剧望远镜对其进行观测，观测者也会被眼前壮美的景象彻底征服，不禁对星空的浩瀚深远赞叹不已。在后面的段落中，我们将为各位详细介绍使用望远镜观测到的英仙座中的一些奇特的星星。沿着英仙座 ε 和 ζ 的连线继续延伸，就能看到著名的昴宿星团。

昴宿星团的形状早已广为人知，再加上其极高的辨识度，我们几乎无须再做任何特别介绍，各位便能轻而易举地找到它。

但有一点值得注意的是，夏季的时候，与我们处于同一纬度地区的观测者们，都无法在午夜之前观测到昴宿星团。假设我们在1月1日晚11点时观测夜空，我们会发现昴宿星团正高高地出现在西南部天空中。3月1日同一时刻，它们便逐渐西沉。5月1日，昴宿星团消失不见。7月1日，依然踪迹全无。9月1日，它们出现在东边很低的位置上。11月1日，再次高高地出现在东南部的天空中。翌年的1月1日，它们又将出现在与去年1月1日相同的位置上，就这样年复一年地重复着相同的起落过程。相信不用我们解释，各位也早已知道，这个星团的位置变化并非真的是由于它们的运动而引起的，造成这一变化的真正原因是太阳在恒星间的周年视运动①。

我们在下图（如图100所示）中可以看到昴宿星团中的10颗恒星，这10颗是拥有敏锐观察力的观测者用肉眼能看到的大致数量。

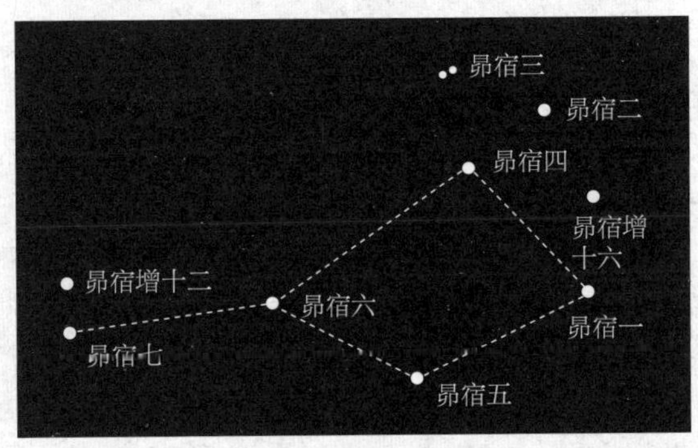

图99　昴宿星团

① 即地球公转。

即使是最低倍的望远镜也能在昴宿星团中观测到30～40颗恒星（伽利略用他的第一台望远镜看到了40多颗），而如果使用高倍镜进行观测，这一数量将大大增加，实际上，一台高倍望远镜能够帮你观测到的恒星不少于625颗。不过，由于昴宿星团中的群星位置过于分散，我们在望远镜中无法完整清晰地观测到它们，只有降低倍率，才能在更大的视野中看到它们的全貌。若使用观剧望远镜观测，昴宿星团看上去还是十分壮观的。

若从北极星出发，向五车二画一条直线，并如图100所示，将其延伸到足够远的位置上，我们就会看到冬季天空中最壮丽的星座——猎户座。

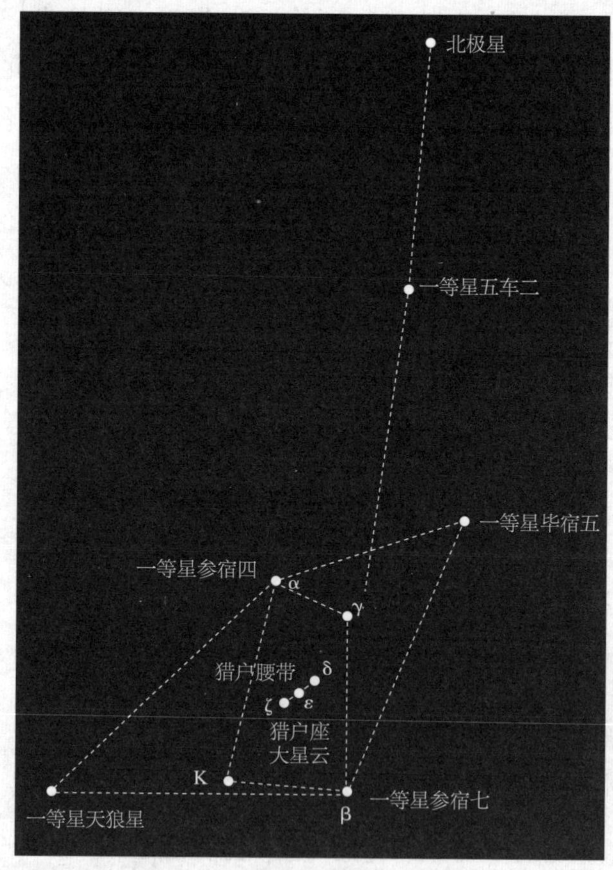

图100　猎户座、天狼星及其邻近恒星

猎户座群星璀璨，它那明亮的“腰带”以及在望远镜下清晰可见的美丽星体，都使它越发与众不同，进而从众多星座中脱颖而出。这个星座的主星是猎户座α，也被称为参宿四（本书中以此名表示）。参宿四位于腰带三星——δ、ε和ζ以上。它是一颗一等星，而同为一等星的，还有位于腰带三星另一侧的参宿七。因此，猎户座独享拥有两颗一等星的殊荣，而图100中所示的猎户座其余5星则均为二等星。

猎户座的周围还有一些十分重要的恒星。倘若将腰带三星的连线继续向右上方延伸，就能找到另一颗一等星——毕宿五，它与参宿四一样，都散发着类似的红色光芒。毕宿五是金牛座中最亮的恒星，而金牛座也是昴宿星团的成员之一，在毕宿五的周围，我们还能找到另一个分布更广的星团——毕宿星团。

若将猎户腰带向左下方延伸，就能看到夜空中最璀璨的那颗宝石——明亮的天狼星。

事实上，我们有必要单独为天狼星划定一个专属的恒星等级，所有其他的一等星，比如织女星、五车二、参宿四和毕宿五等，它们的亮度都远逊于天狼星。天狼星与其他一些亮度暗得多的恒星一起，组成了大犬座。

毕宿五、参宿四、天狼星和参宿七这4颗一等星组成了一个不规则的菱形（如图100所示），对初学者来说，记住这个菱形绝对是大有裨益的。猎户腰带位于这个菱形的正中，这些恒星连成的整个形状十分特殊，令人印象深刻，可以说是过目难忘。

在飞马大方框和毕宿五的正中间，可以看到白羊座的主星——一颗二等星，此星与另外两颗恒星一起连成一条弧线，弧线的另一端就是白羊座γ，它是人类发现的第一颗双星。

我们还可以借由大熊星座，找到双子座的主星（如图101所示）。若将熊身部分连接δ和β的对角线，向熊尾的反方向延伸，就可以找到两颗明亮的二等星——北河二和北河三。若将这条线再继续延伸，就能经过一等星南河三附近，南河三是小犬座中唯一明亮的星星。

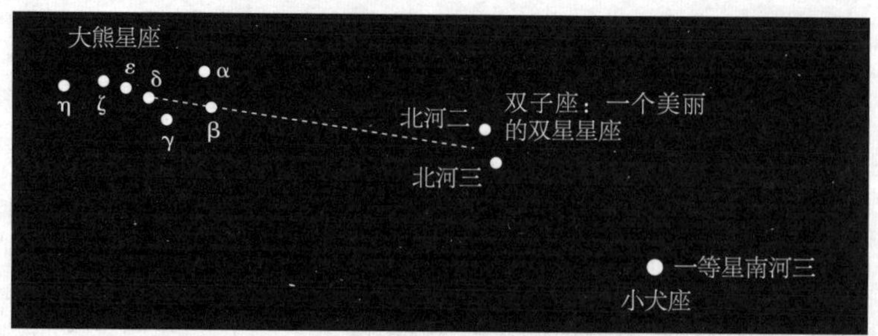

图101 北河二（双子座α）和北河三（双子座β）

大熊星座中的两颗指极星——α和β，同样也可以指示出狮子座的方位。如果我们将两颗指极星的连线，向北极星的反方向延伸，就可以找到狮子座。狮子座中最容易辨识的，是一颗明亮的一等星——轩辕十四（狮子座α）。

轩辕十四与另外几颗恒星一起连成了一个镰刀状，其中有三颗是二等星。这个镰刀尤其值得我们关注，因为著名的狮子座流星雨的辐射点，就位于这个镰刀的内部。轩辕十四位于太阳的黄道上，每年8月21日太阳都会经过其所在位置。

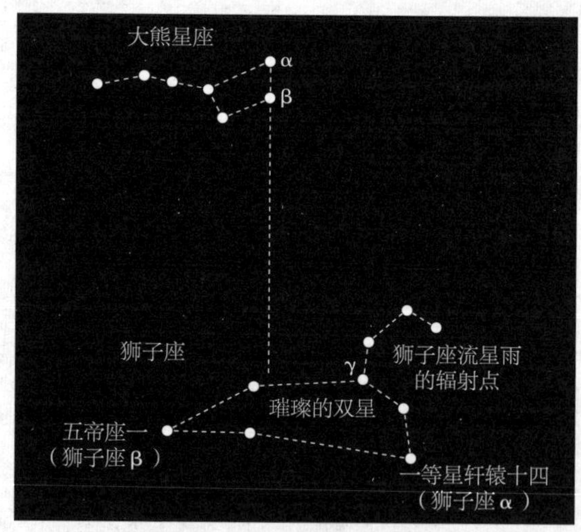

图102 大熊星座和狮子座

在双子座与狮子座之间，还有一个并不显眼的星座——巨蟹座。巨蟹座中最奇特的就是那一团模糊的雾气，我们称之为鬼星团或蜂巢星团，即使用最低倍的观剧望远镜，也能看见这一星团中的群星。

如顺着大熊星座熊尾的方向，继续向外延伸，就能找到牧夫座的主星——一等星大角星（如图103所示）。

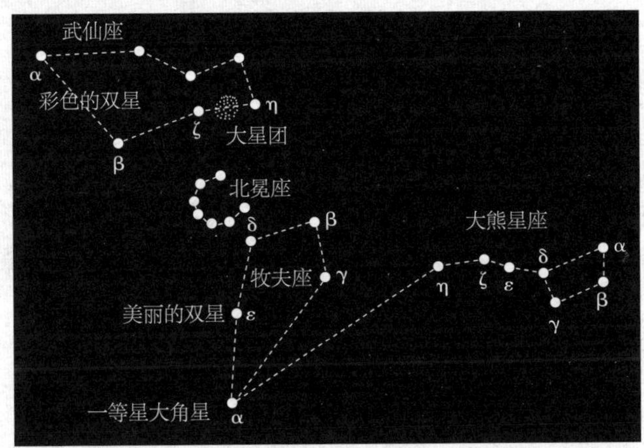

图103　牧夫座和北冕座

图103中还标示出了牧夫座的其他几颗恒星——β、γ、δ和ε。在我们所处纬度上能看到的群星中，大角星是亮度仅次于天狼星的恒星。在我们看不到的南半球的群星中，有两颗星的亮度与织女星和五车二相仿，它们分别是半人马座α和船底座α，但它们的亮度仍然无法与大角星相媲美[①]。

紧邻牧夫座的，则是呈半圆形的皇冠座，亦称北冕座。北冕座独特的形状使我们轻易就能找到它，或者，我们也可以在大熊星座β、δ、ε和ζ的那条弧线延长线上找到它。

室女座[②]中最明显的特征，便是一颗被称为角宿一的一等星，亦被称为室女座α。我们同样可以通过大熊星座来找到它，只需将大熊星座中α和γ的连线继续延伸，并稍微向上弯曲，便可找到角宿一。

① 在北半球低纬度地区，有机会看到半人马座α（南门二）与船底座α（老人星），前者是夜空中排名第三的亮星，后者排名第二，都比大角星（排名第四）要亮。

② 在中国，被非正式称为处女座。

在这里，我们不得不提到另一个能帮助我们寻找星座的重要图形。天空中有一个著名的“春季大三角”，这个等边三角形的其中两个角分别是大角星和角宿一，第三个角则是狮子座狮尾处的五帝座一（如图104所示）。

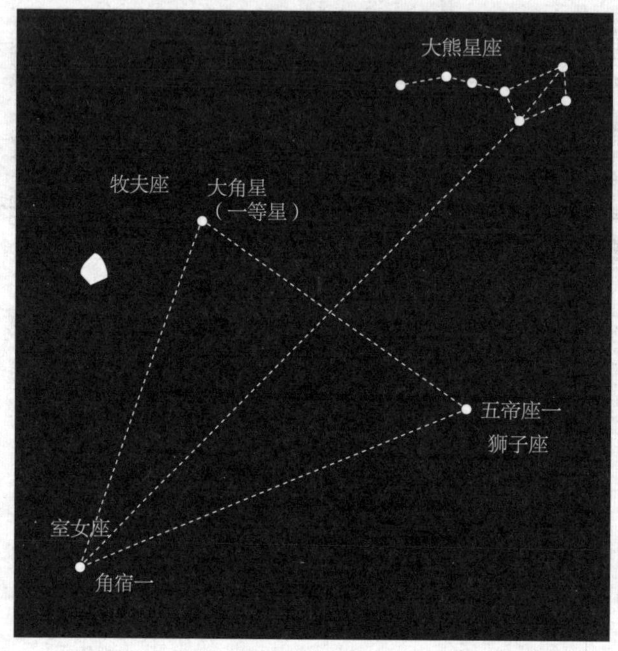

图104　室女座及邻近星座

夏季的夜晚，当北冕座位于头顶正上方时，若将北极星与北冕座较暗的那条边连接起来，然后继续向南边地平线的方向延伸，就会看到那颗明亮的红星——心宿二，亦称心大星，它是天蝎座的主星，也是人类用望远镜在日间观测到的第一颗恒星。

天琴座的一等星——织女星，位于一个大三角的顶角处，与之相对的底边则由北极星和大角星连接而成（如图105所示）。织女星与其他近邻恒星一起组成了天琴座，在其格外明亮的白光的照射下，天琴座也成为清晰度最高的星座之一。

织女星的周围还有另一个重要的星座——天鹅座。该星座中最亮的那颗恒星与织女星和北极星一起，组成了一个直角三角形，而天鹅座最亮的那颗就在直角的端点上（如图106所示）。天鹅座共有5颗主星，它们共同组成了天鹅座特有的形状。

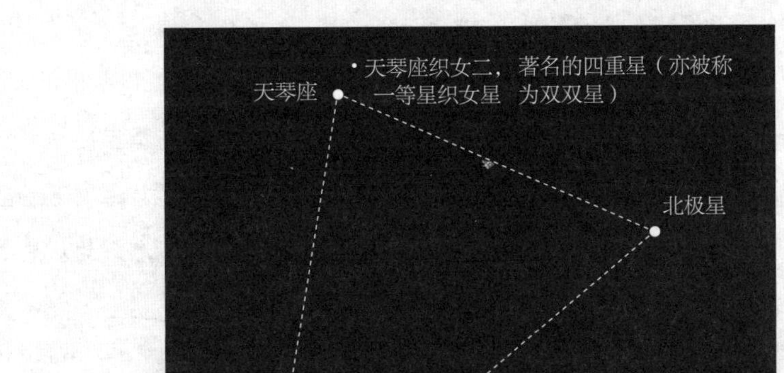

图105　天琴座

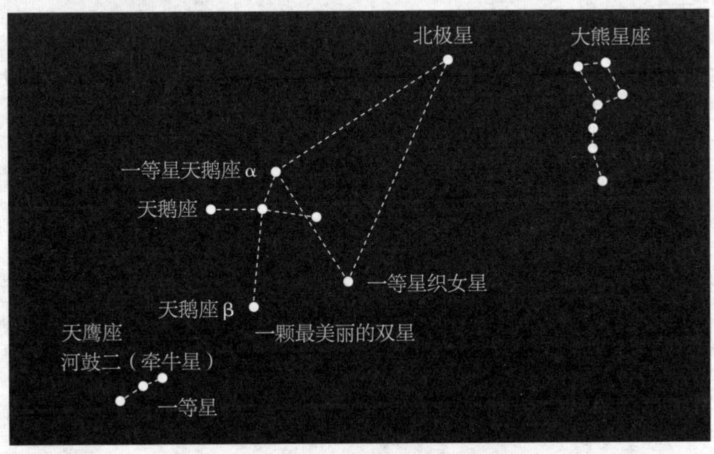

图106　织女星、天鹅座和天鹰座

最后一个需要介绍的星座是天鹰座，天鹰座中只有一颗一等星，那便是河鼓二。天鹰座的主要形状特征是由三颗星连成的一条直线，只要我们从织女星出发，划一条经过天鹅座β的直线，并将其适当延伸，就能找到天鹰座了。

在这些星座示意图中，我们还适当加入了一些通过望远镜观测到的奇特物体，有关它们的内容我们将在后续章节予以呈现。

[今日科学说] 以上主要是北半球中高纬度地区常见的星座。星座这一概念最早起源于人们对漫天繁星的好奇，为方便辨认夜空中的诸多恒星，人们把星空划分为若干个区域，每个区域就是一个星座。世界上不同文明有着各自的星座文化。现代适用范围最广的星座体系，是国际天文学联合会在1928年确立的88星座体系，上文提到的所有星座都属于这一星座体系。88星座的前身是公元2世纪罗马天文学家托勒密总结的48星座体系。

中国古代也有一套别具特色的星座体系。在中国，与星座对应的概念是星官，天空中一共有306个星官，相比星座，星官包含的恒星数相对更少，因此在星官之上还有更高一级的分类，即三垣（紫微垣、太微垣以及天市垣）与二十八宿，垣、宿与星官相比，包含了更大的天区与更多恒星，每垣或每宿中包含多个星官。二十八宿是古代中国人将黄道与天赤道附近的星空划分的二十八个区域，划分为二十八部分是因为月球的公转周期（约27.3天）。二十八宿的名称分别为角、亢、氐、房、心、尾、箕、斗、牛、女、虚、危、室、壁、奎、娄、胃、昴、毕、觜、参、井、鬼、柳、星、张、翼、轸。古代中国还发展出了一套基于二十八宿的恒星坐标体系，相当于现代天文学意义中的赤道坐标系。同一时期，西方世界大多基于黄道十二宫定位恒星，相当于现代的黄道坐标系。

第十九章 遥远的恒星

天狼星与太阳的对比

恒星的质量可以测得，但并非借由常规测量方法

天狼星的伴星

天狼星及其伴星的质量

暗星

变星和暂星

浩如烟海的恒星

在天文史的最早期，璀璨异常的天狼星就格外受到天文学家们的青睐。一代代天文学家为确定星空中最亮的那些恒星的位置，付出了大量的时间和精力。正因如此，我们才获得了有关天狼星位置的大量观测资料，我们从这些资料中发现，天狼星与大多数恒星一样，也会进行天文学家所说的“自行运动”。300年前天狼星相对于其他恒星的位置与200年前的相对位置之间，存在2角分（127角秒）的差异。这一差异以至于肉眼根本无法分辨出来。假如能看到100年前的星空，我们就会发现，天狼星依然还在世人皆知的那个方位——猎户座的左边。无论用肉眼多么仔细地进行测量，都很难看到天狼星在2个、3个甚至4个世纪内的位置变化。但在用于精密测量的子午环下，这些微小的变化都会显露无遗，因此子午环能揭露出隐藏在这些细微变化背后的本质问题。在天文学家的眼中，天狼星的运动并非慢到几个世纪都看不出变化，相反地，天狼星沿其巨型轨道运行的速度，恰好与其体积相称。

天狼星的平均速度约为1000英里/分钟，但其实际速度会时快时慢。天文学家们掌握的大量信息，都可以证明这一事实。假如天狼星是一颗孤立的恒星，它的周围只有一些无关紧要的行星环绕，那么它的运动就不会出现这种不规律的情况。如果它的初始速度是1000英里每分钟，那么它就会永远保持这一速度。无论其巨大的轨道还是岁月的变迁都无法改变这一速度。天狼星的轨道方向将永远保持固定，而天狼星也将永远以恒定的速度在轨道上运行。

1844年，当贝塞尔发现了天狼星的这种不规则运动时，便立刻对这一现象产生了浓厚的兴趣。贝塞尔坚信，这些扰动现象一定是由于某个特定原因造成的，而这个原因几乎是不言而喻的。如果运动受到影响，那么就一定存在某种动力，而我们所知道的星体间就只有一种力——引力。但是，引力必须由一个星体作用于另一个星体上，所以如果天狼星的运动确实是受引力影响，那么在天狼星周围就一定存在某一质量可观的大星体。于是，彼得斯和奥威尔斯便开始着手研究这一问题，他们能够从天狼星的不规则运动中，推测出作用星体的一些轨道信息。结果表明，该星体围绕天狼星公转的周期约为50年，虽然无法得出它与天狼星之间的距离大小，但他们还是能够确定该星体出现的方位。图107中是由叶凯士天文台的伯纳姆教授提供的天狼星轨道示意图。

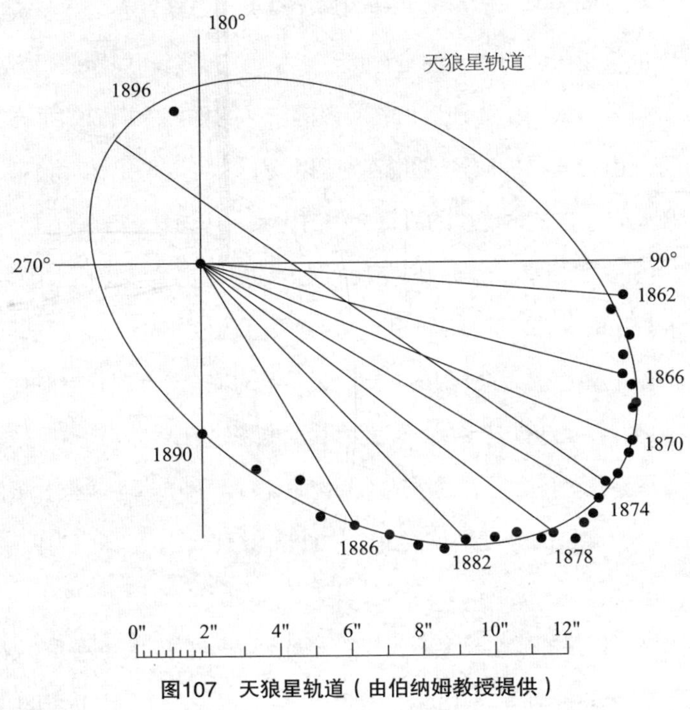

图107 天狼星轨道（由伯纳姆教授提供）

对天狼星伴星的探测工作，使我们有机会测出大名鼎鼎的天狼星的质量。现在，我们就来试着解释一下整个测量过程。首先必须承认的是，我们在测量过程中使用的一些近似值，是存在一定误差的。天狼星的伴星很难观测，直到1896年以前，我们也只能在与其成90°弧度的位置上对其进行观测。因此，我们得出的该伴星绕天狼星公转的周期，无法达到绝对精准。但是，我们测得的大致周期为52年。我们还测出天狼星与其伴星间的距离约为地日距离的21倍。首先，我们需要先将天狼星伴星的公转运动与天王星的绕日公转进行对比。假设地日距离为1个天文单位，那么天王星的轨道半径则约为19，而其公转一周所需的时间是84年。太阳系中并不存在一颗与太阳之间的距离为21的行星，但开普勒定律表明，如果这样的行星真的存在，那么其公转周期应为99年左右。现在，我们已经掌握了一切必备信息，可以通过与太阳质量的对比，得出天狼星的质量了。现已知，一个距天狼星一定距离的星体绕其公转一周需要52年，而距太阳相同距离的星体绕太阳公转一周所需时间为99年。星体公转的速度越大，所受离心力就越大，中央主星对其的引力也就越大。由动力学定律可得，引力与其公转周期的平方成反比。因此，天狼星引力与太阳引力的比值，应该等于99的平方除以52的平方。在距离相等的条件下，引力与星体质量成正比，所以我们就可以得出，天狼星及其伴星的质量之和与太阳及该绕日行星的质量之和的比值，应该约等于3.5 : 1。我们已经知道，天狼星的亮度要远超太阳。现在我们还知道，它的质量也比太阳大得多。

在结束天狼星的有关内容之前，我们有必要再介绍另一个十分有趣的问题。天狼星及其伴星在亮度上形成了强烈的对比。天狼星的璀璨夺目是所有其他一等星望尘莫及的，但它的伴星却极其暗淡。即使将其远离耀眼的天狼星，这颗伴星的亮度也只处于八等星和九等星之间，远远达不到肉眼能观测到的视觉极限。若用具体数字来说明的话，天狼星的亮度是其伴星的5000倍，但它的质量却仅为伴星的2倍！这个反差无疑是十分巨大的。倘若将天狼星伴星与太阳进行比较，这一反差似乎会更加明显。天狼星伴星的质量略大于我们的太阳，可即便如此，我们的太阳却是个更称职的发光者。100个伴星发出的光亮加在一起，也抵不上一个太阳的光亮！这一结果绝对意义重大。它告诉我们，宇宙中除了那些光彩夺目的大星体外，还有一些虽然体积庞大，但却异常黯淡，甚至可能还根本不发光。这无疑又大大增加了宇宙的规模。它使我们相信，相较于隐藏在暗夜中，我们看不到的广袤宇宙，我们所能看到的仅仅是其中很小的一部分。在浩如烟海的宇宙物质间，散布着各种恒星和气团，这些气团的温度不断升高最终发出亮光，而我们在地球上就能看到它们，但对这些明亮光点的观测，却无法帮助我们进一步了解宇宙的其他部分。

谈到变星，最著名的当属大陵五，它在英仙座中的具体位置如图98所示。大陵五的位置易于观测，在本国①所处纬度上每晚都能看到它，且仅凭肉眼便能看

① 指英国。

出它的若干有趣变化。所有想了解天文现象的人都应该能在星空中找到这颗星，而且应该在一个完整的变化周期内，持续对其进行跟踪观测。通常情况下，大陵五属于二等星，但在2～3天的周期内，准确地说，是2天零20小时48分55秒的周期内，它的亮度会经历复杂的变化过程。在周期刚开始的4个半小时内，它的亮度会逐渐减弱，从二等星降至四等星。这种最暗亮度的状态将持续20分钟左右，此后，亮度又将逐渐回升，并在3个半小时后，再次回到二等星，此亮度将直到这一周期结束，持续约2天12小时，同样的变化过程又将再次上演。大陵五亮度的变化周期似乎正在发生某种缓慢但稳定的变化。我们将就一颗暗伴星的偶然闯入是如何遮挡住大陵五的部分光亮，从而引起其周期变化的问题进行讨论。届时，所有的问题都会得到满意的解答，甚至连大陵五及其暗伴星的重量和体积都将得到确认。

不过，变星还有许多其他的种类，它们亮度的波动并非是由于暗星偶尔的遮挡造成的。此类变星最常见的特征是在大部分时间里，它们都是极其暗淡的，但偶尔它们的亮度也会突然增大，不过这一过程极为短暂，且随后又将回到最初的暗淡状态。这类变星的亮度变化周期通常为6个月至2年不等。此类变星中最著名的，当属500多年前发现的那一颗。它位于赤道稍偏南的鲸鱼座内。除了即将要介绍的暂星之外，这颗星是最早被人类所发现的变星。鲸鱼座的这颗变星被称为蒭藁增二，亦称为“奇妙之星”。它的波动周期约为11个月，在一个周期内大部分的时间里，它的光度只有9等，所以用肉眼是看不到的。到了某一时刻，它的亮度就会突然增大，迅速升至二等或三等。这种明亮的状态大约能持续8～10天，此后亮度会逐渐减弱，距亮度开始上升约300天后，再次降至初始亮度。

在普通观测者的眼中，还有一种星体比一般的变星更能震撼人心，这种星体便是新星。但只有在极少数情况下，它们才会突然现身于夜空。最著名的新星是1572年11月初闪现的那一颗，乍看上去，它的亮度能与处于最亮状态的金星相媲美。的确，视力敏锐的观测者甚至在白天都能看到。纵观历史，我们很难再找到比这颗更亮的新星了。始终伴随着这颗新星的，是第谷·布拉赫这个名字，尽管第谷并非该星的发现者，但他对其进行了最为成功的观测，并证实它与地球之间的距离与普通恒星无异。第谷详细阐述了这颗暂星逐渐隐退，直至完全消失的全过程的原因。在1574年5月底，它彻底从第谷的视野中消失，遗憾的是，当时望远镜还没有被发明出来，否则，第谷还能对它继续追踪下去。在隐退的过程中，这颗暂星的颜色也在逐渐发生变化。它从刚开始的白色，渐渐转变为黄色，到1573年春天时，它又变成了与毕宿五相似的红色。难以置信，资料上写着1573年5月左右，它"变成了铅灰色"，之后就一直保持这个颜色，直至消失不见。倘若我们这个年代也能邂逅一颗如此绚烂的新星①，那我们的分光镜以及其他现代设备将能给我们提供多少宝贵信息啊！

尽管我们没能像第谷那代人一样，有幸见证一颗如此璀璨的新星，但能见证一些新星的微小变化，亦使我们倍感欣慰。倘若早期天文学家们能对新星进行更为长期的观测，那么如今，我们也就能掌握更多有关它们的信息。尽管每晚都有许多望远镜对准星空，但这些新星仿佛全都离我们而去。每思于此，心中总难免有一丝遗憾。

1866年，北冕座内突然出现了一颗二等星。它第一次被发现是在5月12日，数日之后便消失不见。在此之前，阿格兰德的北天星图已出版问世。当人们确定了那颗星的准确位置之后，发现它与星图中的一颗不起眼的9.5等星是同一颗星。直到发现它之前，这颗星的位置一直没有变化，而且在1866年周期性闪现之前，它的亮度也一直保持着相同的等级。这是人类用分光镜观测的第一颗新星。在第二十三章中，我们将对它的光谱进行简单介绍。

下一个要介绍的新星是天鹅座新星，施密特于1876年11月24日在雅典首次观测到它时，它的亮度处于三等至四等之间，同时施密特还坚称，四天前当他在观测同一星座时，这颗星绝对还未出现。由于一时疏忽，施密特发现新星的消息并未被传播开来，人们错过了从其他地区观测该新星的机会，大约10天后，它的亮

① 第谷的新星实际上是现代天文学意义中的超新星，在本书的创作年代，现代意义的超新星与新星被统称为新星。

度已经明显变暗了。但这一变暗的趋势还在缓慢延续，1877年10月，这颗星的亮度降至十等，且依然在不断减弱，直至降至15等。换言之，此时的它尽管位置未变，但却已变成了望远镜中的一个小点。这颗新星的亮度从未达到过一等或二等，要不是施密特碰巧在那个特殊的夜晚观测天鹅座，这颗星很可能根本无法被发现。

但是，自从天文学家们将照相机引入天文观测后，我们就不会再错过任何一颗新星了。这一点在1892年得到了充分印证，当时一颗新星出现在了御夫座，这也是我们观测到的最后一颗新星①。1月24日，爱丁堡的一位天文学家——安德森博士，在御夫座发现了一颗黄色的五等星。一周后，当他拿着一张星图与星空进行一一比对后，他十分肯定那就是一颗新星，于是立即将这一发现公之于众。在这颗新星的观测过程中，我们精准地捕捉到它首次亮度爆发的瞬间。在哈佛大学天文台（位于马萨诸塞州坎布里奇）对星空进行的常规摄像观测中，我们发现在1891年10月21日至12月1日期间，天文照相机曾在13个夜晚都拍到了新星出现区域的图片。当年12月10日至1892年1月20日间，该相机再次在12个夜晚都拍到了同一区域。在前一个拍摄阶段的感光片上，我们没有发现这颗新星的踪影，但在后一阶段的第一张感光片上，它就以一颗五等星的身份出现了。幸运的是，一位来自海德尔堡的知名天体摄影师——马克思·沃尔特教授曾于12月8日对同一区域进行了拍摄，而他的照片上并未出现那颗新星，这就表明，在8日的晚上它的亮度一定还不到九等。因此，御夫座新星一定是在12月8日至10日间突然发生亮度爆发的。哈佛大学天文台的照片显示，这颗新星大约是在12月20日第一次达到亮度峰值，当时的亮度约为4.5等。它的亮度减弱过程是极不规律的。1892年2月1日之后的五周内，其亮度一直在四等至六等间波动，但在3月初之后，亮度开始急速衰退，到4月末，既使用里克折射望远镜进行观测，它也只是一个极其微弱的光点（16等）。在接下来的8月间，当我们再次将这台巨型望远镜对准御夫座新星时，发现

① 1890年后天文学家又陆续观测到数十颗新星。

它的亮度已经上升至十等，但此后又再次逐渐衰退，直至降至最低点，不再发生任何变化。

相较于宇宙苍穹中浩如烟海的群星，新星和变星只是其中很小的一部分。天文学有一条无上真理：太阳只是一颗普通的恒星，但每一颗恒星都是一个独特的太阳。每当我们试图探寻宇宙间无数的星体时，就能体会到这一真理的深刻内涵。再精妙的数学运算在无垠宇宙面前也是枉然。所以，让我们借助诗人之口来感受宇宙的浩渺，以阿林厄姆先生的诗句来为本章画上一个圆满的句号。

“咸涩海浪拍打的每一片沙滩上的每一粒沙；
汪洋中的每一滴水；
绿树上的每一片叶；
地球上的每一个生命，
飞禽走兽，花鸟鱼虫；
若将它们的数量加在一起，连天匝地；
然为着这一花、一草、一沙、一石，
烈日携群星在无垠天地间周而复始地运转；
丰富着众生的所见、所闻、所想；
我等所见的一切无极之物；
皆不过是栖于宇宙间的一座孤岛。”

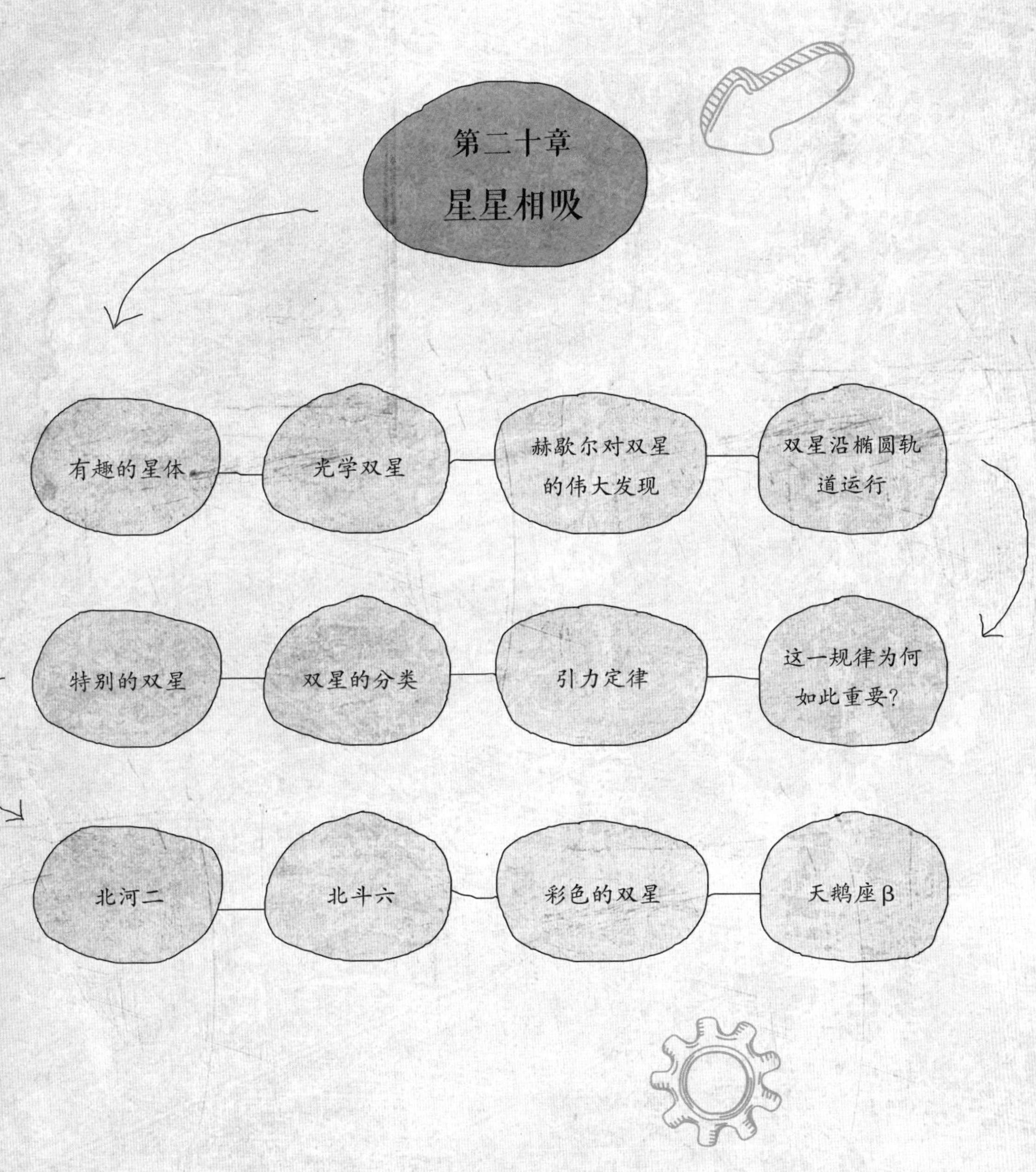
第二十章
星星相吸
有趣的星体
光学双星
赫歇尔对双星的伟大发现
双星沿椭圆轨道运行
这一规律为何如此重要?
引力定律
双星的分类
特别的双星
北河二
北斗六
彩色的双星
天鹅座β

我们在望远镜中能看到最有趣的星体，当属那些各式各样的双星。在天文学的双星目录中，可以找到数以千计的双星。当然，大部分的双星体积较小，也没有很大的研究价值，但它们中也有一些极为耀眼的成员，比如上一章提到过的天狼星。在稍前一章中，我们已经阐述过如何通过星座图来找到它们在星空中的位置。在接下来的章节中，我们将选取一些更具特色的双星进行简单概述。尤其值得注意的是，即使是低倍望远镜，也能轻易观测到下述双星。

1678年，经卡西尼证实，有些肉眼看上去像一个光点的恒星，实际上是由两个或两个以上十分接近的星体组成，只有通过望远镜才能观测到这一点[①]。随着越来越多的双星被发现，双星的数量也在不断增加，直到1781年（赫歇尔发现天王星的那一年），天文学家波得公布了一份记载着80颗双星的星表。

在赫歇尔那些历史性的研究过程中，这些奇妙的双星引起了他的注意。于是，被发现的双星数量开始急剧增加。赫歇尔不仅发现了数百颗双星，还开始对它们展开了系统测量，既包括两星间的距离，又包括两星连线所指方向。正是这些测量工作，最终促使赫歇尔做出了又一极具指导意义的重大发现。在经年累月的反复观测过程中，他注意到有些双星间的相对位置发生了改变。由此说明许多双星中的两星是相互环绕的。这一发现究竟有多重要呢？要知道，每一颗恒星都是一颗太阳，它们的体积可能与我们的太阳一样大。我们眼前的这一奇观是一对太阳在相互围绕旋转。能观测到两星间的运动其实并不意外，因为很可能宇宙间的所有星体都在不断运动。但真正具有指导意义的，是这一运动具有与众不同的特点。

有人曾提出，我们看到的组成双星的两个星体彼此靠近，很可能只是偶然现象。星空中的星体不计其数，常常发生的情况是，一颗星恰好运行至另一颗的后面（从我们地球上看到的画面），当我们用望远镜观测时，这两颗星就产生了双星的效果。诚然，许多所谓的双星就是这样被发现的。赫歇尔的发现却表明，这种

① 1664 年，胡克发现白羊座 γ 是一颗双星。

说法并不能解释所有的双星现象，许多双星真的是由两颗位置十分接近的恒星组成，且它们都绕着共同的重心旋转。

经过多年观测，天文学家们获得了多组有关双星距离和相对位置的测量数据，于是他们将这些数据交给数学家去做进一步的测算。双星的观测数据有一个特点——它们不具备，也无法获得轨道计算所需的精准度。假设组成双星的两星间距离为4角秒，那么需要仔细观测的轨道就只有1英里外的一枚硬币那么大。即使用最高倍的望远镜，也需要极为精细地测量，才能确定1英里外那枚硬币的形状。如果这枚硬币还略微有所倾斜，那么我们看到的就不是一个圆形，而是一个椭圆，通过对这个椭圆的观测，就能确定它倾斜的角度。所有这一切，都需要极为精湛的观测技艺，从理论上说，这种方法的误差并不大，但如果将其应用到极为庞大的天文数字上，那么这一误差就十分可观了。所以，数学家们在计算双星问题上的误差会比普通天文观测的误差要大得多。

对赫歇尔的发现进行成功验证的，并非他本人。萨瓦里及后来的几位数学家，都运用数学方法对他的双星观测试验进行了分析。他们的数学分析能够筛查出观测数据中的一些错误之处，使最终结果的准确性得到了极大提升。此后，数学家们就能够将他们熟悉的验算方法应用到修正过的最终数据上，并推导出较为准确的双星轨道形状和轨道平面位置。最终的结果无疑是引人瞩目的，数学家们成功地证实了双星中的每颗星都沿椭圆轨道运行，且两星整体的重心位于两条轨道的共有焦点处。这一结论在许多双星系统中都得到了证实，因此也被认为适用于一切双星系统。但这一运动规律为何如此重要呢？椭圆运动不是再常见不过的运动吗？地球不也是沿着椭圆轨道绕日公转吗？所有行星不都是做椭圆运动吗？

的确，太阳系的所有行星都沿椭圆轨道运行，正是这一不争的事实使双星的椭圆运动具有格外重大的意义。太阳系行星的椭圆运动缘起何处呢？它不正是由于牛顿发现的引力定律吗？引力定律的内容不是说所有物体都相互吸引，且引力大小与距离的平方成反比吗？引力定律适用于整个太阳系，并且能够极为精准地解释一切系内星体的运动。但对于整个宇宙而言，太阳系只是一个小群岛，由太阳、行星、卫星、彗星和许多其他小星体组成。在这个宇宙小岛上，万有引力定律主导一切。在赫歇尔发现双星的运动规律之前，我们根本无从知晓这条定律是否只适用于太阳系，是否专门为太阳系量身定制。但赫歇尔的这一发现，却给我们提供了从他处无法获得的有用信息。双星似乎在深不可测的宇宙另一端，向我们轻声呢喃。它告诉我们万有引力定律并非太阳系所独有，这条定律存在于包括我们这座太阳系孤岛在内的无垠宇宙的每一处，它用确凿的证据使我们相信，无论我们看到的宇宙多么遥远，多么宽广，多么深不可测，其间的每一个角落都有引力的踪迹。

天文学家依照不同的特征给双星系统进行分类。如果两颗星之间彼此在空间上相距甚远，完全没有任何物理联系，只是由于投影效应让地面上的观测者看起来它们很靠近，这样的双星称为光学双星或几何双星。

如果彼此间存在物理关联的双星统称为物理双星，是真正意义上的双星系统，类似这样的双星还能进一步分成——目视双星、分光双星、食变双星。

（1）目视双星：可以直接通过肉眼或望远镜就能分辨出两个成员星的称为目视双星。

（2）分光双星：由于系统距离较远，无法单独分辨其中的成员星，但在监测它们互相绕转时，谱线的多普勒位移能间接地探测到他们。

（3）食变双星：两颗恒星的轨道平面几乎与我们的视线相平行，随着其中一颗恒星从另一颗前面经过，我们能观测到双星的光变曲线。如英仙座β星（大陵五）就是著名的食变双星。

又或者根据19世纪中期法国数学家爱德华洛希提出的双星模型，以双星结合的位势能情况，可以将双星分为不接双星、半接双星和相接双星。

（1）不接双星：成员星在各自的洛希瓣内，彼此距离较远，对对方的演化都没有显著的影响。

（2）半接双星：双星中一颗的光球已经充满了洛希瓣，但另外一颗还没有。气体和物质会从洛希瓣被充满的这颗恒星转移到另一颗恒星。这样的过程将主导此双星系统的演化。

（3）相接双星：两颗恒星的光球都已经充满了各自的洛希瓣，最外层的恒星大气已组合成共同的对流包层将两颗星笼罩。它们的关系紧密，将共同演化，相互吸取对方的物质，并有可能最终并合成一颗。

最奇妙的双星系统之一就是北河二，它是双子座两颗主星中较亮的那一颗。北河二在星空中的位置如第356页的图101所示。若用肉眼观测，北河二就像是一颗恒星，但倘若借助放大倍率足够的望远镜进行观测，就会发现，这颗看似是一颗恒星的星星，实际上是由两颗彼此分离的恒星组成，其中一颗是三等星，另一颗则亮度较弱。两星之间的角距并不大，约为0.5英里外看到的一条1英寸的直线所对应的角距。人们曾观测到一些双星中两颗子星的圆周运动，北河二就属于这类双星[1]。不过，这些子星的运动都极其缓慢，有时好几个世纪都过去了，它们还没能完成一个周期的运动。

大熊星座中也有一个易于观测的美丽的双星（见第350页图96）。它被称为开阳，位于熊尾三颗星中间的那一颗（大熊座ζ）。开阳的旁边就是开阳增一，它是一颗仅用肉眼就能看到的小星星，但当我们说开阳是一颗双星时，并不是指开阳增一是其中的一颗子星。在望远镜的放大作用下，开阳增一与开阳之间的距离很远，而开阳却是由两颗离得很近的恒星组合而成。开阳的两颗子星分别为二等星和四等星，且由于它们之间的距离约为北河二两颗子星的三倍，所以即使用小型望远镜也能轻易地观测到。开阳绝对是初学者开始观测双星的最佳观测对象。但我们还不能就此断言开阳就是双星，因为我们还未观测到其两颗子星的旋转运动。更无法断言，开阳增一是否是这个双星系统的成员之一，或者说它是否仅仅是碰巧出现在视线附近的一颗恒星。近期的分光镜试验已证实，开阳中较大的那颗子星本身也是一颗双星，由　对邻近的恒星组成，由于它们之间距离十分接

① 实际上，北河二是一个六合星系统。

近，所以即使功能再强大的望远镜，也无法看出那实际上是两颗独立的恒星[①]。

还有一种会发出明艳色彩的双星，与普通的恒星完全不同。我们观测到的大部分普通恒星并无特殊颜色，只不过，有的略显红色，有的红色更明显，而有的则呈现浓烈的艳红色。蓝色或绿色的恒星则要罕见得多[②]，这种星通常都是双星的其中一颗子星，而另外一颗有时与其颜色相同，但更常见的是，另一颗子星会呈黄色或红色。

这些彩色的双星中最漂亮的一颗位于天鹅座，被称为天鹅座β（如图106所示），即使用普通望远镜也能观测到它。这颗美丽的双星由两颗子星组成。较大的一颗约为三等星，颜色呈金黄色或黄玉色，较小的那颗亮度为六等，颜色呈蓝色。这两种颜色几乎是完全相反的，但它们不仅只是形成鲜明的反差，若用遮挡物依次将视野挡住，会发现这两颗星各自也会发出上述颜色。这一点通过分光镜实验也得到了证实。我们发现蓝星中的红光被大量吸收，而另一颗的蓝光被大量吸收，但保留了更多的红光。若将目镜从焦点处移开，就能更清晰地看到这个双星中鲜明的颜色对比。此时的视野能更清晰地凸显两星的颜色对比，而不会像望远镜中只能看到两个星点一样。

以上就是双星和聚星的一些特征。人类发现的这类恒星的数量正在逐年增加。利克天文台的前观测员，就职于叶凯士天文台的伯纳姆先生一人，就通过观测试验，在已知的双星表上，又增添了1000多个新成员[③]。

这些双星虽然只是望远镜下的小星点，但实际上，无论体积大小还是亮度程度，大多数双星非但不逊色于我们的太阳，反而有过之而无不及，这一事实无疑又给双星增添了几分趣味。我们还无法断定，这些恒星是否也有行星环绕，它们

---

① 它们不只是两颗星（开阳与辅），而是6颗星组成的大家族，其中开阳A和开阳B各自也是一对分光双星，辅也是一对分光双星。

② 倘若无须隔着大气层观测恒星，那么蓝色的恒星或许就会更常见。大气层对绿光和蓝光的吸收作用尤为明显。兰利教授甚至向我们证实，如果没有大气层的影响，就连太阳也将是蓝色的（更准确的说法是在外太空看到的太阳会比在地球上看到的更蓝一些。）。

③ 目前观测到的双星数量约占银河系恒星的一半以上。

反射出来的光线，根本无法穿越广袤无垠的宇宙空间，抵达地球。如果这些双星确有行星绕其旋转，那么照亮这些行星的，就不仅仅是一个太阳了，它们可能被两颗甚至更多的太阳同时照亮。那将是多么奇幻的光影效果啊！有时，地平线上可能同时出现两个太阳，有时只有一个，而有时又可能一个也没有。在那些围绕着两个不同颜色的太阳公转的行星上，将见证更为震撼的壮景。今天当空照耀的是一颗红色的太阳，明天可能就是一颗蓝色的，后天可能就是一红一蓝两颗太阳同时粉墨登场。若照此联想下去，这些星球上将产生多么无穷无尽的幻景啊！然而，从动力学的角度来说，我们绝对有理由质疑，这样的行星是否具备适宜的环境条件，使我们所熟知的生命体能够存活。对数学家们来说，在两颗太阳影响下的行星运动问题绝对是最难解的问题之一，现有的分析方法还不足以精准解决这一问题中出现的所有难点。可能出现的情况是，这些行星的轨道会受到极大的摄动影响，从而使其星球上的光照和温度发生剧烈波动，这一波动幅度远远超过任何一个绕日公转的行星（比如地球）所经历的波动。

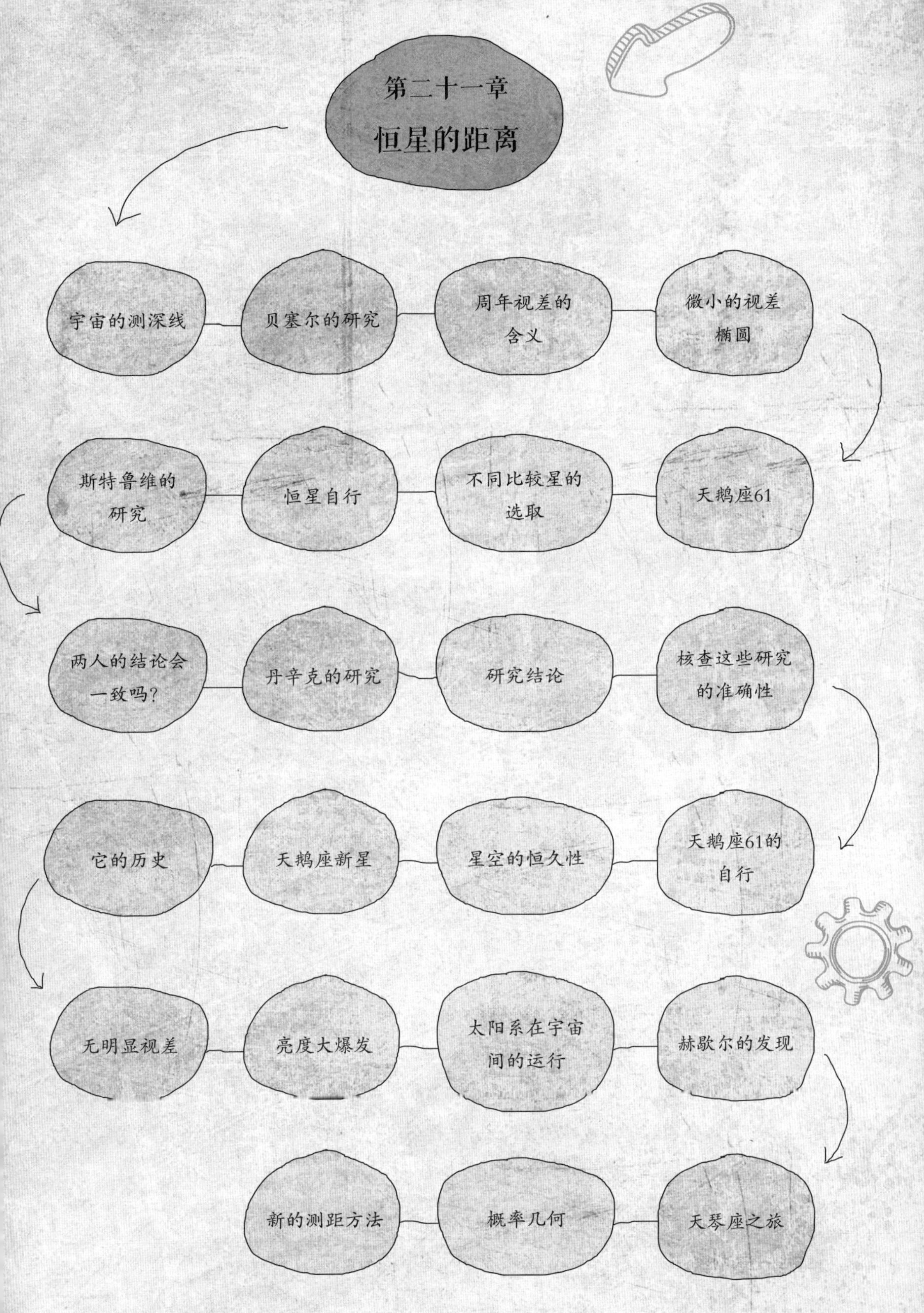
第二十一章
恒星的距离
宇宙的测深线
贝塞尔的研究
周年视差的含义
微小的视差椭圆
天鹅座61
不同比较星的选取
恒星自行
斯特鲁维的研究
两人的结论会一致吗？
丹辛克的研究
研究结论
核查这些研究的准确性
天鹅座61的自行
星空的恒久性
天鹅座新星
它的历史
无明显视差
亮度大爆发
太阳系在宇宙间的运行
赫歇尔的发现
天琴座之旅
概率几何
新的测距方法

一直以来，我们对于太阳系的规模或多或少有所了解。我们所掌握的信息包括行星和彗星分别与太阳之间的距离及其各自的运动。此外，我们还知道太阳系中许多星体的直径和质量。事实上，关于这个栖居在太阳庇佑下的孤立星系，我们已经掌握了不少细节信息。本章将要探讨的是一个范围更广的、超越太阳系范畴的研究课题。我们打算将测深线进一步延伸，使其不再局限于太阳系内那些紧密相连的星体，而是穿越时空，延伸至更为广袤无垠的宇宙空间。几个世纪以来，恒星距离这一重大问题一直吸引着那些星空探测者的目光。他们为此进行了无数次观测试验，即使对这些试验进行简单概述亦绝非易事。本书中列举的这类试验数量有限，在探讨过程中，我们首先应该关注的，是针对这一问题的理论推导过程，然后再关注它们是如何逐步得出那些精准的天文数字的。

直到赫歇尔发现双星系统多年之后，有关恒星绝对距离的问题才最终得以解决。新一代的天文学家们，借助新一代的观测设备，经过了持续多年的不懈努力，却依然没能有所建树。由于恒星的距离实在太大，我们必须拥有最精湛的观测技艺和最繁复的运算方法，才能将这一问题中的难点一一克服，并最终得出满意的结果。终于，天文学家们找到了它的软肋。他们在研究中确定了几颗目标恒星，并试图解开它们的距离之谜。恒星究竟有多远？这个问题我们已经找到了一些答案，尽管此时的答案并不十分精准，但即使是这一点小小的进步也绝对意义非凡。与大多数天文研究一样，恒星距离的研究工作也同时由两三位天文学家多国独立展开。在天文学的这一伟大领域中，贝塞尔的名字脱颖而出。他（于1840年）证明了天鹅座61的绝对距离是可以测的。他的逻辑论证无懈可击，其结论也得到了一致认可。就在贝塞尔得出这一结论的同时，斯特鲁维也测算出了织女星的距离，而亨德森也确定了南半球的半人马座α的绝对距离。整个天文学界都为这些接踵而至的伟大发现欢呼雀跃，皇家天文学会还给贝塞尔颁发了一枚金牌。在颁奖仪式现场，颁奖嘉宾约翰·赫歇尔还做了一番致辞，他对这三位天文学家致以了崇高的敬意。我们不禁想在此引述约翰的一段话：

“皇家天文学会的先生们，——我想先向你们，也向我自己，表示由衷的祝贺。长久以来，我们在星空探索中遇到的那个令我们百思不得其解的难题，那个将我们困在太阳系的最大障碍，几乎同时被从三个不同地点攻破了。这是实践天文学所见证的最伟大、最耀眼的胜利。或许现在就下定论还为时过早；或许我应该尽量克制，保持观望态度，看看这些结果是否存在偏差，看看后人们的研究会不会如往常一样，又一次推翻前人的结论，使这些我们所谓的伟大结果无法得到证实。但是，在如此激动人心的研究成果面前，我已无法保持一个审慎的姿态。让我们敞开怀抱，欣然接受这份时间的馈赠。让我们一起坚信，这个已经臣服于人类脚下的难题，在不久的将来，终究彻底土崩瓦解。”

在继续深入讨论之前，有必要先简单解释一下恒星距离的测量方法。恒星的距离问题与前文中所讨论的太阳的距离问题完全不同。恒星视差的观测方法也是基于地球绕日公转的类似原理。为了解释这个问题，可以假设地球的公转轨道是圆形，其轨道中心就是日心，轨道半径为9290万英里。在地球上观测恒星时，我们所处的位置是持续变化的。地球夏季所处轨道位置与冬季所处位置之间的距离为18580万英里。这就意味着，如果以天空为背景，那么恒星的视位置也会发生相应变化。我们的意思并非是指恒星真的发生了实际位移。这种位移仅仅是由于观测视线的改变造成的，只有排除掉地球运动产生的视位移之后，恒星发生的位移才是真正的实际位移。

图108的左下角有一个椭圆，它的四周分别标注着1月、4月、7月和10月。这个椭圆可以看成是地球绕日公转的微缩图。1月时，地球位于图中所示的轨道位置上。到了4月，它已经运行了四分之一个周期的路程，接下来它会沿轨道继续运行，并于1年后回归原点。如果从地球1月所在位置观测恒星A，那么我们就将以天空中的1点为背景进行观测。三个月后，观测者带着望远镜运行至4月所在位置，此时他就将以2点为背景对该恒星进行观测。这样一来，当观测者随着地球的周年运动，在轨道上运行一周时，该恒星似乎也以天空为背景，沿椭圆轨道运行了一周。天文学家称恒星的这个椭圆轨道为视差椭圆，且通过测量该椭圆主轴的长度，就能确定该恒星与太阳之间的距离。该主轴的一半，或恒星对地球轨道圆

周半径所张的角，则被称为“周年视差”。

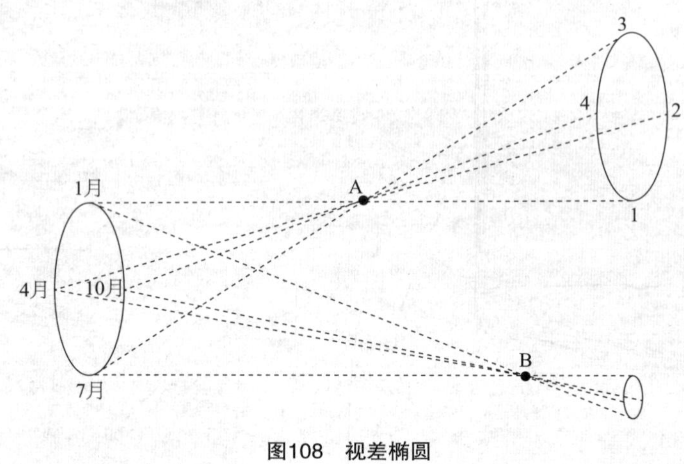

图108　视差椭圆

图中还有一颗恒星B，相较于恒星A，它与地球和太阳系之间的距离相对较远。这颗恒星也沿椭圆轨道运行。但很显然，恒星B的视差椭圆要明显小于恒星A。这种差异是由于两星与地球之间的距离不同而造成的。距离地球越近，恒星的视差椭圆就越大，所以距离我们最近的恒星，其视差椭圆也最大，而距离我们最远的恒星，其视差椭圆则最小。也就是说，恒星距离与视差椭圆的大小成反比，若能测算出该椭圆主轴的角度值，那么只需通过一个极为简单的数学运算，就能得出恒星距离与地球轨道半径的倍数关系。已知地球轨道半径为92900000英里，所以只需通过简单的乘法，就能算出恒星的实际距离。这种方法的难点在于，视差椭圆的尺寸通常都很小，我们的测微计无法准确测算它们的数值。

即使是离我们最近的恒星，它的视差椭圆也是极其微小的，怎么形容呢？用天文学家的专业术语来说就是视差椭圆的最长直径所对应的角度值不超过1.5角秒。更通俗地说，最大视差椭圆的主轴的1000倍仍小于我们所能看到的满月的直径。说得再简单些，就是看2英里外的一枚硬币。若从其侧面观看，该硬币将呈一条直线，若观测角度稍稍倾斜，它就将是一个椭圆，但即使是那么远的一个椭圆，也依然大于任何恒星的最大视差椭圆。假设现在有一个球体，它以2英里为半径绕观测者旋转。若将这枚硬币放在该球体上，且它们位于所有恒星之前，那么所有的恒星视差椭圆都将完全被其遮挡。

天鹅座中的那颗恒星——天鹅座61，无论体积还是亮度程度，都并不突出。只是它可以用肉眼直接观测，但看上去比它大、比它亮的恒星却足有上千颗。然而，最与众不同之处在于，它是一个双星。它由两颗十分接近的恒星组成，且显然两颗子星相互吸引。天鹅座61引起天文学家关注的另一个特征是它较快的自行运动。在自行运动的作用下，两颗子星以5秒每年的速率相互靠拢。这一等级的恒星能够拥有这样速率的自行运动实属罕见，当然也并非绝无仅有，因为有些其他恒星的自行运动速度更快，但天鹅座61不仅拥有较快的自行运动，而且还拥有双星的属性，这就使它成为北半球最独特的一颗恒星。

当贝塞尔提出要开启那项将永载史册的伟大实验之后，他决定花1年、2年、甚至是3年的时间，来反复观测同一颗恒星，仔细测算其视差椭圆的相关数据。这项长期实验的对象应该如何选择呢？最为重要的是，这颗恒星必须离地球足够近，这样贝塞尔才能测出它的视差。不过他只能以理论推测为指引，开始他的研究。后来贝塞尔发现，天鹅座61的独特性使其满足所有的假设条件，于是他便打算以这颗星为实验对象，进行一系列试验。经过三年多的不懈努力，贝塞尔终于成功测算出天鹅座61与地球之间的距离。

自约翰的一番慷慨陈词之后，天鹅座61便持续受到天文学家们广泛的关注。事实上，可以说每一代天文学家都会对天鹅座61的距离展开新一轮的探讨，有人证实了贝塞尔的原始数据，也有人对其提出了质疑。我们就以下图（如图109所示）为例，解释一下天鹅座61的一段近代史。

在贝塞尔研究期间，组成双星的这对子星位于图中标注为1838的那一点上。15年后，奥托·斯特鲁维对这个双星展开了研究，那时这对子星已经移动到标注为1853的位置上。后来，丹辛克天文台又对它进行了观测，当时这对子星继续向前移动至图中标注为1878的那一点上。由此可得，40年间这颗双星在天空中向上移动的弧线距离为3角分。

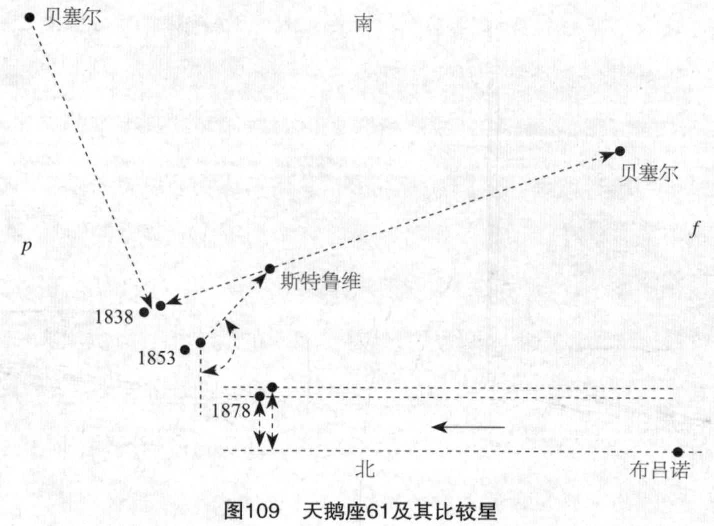

图109 天鹅座61及其比较星

当然，它的实际运行轨迹远比简单的直线运动要复杂得多。组成双星的两颗子星在相互引力的作用下，会产生一个相对速度。不过这一速度可以忽略不计，因为每年由此产生的位移太小，对视差椭圆不会造成显著影响。

不过，天鹅座61是一颗极其特殊的恒星，它是距离我们最近的邻近星球之一。我们根本无法将最终结果的误差控制在一二十亿英里的范围之内，但同时我们也意识到，二百亿英里的误差对于总数来说确实占比过大了。

现在我们相信，斯特鲁维的结论是对的，但这并不表明贝塞尔就是错的。两人最终结果中的视差差异并不难解释。如果斯特鲁维选择的比较星与贝塞尔一致，那么这一差异反而不好解释了，但斯特鲁维选择的比较星与贝塞尔的完全不同，这很有可能就是二者计算结果中差异的来源。要知道，整个研究过程就是将较远恒星形成的小椭圆与较近恒星的大椭圆进行对比。如果两颗星与地球的距离完全一致，那么整个实验将根本无法进行。在上述情况下，无论恒星距离地球有多近，我们都观测不到任何视差。想要使实验方法奏效，那么比较星的距离至少应为主星距离的8倍。了解这一点之后，二人测算结果的差异就能成功化解了。只需假设贝塞尔的比较星距离约为天鹅座61的3倍，而斯特鲁维的比较星距离则至少为天鹅座61的8～10倍。此外，由于贝塞尔所用的比较星比斯特鲁维的更亮，这也间接说明后者所用的比较星是三颗恒星中距离最远的那一颗。

这种视差计算方法有一个特点。即使所有的观测结果和一系列视差的数据约简都不存在任何问题，也不能将最终结果直接认定为某颗恒星的视差。它仅仅是该恒星视差与比较星视差之间的差值。所以只能说，真正需求得的视差肯定不小于所得结果。从这个角度来看，斯特鲁维和贝塞尔的结果之间的差异就完全被化解了。贝塞尔确信天鹅座61的距离不可能超过60万亿英里。斯特鲁维并未反驳这一结果——不仅如此，他还对这一结果进行了确认——他认为天鹅座61的距离不可能超过40万亿英里。

斯特鲁维的系列观测距今已有将近半个世纪。他的观测成果也一直接受着后人的挑战，但总体来说，这些成果还是得到了多方确认。在对斯特鲁维的结果进行严谨求证之后，奥威尔斯认为这一结果具有极高的可信度。尽管得到了来自权威专家的认可，但天文学界还是再度开启了对天鹅座61的研究工作。时任爱尔兰皇家天文学家的布吕诺博士，对天鹅座61的视差展开了一系列观测试验。笔者作为继任者，也承担了后续观测工作，并为这一系列观测画上了圆满的句号。布吕诺选择了一颗四等星作为比较星（如图109所示），这颗星不同于早期观测者所使用的任何比较星。虽然布吕诺和斯特鲁维都借助了游丝测微计，但二者的观测方法却截然不同。布吕诺是通过测量天鹅座61与比较星之间的偏角差来确定其视差椭圆的①。在一年的观测期内，他发现二者的偏角差会在一个周期内发生变化，而通过这种变化，就可以算出天鹅座61的视差椭圆。在第一个观测期内，我们测量了较近的天鹅座61与比较星之间的偏角差；第二个观测期内，再次测量了二者之间的偏角差。如此一来，我们就在两年的观测期内，获得了两个完全独立的视差观测结果。第一个结果表明，天鹅座61的距离为400亿英里，而第二个结果与第一个几乎完全一致。毫无疑问，我们的研究证实了斯特鲁维对贝塞尔结果的修正是

① 恒星的偏角，就是指从该恒星出发，与另一恒星的赤道相垂直的弧线所对应的角度。

正确的，因此，我们在现阶段对于该问题的解答可以概括为天鹅座61的距离更接近于斯特鲁维得出的40万亿英里，而非贝塞尔得出的60万亿英里①。

至于研究中所使用的观测数据的可信度，我们想交由读者们自行考量。图110中所示的就是有关天鹅座61的观测信息。此图代表我们在丹辛克的第二个观测期内，记录的不同偏角差。每个点都分别代表某个夜晚的观测结果。点的高度代表所观测到的天鹅座61（黑点）与比较星的偏角差。

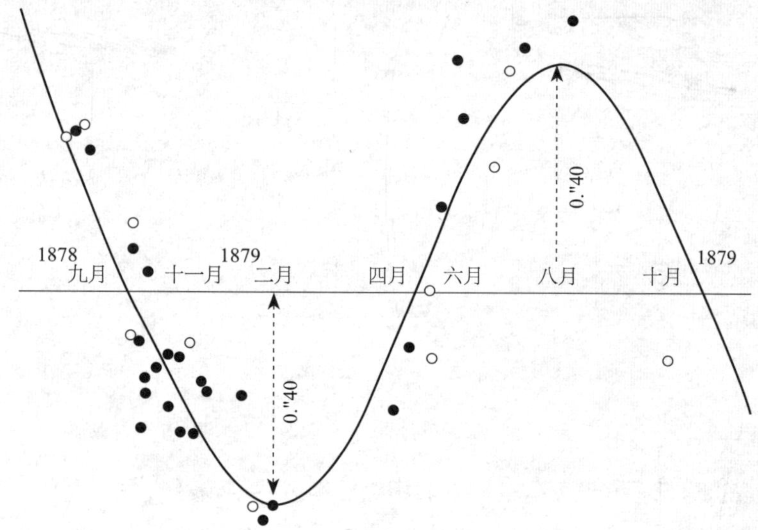

图110　天鹅座61的偏角所反映的视差

水平线，或数学家口中的横坐标，代表观测日期。所有的观测结果都较为规律地分布在一条曲线周围。图中曲线则代表，在完全规律的情况下，这些点应该出现的位置。该点与曲线之间的距离则可视为观测过程中产生的误差。

或许有人会认为，许多实验中的误差都会对结果造成很大影响。所以我想

① 不过，来自华盛顿的阿萨夫·霍尔教授又对天鹅座 61 的距离进行了测量，所得结果比前文所述的要小得多；但与此同时，普理查德教授的摄影观测结果却与斯特鲁维以及我们在丹辛克所得的结果完全一致，近代公认的观测结果表明，天鹅座 61 的距离为 11.36 光年，与贝塞尔得出的结果（约 10.4 光年）更靠近。

说，我们制作图110的目的就是为了毫不避讳地将这些误差展示出来，为的是将此种方法的优缺点都呈现在各位面前。然而，真正的实验误差并不如乍看之下那么大。只需将此图的比例尺与其他类似图片进行比较，便能明白这一点。该曲线顶端与横坐标之间的距离仅为十分之四角秒。这一数值约等于10英里外一枚硬币的视直径大小！据此便可以得出误差的比例大小。还有一点值得注意的是，所有点与曲线的距离都未超过曲线高度的二分之一。由此可知，每次观测试验中产生的最大误差都仅为0.2或0.3角秒。这一数值就等于我们用望远镜观测15或20英里外的一枚硬币时，分别对准其上边缘和下边缘，两次观测结果之间的差值。这一误差确实算不上大，就好比一支射击队的瞄准误差为此误差的100倍，该队仍将在比斯利的所有比赛中轻松拔得头筹。

我们对于天鹅座61的历史了解得相对比较详细，因为人类对其距离研究的次数最多。当然，我们并不是说天鹅座61就是所有恒星中距离地球最近的。事实上，在这数不胜数的群星间，要断言某颗恒星就是离我们最近的那一颗，无疑太过草率了。已知的恒星中就有一颗看上去比天鹅座61的距离还近，它是南天星座之一，被称为半人马座α。这颗恒星在恒星距离的研究史上具有突出的地位。亨德森在好望角首次测得了它的视差，后续研究也证实了他的观测结果，吉尔博士深入的调查研究更是得出该星的视差约为四分之三角秒，所以它的距离约为天鹅座61的三分之二。

天鹅座61引起我们注意的第一个原因在于，它的自行运动速度高达5秒每年。我们还测算出它的周年视差约为0.5秒。这两项数据结合在一起会得出一个有趣的结果。它告诉我们，天鹅座61每年移动的距离不小于地球轨道半径的10倍。若用普通计量单位来表示，这颗星每年运行的距离约为9.2亿英里。因此，它每天运行的距离必须达到两二百万英里，这就需要其速度必须高达30英里每秒。这一结论似乎并未遗漏任何细节。我们所描述的上述事实，与由此推断出的结论都否定了那个假设，即天鹅座61的速度小于30英里每秒，它的实际速度只可能比这快，而不会比这慢。

我们知道，在过去的150年间，天鹅座61一直以相同的方向、相同的速度运行着。在望远镜问世以前，我们几乎无据可循，所以对于这颗星的早期历史，不甚了解不多。但我们有理由相信，天鹅座61早期的运行速度一定与今日的速度不相上下。若不存在任何干扰因素，这一点将确信无疑。但是，干扰因素一定是存在的，唯一的疑问是，这一干扰因素是否足以对我们的假设产生可观的影响。一个强劲的干扰源可能极大地改变恒星的速度，它会改变恒星的直线轨迹，甚至迫使恒星沿封闭轨道运行。不过，我们认为这种强劲的干扰因素并不在考虑范围之内，我们完全可以确信，天鹅座61目前的轨道几乎为直线，且运行速度也几乎是始终保持匀速的。

既然已知天鹅座61与太阳之间的距离为40万亿英里，且其速度为30英里每秒，我们就不难算出它走完这一距离所需的时间——总时长约为4万年。在过去的40万年间，无论天鹅座61的运行方向如何，它移动的距离多达其日距的10倍。所以，40万年前，它与地球之间的距离一定约为今天距离的10倍。尽管那个时期要远远早于任何有史料记载的年代，但人类在地球上的存续时间或许能长过这一时间跨度，但若与地史时期的跨度相比，这40万年不过是弹指一挥间。地质学家们早就不以千年作为基本时间单位了。他们在阐述地质现象的演变时所使用的年代单位，通常是百万年、千万年、甚至是数亿年。如果地球真如地质学家所言，存在了数百万年，那么天文学家们就有理由去推测数百万年前星空中出现的那些现象[①]。根据已经掌握的恒星距离，以及30英里每秒的设定速度，我们就能试着回到遥远的过去，看看我们的宇宙可能经历过的那些沧桑巨变。

在100万年中，天鹅座61移动的距离很可能是其现有日距的25倍。无论它的运动方向如何——朝向地球或背离地球，无论向左还是向右，100万年前它与我们的距离一定是今日距离的25倍，但即使是在今天看来，它也不过是一颗小恒星。倘若它的距离增加10倍，那么只有用高倍望远镜才能看到它，倘若增加25倍，那么

① 目前公认的地球诞生历史约有46亿年。

只有用最高倍的望远镜才能看到它，且它在望远镜中也仅仅只是一个亮点。

天鹅座61的相关结论对于其他恒星的观测也具有一定借鉴意义。据此可知，星空中散布的许多恒星都在低速运动。尽管这种运动只是看起来很缓慢，但其实际速度却非常惊人。当我们站在海岸上，眺望远处地平线上的一艘轮船时，我们几乎察觉不到它的运动。不过，过一段时间再看它时，会发现它的位置发生了改变，只是它的运动看上去十分缓慢。然而，倘若靠近轮船进行观测，就会发现它是以每小时几十英里的高速在海里劈波斩浪的，不过是我们与轮船之间的距离让我们产生了这种幻觉。恒星亦是如此，它们的运动之所以显得缓慢，是因为它们距离我们非常遥远，假如能近距离观测它们，就会发现，大多数恒星的速度约为海中最快轮船速度的1000倍。

这样看来，星空的恒久性与星座间相对位置的稳定性，都只是转瞬即逝的。若以地质研究所使用的超长的时间跨度来衡量，星座的持久性就将不复存在！在数千年的沧桑巨变中，这些恒星和星座会逐渐从我们的视野中分散消失，并被其他同样短暂显现的星座所代替。

视差研究时常会遭遇挫折。当一切观测试验结束后，研究人员将结果进行数学演算并逐一探讨，最终却无法得出任何视差值。原因在于，恒星的距离过于遥远，即使我们的基准线已接近2亿英里长，但其相较于恒星距离仍然太短，无法得出恒星距离之间的比率关系。不过，我们也常常能从这些失败的研究中获取宝贵信息。

以丹辛克天文台的亲身经历为例，我们来更详细地解释这一点。前文中提到，1876年11月24日，一位来自雅典的著名天文学家——施密特在天鹅座中发现了一颗亮度为3等的新星，而在11月20日，这颗新星还未曾出现。至于它究竟是在21日、22日还是23日突然出现，现已无从知晓，但它的确是在24日被发现的。当时它的亮度已经开始衰减。我们据此推断，它的亮度最大值应该出现在11月20日至24日之间。因此，它的亮度爆发应该是较为突然的，而据我们所知，引起这种现象出现的最简单的原因可能就是大爆炸了。比起其亮度的突然增加，其衰减过程则要缓慢得多，大概两个多礼拜之后，它才能再度消失不见——亮度增加只用了两三天（甚至更短的时间），亮度衰减却用了两三周。不过，一个如此明亮的大火球想要完全熄灭，两三周的时间确实不算长。就连铸铁厂中一块大铁块冷却所需的时间，都足以见证天鹅座新星完全熄灭！解释它的突然爆炸并不难，但想解释它为何如此迅速地在数周内完全消失，却并非易事。

从这点来说，我们有理由认为，天鹅座新星爆炸的规模并不大。但若果真如此，那么它与地球之间的距离一定相对较近，因为它发出了耀眼的强光，甚至轰动一时。如此说来，这颗星就是视差研究的一个理想实验对象了。于是数年前，丹辛克天文台对其进行了一系列的观测试验。当时笔者一直忙于其他事物，并未过多参与这项研究，毕竟到头来它可能只是竹篮打水一场空。笔者只是进行了多次测微计测量，看看是否存在较大视差。前文中提到，由于地球的周年运动，所有恒星的轨迹都会呈现出一个微小的视差椭圆，通过测量这个椭圆的尺寸，就能得出该恒星的视差，进而确认它的距离。通常情况下，在计算恒星视差的过程中，需要测算出该恒星在至少一年的时间内出现在该椭圆上的若干位置。我们所采用的方法则较为便捷。虽然它无法反映出天鹅座新星是否存在微小视差，但它对较大视差的检测还是相当准确的。我们可以提前算出该恒星运行至视差椭圆某一端的日期，半年后，它就将运行至椭圆的另一端。通过选择一年中的最佳观测时期，能够得出它在受视差影响最大的两个位置的相关数据。通过这种观测方法，我们成功测得了天鹅座新星的视差值，还用测微计仔细测量了它与一颗邻近恒星之间的距离，我们的观测期有两组数据，在观测期内，如果视差存在，那么两星的视差将达到最大值，可结果是，我们并未观测到任何视差。因此，这些观测试验没能显示出视差椭圆的存在——换言之，天鹅座新星的距离太远，无法用这种观测方法进行测量。

诚然，如果天鹅座新星是距离我们最近的恒星之一，那么这些观测试验就不会失败。据此我们推断出，它与太阳系的距离一定不小于20万亿英里，而且推测那是个小规模爆炸的假设也被排除了。当天鹅座新星的亮度达到最大值时，其亮度绝不逊于我们的太阳。如果太阳处在天鹅座新星的位置上，那么从地球上看去，它的亮度就将与那些变星无异。综上所述，这颗巨大星体的亮度究竟是如何在短时间内完全衰减消失的，这对人类来说依然是个难解谜题①。我们之前说过，它的亮度爆发可能发生在1876年11月20日至24日之间吗？更准确地说，爆炸的信息是在上述时期抵达太阳系的。真正的爆炸至少发生在三年前②。的确，当这颗恒星在我们的天文学界引起巨大反响时，它实际上早已消失不见了。

赫歇尔曾提出过一个伟大的问题，恰好该问题正好与本章主题密切相关。他发现所有的恒星都会发生自行运动，而太阳也是万千恒星中的一颗，于是他就提出了那个最玄奥的问题——太阳是否也像其他恒星一样，处于运动状态呢？让我们来设想一下这一问题所涉及的方方面面。太阳的周围环绕着行星、行星的卫星、彗星和大量小星体。问题是，究竟是太阳系中所有的星体都以静止的太阳为中心进行旋转，还是整个太阳系——包括太阳、行星及其他所有星体，都在宇宙间运转？

赫歇尔是第一个解答了这个难题的人。他发现我们的太阳以及所有绕其旋转的星体都在宇宙间运转。他不仅注意到了这一现象，还研究出了太阳系的运行方向以及较为精准的运行速度。赫歇尔的研究表明，太阳以及整个太阳系都在朝着星空中天琴座附近的一个点快速运行着。而这一运行速度与太阳系的大小互相吻合。太阳带着包括地球在内的所有星体，以快过任何子弹的速度，向前运行着。我们作为地球生物，也参与到了这一运动中。太阳系的这一运动使我们与天琴座之间的距离，每过半小时就拉近约1万英里。由于我们正以极快的速度向天琴座靠拢，我们的第一反应也许是很快就能到达天琴座了，但是天琴座的恒星与其他恒星一样，距离我们都十分遥远。我们确信，若太阳和太阳系保持目前的速度继续

---

① 通过研究大量的新星，天文学家提出了新星模型，这些新星实际上都是双星系统，其中一颗是白矮星，另一颗是主序星。当两者足够接近时，主序星的物质受白矮星强大引力的吸引落向白矮星，随着物质在白矮星表面积累，温度和压力剧增，最终导致物质爆发，形成新星。

② 据测算，该新星距离太阳系至少2400光年，意味着这是2000多年前的一次爆发。

运行，想要从目前的位置运行至天琴座所需的时间远远超过100万年。但不得不承认的是，我们估算出的太阳系的实际运行速度存在许多不确定性[①]，但这丝毫不会影响赫歇尔对太阳系运动方向的判断。

接下来，我们将就赫歇尔采用的论证方法进行阐述，因为正是借助这一方法，他才有了如此伟大的发现。太阳运动的探测竟然不是通过观测太阳而完成的，这听上去或许有些奇怪。全世界任何一台望远镜对太阳的观测都无法让我们真正了解它的运动，原因很简单，我们的观测都在地球上进行，而地球也参与到了太阳的运动中。船舱中的旅客通过观察汹涌的海浪，可以感觉到轮船在运动，但如果海面风平浪静，没有一丝波澜，那么即使轮船内的桌椅也在跟着轮船一起快速移动，但我们却感觉不到它们的运动，因为我们自己也跟轮船一起运动。如果不走出船舱，或者无法从窗户向外眺望，我们根本无法知道轮船是否在运动，更无从知晓它的行驶方向和行驶速度。

带着数颗行星和卫星的太阳，就像一艘巨轮一样。行星围绕着太阳运动，就仿佛旅客在船舱内来回走动。倘若只观察船上的物体，旅客根本无法得知轮船是否在运动，所以，仅通过观测太阳或太阳系的其他星体，永远无法知晓太阳系作为一个整体，是否处于运动状态。

在我们所熟知的水面上，想要以绝对匀速在绝对平静的水平面上运行，几乎是无法办到的，但是太阳和整个太阳系的运行却不会受到任何干扰因素的影响，所以它们的运动具有绝对的统一性。我们在地球上无法感知这种运动，而其他行星与我们一样，也在绕日公转，因此也很难从它们身上找到有关太阳系运动的重要信息。

然而，当旅客登上甲板，眺望四周的大海时，他们立刻就能感知到轮船的运动。假设他们的航行即将结束，远方的陆地已若隐若现，随着夜幕的降临，轮船将要驶入的海港也逐渐清晰可见。那个港口又与大多数港口一样，入口很窄，且

① 目前测得的太阳绕银河系中心公转速度约为 240 千米 / 时。

入口的两边各有一座明亮的灯塔。当港口还在远方的地平线附近时，我们看到它的两座灯塔是紧紧连在一起的，夜色逐渐笼罩大地，那两盏灯成为唯一可见的物体。当轮船距离目的地还有数十英里时，那两盏灯依然紧密连在一起，但随着距离的拉近，它们逐渐分开。轮船离港口越近，两灯之间的距离就越大，最终当轮船驶入港口，我们看到的景象并非如刚靠近港口时一样——两盏灯同时出现在面前，而是它们一左一右，我们的轮船从其间驶过。同理可知，若想探寻太阳系的运动规律，我们必须像旅客一样，去观测与太阳系无关的其他物体，通过它们的视运动来了解我们的运动。但星空中真的有与太阳系无关的星体吗？如果所有的恒星与地球一样，都仅仅是太阳的附属星，那将永远无法知晓太阳系究竟是处于运动状态还是静止状态，它可能绝对静止，也可能以惊人的速度，朝着未知的领域高速运行。如若这些恒星并不属于我们的太阳系，它们都是自己星系中的太阳，不会像地球一样，受制于我们的太阳。那么这些恒星就都是系外星体，我们也就可以通过对它们的观测来探索太阳系是否在宇宙间运行。

现在，这些恒星就是我们的灯塔，若太阳系真的在运动，我们会看到什么现象呢？各位是否还记得，当轮船逐渐驶近港口时，两盏灯之间的距离会逐渐拉开，并最终分列在航道的左右两侧。天文学家也拥有这样的航道灯，可以借助它们来观测太阳系这艘巨轮的航行情况，而且它们还能指示出太阳系的运行轨迹。假如太阳系在不断运动，那么我们就会发现，这些恒星从天空中的某点处分散开来，该点的方向就是太阳系运行的方向。这与我们的实际观测是完全吻合的：这些恒星以天琴座附近的一点为中心，逐渐四散开来，我们据此推断，太阳系是朝着天琴座的方向运行的。

在这一问题的讨论过程中，常会出现一大难点。我们不是曾经观测到，这些恒星自身也在发生运动吗？似乎所有的恒星，包括太阳在内，都会进行独立的运动。我们所观测到的恒星运动，一部分是视运动，另一部分则是实际运动。有些是由于恒星的实际运动产生的，而有些则是由于地球绕太阳公转而产生的视运动。那么这些运动应该如何区分呢？我们的望远镜和观测试验是无法直接进行区分的。不过，赫歇尔借助一些几何方法，成功化解了这一难题。当时他拥有的资料十分有限，但是他凭借着巧妙的方法，使这些资料发挥了大用处，此后他便大胆地向全世界宣布，他发现了太阳系的运动。

赫歇尔的这一发现可谓震惊了整个世界，于是天文学家们调用了一切最前沿的天文资料和最先进的天文设备，来验证这一发现的真实性。天文学家在诠释某种天文现象时，常会用到一种既巧妙又高效的方法。巴特勒主教曾说过：概率指引万物。恒星的自行运动应分解为两部分，一部分是真实运动，另一部分则是视运动。如果我们对多颗恒星进行观测，我们就有无数种分解恒星运动的方法。每一种分解方法都对应着一定的概率值。而概率值的多少，就需要数学家们来测算了。接下来的情况是在各种各样的概率中，总有一个与真实情况相吻合。也许我们无法直接找到真实的那一个，但我们却可以找到概率最高的，然后再运用巴特勒主教的上述理论。数学家们将这种计算方法称为最小二乘法。在赫歇尔的发现问世后的100年间，多位天文学家为了解答同一问题，观测了数百颗恒星。数学家们也将概率论的效用发挥到了极致，可最终也只是进一步证实了赫歇尔伟大发现的真实性，而并非获得到新的发现。可以说，赫歇尔的太阳系运动理论是其卓越天资结出的另一枚硕果。

如果想测量更远的天体距离，视差法就会力不从心了，后来天文学家陆续发展了以下几种测量方法：

第一种是分光视差法。利用恒星光谱中获知该恒星的光谱型，然后通过赫罗图知道其绝对星等，进而求出恒星的距离。

第二种是造父变星测距。变星是光度随着时间变化的恒星，不同于食变双星中因为两颗恒星彼此掩食造成的光度变化，它是由于自身内部不透明以及光传播过程中气体对其的阻碍程度，令恒星光度发生变化。这一类重要变星被称为脉动变星，而造父变星是脉动变星中重要的一种，名称来源于仙王座 δ 星（中文名叫造父一）。

1908年美国天文学家亨利·埃塔·勒维特对小麦哲伦星系的变星进行研究

时，发现了造父变星的周光关系规律（光变周期与光度的关系），造父变星的光变周期越长，其视星等越大。而由视星等转化为绝对星等，乃至光度，需要解决周光关系的零点标定问题。在之后的1915年，同是美国的天文学家哈罗·沙普利成功地解决了零点标定的问题，并利用造父变星测量球状星团的距离，证明了它们分布在一个大约30千秒差距的巨大邻近球状空间中，还测量了太阳系在银河系的位置，以及估算出银河系的大小。

仅仅数年之后的1924年，埃德蒙·哈勃利用仙女座大星系中的造父变星，测定了它的距离，证明了仙女座星系是银河系之外的独立星系。还化解了沙普利与柯蒂斯之间关于银河系是否就是整个宇宙的争论。现在天文学家已经可以利用造父变星测距测量出数千万秒差距的距离。

如果要测量更遥远的星系距离，造父变星测距仍然不够，需要另一种同样拥有规律光变周期，而且即使距离遥远也足够明亮的天体。超新星爆发时，亮度可以与整个星系的亮度媲美，可符合这个要求。

Ia型超新星的形式需要一个双星系统，一颗白矮星不断吸积伴星的物质或者与伴星并合，使自身质量超过了电子简并压而无法承受恒星的引力，这时恒星开始塌缩，内部温度迅速增高，达到碳元素能够合成更重元素的温度，继而发生碳聚变，放出的能量可令整颗恒星爆炸。

不同的Ia型超新星爆发时，产生的“绝对亮度”总能保持在同一水平，天文学家记录它爆发时的“视亮度”。如果视亮度越暗，就表示这颗星离我们越远。如此一来通过对比视亮度和绝对亮度的差异，科学家就能知道这颗超新星以及其所在星系与我们的距离，目前可利用Ia型超新星测距测量数亿秒差距以外的星系的距离。

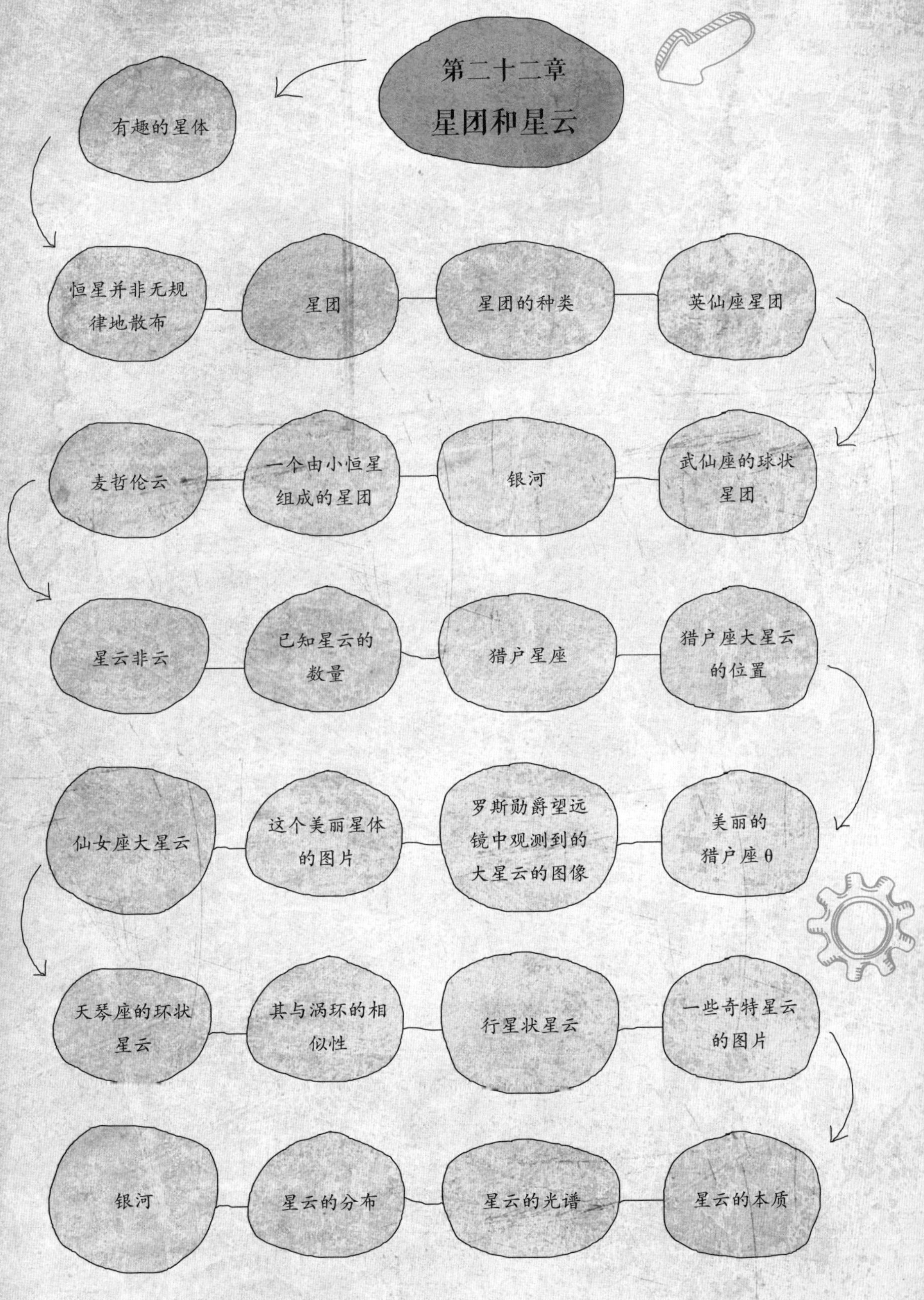
第二十二章
星团和星云
有趣的星体
恒星并非无规律地散布
星团
星团的种类
英仙座星团
武仙座的球状星团
银河
一个由小恒星组成的星团
麦哲伦云
星云非云
已知星云的数量
猎户星座
猎户座大星云的位置
美丽的猎户座θ
罗斯勋爵望远镜中观测到的大星云的图像
这个美丽星体的图片
仙女座大星云
天琴座的环状星云
其与涡环的相似性
行星状星云
一些奇特星云的图片
星云的本质
星云的光谱
星云的分布
银河

前文中提到，土星是望远镜中观测到的壮美的景观之一。除了明显较大的太阳和月亮之外，能在亮度和趣味性上与土星相媲美的，只有两个星体。其一便是武仙座星团；而另一个便是猎户座星云。我们将分别以这二者为例，介绍本章中将要探讨的两个主角——星团和星云。

那些点缀在夜幕中的数百万颗恒星，并非是无规律地散布。我们可以看到，有些区域恒星稀少，而有些区域则恒星密集。有时看到的是一个小恒星团，如昴宿星团；而有时又是一大片恒星密布的星场，如银河。这些都被称为星团。我们发现，星团有各式各样的特征。有的星团中的恒星特别明亮；有的数量庞大；而有的则具有独特的形状；有的星团中散布着明亮多彩的恒星；有的星团则恒星密布能把发出的光亮全都汇聚在一起；还有的星团使我们很难将其与星云区分开来。

在那些曾以恒星数量多、亮度大著称的星团中，有一个不得不提，那就是位于英仙座剑柄处的那位。该星团的位置如图98所示。肉眼看去，它仅仅就是一个模糊的星点，但若用望远镜观测，就会发现它其实是由两个相隔不远的星团组合而成。每个小星团中都有无数颗恒星，它们密密麻麻地挤满了望远镜的整个视野。这些恒星中的每一颗都是它们星系中的太阳，其亮度未必逊色于我们的太阳，所以整个星团的亮度便可见一斑了。不过，在北纬地区无法观测到的南十字星附近，银河的部分区域所呈现出的景象甚至比英仙座的星团更为壮观。

最壮观的星团出现在武仙座。这个星团由多颗小恒星组成，外形呈球状。图112中所示的是该星团在罗斯勋爵望远镜下的图像，图中有三条辐射纹，这三条辐射纹上的恒星数量明显少于其他区域。据估计，在这个极小的宇宙空间内，大约聚集了1000~2000颗恒星。若用小型望远镜进行观测，很难将其与星云区分开来。我们曾在前文的一幅图表（第357页图103）中，标示出了武仙座星团的具体位置。当时我们还提到，这个恒星密布的星团是星空中最有趣的三个星体之一。

[今日科学说] 武仙座球状星团M13是北半球可见最大的球状星团，它的亮度约为5.8等，勉强可以被肉眼看见。但是这个包含有约100万颗恒星的球状星

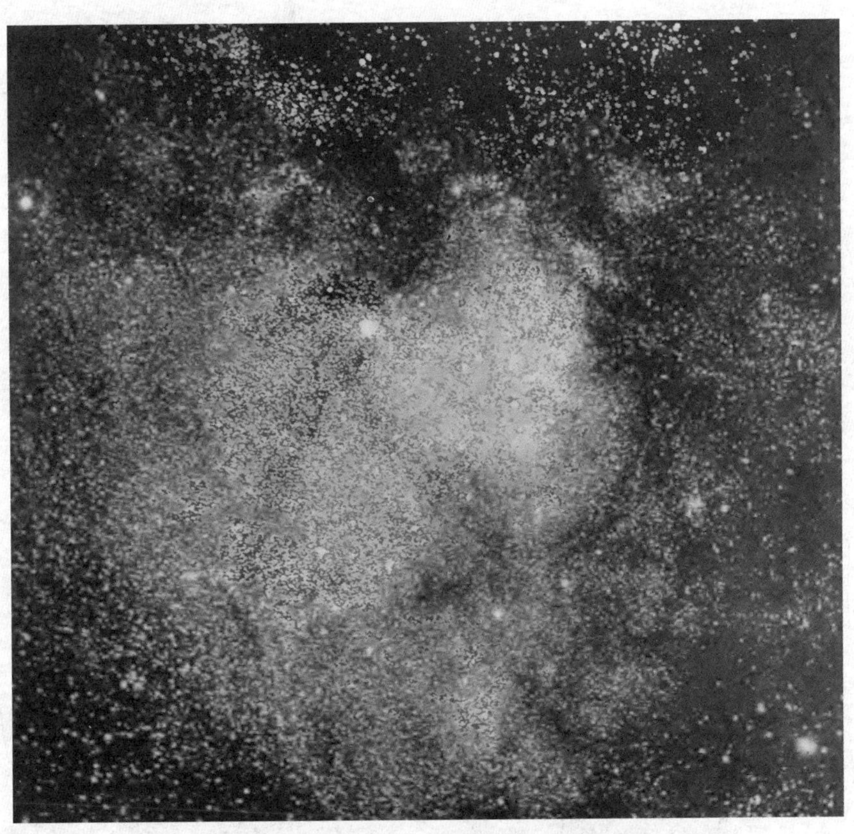

图111 梅西耶22（M22）附近的银河

由爱德华·爱默生·巴纳德摄于1892年6月29日

团，并不是全天最大最亮的星团。事实上，人类可以观测到的最大，或者说最壮观的球状星团应该是人马座ω球状星团。人马座ω球状星团中约有1000万颗恒星，亮度达到了3.9等。

银河是一条环绕在宇宙间的亮带，其内部恒星的分布较为均匀。若用望远镜进行观测，会发现银河是由大量小恒星汇聚而成的。银河中某些区域内的恒星数量明显多于其他地方。所有恒星距离银河系的中心都十分遥远，因此，我们的太阳和太阳系显然也位于银河间。如果沿着这个思路继续思考下去，就会发现，整个银河系也不过只是一个星团，它的大小与我们看到的许多其他星团一样大，假如从宇宙更远处进行观测，那么银河也只不过是无数星团中的一个[①]，我们的太阳也仅是其间一个极不起眼的小成员。

图112　武仙座的球状星团

① 人们对天体系统的探索整理工作一直到20世纪20年代才有了较为正确的头绪。在本书创作年代，人们对天体系统的了解还不够深入，因此误将银河归入了星团的概念。现代的科学研究成果告诉我们，星团是星系系统中的组成部分，大多数的星团都是星系的一部分，星系的体量是远远超过星团的。

南半球有两个巨大的星体，肉眼清晰可见，它们看似是银河被分离的两个部分。北纬地区的观测者无法看到它们，这两个星体被称为麦哲伦云或大小麦哲伦云[①]。若用高倍望远镜进行观测，会发现它们的结构异常复杂。约翰曾对这两个天体进行了深入研究，并做出如下描述："总体来说，这两个天体都含有大小不等的条块状星云，这些星云的分辨率各异。有些即使用18英寸口径的反射望远镜都无法观测，但也有些如银河中的颗颗恒星一样清晰可辨。这两个天体中还有一些星团，它们既相互独立又密集在一起，从而形成了不规则的外形，甚至成为恒星密集的星团之一。此外，麦哲伦云还含有大量凝结度不等的小星云和球状星云。"显然，这两块形状大致成圆形或椭圆形的星云，并非是由于大量与同一视线方向距离不等的星体偶然汇聚而成，它们应该是两个结构各异的大星系，虽然相距并不远，但它们通常不会同时出现在银河中，不然的话，仅凭肉眼就能将它们与麦哲伦云联系在一起了。

当我们将一台高倍望远镜对准星空时，偶尔能观测到一类著名的天体——星云。星云是一种暗淡的云雾状天体，犹如映射在天空背景上的光斑。几乎所有的星云都是肉眼可见的。我们决不能将星云的概念与通常所说的云的概念混淆。后者仅悬浮在大气层中，而前者则散布在无垠宇宙间。云的光亮来自太阳，随后又将这种光亮反射给我们，而星云无须借助外来光，它们可以自体发光[②]。云的形状每小时都在发生变化，而星云甚至一整年都毫无变化。云的体积比地球要小得多，而已知的最小的星云都比太阳大无数倍。云与地球间的距离在数十英里以内，而星云的距离则根本遥不可及。

赫歇尔在与妹妹一起迁居至斯劳后不久，赫歇尔便开始对北天星空展开了系统观测。此类观测通常需在晴朗无云的条件下进行，即使是朦胧的月光，也足以

① 今天的天文学研究表明，大麦哲伦云已经通过气体桥和银河系紧密地相连起来。小麦哲伦云都是银河系的卫星星系，在银河系强大的引力影响和束缚之下，他们已经失去了规则的星系形态并且紧密地环绕在银河系附近。

② 现代天文学中，按照发光的性质，我们将星云分为自身可以发光的发射星云，反射恒星光的反射星云以及完全不发光、依靠遮挡背景天体发光而被发现的暗星云。

湮没那些虽较为黯淡但却更有趣的星体。只有在晴朗的冬季长夜中，当群星发出耀眼的光芒，乳白色的银河显现在天空中时，这类观测才得以正式开始。这时，只需将望远镜对准星空中的某一点，使太阳和所有恒星产生升降现象的周日运动，将带领我们环视星空一周，从而呈现出一幅壮美的星空全景图。恒星会缓缓地进入视野，缓缓地移动，直至离开，之后再被其他恒星所取代。观测者只需始终盯着目镜，就会有一幅幅星图从其眼前经过，而且他还能仔细观测其间的若干星体。由此可知，我们甚至无须调整望远镜，便能观测到一条又窄又长的带状星空图，镜筒的上下微调还能相应增加这条星空带的宽度。等到下一个夜晚，我们可以将望远镜对准另一片位置，这样就能观测到另一条星空带的图像。假以时日，整个星空就可以被仔细地观测一遍了。

赫歇尔常站在目镜前，注视着那些天体的迁移，场面甚是壮观。近旁，他的妹妹卡罗琳就坐在他的桌前，手中握着笔，记录着哥哥口述的观测数据。她的面前有一个计时器，用于标注时间。还有一台能显示望远镜地平纬度的设备，便于她更加准确地记录下哥哥描述的星体的具体方位。这就是这对兄妹俩打算为其奉献终身的观测试验。赫歇尔一生所做的发现并非几十个或者几百个，他的研究成果高达数千项。他们的这些发现都被记载于伦敦皇家学会的《哲学学报》中，它们是该期刊最宝贵的财富之一。约翰·赫歇尔子承父业，继续完成其父对北天星空未完成的观测，并将观测范围扩展至南半球。为了完成这一目标，约翰不远万里奔赴好望角，并在那里旅居多年，只为完成这一伟大的事业。

由于其他观测者也陆续加入这项伟大事业中，直到1900年，已知的星云就已共计约8000个，随着望远镜的更新换代，这一数字还在不断攀升。

这些星云就像散布在海滩上的8000颗形态各异的鹅卵石，尽管它们的形状、大小、颜色和材质都各有不同，但与鹅卵石类似，这些星云在本质属性上都是一样的。这类天体的细节特征并不在本章的讨论范围之内。我们所要做的，就是选择一些最为独特的星云以及几类星云中最具代表性的那些并进行简单介绍。

前文中曾提到，猎户座大星云是整个天空最有趣的天体之一。无论是其大小

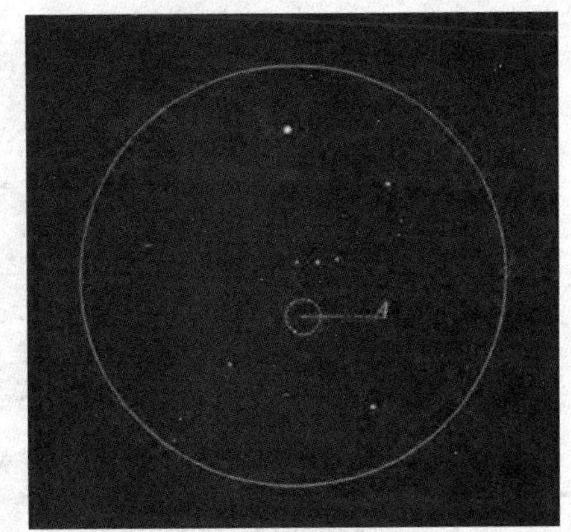

图113　猎户座大星云的方位

还是明亮度，无论是其所引起的关注度还是人类在研究其特征方面所取得的成就，猎户座大星云都是卓越超群的。想要找到它，先来看看图113。图中所示的是猎户座一些主星的位置，字母A代表的是组成猎户座剑柄的三星中中间的那一颗。在剑柄上方还有三颗星，它们组成了冬季星空中那条著名的亮带。若用肉眼仔细观察，会发现恒星A的外表呈云雾状。1618年，齐萨特将望远镜对准这颗恒星，结果发现它的周围有明亮的云雾环绕，事实表明，那就是大星云。那之后，多位天文学家都对它进行了深入研究，有关它的观测数据也不少，甚至还有专门介绍它的出版书籍。所有望远镜都能观测到大星云，但放大倍率越高，那些有趣的细节就越清晰。

首先，我们用A指代的这颗星（猎户座θ，也被称为伐二）本身就是全天最壮美的聚星。如图115所示，它由6颗星组合而成。这几颗星的距离十分接近，它们发出的光线只有借助望远镜才能区分开来。不过，其中4颗用小型望远镜就能观测到，但另外两颗较小的则需要倍率更高的望远镜。此外，这几颗恒星都是各自星系中的太阳，且它们的体积可能与我们的太阳差不多[①]。

这样6颗大太阳的无敌组合周围，还环绕着著名的大星云，那该是多么震撼人心的画面啊！无论是大星云还是聚星，它们各自都是奇趣非凡的星体，而现在这二者竟同时出现在我们的面前。我们迫不及待地得出以下结论：这颗聚星确实位于大星云内部，而不仅仅是恰好出现在同一视线上。事实也的确如此，认为这两

① 由三颗及以上数量不算特别多的恒星构成的恒星系统称为聚星，猎户座大星云中这个六合星在现代天文学视为一个系统，并非各自独立。同时现代天文学认为，多恒星系统中难以保持行星轨道的稳定，也没有任何观测证据表明，猎户座大星云中的六合星有自己的行星系统。实际上这几颗恒星都比太阳要大，最大的一颗半径是太阳的 10 倍以上。

图114　猎户座大星云简版图像

个奇特天体只是碰巧出现在同一视野内的假设似乎与事实并不相符。如果聚星确实位于星云内部，就充分说明，星云的距离与恒星的距离属于同一量级。遗憾的是，这就是我们所掌握的有关星云距离的全部信息。

猎户座大星云的内部包裹着聚星，外部则向邻近区域延伸。图113中恒星A周围还有一个虚线圆，这个圆形就代表高倍望远镜下所观测到的星云的外边界。星云本身发出的是暗淡的蓝光，这一点在图片中无法展示。星云中不同区域的亮度也有所差别，概括来说，中心区域是最亮的，越接近边缘区域，亮度就越暗。实际上，我们不能断言星云是否有明确的边界，因为随着望远镜放大倍率的不断增加，新的暗淡的边缘不断出现。看上去，聚星周围似乎存在一个真空区域，不过这只是由于聚星发出的亮光与周围形成强烈对比所产生的幻觉，因为星云的分光镜观测结果表明，这些恒星之间依然存在星云状物体。

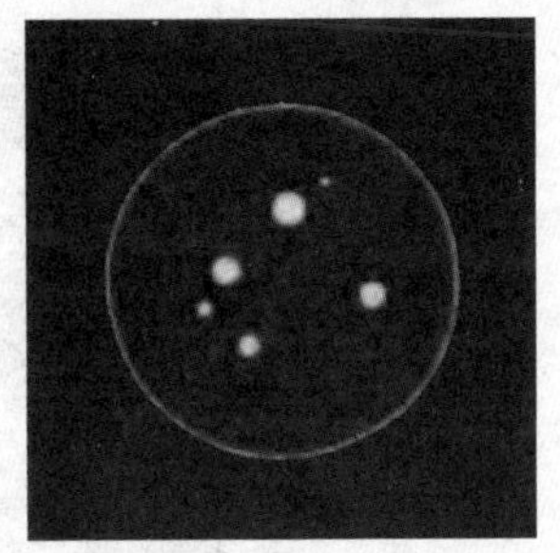
图115　猎户座大星云中的聚星（猎户座θ）

图115中所示的是猎户座大星云的简版图像，精美的原图由帕森城的罗斯伯爵大反射望远镜拍摄而成[①]。望远镜图像显示，该星云表面分布着200多颗恒星。我们无须假设这些恒星是否与那颗聚星一样，正好位于星云内部。既然出现在天空中的同一区域内，那么它们不是位于星云之前，就是位于星云之后，不过位于星云之前的可能性更大一些。

许多天文学家都拍摄过这个独一无二的大星云。其中不得不提的一位是来自美国马萨诸塞州坎布里奇的邦德教授，他拍摄的一幅图像逼真还原了该星云的每一处细节，对该星体感兴趣的初学者有机会一定要观摩一下。几年前，也曾有人成功拍摄到了它的图像。德雷珀教授就幸运地拍出了几张杰作。科曼先生是全英格兰拍到精美的猎户座大星云图片的第一人，罗伯茨博士和威尔森先生也拍到了同一天体的数张精美图片，他们图片中所显示的大星云，比前人所知的覆盖面积更广。

若用肉眼直接观测，仙女座大星云看上去十分暗淡。图116中所示的便是它的图像，该图选自艾萨克·罗伯茨拍摄的数张精美图片，且其复版已征得原作者许可。首先注意到的肯定是，图中的两条黑色轨迹，除此之外，那么散布在其表面的暗星也能引起我们的注意。要找到这个星云，需要先确定仙后座和飞马大方框的方位，然后就能按照图97所示，轻而易举地找到它了。1885年，在这个星云最亮的区域附近，突然出现了一颗7等新星，但数月之后，它又再度消失。

天琴座星云是星空中最耀眼的环状星云，但它绝非唯一的环状星云。总体来说，环状星云约有12个。这类天体的本质似乎很难准确概括。但是，每每看到这

① 感谢慷慨的供图者德拉吕先生。

图116　仙女座星云M31图像

曝光4小时，3倍放大倍率

由艾萨克·罗伯茨先生摄于1888年12月29日

些环状星云，我们就自然而然地联想起那些美丽的涡环。谁不曾见过那些从火车烟囱上偶尔冒出的蒸汽环，它们会缓缓上升，直到蒸汽关闭后许久，才渐渐消散。这种涡环可以通过人工方法制得，先取一个方盒，盒子的一面敞开，然后用帆布将其完全遮盖，同时在方盒的对面挖一个圆洞。只需轻拍帆布，洞内就会有涡环产生，倘若方盒内装满烟雾，那么涡环能绵延数英里。当然，要断言环状星云与涡环之间存在可比性，显然为时过早，但是不管怎样，这是我们能找到的唯一能与之相比较的物体了。

星空中还有一类体积较小但较为明亮的星体，被称之为行星状星云。我们只能形容它们是由明亮的蓝色气体组成的星球，它们的体积通常很小，从望远镜中看去，很容易将它们误认为是恒星。最著名的行星状星云之一位于天龙座[1]，我们可以在北极星和天龙座γ连线的中点处找到它。现代发现的一些行星状星云的体积都极其微小，只有借助分光镜才能将它们与小恒星区分开来。另一点值得注意的是，受它们发出的蓝光影响，我们在折射望远镜中观测时，会出现轻微的消光现象。但反射望远镜就不会出现这种情况，因为这类设备能够将所有光线全部聚焦到同一点上。

[今日科学说]　环状星云，在今天的科学观测结果看来，就是行星状星云。而且行星状星云与前文提到的弥漫星云性质上完全不一样。发射星云、反射星云或暗星云都是恒星温床，温度较低，能够作为恒星形成的原料。但是行星状星云是低质量恒星演化到晚期时抛出自己炽热的气体外壳所形成的天体，星云温度很高，因此不能再成为恒星形成的原料，而且在行星状星云中心，我们还能够找到炽热但暗弱的白矮星。

星云的种类还有很多，既有长长的呈放射状的星云，也有通过罗斯勋爵巨大反射望远镜发现的奇妙的螺旋状星云，甚至还有双极星云。但所有这些各式各样的星云，我们都只能轻描淡写地稍做提及。因为想要拍摄到有关它们的图像实在是太难了。这些星云大多十分暗淡，只有用最先进的设备进行极为仔细的观测，才能发现它们。所以，在拍摄的过程中，想要获得清晰的图像，就不可避免地会增强明暗的对比度。不过，我们还是格外仔细地拍摄出图117中的图像，图中所示的是通过罗斯勋爵茂大望远镜所观测到的那些各具特色的星云[2]。

星云的本质问题引起了人们极大的好奇，更是多年来一直萦绕在星云的第一

① 这是由英国天文学家赫歇尔在1786年首先发现的猫眼星云，这个行星状星云编号为NGC6543，被称为已知结构最复杂的星云。

② 由罗斯勋爵望远镜拍摄的图117中各具特色的星云，其实在今天看来，很大一部分都是星系，从第二行右起第一个开始，第三行、第四行均为距离银河系十分遥远的星系，而非在银河系之中的星云。

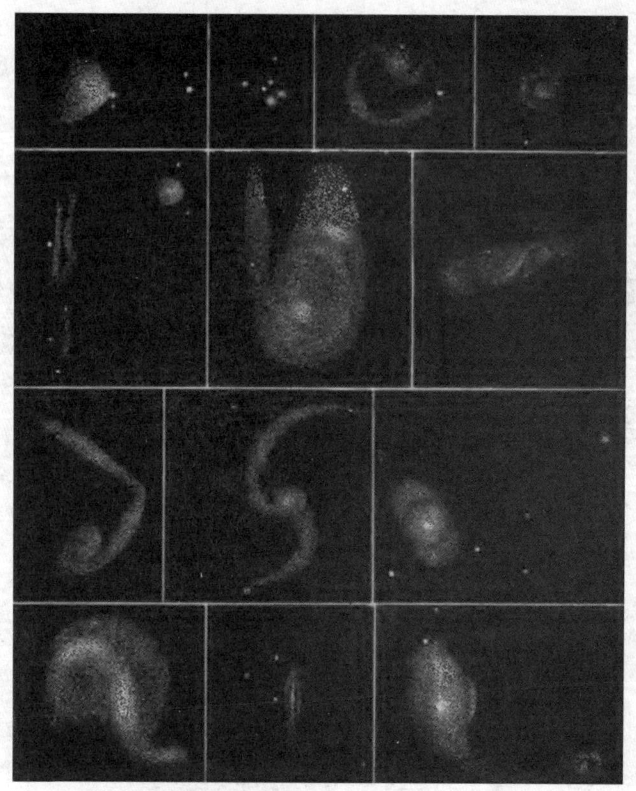

图117　星云

所用观测设备为罗斯勋爵望远镜

位观测者——赫歇尔的心头。起初，他认为，所有的星云不过都是密集的恒星聚集体——这一结论的得出完全是情理之中的。一方面，赫歇尔极大地提升了望远镜的观测能力；另一方面，小望远镜中观测到的星云，若用大光圈望远镜进行观测，就会被“分解”成若干独立的恒星。

但是在1864年，当威廉·哈金斯将一台配有分光镜的望远镜对准一个行星状星云时，他却发现，至少有些星云并非恒星团，它们的确是由灼热的烟雾构成的。

下一章将介绍恒星的光谱，但我们想提前透露的是，恒星的光谱与太阳的类似，是从红色到紫色的一条完整的连续光谱，只不过在亮线和暗线的分布上与太阳有多处显著差异。而星团的光谱一定与恒星类似，因为它是由其内部多颗恒星

图118　NGC1499星云
（1895年9月21日巴纳德摄于利克天文台）

的光谱相互叠加形成的。许多星云的光谱也具备上述特点：仙女座大星云就是如此。但我们绝不能据此推断，星云就是由普通恒星组成的星团，因为能产生连续光谱的除了液体、固体或高压气体外，还包括在特定条件下的低压高温物质。所以，星云的连续光谱无法证明，它们就是由体积和结构都与太阳相近的恒星组成的星团[①]。但只要可以检测到星云的光谱，或其光谱上有亮线出现，我们就能确定被检测星云中一定存在低压气体。哈金斯观测的多个星云都具有上述特征。当哈金斯下定决心要研究星云光谱时，他选择了行星状星云作为观测对象，它们大多

① 事实上，仙女座大星云就是一个由许多恒星构成的一个巨大星系，测量到仙女座大星云具备连续光谱，是后来天文学家对仙女座大星云身份做出猜测的重要依据之一。20 世纪初，人们找到能够测量遥远（大于星系半径）天体的量天尺——造父变星的周光关系。利用这一工具，天文学家发现仙女座大星云的距离远远超出了银河系的范围。仙女座星云并非银河系的一部分，而是和银河系体量相当的河外星系。

图119　昴宿星团中的星云
由艾萨克·罗伯茨博士拍摄

体积较小，形状多为圆形或椭圆形，通常没有中心凝聚物，看上去犹如模糊不清的行星。这些星云独特的蓝绿色光线十分显眼，因为单颗恒星很少会呈现出这种颜色。哈金斯通过观测发现，这些星云的光谱与那些仅含有三四条亮线的恒星光谱截然不同。最亮的亮线出现在光谱的蓝绿色部分，起初，他认为这条亮线是由氮产生的，但后续更精准的研究表明，无论是这条亮线还是亮度紧随其后的第二亮线，都既无法在太阳光谱中找到对应的暗线，又无法在实验室合成，因此，我们不能将它们归结为任何已知元素的谱线[①]。第三、第四条亮线也曾一度被认为是

① 这条 5007 谱线曾被威廉·哈金斯猜测命名为 nebulium，就像在太阳光谱中找到的氦，但是一直没有任何新元素的发现与 nebulium 相关。问题直到 20 世纪初才有所进展，天文学家罗素提出这其实是一种我们已知的元素在一个不常见的环境下产生的谱线，最终在 20 世纪 20 年代，问题得到了解决，科学家发现在极端低密度的情况下，氧离子中的电子在亚稳态跃迁时能够发出 5007 的谱线。这个发现也告诉我们，行星状星云中气体极端稀薄。

对应太阳光谱中标记为F和g的两条氢线。

光谱分析能一如既往地为我们提供许多望远镜所无法取得的宝贵信息。在哈金斯之后，沃格尔、科普兰、坎贝尔、基勒以及许多其他天文学家都通过实际观测和图像分析，对星云的光谱进行了深入研究。在普通设备能观测到的四条谱线的基础之上，他们又发现了多条极暗的谱线。值得注意的是，氢的红色C线在通常情况下是十分明亮的，但在星云的光谱中，这条线不是缺失就是异常暗淡，但经弗兰克兰德和洛克耶的实验证实，复杂的氢线在特定的温度和压力下，会简化成一条绿色的谱线，即F线。如此说来，气态星云的光谱相对较为简单，也就不足为奇了，星云中较低的气体密度和较暗的亮度都会减少其光谱上谱线的数量。有些气态星云的连续光谱非常暗淡，且亮度最大值出现的区域不在黄色部分（太阳光谱的亮度最大值通常出现于此），而在绿色部分。这些连续光谱很可能是由多条昏暗的亮线叠加而成。

到目前为止，呈现出气体光谱的星云约有80个。这其中除了行星状星云外，还包括多个体积较大的弥漫星云，天琴座的环状星云和猎户座大星云也位列其中。猎户座大星云竟然也是气体星云，这一发现无疑是奇妙无比的。科普兰在这个星云的光谱中还检测到了氦D_3线，要知道在当时，“氦”还只是一种假想元素，仅仅只是一个名称。但如今，我们都知道这种元素广泛分布于宇宙间。后来，一些其他星云中也出现了它的踪迹。由于气体光谱具有独特的差异性和极高的辨识度，有人建议用分光镜巡天的方法来寻找出更多的行星状星云。皮克林和科普兰也的确通过上述方法，发现了一些新的星云，皮克林甚至在近期查阅不同星域的光谱图片时，又发现了一些。许多新发现的星云在望远镜下都与普通恒星无异，如果不借助分光镜，我们永远也无法辨识出它们的真正本质。

当我们在一个晴朗的夜晚仰望星空时，乍一看，这些恒星仿佛都是毫无规律地散布在天空中的。有些亮星组成了若干零散分布的星座，如猎户座或大熊星座等，而其他同样大小的星域内，却没有亮星出现，只有一些不起眼的小星星。即使用双筒望远镜或其他小型望远镜巡天观测，结果也不会有所不同——有的星域群星聚集，而有的却较为空旷。但是，当我们逐渐观测到银河附近的星域时，视野中激增的恒星数量会立刻让我们惊愕。当真正观测到银河时，那些密集的光点汇聚在一起，在我们的眼中犹如一条不规则的、泛着微光的宽带，我们的肉眼根本无法将这些恒星区分开来，在某些观测地区，即使连高倍望远镜也无法做到这一点。这种独特的恒星分布应做何解释呢？为什么在远离银河的星域内恒星数量极少，而在这条奇幻的光带内部或周围却恒星密布呢？伦敦的一位设备制造商——托马斯·赖特，是第一个试图解答这些问题的人，他曾在1750年出版的一本书中对此进行过详细阐述。

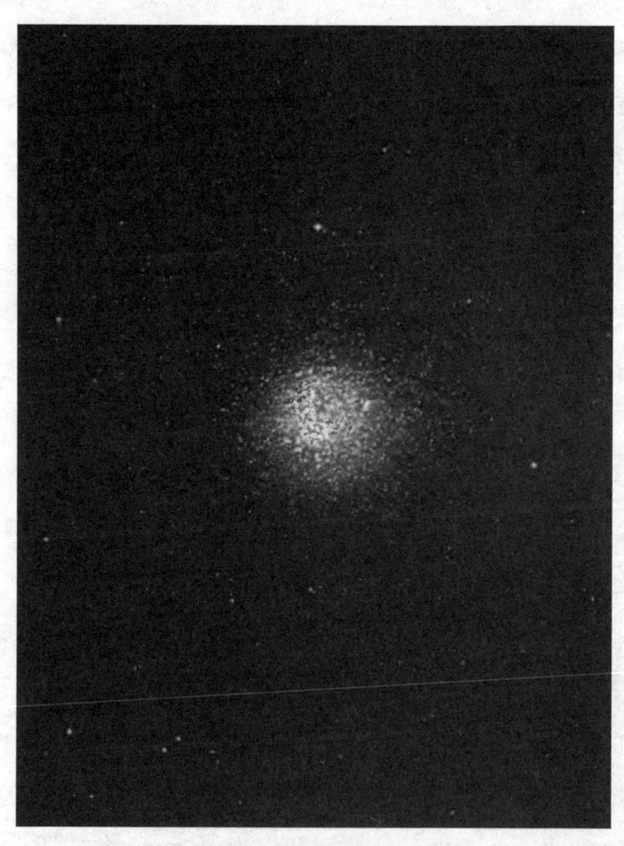

图120　半人马座ω

该图出自哈佛大学天文台期刊

他认为银河系的恒星都分布在一个巨大的碟层中，相较于其长度和宽度而言，该碟层的厚度是十分有限的。假如我们有一个玻璃制的砂轮，其内部同样嵌有大量沙粒或其他颗粒，若能从砂轮的中央进行观测，那么很容易就会发现，在轮轴方向上的颗粒很少，而在砂轮平面上的颗粒却很多。这就是赖特对于银河结构的解读，他还认为太阳距离这一恒星碟层的中心并不远。

如果银河本身并不存在——而恒星的数量只会在宇宙间的某个圆形（无疑十分巨大）区域附近突然激增——那么赖特的碟层理论恰好就能解释这一点。但有关银河的望远镜观测研究，以及巴纳德教授拍摄的数张反映银河复杂结构的图片，都给予了碟层理论致命一击。这些研究资料表明，银河确实如我们所见，的确是盘旋于天际的一条恒星流。相关证据我们即将予以呈现。只需稍加注意，就会发现银河不可能只是一条简单的光带。它在天鹰座附近产生了两条相距甚远的分支，直到进入南天才再次汇聚到一起。要解释这一点，碟层理论则不得不假设碟层在这些区域断裂成两段，直至快接近中心区域才再次聚合。即使事实果真如此，那么银河中的那些大大小小的黑洞又该如何解释呢？最大最显眼的一个黑洞位于南半球，甚至还被称为“煤袋”[①]。显然我们还要为此做进一步的假设，假设在碟层内部还存在若干条贯通的通道，而且为了与实际相符，这些通道的方向还必须全部指向太阳系的所在位置。那些从银河四周延伸出的小旋臂，不是侧向图，就是弧形表面的凸面从与其相切的角度观测到的图像。这些假设成立的概率很小。反而，大量证据表明，极暗恒星聚集的区域附近也汇聚着许多相对较亮的恒星。普罗克特教授曾将阿尔格兰德绘制的南天星图中的所有324198颗恒星，全部列在一张图表中，表中都是十等星以上的恒星，因此，它们的亮度大于那些我们无法观测到的银河系内恒星，因为按照均匀分布的假设，这些系内恒星显然距离我们更近一些。普罗克特的图表清晰地表明，整条银河就是由无数恒星汇聚而成。这一结论充分证实，银河不过就是出现在天球上的一个盘状星层。此结论一

① 银河系中大量低温不发光的气体与尘埃，它们遮挡了背后明亮的天体，使银河在我们的视线方向上，此区域显得像是有个黑色空洞。

出，我们根本无须再到巴纳德教授的图片中，去仔细观察那些不规则分布的明亮区域和黑暗区域，便完全能够相信，银河就是一条恒星汇聚而成的星河或星环，它具有难以想象的巨大尺寸，而我们的太阳系也恰好位于其间。但不得不承认的是，我们现在还不具备足够的能力，来测算这条星河的实际尺寸或其各区域间的相对距离。

[今日科学说] 目前，通过哈勃空间望远镜的观测数据表明，银河系大约含有上千亿颗恒星甚至更多，直径约为15万到20万光年。从地球看，因为是从盘状结构的内部向外观看，因此银河系呈现在天球上环绕一圈的条带状，即我们常说的银河。

第二十三章 星体的本质

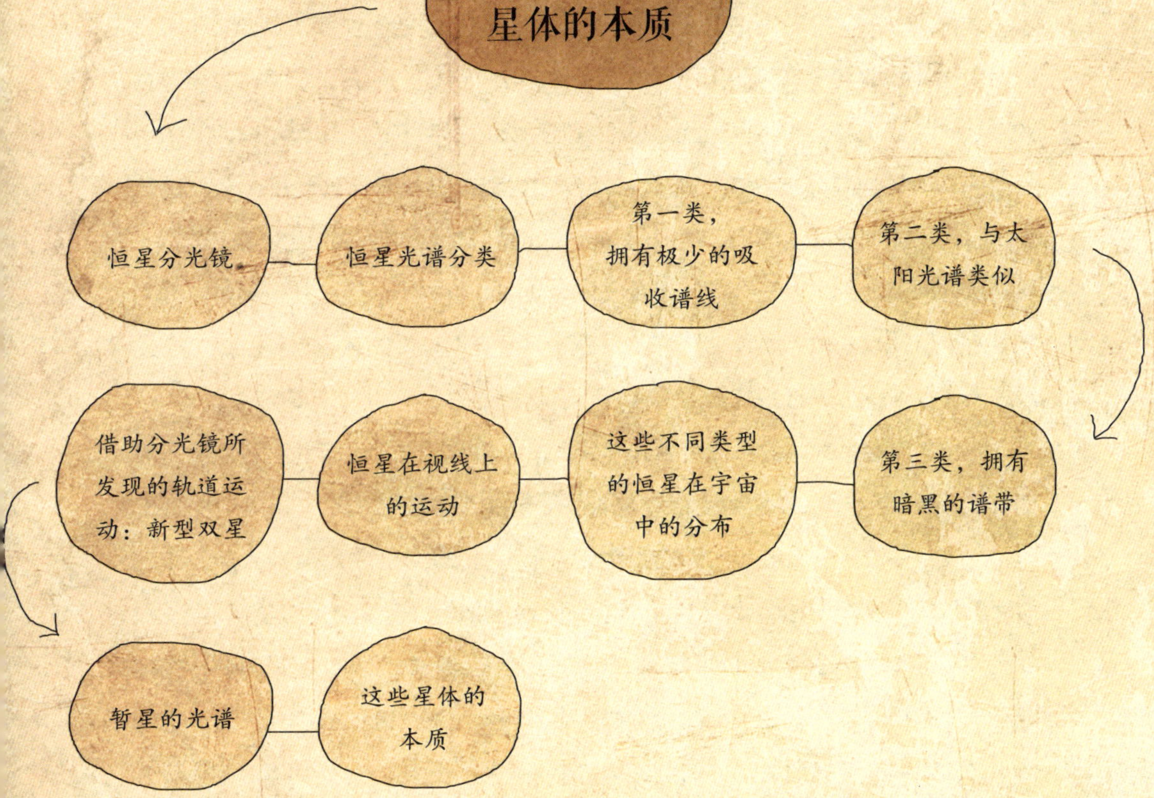

恒星分光镜

恒星光谱分类

第一类，拥有极少的吸收谱线

第二类，与太阳光谱类似

第三类，拥有暗黑的谱带

这些不同类型的恒星在宇宙中的分布

恒星在视线上的运动

借助分光镜所发现的轨道运动：新型双星

暂星的光谱

这些星体的本质

我们曾在前文中提到，通过分光镜做出的那些发现在现代科学史上也占据着不容忽视的地位。人类借助分光镜，进一步了解了太阳的物理构造。在本章中，我们将着重阐述分光镜所揭示的恒星的物理构造。

这将开启天文学的一个全新阶段。随着望远镜性能的不断提升，越来越多微弱的星体被陆续发现，但任何一台望远镜都无法告诉我们的是，恒星中是否含有铁元素或其他元素。普通恒星犹如一个巨大的火球，温度比贝氏转炉或西门子炉还要高。如果恒星真的含铁，那么它不仅会达到白热状态，甚至还会蒸发成气态，但望远镜是无法观测到铁蒸汽的。既如此我们又该如何辨别呢？我们怎样才能知道这种蒸汽中是否还含有其他金属或物质呢？事实上，想要从恒星炙热的大气中辨别出铁元素，需要极为审慎的研究。而分光镜正好能派上用场，而且它还能提供许多确凿可信的证据。

1816年前后，德国的一位著名光学仪器商夫琅和费发现，月球和行星的光谱都与太阳光谱一样，只是亮度相对较暗。通过在小型经纬仪（一种大地测量设备）的物镜前放置一个棱镜，夫琅和费证实了金星和火星的光谱都与太阳一样，而天狼星的光谱却与它们截然不同。这一重大发现激励着他不断改进观测设备和观测方法，并成功总结出了各种天体光谱的主要特点。夫琅和费所采用的，将棱镜置于望远镜物镜之外的设备组合方法，直到19世纪初才开始被广泛应用。这是由于之前人们很难找到大尺寸的棱镜（如果要使物镜的功能充分发挥，那么棱镜就应尽可能地与物镜一样大），但对于观测如恒星这般、没有明显角直径的物体的光谱来说，这种通过设备组合而成的棱镜可以算是最简单的棱镜了。恒星发出的平行光通过棱镜的散射作用，形成一个光谱，我们需要借助望远镜来观测它。但是由于恒星在望远镜中只是一个光点，它的光谱也就只是一条线，我们无法像在太阳光谱中那样，找到任何其他谱线。于是，只能在望远镜的目镜前放置了一块柱面透镜，它就能够将点转化为线，将线转化为带，因此狭窄的恒星光谱就会变宽，成为一条明亮的光带，其中的细节也就一览无余。其他类型的恒星分光镜中，我们会在物镜焦点处透出一条狭缝，具体的装配方法与我们在有关太阳的章节中讲述的类似，只是此类分光镜会多增加了一块柱面透镜。

恒星光谱的研究工作一直未取得任何进展，直到1859年，基尔霍夫设立了光谱分析定律。当人们揭开太阳光谱中暗线隐藏的奥秘时，他们便立刻意识到，科学为人类再度开启了一扇探索之门，门内是一片任何人都未曾关注过的全新领域。我们已见证了人类在太阳研究方面所取得的巨大成功，见证了人们通过采用新方法，在彗星和星云观测领域获得了弥足珍贵的科研成果。接下来将要阐述的，是人类在恒星研究领域所取得的有关恒星构造的若干科研成果，该研究最早由威廉·哈金斯爵士发起，后又经西奇、沃格尔、皮克林、洛克耶、杜内尔、谢纳以及包括哈金斯爵士本人在内的数位科学家进一步延续发展。与现代天文学的其他分支领域类似，在此项研究中，摄影技术也担当着非常重要的角色，恒星光谱的照片不仅能显示出比人眼所能看到的更大的紫色区域，而且还能帮助我们准确测量所有谱线在光谱中的位置。

第一个将这些看上去混乱无序的恒星光谱进行系统归类的人是西奇，他认为所有的恒星光谱可以被划分为四大类。不过在1870—1900年，人们又陆续发现了许多不同的光谱类型，所以就需要对西奇的分类进一步细分，而大部分观测者目前所采用的都是沃格尔的分类法，为便于讲述，我们在本章中也将采用这一方法。

第一类——在此类光谱中，铁线十分暗淡纤细，甚至根本看不见，而在太阳光谱的紫色区域，铁线数量众多且连续性强，但白色和蓝色部分异常明亮。沃格尔将这类光谱又进一步细分为三小类。第一小类（I.a）中的光谱都含有氢线，且其宽度较大，明暗度较强，天狼星、织女星和轩辕十四是此类的典型代表。较宽的氢线也许表明这类恒星都被一层巨大的氢气大气层所包裹。有关人士普遍认为，此类恒星应属所有恒星中温度最高。支持此观点的一大证据是，此类光谱中含有某种镁线。诺曼·洛克耶曾在数年前通过实验室试验表明，这种镁线并不出现在一般的镁元素光谱中，但它的出现却标志着超高温物质的存在。在第二小类（I.b）中，氢线和一些金属线的宽度相同，而上述提到的那种镁线则是所有谱线中最为明显的。参宿七和猎户座其他一些亮星的光谱就属于这一类，值得注意的是，此类恒星光谱中有些还含有氦线，所以（正如基勒教授所讲），参宿七的光谱除了两条最主要的星云谱线未发生转换以外，其他谱线可能都与星云光谱完全相反（暗线与亮线互换）。这一事实无疑将有助于我们理解星云向恒星演变的发展过程。此外，参宿七也一定处于超高温状态。第三小类（I.c）中的谱线则不具备这种高温属性，此类谱线中含有氢线和明亮的氦D_3线。拥有此类特殊光谱的恒星中，既包括天琴座的一颗非常有趣的变星（天琴座β），也包括仙后座γ。天文学家们详细分析了二者的谱线，并通过谱线中的若干特性，总结出此类恒星在物理结构上与其他恒星的不同之处。

再来看第二类，此类光谱中金属线的强度较强。其光谱的末端折射性更高，因此比第一类光谱末端更暗，而其吸收谱线有时会在红色端出现。在第一小类（Ⅱ.a）光谱中，会有大量清晰明显的金属线出现，氢线虽然也存在，但却并不显眼。此类恒星为数众多，五车二、毕宿五、大角星和北河三等都赫然在列。实际上，此类恒星的光谱与太阳光谱十分相似。波茨坦天体物理天文台的谢纳博士曾仔细研究过五车二的光谱照片，还对其中数百条谱线进行过测量，他发现这些谱线和太阳光谱中对应的谱线呈现出了极高的吻合度①。可以确定，这些恒星的物理构造与太阳一定十分相似。但第二小类（Ⅱ.b）的恒星就大不一样了，此类光谱十分复杂，由两层光谱叠加而成，下方是暗线交错的连续光谱，而上方则是由亮线组成的第二层光谱。大约有70颗恒星拥有这种奇特光谱，其中唯一的亮星是南天的南船座中的一颗三等星。此类光谱中也含有明亮的氢线和氦线，其余大多数亮线所对应的元素仍未确定。目前，我们还很难对此类恒星的物理构造下定论，但不无可能的一种情况是，此类恒星不仅被一层低温大气所包裹（这些气体也是暗线的来源），其外可能还有一层由氢气和其他气体组成的大气层。利克天文台的坎贝尔教授在至少一颗此类彗星的光谱中发现，F线成为一条朝连续光谱两边延伸的长线，从敞开的狭缝中看去，则呈现为一个直径为6秒的圆盘；其他两条主要

① 在哈佛恒星分类法下，五车二确实是全天亮星中与太阳光谱型最接近的G型恒星，现代光谱型为G5 Ⅲ，而太阳则是G2V。

的氢线也呈现出类似外观。随着观测的进一步深入，该恒星被一层巨大的大气包裹的可能性越来越大。

拥有第三类光谱的恒星数量相对较小，它们的光谱中除了有暗线外，还有暗带，其折射率高的部分非常暗淡，所以此类恒星的颜色均偏红。此类光谱可划分为两个特点突出的子类。在第一小类（Ⅲ.a）光谱中，主要的吸收谱线都与太阳光谱中的完全吻合，只不过二者的明暗度有所不同，此类光谱中多数谱线的明暗度都要明显大于太阳光谱，此外还有许多新的谱线出现。不过这些差异并非是最主要的特征，此类光谱的金属线上叠加有独特的吸收谱带，这些吸收谱带主要分布于红色、黄色和绿色部分，越趋近于紫色端，轮廓越清晰，越趋近于红色端则越模糊。此种谱带由化合物产生，该现象似乎表明，这些遥远恒星的大气层的温度并不高，足以使化合物保持相对稳定的状态。此类恒星中最著名的一颗便是参宿四，亦称猎户座α，它是位于猎户座猎人肩膀处的一颗红色的一等星，但尤其值得注意的是，许多长周期的变星也拥有第三类中第一小类的光谱。1887年，洛克耶曾预言，那些光谱极有可能是由氢引起的亮线，在明暗亮线叠加的时候，将最终达到亮度最大值。这一观点很快便得到了证实，皮克林教授在哈佛大学天文台对鲸鱼座的蒭藁增二的观测中发现，该恒星在达到亮度最大值时，其光谱照片中出现了大量明亮的氢线。此后，皮克林教授又宣布，在41颗已知的此类变星的光谱中发现了类似亮线，与此同时，他们还利用恒星光谱的这一特性，又发现了20多颗未知变星，也就是说，首先，通过光谱中的亮线推断它们可能是变星，其次，再通过光度测定进一步证实这一推测。

第二小类（Ⅲ.b）中仅含有相对较暗的恒星，它们的亮度大多不超过5等，此类中只包括少数红色星。它们光谱中最显著的谱带在红色端颜色最深也最清晰，越趋近于紫色端越模糊，这与第一小类（Ⅲ.a）中的特征完全相反。这些谱带可能是由于此类恒星大气中碳氢化合物蒸汽的吸收作用而产生的，但其他谱线同样证实了金属蒸汽的存在，其中，钠更是首当其冲。毫无疑问，这些恒星已经处于其寿命的最终阶段，此时它们的热量已消耗殆尽，星体逐渐冷却，在周围大气对剩余光线的吸收作用下，它们很快便将走向湮灭。

[今日科学说] 现在，天文学家的光谱分类方法已经比较完善，依据表面温度由高到低可以分为O、B、A、F、G、K和M七大类，然后每个光谱型还根据恒星温度，按照数字由小到大恒星表面温度逐渐降低排序再细分为10个子类。

利用分光镜确定恒星视线运动的方法与有关太阳的章节中所叙述的方法基本一致。通过将恒星光谱中某一谱线的位置与人造光谱中某一元素对应的谱线位置进行比对，就能测量出该恒星谱线朝紫色端（表示恒星朝向我们而来）或红色端（表示恒星背离我们而去）发生的位移。最早进行这一实验的是威廉·哈金斯爵士。1867年，他将真空管中氢气的光谱反射到他的天文望远镜中，使天狼星的光谱与该氢气光谱能并排显示在一起，然后再将天狼星光谱中的F线与氢光谱中对应的同一谱线进行对比。随后，哈金斯爵士便在格林尼治天文台正式开启了这项研究，但这类直接观测的结果并不理想，不同观测者所测得的数值始终存在不小差异，即使是同一位观测者在不同夜晚测得的数据都不尽相同。这其实不足为奇，要知道，光速远比任何天体的运行速度都要大得多，相比之下，天体运动所引起的波长的变化实在是微乎其微，不仅难以察觉，更难以测量。但是，自从波茨坦的沃格尔博士首次将摄影技术引入这类观测试验后，观测结果就变得更加可靠统一了，不过我们还是要万分谨慎，以避免系统误差的产生。为了说明试验结果的可靠性，我们在下表中列出了数颗恒星的秒速度，这些数值都是纽沃尔先生于1896年和1897年观测而得的，当时，他将布鲁斯分光镜装配在剑桥天文台25英寸巨型折射望远镜上进行观测，此外，我们还补充了沃格尔和谢纳在波茨坦观测到的数值。以下数值单位均为千米（1千米=0.62英里)。“+”代表恒星背离我们而去，“-”代表恒星朝向我们而来。

	纽沃尔	沃格尔	谢纳
毕宿五	+49.2	+47.6	+49.4
参宿四	+10.6	+15.6	+18.8
南河三	−4.2	−7.2	−10.5
北河三	−0.7	+1.9	+0.4
狮子座γ	−39.9	−36.5	−40.5
大角星	−6.4	−7.0	−8.3

上述结果已经排除了地球公转的因素，但并未排除太阳在宇宙间运动的影响。因为这一具体数值暂时还未能得出，或者说其具体数值还存在极大不确定性，也就是说，上述数值真正表示的是不同恒星相对于太阳的秒速度。需补充说明的是，太阳运动的方向和速度，最终都可以从大量恒星的分光镜观测中得出，且通过这种方法得出的太阳速度，其准确性要远高于旧方法所得出的结果（在此前，人们是通过将恒星自行运动与推算出的不同类型恒星间的平均距离相结合的方式，来推导太阳速度的）。肯普夫博士已经进行了类似尝试，他从波茨坦光谱分析中得出，太阳的速度为18.6千米每秒，即11.5英里/秒，这一结果很可能已十分接近真实值了。

不过，恒星光谱能透露给我们的，还包括那些遥远星系的轨道信息。如果某一恒星绕另一恒星运行的轨道平面恰好穿过太阳，那么该恒星在其轨道的一边将径直朝我们运行而来，而在轨道的另一边则将径直背离我们而去，同时，当它在中央主星前方或后方运行时，它与地球之间的距离将始终保持不变。因此，如果我们从分光镜实验中观测到一颗恒星总是周期性向我们靠近和背离，那么毫无疑问，它一定是按照谱线移动所反映出的周期，围绕某一看不见的星体（或两星重心的中点）旋转。在第十九章中，我们曾提到了英仙座的一颗变星——大陵五，这类变星的亮度在运动周期的大部分时间内保持不变，但却会在短时间内突然骤减。

这实际上是一种天体的掩食现象——换句话说，是由于暗星体周期性运行至恒星之前引起的，从我们的角度看去，就是该恒星被遮掩的现象——这是人类所能想到的最简单的解释，并且在数十年间一直得到了广泛认可。然而，我们一直无法证明这就是造成诸如大陵五之类的恒星周期性变化的真正原因，直到后来，沃格尔教授从波茨坦分光镜实验中发现，在亮度达到最小值之前，大陵五一直在背离太阳运行，而在达到最小值之后，又逐渐朝向我们运行。在假设其轨道为圆形的前提下，我们算出大陵五的速度为26英里每秒。通过大陵五的运行速度，周期长度（2天22小时48分55秒）以及昏暗期的时长，我们很容易便能算出其轨道的大小以及两个星体的实际尺寸。我们甚至能够再进一步，在假设两个星体密度相同的情况下，通过轨道速度算出它们的质量[①]。当然，这种密度假设存在很大的不确定性。下表中列出的，就是沃格尔测算出的有关大陵五的几项数据：

大陵五的直径	105.4万英里
其伴星的直径	82.5万英里
两星重心之间的距离	322万英里
大陵五的轨道速度	26英里每秒
其伴星的轨道速度	55英里每秒
大陵五的质量	太阳质量的九分之四
其伴星的质量	太阳质量的九分之二

在过去的这一个世纪中，大陵五的周期在逐渐缩短（大约减少了6～7秒），但这一变化是否如钱德勒先生所推测的那样，是由于这对双星绕第三个更遥远的星体旋转而引起的，仍有待进一步研究论证。

[今日科学说] 1906年，科学家发现大陵五其实是一个三合星，除了早期就被发现的B型主星以及K型伴星之外，还有一颗质量较K型伴星大一些的A型主序伴星。

我们曾谈到，如果要产生掩食现象，进而发生光变，那么观测者的视线就必

① 详见第十九章有关天狼星及其卫星质量的相关内容。

须贴近目标恒星的轨道平面。

还需满足的另一条件是，两颗目标星体的亮度必须存在较大差异。我们已知的、能满足上述条件的类似大陵五的变星共有15颗，但从概率论的角度来说，肯定还有许多类似大陵五的双星系统不能满足上述条件，这些双星系统中的恒星亮度不会发生改变。我们知道许多一颗亮星绕另一颗旋转的例子，当然也会有巨大的伴星绕主星旋转，且二者之间的距离之短，使我们的望远镜都无法将它们“分离”。事实上，我们借助分光镜就发现了这样的双星。如果用分光镜对两颗距离很近的子星进行观测，那么它们的光谱就会相互叠加，我们很可能无法意识到这其实是两个不同恒星的光谱。但在两星绕其共同重心运转的过程中，有一种现象却会周期性发生，那就是其中一颗子星朝向我们而来，而另一颗则背离我们而去，这样一来，前者光谱上的谱线会向紫色端发生微小的相对位移，而后者的谱线则会向红色端发生位移。因此，两个光谱中的那些常见谱线就会周期性地双倍增加。1889年，皮克林教授在研究开阳星，即大熊座ζ的光谱照片时，第一次发现了这一现象（开阳就是大熊星座熊尾处的著名双星系统中较大的那一颗子星）。在52天的时间内，开阳光谱中的一些谱线呈现出了双倍增加的现象。两星间的最大距离显示二者间的相对速度约为100英里每秒，但后续观测表明，此两星的运动远比想象的要复杂，原因可能在于二者沿椭圆轨道运动或是有第三个星体的存在。在哈佛大学收集的有关御夫座β的光谱照片也显示，其谱线会发生周期性复制的现象，只不过这一周期十分短暂，仅为3天23小时37分钟。1891年，沃格尔从室女座的一等星——角宿一的光谱照片中发现，该星会反复不断地靠近和远离太阳系，且周期为4天。自此之后，一些其他的“分光镜双星”也被陆续发现，其中最著名的，分别是贝洛波尔斯基所发现的、周期为3天的北河二的一颗子星，以及在哈佛大学光谱图片上找到的、周期仅为34小时的天蝎座的一颗恒星。

近期，剑桥大学的纽沃尔先生和利克天文台的坎贝尔先生联合发表声明称，御夫座α，亦称五车二，由两颗子星组成，其中一颗类似于太阳，而另一颗类似于南河三，两星的运行周期为104天。

乍看之下，大家一定会觉得不可思议，两个与太阳差不多大的恒星相互围绕旋转，可相较于二者的直径，它们之间的距离却又如此之小。比如，在大陵五的系统中有两颗子星，其中一颗与我们的太阳体积相仿，另一颗比前一颗稍大，两星围绕共有重心旋转的周期不到3天，它们之间的距离仅为较大子星直径的2倍。无独有偶，在角宿一的双星系统中，有两颗与太阳体积相仿的子星，二者的运行周期仅为4天，它们之间的距离等于土星与土卫六之间的距离。尽管在1900年时，太阳系中还没有此类双星可以进行对比，但数学演算证明，这种双星系统完全有可能保持稳定状态，即使不能永远保持，也能维持相当长的一段时间。在最后一章中，我们还将看到，曾经的某个时刻，地球和月球很有可能组成了一个奇特的双星系统，共同高速运转，但相对于二者的直径，它们之间的距离也会十分微小。天琴座β的系统可能更为复杂。它是一颗十分有趣的变星，在12天零22小时的一个周期内，它的亮度会先从4½等上升至3½等，随后又降至4等，此后又升至3½等，最终再次回落至4½等。1891年，皮克林教授发现，此星光谱中的亮线会不断发生变化，时而出现在对应暗线的这边，时而又出现在另一边。显然，这些亮线的波长发生了改变，光源反复背离和靠近地球，前者引起了半个周期的光变，后者则引起了另外半个周期的光变。贝洛波尔斯基和其他相关人士都曾深入研究天琴座β的光谱，他们发现一些谱线明显成倍增加，但有一条谱线却始终未消失，也未变窄。在假设这些谱线都是单线的基础之上（即我们所看到的谱线复制是由于暗线叠加造成的），贝洛波尔斯基拍摄下了试管中加热气体产生的谱线，然后通过测量恒星光谱中一条氢线（F线）的两边与人造光谱中氢线的距离，算出了恒星谱线的位移。假如恒星的远近交替现象是由于其公转产生的，那么贝洛波尔斯基就能够得出，发射出亮线的恒星的轨道速度为41英里每秒。1897年，他成功测算出镁元素的暗线发生的位移，同时还发现，发射出该暗线的恒星也沿轨道运转，但是，发出明亮的F线的恒星速度在其首次达到亮度最小值之后依然为正值，而发出暗线的恒星速度却为负值。因此，在第一次达到亮度最小值时，发出暗线的恒星发生了掩食现象，而第二次达到亮度最小值时，另一颗发出亮线的恒星发生了掩食现象。不过，要想完全解开这颗奇妙变星的结构之谜，还需开展更多的观测试验，对于许多其他变星来说，亦是如此。我们已经在天鹰座η和仙王座δ中，找到了子星轨道速度与光变之间的某种联系。

天琴座β复杂的光谱与新星光谱之间也存在惊人的相似性。第一颗能够用分光镜进行观测的“新星”就是1866年出现于北冕座的那一颗，哈金斯爵士还对其进行了详细的研究。此星的连续光谱中不仅有暗淡的吸收谱线，还有明亮的氢线，实际上该光谱与第二类光谱中的第二小类（II.b）完全吻合。1876年施密特发现的那颗恒星亦是如此，该恒星的光谱中，除了氢线外，还出现了氦D_3线和主要的星云线，然而，1877年的秋天，这颗恒星的亮度骤然降至十等，科普兰博士惊奇地发现，其光谱中只剩下了唯一的一条可见谱线——主要的星云线，该恒星的所有光线几乎都汇聚到这一条谱线上，整个连续光谱难以辨认。实际上，这颗恒星似乎已经转化为一个行星状星云，但后来，其光谱上那条唯一的星云线也消失了，只剩下了一个暗淡的连续光谱。1866年的那颗恒星在亮度降至十等后，也发生了类似情况。1885年，从仙女座星云中诞生的那颗新星的光谱也是一个连续光谱，该光谱与仙女座星云的光谱十分相似。

1892年2月，当御夫座新星被公之于世时，天文学家们已经备好了分光镜，随时准备对其进行观测。如今，他们可以借助摄影技术来研究光谱中肉眼所看不到的紫外线部分。乍看之下，这颗新星的光谱与1876年发现的天鹅座新星的光谱十分相似。此后，利克天文台对所有可视亮线的波长都进行了拍照取证，波茨坦天文台又进一步对这些波长进行了测量，结果却显示，该光谱与太阳色球层的亮线光谱之间存在极高的相似度。两个光谱中的氢线都极为明显，铁线数量众多，钙线和镁线也都能找到。不过，这些光谱照片中显示出的最为明显的一个特征是，亮线靠近紫色的一边常伴有较宽的暗带出现，且所有的亮线和暗线都显示出复合元素的性质。许多暗线的中心都叠加着一条狭窄的亮线，与此同时，多数亮线上也出现了2～3个极亮的亮点。对该恒星在视线方向上的运动的测量结果也同样意义重大。结果表明，发出叠加在暗线上的狭窄亮线的光源，正在以400英里每秒的高速向太阳移动，如果亮线实际上是暗线的反相线，那么产生吸收光谱的光源必定也拥有相同的超高速率。另一方面，如果亮线上的那两三个亮点真的代表着两三个发出亮线的不同星体，那么观测结果就表明，那几个星体中的主星相对于太阳是静止不动的，而其他两个星体则分别以每秒300英里和每秒600英里的高速离我们远去。1892年8月，这颗新星再度以十等星的身份惊艳亮相，似乎还嫌给我们带来的难题不够大，这一次，它呈现出了一个完全不同的光谱，该光谱中竟只有几条属于行星状星云的亮线！一开始，那些出现在光谱上的主要谱线可能的确存在，但随后，该恒星在视线方向上运动的改变，使这些谱线的波长也发生了改变，所以，在秋季光谱中所看到的那些星云线其实也出现在了春季光谱中，只是它们的位置发生了些许变化。对这些星云线的深入观测似乎表明，该新星正在朝太阳系运行而来（速度约为150英里每秒），但这一运动趋势正在逐渐减弱。

不得不承认，我们还无法十分清楚地阐明新星突然爆发的主要原因，但我们绝对有理由相信，这些奇妙的星体将逐渐为我们揭开恒星的结构之谜。我们在这苍茫宇宙间观测到了多种多样的光谱，含有亮线的星云光谱、具有相同特征的恒星光谱、有的含有宽阔的吸收谱带、有的像太阳光谱一样含有多条暗线，还有的仅含有几条吸收谱线——所有这些光谱都在告诉我们，宇宙间充斥着处于不同演化阶段的各类天体。在这一话题上，我们本该就热学在天文学领域所扮演的重要角色进行更为详细的介绍，但是，我们来到了一个关键的转折点上，此时，人类的智慧已很难跟上设备资源发展的脚步，当我们尝试着整合已有知识时，我们的想象力却裹足不前了。在解释所见现象时，我们应时刻秉持审慎态度，巴尔的摩的罗兰教授的实验就充分印证了这一点。他的实验结果显示，发光气体气压的增强，不仅会使谱线的宽度变宽，还会使谱线迅速发生变化。处于强烈磁场中的光源所发出的光线，既会变宽变长，还会双倍增加，显然，这一发现又提高了我们解答此类深奥天文现象的难度。

[今日科学说] 新星和超新星都是激变变星的一种，古人认为这些突然出现

的星星都是新生成的，因此命名为新星，但是实际上新星和超新星都是恒星在演化末期发生的现象。超新星是宇宙中最强大的能量爆发事件之一，其亮度甚至可以和整个星系媲美。超新星爆发后这个位置会遗留下一颗中子星或一个黑洞以及由超新星爆发产生的激波和膨胀的气体壳遗迹。新星虽然也是物质高度密集的情况下所产生的激烈爆发现象，光度也可以提高很多，但是损失的物质较少，理论上认为大多数新星都是可以经过成千上万年的物质积累后再次爆发的。

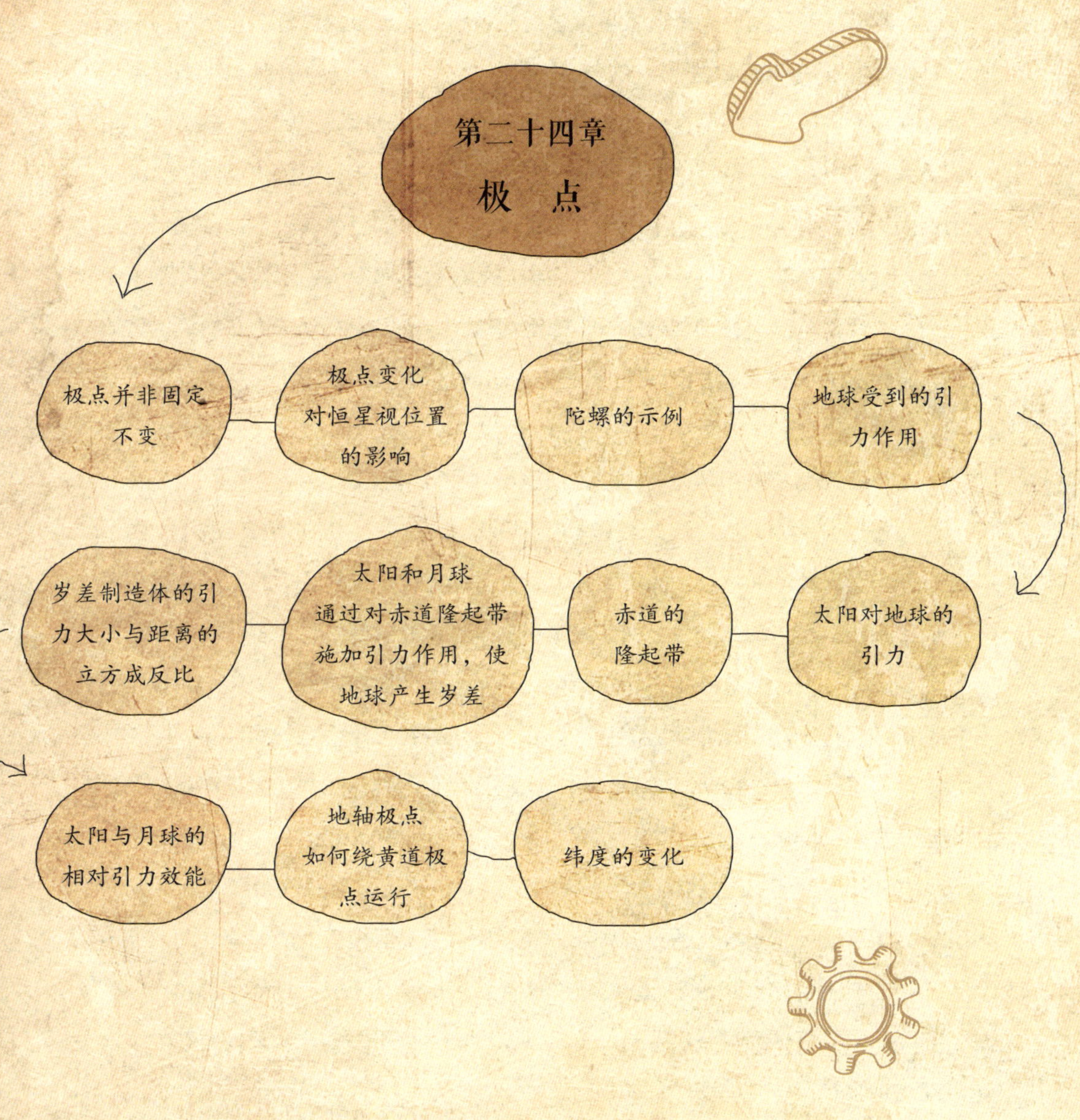

第二十四章
极　点
极点并非固定不变
极点变化对恒星视位置的影响
陀螺的示例
地球受到的引力作用
太阳对地球的引力
赤道的隆起带
太阳和月球通过对赤道隆起带施加引力作用，使地球产生岁差
岁差制造体的引力大小与距离的立方成反比
太阳与月球的相对引力效能
地轴极点如何绕黄道极点运行
纬度的变化

我们总是能借助明亮的北极星，轻而易举地找到天极的位置，这是因为二者之间的距离十分相近的缘故。整个周天似乎以一个恒星日为周期，围绕极点运动。在前文中我们常将极点作为天空中的一个固定点来探讨。就某一特殊时间段而言，这种说法是没错的。毫无疑问，在我们生活的当代，天极的确位于北极星附近。无论是对上一代还是下一代人来说，这一现象都是事实。然而，天极一直在宇宙间持续运动，所以终有一天，它会与北极星相隔很远，且这种运动是永无止境的。我们可以借助天文台的设备来观测这一运动，天文学家们在测算各种数据时，也会将天极运动的因素考虑进去。这一运动还会使恒星的视位置发生改变，这种变化被称为“岁差”。

图121清晰地展示出了天极的运动。图中的圆圈代表天极在群星间运行的轨迹。

位于天龙座内的圆心代表黄道极点。天极岁差运动的周期为25867年。图中还显示出公元前4000年至2000年之间天极位置的变化。只需一眼，便能从图中看出，天极与北极星的邻近只是偶然现象。的确，就目前而言，二者之间的距离仍在不断缩小，但此后这一距离将不断增加，半个运动周期以后，天极与北极星之间的距离将等于这个圆形轨道的直径。届时，天极将位于明亮的织女星，即天琴座α的附近，所以，1.2万年以后，当后人们像我们一样试图探寻天极的奥秘时，他们将要借助的就是织女星啦！回望过去，在公元前3000年至公元前2000之间，天龙座α就如同今日的北极星，而大熊座的β和δ就是当时的指极星。无须多言，自天文学朝着精准化的方向快速发展以来，人类所观测到的天极运动轨迹占整个巨型轨道的比例就越来越小。不过毫无疑问的是，天极仍将继续沿相同的轨道运动下去。相信通过我们对这一有趣现象的深入解析，各位对天极运动的了解将更加清晰且深刻。

北天极是指地球自转轴北端所指向的天球上的一点，这说明地球自转轴的位置也在不断发生改变。地球自转的特点可以借助一个普通的玩具来解释，相信所有男孩子对它都不会感到陌生。当我们抽动陀螺时，它就会绕轴快速旋转，但除此之外，通常还会有另一运动产生。在该运动中，陀螺的自转轴不会始终保持同

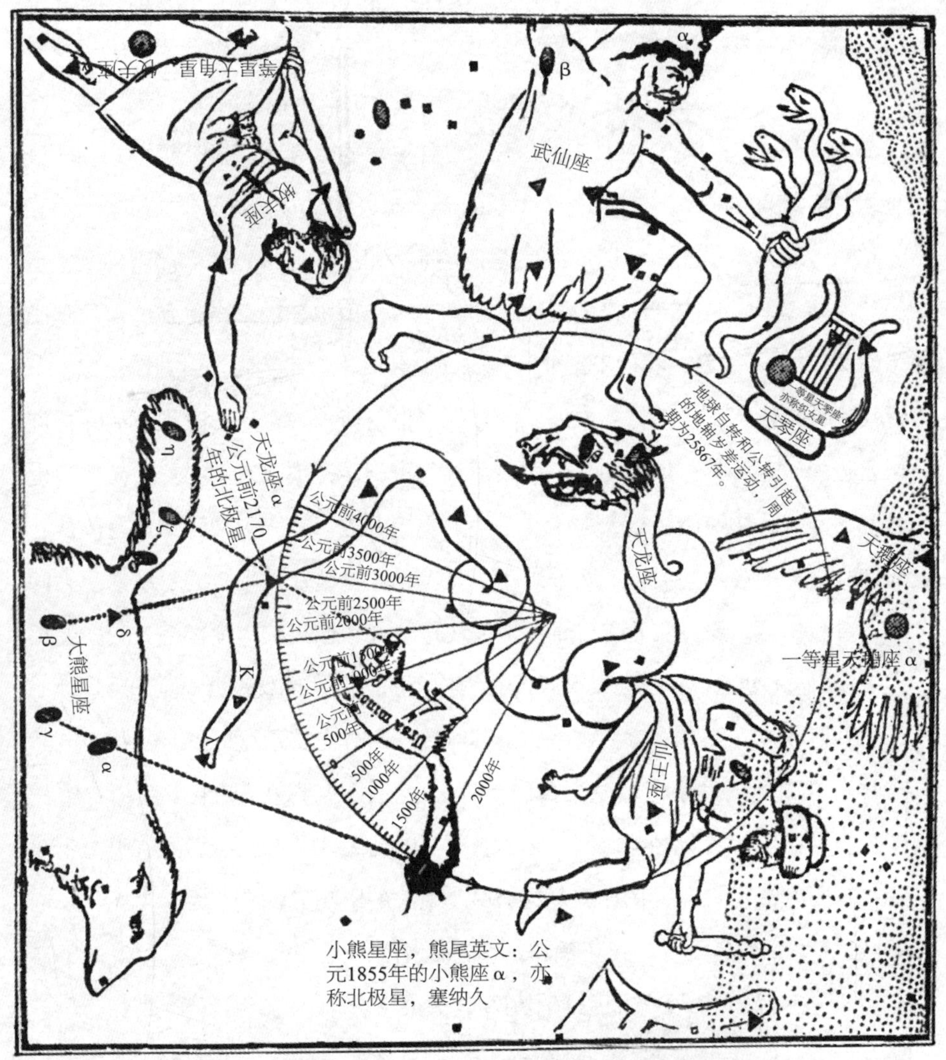

图121　表现天极岁差运动的星图，图中还特别标示出从公元前4000年到2000年的天极运动情况

图中符号分别代表恒星的星等或亮度等级，●代表一等星，⬬代表二等星，▲代表三等星，●代表四等星。

一方向，它会围绕着垂直线做圆锥运动。图122中展示的就是陀螺旋转的场景。一方面，陀螺本身绕其自转轴高速旋转；另一方面，它的自转轴也会围绕垂直线做圆锥运动。现在，我们假设有一个巨大的陀螺，它绕轴自转的周期为1天，它的自转轴与垂直线之间的倾角为23.5度；同时，自转轴的圆锥运动极为缓慢，旋转一周所需时间约为26000年，那么这个陀螺的运动就与地球的运动十分相似了。实际上，陀螺运动与真实的岁差现象极为类似，陀螺和地球的自转速度都比自转轴运动的速度快得多，且二者缓慢的圆锥运动都是由外力引起的。当看到这幅陀螺图像（如图122所示）时，我们不禁要问，陀螺为什么不会倾倒呢？引力作用似乎在告诉我们，陀螺不可能保持图中所示的样子。但众所周知，只要陀螺顶端保持旋转，它就能一直持续这种运动。但如果顶端不再旋转，那么它就必然会倾倒。也就是说，顶端的快速旋转极大地改变了引力作用的效果，不仅使陀螺没有倾倒，反而使其自转轴产生了缓慢的圆锥运动。显然，这就涉及一个较为复杂的动力问题，不过我们可以通过实验，更直观地证实这一点。如果陀螺顶端绕其旋转的那一点正好与重心重合，那么顶端将不受重力作用的影响，也就不会产生圆锥运动。

如果地球不受任何外力影响，那么其自转轴的方向将永远保持不变，但既然其自转轴方向的确发生了改变，我们就有必要找出导致这一现象发生的外力作用。我们常在各种案例中看到，天文学所涉及的动力现象都能借助万有引力定律来解答。所以，我们自然好奇引力对于岁差现象的影响究竟有多大。为此，我们将从最简单的情况入手，探讨下某一遥远星体对地球自转的引力作用及其效果。

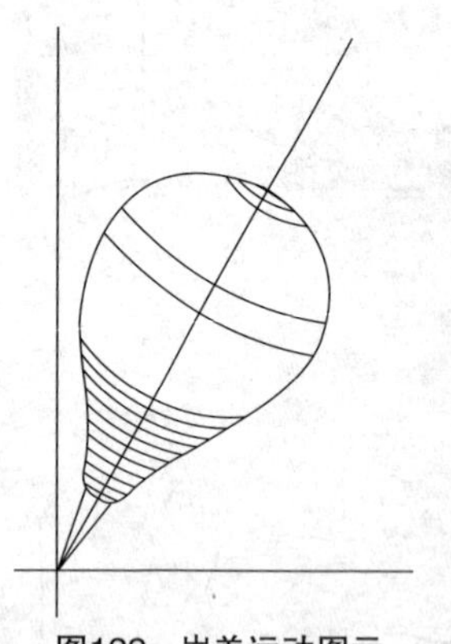
图122　岁差运动图示

要解答这一问题，需要先明确地球的有关概念。在探讨多数天文现象时，我们都将地球视为一个球体，我们就将以这个假设为前提。总的说来，地球内层的质量要大于外层的质量。因此，我们可以合理地假设，地球内部的深度越大，密度也就越大，且距离地心等距离的所有部分的密度都相同（目前还没有充分证据能反驳这一点）。综上所述，我们在此类运算中，常将地球假设为一个由多层同心地壳组成的球体，同一层球壳的密度都是均匀分布的，且越外层的球壳，其密度也越小。

当如此构造的一个球体被置于某一外部星体的引力作用下时，该外部星体会对其产生怎样的影响呢？比如，在太阳的引力作用下，地球会产生怎样的运动呢？首先出现的、也是最明显的那个现象，我们曾在前文中反复提及，并将其归纳为开普勒定律：太阳引力将使地球沿椭圆轨道绕其旋转，且太阳位于该轨道的其中一个焦点处。但是，我们此刻所关注的并非这一运动。我们想知道的是，太阳引力究竟会对地球的自转产生多大影响。实际上，对于如此构造的地球来说，太阳引力根本无法影响到它的自转。这一结论可通过数学运算加以证实。但显然，任何引力点对某一均匀球体的引力都将经过该球体的球心，由于太阳是由无数引力点汇聚而成的一个大球体，它对地球的引力就等于所有引力点的引力之和。太阳的每个引力都会穿过地心，同理可得，其他遥远星体对地球的引力也会穿过地心。无论在任何情况下，这种引力作用都无法影响地球的自转。如果地球绕某一轴自转，且该轴方向始终保持不变，那么即使地球还会围绕太阳公转，它的自转也不会受到任何影响，且其自转轴始终与球体保持平行。其他星体对地球的引力作用也与太阳一样，无法对地球自转造成影响。如果地球确实如我们假设的那样，是一个均匀的球体，那么无论是太阳、月球，还是其他任何行星，它们的引力作用都无法对地轴运动的方向影响分毫。

至此，我们已十分接近产生“岁差”现象的真实原因了。如果地球是一个均匀的球体，那么“岁差”现象就无从解释了。为了解释这一现象，我们不得不反向思考，假设地球不是一个均匀的球体。我们也已经证实了，事实确实如此。前文中提到，地球的赤道轴要长于极轴，所以赤道被一个隆起带所环绕。外部星体正是以这条隆起带为着力点，向地球施加引力作用，进而改变地球自转轴的方向。

宇宙中仅有两个天体能对地轴的岁差运动产生影响，它们分别是太阳和月球。我们并不想只是简单陈述太阳和月球各自所产生的引力大小，而是想就这一问题进行深入探讨，因为它涉及万有引力定律中的另一重要观点。

由万有引力定律可知，物体所能产生的引力大小与其质量成正比，与其距被作用物体的距离的平方成反比。所以，我们可以将太阳施加于地球的引力和月球的进行对比。太阳与月球的质量比约为26000000∶1。另外，地月平均距离又约为地日平均距离的三百八十六分之一。所以只需通过简单的运算，就可以得出太阳作用于地球的引力约为月球的175倍。因此，地球主要受太阳引力的作用，沿椭圆轨道绕日公转，而月球则沦为地球的卫星。

但涉及产生“岁差”现象的特殊引力作用时，我们却发现，作用物体的引力效果完全遵循不同的规律。此时，引力的测定，需要将作用物体的质量除以该物体与被作用物体之间距离的立方。至于计算引力值的具体数学公式，我们就不再赘述了。但是，我们想通过引述事例的方法，帮助各位更好地理解这一规律，不过可能会漏失此规律的正确性。毫无疑问，作用物体距离地球越近，赤道隆起带所起到的“杠杆作用”（如果可以这样形容的话）就越大。所以，单就这一点而言，作用物体的引力效能与距离的大小是成反比的。而实际的引力大小与距离的平方又是成反比，所以，由于上述两方面的原因，作用物体的引力会随着与地球间距离的减少而增大。假如作用物体与被作用物体间的距离缩小一半，那么此时杠杆效能就会翻一倍，又由引力定律可知，实际的引力大小会变为之前的4倍。也就是说，距离缩小一半之后，作用物体的引力变为原来的8倍。这正好就符合“产生岁差的引力与距离的立方成反比”这一论述。

正是由于这一规律，月球成为重要的岁差制造体，若仅从其引力的具体大小来看，它对岁差的重要影响根本无法体现出来。尽管太阳的质量为月球的2600万倍，但若将这一数值再除以相对386的立方，我们会发现，月球的引力效果反而是太阳的2倍。换言之，三分之一的地球岁差运动是由太阳引起的，而其余三分之二则是由月球引起的。

为了便于研究由太阳和月球共同产生的综合岁差，我们可以先分别考虑它们各自所产生的影响，由于太阳的情况较为简单，我们就先从它开始分析。在地球绕日公转的过程中，地轴一直指向天空中的一点，该点与黄道极点之间的夹角为23½度。太阳的岁差影响使该点——地球的极点——开始旋转，且与黄道极点一直保持相同的角距离。这样一来，图122中所示的那类运动就出现了。为方便起见，我们假设黄道在宇宙中的位置固定不变，而黄道极点也就成为天空中的一个固定点，所以地球极点的运行轨迹就是一个小圆，且其位置相对于邻近星体保持不变。此时的岁差运动与陀螺运动就十分相似了。地球引力使陀螺产生了圆锥运动。陀螺顶部高速的运转改变了引力的直接作用效果，使陀螺的顶部并未倒下，而是按照某一复杂的动力学原理，进行圆锥运动，而当顶部不再转动时，陀螺就将倾倒。同理可得，太阳对赤道隆起的引力作用，使地轴的极点向黄道极点倾斜，但地球的高速自转改变了这一引力的实际效果，进而产生了岁差圆锥运动。

相比之下，月球引力的情况则要复杂得多。月球沿某一特定轨道绕地球公转，该轨道位于某一平面内，而该平面一定也存在某一极点。因此，月球的岁差影响就会使地轴的极点围绕月球轨道的极点旋转。该点与黄道极点之间的角度约为5度。所以，地球极点同时受制于两种不同运动——一种是围绕黄道极点的运动，另一种则是围绕距黄道极点5度的——月球轨道极点的运动。地球极点似乎是在两个运动的叠加下，进行某种复合运动。事实的确如此，但有一点尤其值得注意，乍看之下甚至会觉得它与我们的推论相互矛盾。前文中谈到，月球的岁差影响大于太阳，因此我们想当然地认为，地球极点的复合运动会更偏向于围绕月球轨道极点的旋转，而非围绕黄道极点的旋转，但事实并非如此，岁差是围绕黄道极点运行的。其实，此处蕴藏着另一个重大的天文发现，它也即将帮助我们解释那个最玄妙的自然现象。

月球轨道平面的位置并非保持不变。至于引起这一变化的具体原因，在此不再赘言，我们想要着重阐述的，是月球轨道运动的特征。这一轨道平面与黄道面的倾角约为5度，且这一度数保持不变（在十分微小的误差范围内波动除外），但这两个平面的交线却会发生变化，实际上，交线的变化速率是很快的，它旋转一周所需的时间约为18⅔年。月球轨道平面的这种运动迫使其轨道极点的位置也发生相应改变。由此可得，月球轨道极点实际上是绕黄道极点运转的，且与黄道极点始终保持5度的倾角，运转周期为18⅔年。所以很显然，太阳和月球对地球的岁差影响存在很大差异。太阳使地球极点围绕一个固定中心点旋转，而月球却使地球极点围绕一个自身也在不断运转的中心点旋转。幸运的是，月球的轨道运动反而使问题变得简单了。月球平面运动的周期仅为18⅔年，相比于周期近26000年的岁差运动，这一运动实在是太快了。因此，当地轴完成一次圆锥运动时，月球平面的极点已经完成了约1400个周期了。由于月球平面极点所运行的圆锥的半径仅为5度，所以我们会取其平均位置的近似值进行计算，而这个平均位置毫无疑问，就是其轨道的中心——黄道极点。

由此可见，月球的平均岁差与太阳的岁差，共同促使地球极点围绕黄道极点运行。总体来说，地轴是沿着圆形轨道，围绕黄道极点运行的。但假如我们对地轴的运行轨迹仔细观察，就会发现，虽然大体是按照圆形轨道运行，但它的实际运行轨迹却是一条正弦曲线，有时位于圆形轨道外侧，有时又位于其内侧。这种细微的运动是由于月球轨道极点的持续变化引起的。这种波动的周期是18⅔年，正好与月球平面的极点周期相吻合。地球极点偏离圆形轨道的距离总和约为9.2秒——这一数值远低于整个轨道半径的两万分之一。而这一现象，则被称为“章动”，是由布拉德雷在1747年的望远镜观察中发现的。无论是从理论价值还是观测技术的提升角度来看，布拉德雷的这个被贝塞尔称为“无与伦比”的伟大发现，绝对算得上是这位天文奇才的成就之一。

岁差和章动现象都是由于地球本身的运动而引起的，而非地球内部自转轴的运动。因此，地球上任意一点与南极或北极间的距离并不会受到上述两种现象的影响。某一地点的纬度是指该点与地球赤道之间的距离，且这一数值在26000年的岁差周期中不会发生任何改变。但据观测，最近数年间，纬度值出现了几十分之一弧秒的微小周期波动。1880年前后，柏林的屈斯特纳首次提出了这一问题。后来，波士顿的钱德勒花费了数年时间，游走于各大天文台之间，在仔细分析了一切现有的观测数据之后，认为地球上每一位置的纬度值都会发生双频振荡，其中一个振荡的周期为427年，另一个约为1年，两个振荡的平均振幅为0"14。换言之，位于地球自转轴末端的极点位置并不固定，这说明，这条假想轴端点的运动较为复杂，但它会始终保持在距离平均位置几码的范围之内。这一惊人发现不仅促使我们重新审视那些基于准确纬度值的天文研究，还可能通过纬度的周期变化研究推翻“地球是绝对固态星体”的假设，尽管其他证明也对这一假设的真实性提出了质疑，但钱德勒的发现，却是从一个全新的视角进行分析的，某种程度上说，这无疑是意义重大的。

第二十五章
恒星的远初

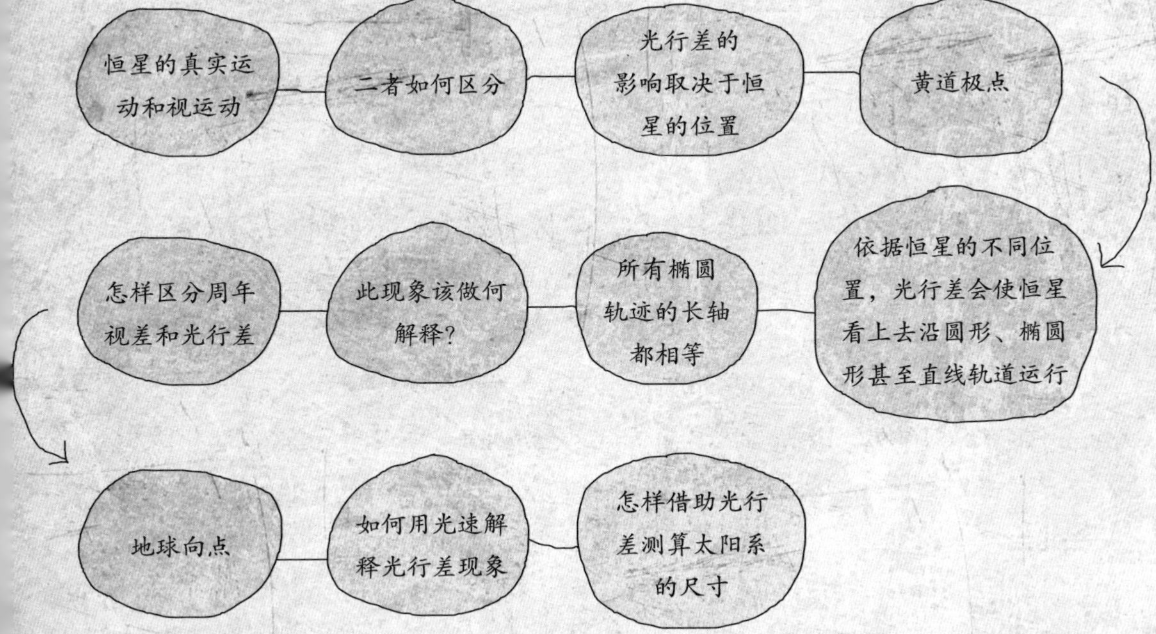

恒星的真实运动和视运动

二者如何区分

光行差的影响取决于恒星的位置

黄道极点

依据恒星的不同位置，光行差会使恒星看上去沿圆形、椭圆形甚至直线轨道运行

所有椭圆轨迹的长轴都相等

此现象该做何解释？

怎样区分周年视差和光行差

地球向点

如何用光速解释光行差现象

怎样借助光行差测算太阳系的尺寸

本章将要介绍的，是一个略显深奥的天文发现，它能够为一些天文基本理论提供强有力的证据。我们的主要探讨内容将分为两个部分。在第一部分中，我们将着重阐述有关现象的本质，然后会借由光的若干性质对上述现象进行详细解读。第一个通过望远镜观测到光行差并成功解释该现象的，是著名天文学家——布拉德雷。

“恒星”一词是天文学中的常用词汇之一，但我们想从更严谨的角度来审视它的准确性。毫无疑问，在粗略的观测试验中，恒星的位置通常都是固定不变的。那些星座的形状历经几个世纪的沧桑，却依然丝毫未改，相对于不断运行的行星，“恒星”这一词再贴切不过了。但我们曾在本书中不止一次地提到过，若对这些恒星进行仔细的观测，就会发现，“恒星”的表述并非绝对准确。在通过现代仪器所获得准确数据中，我们发现恒星也存在微小的位移，这些微小的变量都需要再次通过天文研究进行判定。恒星的运动可以划分为两大类——真实运动和视运动。真实运动是恒星的自行运动和双星的公转运动。每颗恒星都拥有独特的真实运动，因此，即使两颗恒星的距离十分相近，它们各自的真实运动却可能截然不同。当然有时候，某一特定区域内的恒星可能都拥有一种共同运动。在此类现象中，我们可以找出这些恒星共有的真实运动轨迹。但除此之外，我们发现，恒星的真实运动基本不遵循任何系统规律，这些高速运转的恒星零零散散地散布在夜空中，难辨彼此。

恒星的视运动则截然相反，因为我们正是通过恒星在天空中的位置来确定它们的运动的。通过这种方法，我们将恒星的真实运动与视运动成功区分开来，并就二者的特性进行深入研究。

在前文中，我们只谈到了视运动的有关内容，而引起视运动的原因有三：岁差、章动和光行差。每种视运动都遵循独特的运动规律，因此，我们既能分析出恒星的综合视运动，也能从中辨别出岁差、章动和光行差这三种因素各自所造成的视运动大小。如此一来，我们就能将光行差所产生的视运动单独区分出来，仿佛它是唯一造成视运动的影响因素一样。因此，通过数学运算与天文观测相结合的方式，我们就能清晰地了解到光行差对视运动的影响，就好像恒星只受到这一运动的影响一样。

如果我们的注意力能够只集中在光行差现象上，我们就能描述出这一现象对不同星域恒星的不同影响，进而总结出光行差现象遵循的规律。若能做到这一点，我们就能够圆满地解释那些与光速息息相关的定律。

在某一特定星域内，光行差所产生的效果比在其他任何星域都更为简单直接。该星域位于天龙座内的黄道极点上。在这一极点及其邻近区域内，所有恒星都会在光行差的影响下，在天空中走出一个圆形的轨迹。当然，这种圆形轨迹是非常微小的。2000个此类轨迹加在一起的总面积才刚好等于月球的面积。用天文学的术语来形容就是，此圆形轨迹的直径约为40.9角秒。尽管肉眼无法分辨出如此微小的距离，但这一数值在望远镜观测试验中还是相当可观的。我们不仅能从望远镜中观测到这一距离，甚至还能测出其具体数值，且误差不超过百分之一。我们发现，所有拥有这一小圆轨迹的恒星的周期完全相同，且周期为1年，也就是说，该周期正好等于地球绕日公转的周期。我们还发现，这个星域内的所有恒星，无论体积或大或小，无论单星或双星，无论白色星或彩色星，它们走过的圆形轨迹大小都一样，且周期也相同。仅凭这一点，我们就能知道，该现象不可能是由恒星本身引起的。所有这些不同星等、不同距离的恒星所体现出来的统一性表明，引起这一现象的原因一定比我们想象的更简单。

对其他星域中恒星的深入观测，又给我们带来了新的启示。当我们从黄道极点继续向前，观测其他恒星时，却依然发现，所有恒星与上述恒星一样，都进行着类似的周年视运动。唯一的不同是，这些恒星走过轨迹不再是圆形，而变成了椭圆。不过人们很快便意识到，这种椭圆的形状和方位都遵循着一条简单的规律，即离黄道极点越远，椭圆的偏心率就越大。与黄道极点距离相等的恒星，它们的椭圆轨迹的偏心率也相等，且椭圆的短轴总是指向极点，而长轴则与其相垂直。但人们发现，无论偏心率有多大，椭圆的长轴一直保持其原始长度不变。它的长度始终为40.9角秒左右——这一数值正好等于光行差在极点处产生的小圆直径。随着与黄道极点的距离越来越远，恒星视运动轨迹的偏心率也越来越大，最终我们在黄道上观测到了一颗恒星，它的椭圆轨迹已经扁平到几乎成为一条直线了。黄道上的所有恒星，都以40.9角秒的振幅沿黄道来回震荡。它们先用半年时间走完一半的轨迹，再用半年时间回到原点。在观测黄道南面的恒星时，我们也发现了完全一样的系列变化，只不过顺序正好相反。我们看到的椭圆，一开始都是接近于直线的，然后它们的宽度逐渐增加，同时主轴的长度也保持不变，当我们最终观测到黄道南极点时，发现那里的恒星所拥有的圆形轨迹与北极点恒星的完全一致。

所有椭圆轨迹的主轴长度都相等，这一事实无疑又进一步简化了最终答案。假设黄道上所有恒星都沿圆形轨迹运动，且所有的圆形不仅大小相等，而且还都与黄道面平行。不难看出，这一假设完全可以解释我们看到的所有现象。黄道极点上恒星的圆形轨迹是完全正对我们的，因此我们所看到的轨迹也就是圆形的。而那些距离黄道极点较远的恒星，由于它们的圆形轨迹与我们的视线之间存在一定夹角，所以它们的视轨迹就如我们所观测到的那样，呈现出椭圆的形状。我们甚至还能按照这一推测，计算出椭圆的偏心率，其结果与实际观测到的完全吻合。最终，当我们观测那些真正在黄道上运行的恒星时，它们的圆形轨迹与我们的视线之间存在很大的夹角，以至于它们的视轨迹近似于一条直线。我们观测到的一切现象都与我们的假设完全吻合，我们认为天空中的所有恒星每年都会走过一个圆形轨迹，且无论距离远近，恒星圆形轨迹的视直径都完全相同，该圆所在平面也与黄道面平行。

在将所有观测现象统一整理之后，就可以开始寻找产生此规律运动的原因了。为什么仿佛所有恒星都会走出一个小圆形的轨迹？为什么这一轨迹的平面会与黄道面平行？为什么周期恰好是整整12个月？这些都使我们立刻联想起地球的公转。地球的公转就发生在黄道面上，且周期为1年。这些巧合都太过明显，我们不得不将恒星的这种视运动与地球围绕太阳的周年运动联系起来。如果二者之间毫无关联，那么所有轨迹的平面不可能都与黄道面平行，所有恒星走过圆形轨迹的周期也不可能都与地球的公转周期相同。由于上述两种情况都同时发生，我们几乎可以百分百确定，二者之间必然存在某种联系。

也许有人会问，地球公转与规律的恒星视运动之间怎么会产生如此奇特的联系呢？这一问题的答案的确意义重大。它涉及一个不容忽视的关键点，而且我们应尽量排除其对答案的干扰。我们在前文中曾讨论过恒星周年视差的问题，也谈到恒星是如何在周年视差的影响下沿椭圆轨道运行的。需要补充说明的是，这些椭圆轨道实际上都是与黄道面平行的圆形轨道，因此，我们很可能会草率地认为，布拉德雷所发现的现象都是由于周年视差引起的。不过，这一结论将很快被另一事实所推翻。恒星由于周年视差所产生的圆形轨道，其大小取决于该恒星的距离，所以，不同恒星的圆形轨道大小也不同，因为它们的距离各不相同。而光行差现象却明确表明，所有恒星，无论距离远近，它们的圆形轨迹都是同样大小的，因此，这一现象无法用周年视差来解释。还需注意的一点是，周年视差所产生的恒星运动轨迹比光行差所产生的要小得多。我们还未发现有哪颗已知恒星，其由于周年视差所产生的圆形轨迹的直径能达到光行差所产生的圆形直径的二十分之一。的确，在大多数情况下，恒星的视差是一个小到几乎无法察觉的数值。

然而，视差轨迹与光行差轨迹之间，还存在另一个更为重大的差异。为方便理解起见，我们就以一颗位于黄道极点附近的恒星为例，无论是由于视差还是光行差的影响，它看上去都沿圆形轨道做周年运动。随着地球的运转，这颗星似乎也在不断运动，因此，地球在其轨道上的每一个位置都对应着该恒星在轨道的某一位置。如果这一运动是由周年视差引起的，那么我们很容易就能找到地球所对应的恒星的每一位置。但人们却发现，布拉德雷观测到的恒星运动的位置永远与视差显示的位置不符，实际上，该恒星与视差显示的位置之间的距离始终为其圆形轨迹周长的四分之一。

由光行差所导致的恒星位置不难找到。我们先从椭圆轨迹的中点处画一条半径，使其与某一特定时刻地球的运行方向平行，那么这条半径落在椭圆上的那一点，就是恒星在那一时刻的位置。这一规律无论在任何时候，任何恒星身上都得到了验证，我们也凭借它找到了问题的最终答案。

我们将通过一种与众不同的方式，来解释光行差所造成的影响，这种阐述方式能使我们更加确信，该现象与地球公转之间一定有紧密联系。在地球围绕太阳进行周年运动的过程中，它在任一时刻的运动都可以被看作是指向着黄道上的某一点。每一天，甚至每一小时，这个点都在沿着黄道不断移动，直到1年后，完成了一整个周期的运行。每个不同的时刻，地球的运动都会指向某个点。事实上，如果太阳引力完全消失的话，地球运动所指向的这个点将一直运动下去。人们发现，该点与光行差现象之间存在紧密的联系。实际上，光行差将所有恒星从其平均位置上拉向所谓的“地球向点”。观测结果还显示，光行差的大小取决于恒星与地球向点的距离。假设一颗恒星恰好位于黄道上，当它与地球向点重合时，光行差就无法将其从平均位置上拉开。所有距离地球向点10°的恒星，都将朝着向点的方向移动同样的距离。所有距离向点20°的恒星将会发生更大的位移，不过位移的方向也都是朝着向点的，且与向点距离相同的恒星，它们的位移也相同。由向点继续向外移动，我们发现了一颗距离向点90°的恒星，此距离上恒星的位移将达到最大值，偏离平均位置约20秒，但这些恒星依然遵循着那条不变的规律，即恒星偏离其平均位置的位移方向始终朝向地球向点。至此，我们已经介绍了光行差现象的两个主要特征。在此现象中，一方面，恒星会走过一个很小的圆形轨迹；另一方面，光行差会使恒星遵循某种特定规律，偏离其平均位置。这两条描述其实并不矛盾，事实上，二者的几何效应是等效的。只不过后者更为精准，因为它能够帮助我们确定，任一时刻任一恒星在光行差的影响下所发生的位移方向和位移大小。

现在，问题变得更加明朗了。使恒星看上去不断迫近地球向点的究竟是什么？只要稍加研究，我们就能从望远镜观测的具体情境中，找到想要的答案。

恒星发出的光线会落在望远镜的物镜中。起初，这些光线都是平行光，在通过物镜之后，它们会聚集于靠近目镜的一个焦点上。先来假设望远镜处于静止状态的情形。如果将望远镜对准某颗恒星，那么该恒星发出的光线就将汇聚到视野中央的一点上，视野上还有一对十字线，它们的交线代表望远镜的坐标轴。但是，如果在光线通过物镜之后，望远镜发生了移动，那么情况就将大不一样，光线会如之前一样，在镜筒内沿直线传播，然后再聚焦到与之前相同的那一点上。但是，随着望远镜的移动，十字线也会发生移动，它们交点的位置也会移动，所以恒星的图像也就不再与十字线的交点重合。

望远镜的移动与地球息息相关，由于地球的运行速度为18英里每秒，所以望远镜也以此速度发生位移。起初，我们可能以为，光线从物镜传播到目镜所需的时间极为短暂，因此望远镜在如此短时间内的位移对结果的影响是微乎其微的。假设所要观测的恒星位于黄道极点附近，地球的公转会使望远镜发生位移，且位移方向与镜筒方向垂直。如果镜筒长约20英尺，那么不难算出，光线在镜筒内传播的时间里，地球公转使望远镜发生的位移约为四十分之一英寸①。

在目镜的放大倍率下，这一距离是绝对清晰可测的，所以，由此造成的恒星位置的偏离是相当可观的。如此一来，如果想要恒星出现在视野的正中央，望远镜就不能直接对准恒星，除非地球处于静止状态，它应该对准恒星真实位置的前方不远处。由于我们是通过望远镜所指方向来确定恒星的视位置，所以，其实恒星视位置的改变是由于地球运动造成的。

恒星视位置的各种变化都可以用这一结果来解释。例如，恒星看上去走过的那些小圆轨迹。为便于阐述，我们就以黄道极点上的一颗恒星为例。假如望远镜直接对准恒星所在位置，那么如上文所述，恒星的图像就将偏离十字线四十分之一英寸的距离。此后，这一距离将一直保持不变，但恒星偏离十字线的方向会发生改变，在一年的周期内，它会划出一个圆形，然后再回到初始位置。至于其他恒星的相关演算，在此就不再赘述了。我们已经有充分的证据表明，地球的公转就是产生光行差现象的原因，光行差现象的奥秘也终于被破解了。

---

① 地球使望远镜运动的速度为 18 英里 / 秒，而光速则接近 18 万英里 / 秒，也就是说，望远镜的速度约为光速的万分之一。由于光线在镜筒内传播的距离为 20 英尺，所以望远镜移动的距离就应该是 20 英尺的万分之一——即四十分之一英寸。

最后，我们还想补充一个十分有趣的重要知识点。如前文所述，光行差的大小可以通过天文观测测得。其大小主要取决于光速和地球运动的速度。光速的大小可以借助独立的观测试验测得，具体方法我们在第十二章中已经介绍过了。这样一来，地球的速度也就可以测得了，当我们将测得的光速和光行差的数值相结合，就能求出此处涉及的唯一地球速度——地球的公转速度。在已知地球的公转速度和公转周期之后，地球轨道的周长及其半径，即地日距离，也就不难求得了。

这种演算无疑是奇妙的，它让我们看到，各种自然现象之间是如何盘根错节、相互交织的。我们通过实验室里的实验，算出了光速。又通过观测恒星，算出了光行差。我们将二者结合，竟推导出了地日距离！尽管这种测算地日距离的方法既简单，又有一定的精准度，但它仍存在一些不确定性，并非无懈可击。真正完美的测算方法应该是完全基于实际测量，不含有任何晦涩的理论推导。尽管如此，布拉德雷对光行差的发现仍将被视为一项最瞩目的伟大成就，因为它不仅极大地提升了实践天文学的运算方法，还揭露出许多重大天文现象之间的紧密联系。

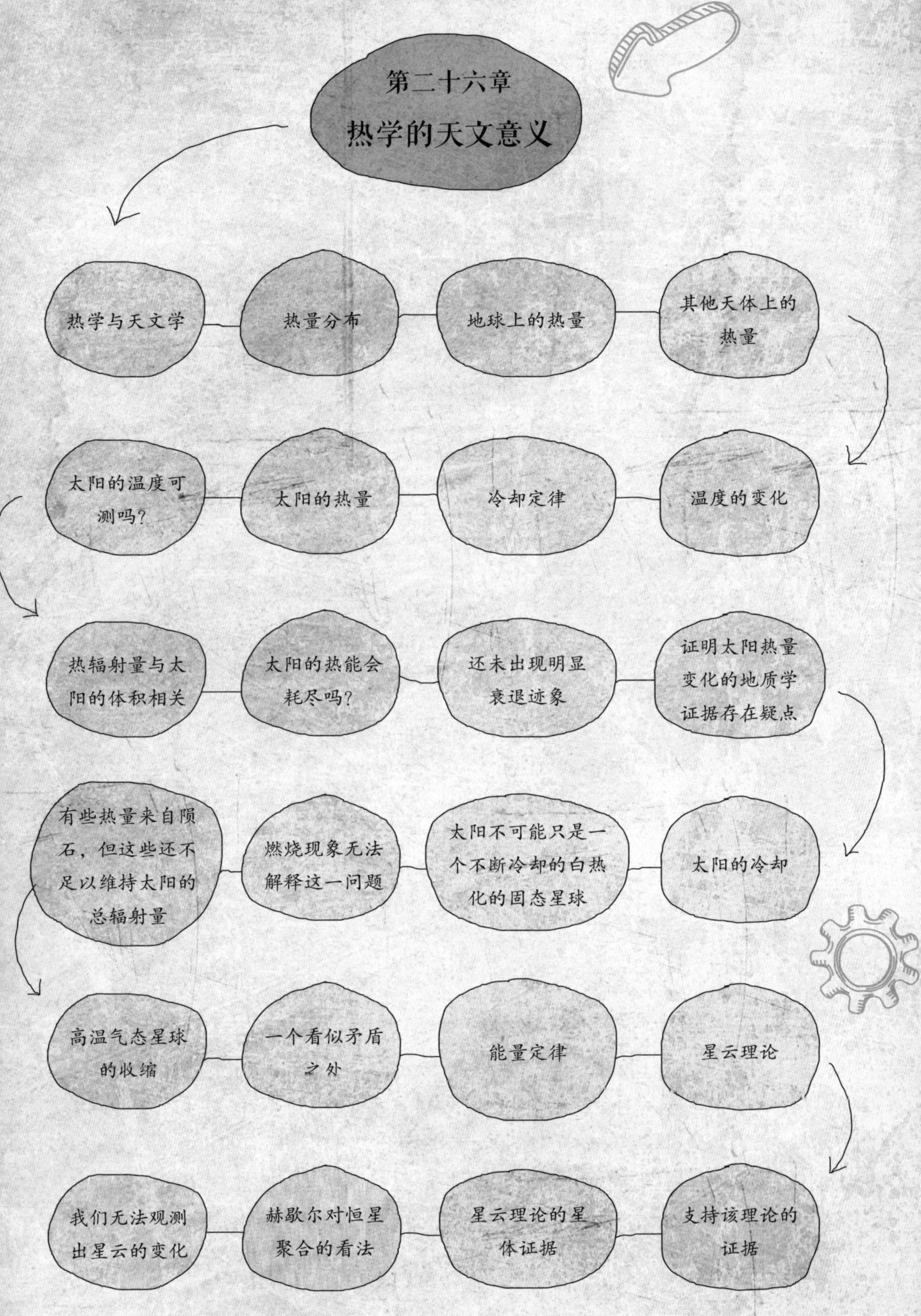
第二十六章
热学的天文意义
热学与天文学
热量分布
地球上的热量
其他天体上的热量
温度的变化
冷却定律
太阳的热量
太阳的温度可测吗?
热辐射量与太阳的体积相关
太阳的热能会耗尽吗?
还未出现明显衰退迹象
证明太阳热量变化的地质学证据存在疑点
太阳的冷却
太阳不可能只是一个不断冷却的白热化的固态星球
燃烧现象无法解释这一问题
有些热量来自陨石，但这些还不足以维持太阳的总辐射量
高温气态星球的收缩
一个看似矛盾之处
能量定律
星云理论
支持该理论的证据
星云理论的星体证据
赫歇尔对恒星聚合的看法
我们无法观测出星云的变化

如题所示，本章将要讲述的部分天文研究可能会使某些读者感到困惑不解。他们也许会问，热学不是属于实验物理学的范畴吗？它怎么会出现在一本论述天体及其运动的天文著作中呢？无论人们曾经对此产生过多少质疑，但热学对天文学的重要性已毋庸置疑。最新的热学研究表明，热不仅与许多天文现象密切相关，它还在宇宙形态的塑造中扮演着重要的角色。现如今，任何天文专著都会谈到热学定律与由其所产生的天文现象之间的重要联系。

无论是探讨行星运动还是开普勒定律，无论是月球的运动、恒星的自行还是双星的公转，这些讨论都基于一个前提假设，即我们所探讨的主体都是固态天体，至于这些天体的温度究竟是高是低，似乎对结果并没有什么影响。毫无疑问，人类对太阳系的那些普通周期现象的观测将一直持续下去。例如，我们对遵循开普勒定律的行星运动的观测，就是如此。我们想知道这些行星表面是冷还是热，这些热量是来自太阳还是其他星体？然而，不得不承认的是，热学定律帮助我们，对一些天文规律的论述进行了适当的修正。热力的效应不会立竿见影，但它们却真实存在，且它们一直在发挥着作用，随着时间的流逝，这些热效应的积聚将能够使宇宙发生翻天覆地的变化。

让我们先来总结一下太阳系中证明热效应存在的那些现象。先以地球为例，从如今的地表情况来看，它很可能是一个缺少内部热源的星体，但稍加思索，便会否定这一观点。地球上不是有火山、间歇泉和温泉吗？这些现象不正表明地球内部的热量要远远大于地表吗？这些自然景观广泛分布于地球的多个不同区域。虽然还无法清晰地解释它们产生的原因，但没人能否认，这些现象说明地球内部一定蕴藏着大量的热量。仿佛在更深的地球内部，热量无处不在。若将一支温度计放入很深的矿井中，那么它所显示的温度将高于地表温度，且深度越大，温度越高。如果能朝着地心继续深入，穿过那些我们无法穿透的地层，就会发现，在地表以下二三十英里处，那里的温度与红热状态的铁块的温度一样高。

在其他天体上，我们也找到了热量存在或曾经存在过的证据。如前文所述，月球就是一个典型的例子，它曾经就是一个超高温的星体。那些形态各异的月球表面火山，无疑就是最好的例证。只是这些火山已经休眠了很久，也就是说，无论月球内部的情况究竟如何，至少月球表面已经完全冷却。放眼整个太阳系，我们在木星和土星上也找到了热量存在的证据，这二者的温度远超地球。而当我们看向太阳的时候，我们的眼中就会出现一个处于白热化的大光球，它所散发的热量，再大的熔炉也无法与之相较。那些各式各样的恒星也与太阳一样，不断散发着光和热，我们在星云中发现的那些难以理解的现象，若用热学定律来解释，就容易理解得多了。

从这些不同星体的若干现象中，我们可以得出一个明显的结论。也许我们还无法确定太阳中每个星体的实际温度，但可以肯定的是，不同星体间一定存在很大的温度差异。它们的温度一定有高有低。恒星和太阳的温度可能是最高的，但除此之外，宇宙中很可能还有大量数不胜数的黑暗而低温的天体，对于我们来说，这类天体是不可见的，只有用一些间接以及非常规的方式才能觉察到它们的存在。

冷却定律告诉我们，所有物体都会散发热量，当物体温度相对于外部介质有所上升时，其所散发出的热量也会增加。这一定律似乎具有普适性，地球上的万物均遵循这一定律，且宇宙间的其他星体似乎亦是如此。由此可见，所有的恒星和行星都在朝着各个方向发出源源不断的热流。这种热辐射会对宇宙产生十分重大的影响，我们就以太阳为例，来说明这个问题。

太阳朝着四面八方源源不断地散发着热量。地球所截获的仅仅是其中很小的一部分，这些热量或直接或间接地成为地球的万物之源、万象之本。想要像太阳一样散发热量，就必须具备极高的温度。我们可以通过一些事实，来推测出这一温度究竟有多高。

太阳的真实温度很难用具体数值来表述。这一温度远远超过一切人类所能制造的最高温，且任何数值都无法将其准确反映出来。但是，假如人类所能制造的最高温为4000 ℉[①]，如果我们将太阳的实际温度表述为14000 ℉，我们很可能就离

① ℉为华氏摄氏度。1 ℉ =17.2℃。

真相不远了[①]。这一结论是通过威尔逊先生和格雷先生最新的研究得出来的，该数值看上去还是具有很大参考意义的。

太阳散发出的巨大热量源自其内部的高温。我们可以用多种方式来描述太阳发出的总热量，但要记住，这些测算数据中仍存在较大的不确定性。以前，人们会利用冰块融化的总量来计算热量的大小，我们就此方法为例进行说明。据测算，假如在太阳表面包裹一层厚度为43.5英寸的冰壳，那么冰壳下的热量会使它在1分钟内完全融化。约翰则提供了一种更为形象的表述，他认为，假如有一个直径为45英里的冰柱，以光速不断融入太阳，那么它的末端也将以同样的速度融化。日面上每平方英尺的面积所产生的热量，等于16吨煤燃烧一天所发出的热量。这一热量经过转化，将能使一台数百马力的引擎持续运行一年。日面上数十英亩的面积所发出的热量，足以驱动全世界所有的蒸汽机。如果想到日面每平方英尺的面积所产生的热量，再联想起太阳惊人的体积，我们根本想象不出太阳发出的总热量究竟有多大。

面对太阳发出的巨大热量，我们不禁要问，太阳给予我们的恩惠能够长盛不衰吗？这个问题对地球和地球生命来说，绝对意义重大。恩惠是否能够长盛不衰。这在看到太阳每小时所散发出的惊人热量后，我们忍不住要问，太阳的热量是否会消耗殆尽呢？若果真如此，那未来又会怎样呢？这个话题有着极强的现实意义，同时又蕴含着大量的现代科学思想。关于这个问题，我们已经找到了部分答案。

要回答这一问题，我们当然会先从容易解释的现象入手。我们想知道，太阳是否已经表露出任何衰退迹象。如今的白昼，是否如去年、十年前、100年前的一样温暖明亮？自有史料记载以来，我们没有找到任何白昼发生变化的证据。倘若在过去的2000年间，太阳的热量确实发生了可察觉到的变化，那么动植物的分布

---

① 4000 ℉大约是2204.44℃/3477.59K，14000 ℉则是7760℃/8033.15K，太阳的表面温度约为5800K，介于两者之间。太阳的核心温度可达1500万K，而作为太阳大气一部分的日冕的温度也高达数百万K。

情况一定也会发生相应变化，而事实却并非如此。我们没有理由认为，古希腊或古罗马的气候与今天的希腊或罗马的气候一定有所不同。两千年前，葡萄树和橄榄树生长的地方，如今依然有这些植物在那里生息繁衍。

不过，这些事实也并不能说明一切，也许太阳的热量的确发生了微小的变化，只不过这些植物的生理构造使它们产生了极强的环境适应能力，从而抵消了太阳热量变化所带来的影响。所以唯一可以肯定的是，有史以来，太阳的热量并未发生明显的变化。但如果再追溯到更久远的年代，我们就会从大量证据中了解到，地球的气候经历了十分巨大的变化。在这一问题上，地质记录无疑给我们提供了确信无疑的答案。但我们注意到，这些变化几乎都不可能是由于太阳热能逐渐耗尽而引起的。有证据表明，在很久很久以前，地球的气候比今天的气候要温暖得多。我们的地球曾经历过石炭纪时期，那时的北极地区气候十分炎热。但这还不足以证明，那时的太阳一定拥有更强的热力，因为我们马上就会联想起冰河时期，那时，地球的温带被厚厚的冰层覆盖，正如今天的北格陵兰一样。如果想要解释那些植被转化为煤的过程，就需假设那时太阳的温度高于如今的温度；如果想要解释冰河时期的出现原因，就需假设那时太阳的温度低于如今的温度。显然，用太阳热辐射的波动来解释这些现象，是不合理的。冰河时期的出现表明，我们无法凭借地质记录来证实太阳是在不断冷却的。气候的地质变化可能是由于地球本身或地球轨道的变化所引起的，但无论这些变化究竟因何而起，它们都无法让我们了解到更多有关太阳的历史。

太阳的热量已经持续了无数年了，但我们仍无法确定，太阳真的有能力产生这么大的热量吗？我们必须将从实验中得出的那些定律，放到巨大的太阳上去验证。我们想知道，太阳发出的如此巨大的热量究竟来自何处？下面，我们就来简单阐述一下前人们的一些猜想。

先取一大一小两个炽热的铁球，然后将它们并排放在一起。这两个铁球都是从同一个火炉中取出的，它们的温度相等，且都在不断冷却，但小球的冷却速度更快。很快，小球就暗了下来，而大球却依然在发着光，且它的光亮仍将持续数十分钟。铁球的体积越大，冷却所需的时间就越长，人们据此推测，一个像太阳一样大的球体，如果曾处于高温状态，随后又逐渐冷却，那么它的冷却时间一定很长，所以在数百万年间，它依然向绕其旋转的那些行星散发着光和热。但是，只要经过简单的数学推导，就能否定这一假设的真实性。如果除了高温冷却所散发的热量之外，太阳不存在其他热源，那么这种热辐射就会使太阳的温度每年都下降数十度。只需2000年，太阳的热量就会出现明显的衰减。但我们十分确信，这种衰减从未发生。因此，太阳的热辐射不可能仅仅来源于高温物体的冷却。

太阳源源不断的热量会不会是来自于其内部的燃烧呢？会不会与火炉的原理相类似呢？在这一假设中，我们似乎拥有了一个巨大的热源，但数学运算同样否定了这一假设。众所周知，即使太阳完全是由煤炭构成的，且该煤炭一直在纯氧中燃烧，它所能提供的热量也仅能维持6000年。如果数千年前，照耀着金字塔的那个太阳，从里到外都由煤炭构成，那么照如今的辐射量，恐怕太阳的大部分球体早已灰飞烟灭了。至此，我们不得不寻找其他能产生如此巨大热量的热源，因为无论是高温冷却还是物质燃烧，都不足以产生那样的热量。

太阳的热量很可能或肯定是由某一外部热源所提供的。我们还是应该谨慎考虑这一外部热源的可能性，因为最终我们还是会发现，这种热源不过是在极少数情况下充当辅助角色罢了。该观点认为，太阳热量的偶然增加可能是由于陨石降落在日表所引起的。毫无疑问，这种陨石的确会落到太阳上，而且如果它们真的落了下来，那么太阳的热量必定就会增加。我们就曾在地球上经历过一次十分有趣的陨石陨落现象，该现象表明陨石的陨落的确会带来温度的升高。一颗流星中可能蕴藏着包罗万千的力量。有些流星冲入我们的大气层，然后消失不见；有些则冲入了太阳的大气中，也落得同样的下场。必须承认的是，流星在太阳大气中陨落的时候，还会伴随着一道光亮，同时散发热量。流星在穿越地球大气时所发出的热量，基本是感觉不到的。但有人却认为，流星在穿越太阳大气时所产生的热量却可能十分可观——不，甚至还有人认为，这一热量足以使太阳再度焕发生机。

现在，我们必须再次借用冰冷的数学公式来验证这一假设的真实性。我们先来计算能使太阳保持如今热量所需的陨石重量。由于这一数值太过巨大，我们根本无法用常见的重量单位来准确表述它——我们所面对的是超重量级的物体重量。幸运的是，我们可以以月球的重量为单位进行说明。假设我们的月球——一个直径为2000英里的巨大星球，分裂成了无数块碎片，然后这些碎片又都散落在了太阳上。毫无疑问，这场盛大的流星雨贡献给太阳的热量，足够其维持1年多的热辐射。若以地球为例，假如地球被粉碎，且这些碎片如一场流星雨，纷纷扬扬地飘落在太阳上，那么每块碎片都将为太阳带去一定的热量，这场流星雨给太阳增加的热量，可以使太阳保持如今的辐射量长达100年。同理可得，木星所能制造的流星雨的规模与地球流星雨的规模之比应该等于二者的质量之比。倘若木星的碎片全部落到太阳上，那么其所产生的总热量足以使整个太阳系沦为一片焦土。同时，所有的植被燃烧所产生的热量，如果能得到充分利用，将足以使太阳维持如今的辐射量长达45000年之久！

尽管月球能够为太阳提供1年的热量，而木星能提供3万年的热量，可我们真正需要解决的问题，不是太阳系能不能为太阳提供热源，而是太阳系有没有为其提供热源。是否每年都有陨石落到太阳上，且这些陨石的总重量与月球相仿呢？这才是我们真正要考虑的问题，而且我认为答案应该是否定的。有证据表明，每年落到太阳上的陨石数量仅占陨石总数的极少部分。因此，如果每年落到太阳上的陨石总重量与月球重量相近，那么太阳系中就一定有大量的陨石在四处穿梭。我们的地球就会被接二连三的陨石持续攻击，地球的温度将急剧升高，并随之沦为一片荒原。许多其他因素也能排除太阳周围出现大量陨石的假设。这种陨石现象会对水星的运动产生很大影响。当然，水星的一些不规则运动至今也没有得到合理的解释，但如果太阳周围出现的陨石数量足以为太阳提供1年的热量，那么这些大量的陨石对水星运动所带来的影响将远远大于如今所观测到的不规律现象。于是，天文学家们认为，虽然陨石的确能够为太阳补充热量，但太阳发出的大部分热量肯定还是来自其他热源。

现代科学的成就之一，就是为太阳热源问题提供了一条重要线索——科学研究表明，尽管太阳在散发着惊人的热量，但其温度却一直保持不变。这一问题确实不好解释，但由于其意义重大，我们还是要尽力一试。

让我们先想象宇宙中有一个高温的气态星球。这一假设并非凭空捏造，因为宇宙间确实有类似星体存在，它们就是前文中提到的行星状星云。这个星球会向外辐射热量，并且我们假设它散发的热量要多于它从其他星体热辐射中所接收到的热量。这样一来，它的热量就会逐渐减少，但这并不意味着它的温度也必然会下降。这种反差看似矛盾，但事实表明，这就是热学定律和气体定律的必然结果。

让我们将注意力都集中在该星球表面的那层气体上。显然，这层气体受到其他部分的引力作用，从而会向球心聚拢。如果想要保持均衡状态，那么这层气体向内聚拢的趋势就应被下层气体的压力所抵消，也就是说，引力越大，气压就越大。当该星球发生辐射、丧失热量时，我们假设它在逐渐冷却——它的温度就随之下降，那么，由于气压会随温度的下降而降低，表层气体下的气压就会减小，而引力却保持不变。由此带来的必然后果是，引力将大于气压，于是整个球体就会开始收缩。我们还可以从另一个角度来解释这一现象。众所周知，热量就是一种能量，所以该星球在散发热量的同时，也就是在消耗能量。该星球的部分能量来自它的温度，但其他更为重要的能量，则是由于气体粒子间的距离产生的。如果想让气体粒子间的距离更近，就应该减少由粒子间距所产生的能量，于是这种能量就以热能的形式被释放。粒子距离的拉近就必然会引起该星球的收缩。

接下来将要出现的那个重大现象，在天文学中似乎有着广泛的应用。在该星球收缩的过程中，由于粒子间距所产生的部分能量转化成了热能，这些热能中的一部分就被辐射出去，但其辐射速度不如收缩产生热能的速度快。结果就是，尽管该星球的确在不断丧失热能，且不断收缩，但它的温度却是在不断升高的[①]。举一个看似矛盾的简单例子，便足以说明这一问题。假设该星球的直径缩减为原直

① 详见纽康：《通俗天文学》，当代世界出版社 2006 年版，第 508 页。他将这一定律的发现归功于华盛顿的莱恩先生，而将收缩定律的发现归功于赫尔姆霍茨。

径的一半，让我们来仔细观察该星球上任意一个1立方英寸的气体。在收缩之后，这一立方体的每一条边都缩减为0.5英寸，它的体积自然就变为原体积的八分之一。

由气体定律可知，在温度不变的情况下，气压与体积成反比，因此，在那个立方体内，气压将变为原来的8倍。然而，在此例中，由于气体粒子间的距离缩短为原来的二分之一，所以粒子间的引力就变为原来的4倍，又由于面积变为原来的四分之一，所以立方体内的气压就变为原来的16倍。但我们知道，在温度不变的情况下，气压只增至原来的8倍，所以温度并不是没有发生变化，在收缩过程中，温度一定是升高的。

综上所述，我们就能得出一个略显意外的结论：宇宙中的气态星球，尽管一直在向外辐射热能，且体积也一直在收缩，但它的温度却是在不断升高的。但这种状态不可能永远持续下去。如果这个气态星球一直收缩下去，且温度越来越高，同时辐射出越来越多的热量，结果又会怎样呢？这种情况何时终止呢？随着星体的收缩，它的密度就会不断增加，最终它就会变为液态、固态，或者一个并非完全由气体组成的星球，到那时它也就不再遵循气体的若干定律。一旦这些定律不再起作用，那么其结果就将是热量的流失伴随着温度的衰减，到最后，该星球的温度将与宇宙空间的温度保持一致。

但是，这种观点还无法完全解释太阳的现状。如今，太阳仍拥有着极高的密度，所以气体定律并不能完全适用于太阳。但我们绝对有理由相信，太阳曾经的气化程度一定高于现在。也许曾几何时，太阳极高的气化程度使这一观点足以解释它所发生的一切现象。如今，太阳仿佛正处于从气态向固态转化的过渡阶段。因此，我们不能肯定地说，如今太阳的温度正随着其体积的收缩而不断增加。这可能与事实相符，也可能不相符，我们还无法确定这一点。但可以肯定的是，太阳的气化程度依然很高，这使它的温度还是能够随体积收缩而上升的。只不过，太阳固态部分的热辐射所导致的温度下降更明显，从而使其微弱的温度上升趋势被掩盖。但显然，如果太阳由于某种原因导致的温度下降，与由于其他原因导致的温度上升能够相互抵消，它的冷却时间就将大大增长。毋庸置疑，这就是我们始终未能找到太阳热辐射变化证据的真正原因。

由于意义重大，我们还需从另一个角度来再次审视这一问题。太阳蕴含着一定的能量，部分能量正持续以热辐射的形式流失。部分剩余能量的性质则发生了转变，如转变为热能，补充流失的热量。但是，太阳的总能量是在不断衰减的，因此，太阳的能量一定也有消耗殆尽的那一天，到那时，它将不再是光和热的源头。太阳收缩的速率是非常缓慢的，以至于我们无法准确测量出其体积的缩减值。因为这一数值实在是太微小了，从天文学诞生至今，太阳体积的缩减，即使借助望远镜也无法分辨。但是，如果假设收缩所损失的能量足以弥补太阳每日的辐射量，我们就能算出太阳体积的收缩值。相对于太阳如今的尺寸而言，这一变化无疑是微乎其微的。现如今，太阳的直径约为86万英里。如果这一直径以每年300英尺的速度递减，那么其损失的能量便足以弥补其辐射量，且这种缩减将一直持续下去。

我们可以从这些想法中逆推出许多重要的结论。如果如今的太阳的确是在不断收缩，那么它曾经的体积就一定比现在的大。照前文所给定的数值进行推算，100年前，太阳的直径应该比如今的直径长6英里左右。1万年前，二者之间的差距应为570英里。当人类第一次出现在地球上时，那时太阳的直径应该比如今的直径大数百甚至是数千英里。

但是，我们也绝不能过高预期这一结论。由于太阳自身的直径值就很大，1万英里也仅略高于其直径的百分之一。即使太阳的直径突然收缩了10000英里，一般的观测也是无法看到这一变化的，不过若使用精准的天文仪器进行观测，那么即使是小的变化也将被准确观测出来。但这并不能证明地球早期的气候一定与如今的气候存在很大差异，因为气候变化问题并非是由于太阳辐射的变化而导致的。

当我们继续追溯历史，回到更遥远的那些时期。我们可以回到那个被地质学家们称为岩层沉积时期的年代。再往前回溯，回到生命体刚刚开始出现在地球上的那个时期。即便如此，我们也依然没能找到太阳热辐射有所衰退的证据。因此，就目前所掌握的知识来看，回溯的年代越久远，那时太阳的体积就越大。但我们不能假设这种增长的速率总是保持一致的，何况这种假设也没有任何意义。我们只需要证明回溯的年代越久远，太阳的体积就越大，便足矣。如果宇宙间万物万律的存续时间足够长，那么曾经，太阳的体积可能是如今的2倍，甚至是10倍。没人敢说那究竟是多久之前的事。但我们还不能只停留在太阳体积是如今体积10倍的那个年代，我们还需继续往前追溯。我们会发现，随着体积的不断膨胀，其密度却在不断缩小，直到最后，我们看到的不再是那个熟悉的太阳，而是苍茫宇宙间的一个巨大的星云。

实际上，这就是拉普拉斯在其星云理论中所提到的太阳系的起源。这是拉普拉斯的一个假说，但它既没有实际的观测数据为依据，也没有抽象的数学运算能将其证实。它只是一种可真可假的猜想，但是如果热学定律允许有极端情况出现，且太阳系在漫长的存续期内，没有受到其他未知因素的干扰，那么它就确实有几分可信度。这个星云理论不仅适用于太阳的演化过程。相同的推导过程同样适用于各式各样的行星，我们回望的历史越久远，整个太阳系的温度就越高。假如追溯的年代足够久远，我们就会看到，那时的地球温度过高，根本不可能有生命出现。再往前追溯，地球和所有的行星都像是炽热的火球。继续回溯到更久远的年代，那时的行星都如同今日的太阳，处于超高温的状态。在更远的时期，整个太阳系就是一个巨大的高温气团，正是从这个气团中，太阳、行星和它们的卫星逐渐演化出来。虽然，我们还无法确定太阳系的确是按照上述过程演化而来，但我们有充分的证据可以表明，星云理论反映了太阳系演变的本质规律。

[今日科学说] 过去的学者尝试将太阳的能量来源与太阳系的形成联系起来。太阳在形成过程中的确经历了一个坍缩阶段，但这个过程并不会一直持续下去。现在普遍认为，恒星（太阳）由低温的氢分子云塌缩而成，随着塌缩程度加大，分子云向外辐射热能的速率增大，内部的温度会以更快的速度上升，并在核聚变开始后，最终达到自身引力与辐射压平衡的状态。在本书的创作时代，科学家尚未

认识到太阳能量来源是氢核聚变，因此也很难想象我们的太阳正处于一个流体静力学稳定阶段。

太阳系的许多特征都与星云理论中的太阳系起源说相吻合。前文中曾提到，所有行星都沿同一方向围绕太阳公转。不仅如此，行星绕轴自转的方向以及卫星绕主星公转的方向，也都遵循着同样的规律，只有天王星系和海王星系中的两颗卫星稍有例外。面对如此惊人的一致性，我们当然有必要找出其背后隐藏的真相，而星云理论就为我们解开了答案。假设在无数年前，有一个巨大的星云正在缓慢旋转，并同时缓慢收缩。在收缩过程中，部分凝结体从星云中脱落。这些脱落部分仍然围绕着星云主体旋转，同时，它们也会沿着相同方向围绕各自的中轴线自转。由动力学原理可知，随着收缩过程的持续进行，旋转速度会不断增加。最终，这些脱落部分都凝聚成了行星，星云中央的主体部分则逐渐收缩，形成了太阳。而在更小的范围内，主星星云的不断收缩又同样演化出了卫星，这些卫星也会沿着相同的方向运转，这就解释了太阳系星体运转方向一致的现象。

对星空的深入研究进一步证明了太阳系的星云起源说。前文已经探讨过太阳与恒星之间的相似性。如果我们的太阳如星云理论描述的那样，经历了上述变化，那么是否可以据此推测，其他恒星也会产生类似现象呢？若果真如此，我们就有理由相信，有些恒星的进化程度还没有太阳高，也就是说，我们看到的某些恒星，还处于进化的初期。让我们看看，望远镜的观测结果将如何回应这些推测。

大型望远镜的视野中，常常可以展示出许多散布在黑色天幕上的恒星，但天幕的黑色并不均匀：熟练的观测者能敏锐地察觉到某些星场的亮度相对较暗。整个天空有时会出现一个甚至数个这样的星场。随着时间的流逝，它们依然没有可察觉得到的变化。这绝非是我们的错觉，由此得出的必然结论是那些星场都是由高温的气体或蒸汽组成的、亮度较暗的巨大气团。这是构造最简单的一类星云，它们的特点是亮度极低，且看上去都由极其纤薄的物质组合而成。此外，我们偶然能观测到的另一壮景是，一颗璀璨的恒星周围还环绕着一圈明亮的大气。这两类都属于星云的极端情况，一类是完全暗淡的气团，另一类则是被明亮大气所环绕的明亮星体，但在这二者之间，又衍生出了许多各式各样的其他星云。如此一来，我们就得出了一系列逐步演化的星云类别，从完全暗淡的星云开始，到最后以演化为恒星结束。

赫歇尔认为，星云是发出磷光的巨型蒸汽团。这种蒸汽会逐渐冷却，最终凝结成一颗恒星或一个星团。当我们将星云划分为不同类别之后，它们之间的演化关系就更加清晰了。在完全暗淡的星云中，凝结过程才刚刚开始，在更小更亮的星云中，凝结过程已经开始产生了作用，而在那些已凝结成形的恒星中，这种凝结作用的效果已经显露无遗了①。

也许有人会问，赫歇尔是怎么知道这些的？他又有什么证据呢？我们可以通过一个例子，来回答这一问题。假如我们走进森林，看到一棵饱经沧桑的老橡树，我们不会怀疑它是从一棵小树逐渐成长起来的吧？但实际上，没有人能真的跟随这棵橡树一起，经历它的每一次成长，人类的寿命太过短暂，根本无法见证这一切。我们之所以相信它一定经历过那些演变阶段的原因，是因为我们了解橡树，也了解树木从青葱幼苗到参天大树所历经的每一个阶段。我们见到了许多处于不同生长阶段的树木，所以我们相信，每棵树都会经历所有这些演化阶段。

正是凭借着类似的推理论证，赫歇尔才采纳了前文所述的恒星起源论。天文学家的寿命，甚至整个人类的寿命都不足以完整观测到一个星云冷凝成固态星体的全部过程。但是赫歇尔认为，通过对多个不同星云的观测，他就能够看到星云从原始状态向最终形态演化的每一阶段，并且每个星云都会经历所有这些阶段。所以他相信，部分、大部分或者说全部的恒星，都是由灼热的星云演化而来。

这一推论或许正好与人们所想象的不谋而合，但我们还是应该将其与天文事实进行仔细辨别。在这一问题上，后人们也许能够得到我们所无法获得的有关证据。我们对星云的观测时间太短了，还没能发现任何细微的变化，可以说，星云

① 在现代天文学观点中，我们判断一个氢分子云是否能够塌缩最终成为恒星，可以使用金斯不稳定性来进行判断。通俗地说，就是一个分子云温度越低，或是质量越大，越有可能形成恒星。

的研究最早始于1771年梅西耶星云表的问世。

从赫歇尔时代开始，人们已经获得了大量星云的图片和观测数据。但时至今日，我们的观测时长仍不足以看到星云的任何变化，而且早期的数据均存在较大误差，难以准确判断出星云的实际变化。如果人类的薪火能够延续数十个世纪，我们如今的数据也具有利用价值，那么赫歇尔的理论或许就能够得到圆满的证实。

当初，拉普拉斯对于自己提出的太阳系起源假说并没有十足把握。如今，200年过去了，总的说来，“星云假说”还是经受住了现代科学的检验，只不过最新发现表明，拉普拉斯的理论还需进行一些微调。拉普拉斯（以及赫歇尔）似乎认为，最原始的星云是由“炙热的雾状体”或高温气体组成。但事实并非如此，我们已经知道巨大气团的逐渐收缩会产生能量，之后又转化为热量。分光镜数据似乎也表明，气态星云的温度是温和适中的，那时的星云可能处于最原始的混沌状态，太阳和行星就从其中逐渐演化出来。另外，人们对不同行星的演化过程也重新进行了分析。人们曾经认为，原始气团的旋转逐渐产生了一些大小不等的光环，这些环状物脱离了中央气团，而环内物质随着时间的推移，逐渐聚合，形成行星。土星环就是这一演化过程的例证，土星环的凝结过程无故中止，使它未能继续聚合成一个或多个卫星①。然而，在星云气团收缩的过程中，这种环状物根本无法脱离中央气团（但火星和木星之间的小行星的确可能是通过这种方法产生的），这些较大的行星更可能是由于旋转星云赤道上某点的物质聚合而形成的。

原始星云演化为太阳系的实际过程，还有待进一步的观测发现去证实。

[今日科学说] 太阳系形成的理论至今没有一个完全站得住脚的说法，但是基本上是在拉普拉斯-康德的星云假说上进行改进，使其能够适应新时代天文学观测的数据。目前通行的理论认为，太阳系是从一个巨大的分子云中的一个碎片塌缩而成，经历了漫长的塌缩过程后，在原恒星阶段，行星开始从星子成长为行

① 土星光环的成因仍未有定论，目前学界倾向于土星光环是数百万年前土星卫星碰撞所产生的碎片形成的遗迹，而非在土星诞生之初就开始形成的产物。

星，这个成长期持续到太阳开始产生太阳风，因为太阳风会将物质从原行星盘中吹入星际空间。另外，目前人们认为在这一个时间段行星还发生了迁徙，海王星和天王星应该是在木星至土星轨道区域形成的，随后逐渐向外迁徙到现在所处的位置上。

第二十七章 潮 汐①

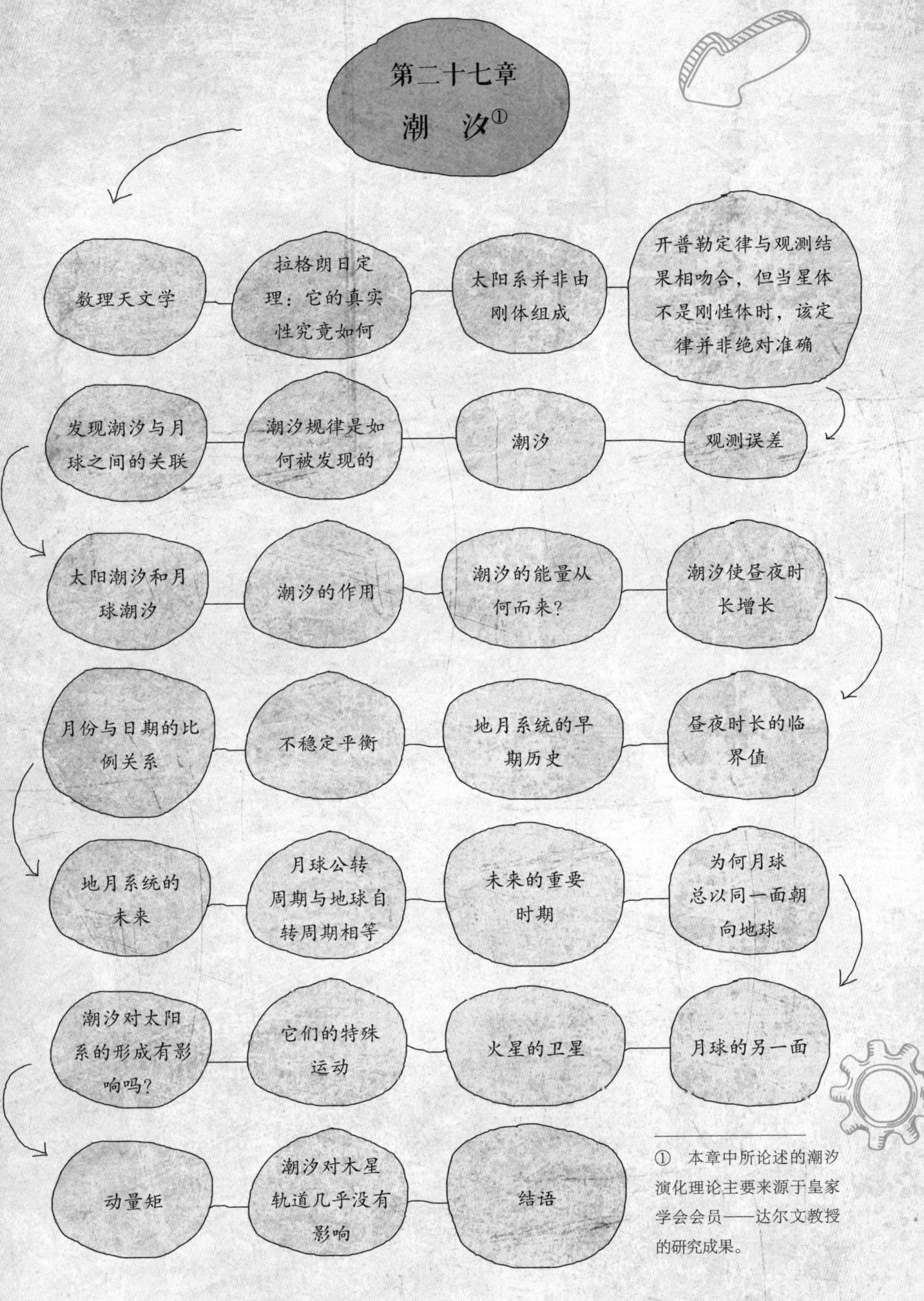

① 本章中所论述的潮汐演化理论主要来源于皇家学会会员——达尔文教授的研究成果。

从某种意义上说，拉格朗日对行星系统稳定性的伟大发现是绝对正确的。拉格朗日的演算过程也从未受到过任何质疑。即使行星系统的构造正如拉格朗日推测的那样，且该系统拥有恒久的稳定性，但拉格朗日对这一切都设定了一个前提，这也是他全部理论成立的基础——所有的行星都是刚体。

显然，我们的地球是个刚体。就我们所知的物质中，有哪个能比构成地球的石块和金属更坚硬呢？在广袤的宇宙间，地球只是一个极其微小的个体，我们很自然地会将其假设为一个刚体。如果地球是个绝对的刚体——如果构成地球的所有微粒之间的距离相等——如果地球完全不受其他外力影响，那么它的形状将不会发生任何变化——如果太阳和所有其他行星都能满足上述条件，那么拉格朗日对太阳系恒久稳定的判断就将成立。

但事实又如何呢？地球真的是刚体吗？由实验可知，数字意义上的绝对刚体是不存在的。岩石并非刚体，钢铁也不是，即使金刚石也并非绝对刚体。且不论整个地球，就连地表都远远达不到刚体的标准，更何况地球内部可能多少还处于液态。地球并非绝对刚体，太阳系中的那些较大星体，如木星和土星等，就更不应该被称为刚体了。拉格朗日认为太阳系是由一个刚性太阳和若干刚性行星组合而成的，而真实的太阳系则是由一个绝非刚性的太阳和若干部分刚性的行星组合而成的。

现在的问题是，很久之前的这个伟大数学发现，是否不仅适用于理想的刚性太阳系，而且也适用于我们所身处的这个真实的太阳系呢？毋庸置疑，这些发现都是基本正确的，它们已如此接近事实的真相，以至于观测数据与这些结论之间从未出现任何偏差。

但科学发展至今，当再次面对数学意义上并非刚性的物体时，我们已无法再忽略那一重大问题。让我们以前文所述的最简单的开普勒定律为例，来说明这个问题。该定律认为，行星将永远沿椭圆轨道绕太阳运行，且太阳位于其中一个焦点处。这一结论已经得到了观测试验的证实，在椭圆运动的理论分析被提出之前，的确得到了相关观测试验的验证。但是，更准确地说，牛顿所阐述的内容应该是：如果两个刚性物体彼此吸引，且引力大小与二者距离的平方成反比，那么这两个物体就会以共有质心为焦点，绕其做椭圆运动。地球是部分刚性的，所以我们自然会认为，地球与太阳之间的运动会遵循开普勒定律，是简单的椭圆运动。实际上，如果排除摄动因素的干扰，我们所观测到的椭圆运动具有极高的准确性，即使再仔细地观测，也无法发现由于地球并非刚体所导致的任何细小差异。

然而，在此类观测中，数学计算的结果与最精密的观测数据之间，仍存在一个微小差异。数学定律告诉我们，虽然开普勒定律完全适用于数学意义上的绝对刚体，但是如果太阳或行星但凡有一点不满足绝对刚体的情况出现，那么开普勒定律就将不再适用。此处是否有矛盾出现呢？观测试验告诉我们，开普勒定律完全适用于行星系统，但数学理论却告诉我们，开普勒定律并不完全适用于行星系统，因为该系统中的星体并非绝对刚体。二者之间的矛盾应如何解释呢？或者说二者真的相互矛盾吗？答案是否定的。当我们说开普勒定律已经被观测试验所证实的时候，我们必须了解所获观测数据的实际情况。行星位置的观测，都是借助天文台的仪器完成的。这些位置的测定，也是借助时钟和仪器上的刻度盘完成的。毋庸置疑，这些观测数据都是高度精准的，但是它们也达不到数字意义上的绝对精准。比如，我们所测得的行星位置的误差不会大于1角秒，这一数值可以说是十分微小了。在一段40英里距离上的1英尺所对应的弧度就为1角秒，这一数值对于行星位置的测定来说已经是微乎其微了，而且我们确信，观测结果的误差不可能超过1角秒。

当我们将观测结果与基于开普勒定律的运算结果进行比对，并宣称二者完全吻合时，实际上，这些观测结果中或多或少都存在难以避免的误差。如果计算结果与观测结果之间的差异十分微小，且基本就是由于难以避免的误差所造成的，那么我们就可以认为二者是完全相符的，因此，我们根本无法做到使二者完全一致。由于缺少刚性而对开普勒定律造成的影响，可以通过数学运算进行估测。正如我们所料想的一样，其数值是极其微小的——它基本就被包含在难以避免的观测误差之中了。如此一来，我们就无法通过实际观测，将由于星体缺少刚性而产生的影响计算出来，这些影响因素一直被涵盖在普通的观测误差之中。

事实上，我们可以从一个十分常见的现象中，找到研究的依据。所有去过海边的人，一定都对大海的潮起潮落十分熟悉，我们将这一现象称为潮汐。大海在每24小时之内，都会两次涌向岸边，形成高潮，同样在24小时内，又会先后两次从岸边退回，形成低潮。这些海浪不仅会冲刷海岸，还会涌入河流长达数十英里的距离，它们会周期性地侵袭各大河口。对沿海国家来说，潮汐不仅在现实生活中起到了十分重要的作用，它们还具有另一个并不明显的重要特征，这也是我们接下来将要探讨的主题。

对人类来说，海浪每天的涨落早已不是什么奥秘。很早以前，人们就发现了潮汐与月球之间的联系。普林尼和亚里士多德等古代作家都曾提到涨潮的次数与月球周期之间的关联。有时，我认为我们并未给予睿智的古代天文学家足够的信任。我们都曾在书中看过，也曾听人说过，月球和潮汐之间存在密切联系，但又有多少人能够理直气壮地表示，他们曾亲眼观测过二者间的这种联系呢？第一个高度关注这一话题，并试图证明其真实性的，一定是一位伟大的哲学家。我们既不知道他的名字，也不知道他的国籍，甚至都不知道他身处的年代，但一想到他是在没有万有引力定律做引导的前提下，取得这一伟大发现的，我们对他的敬佩之情便又增添了一分。现代哲学家，即使从未见过大海，也依然能知道潮汐是由于万有引力的作用而产生的，但古代天文学家，在不知道万物间的这种无形联系的情况下，依然能找到月球与潮汐之间的关系，这不得不说是一个伟大的发现。

据推测，这一发现最初很可能是来自那些经验丰富的航海家们的观测。每次进港或离港时，海潮的状况对水手来说都至关重要。即使航行到开阔的海域，水手也会时常按照海潮的流向调整航线，或是通过测量水深来选择航道，因为他明白水深会随着海潮的变化而变化。所以，水手每天都要留意一切与海潮有关的信息。他的日常工作、事业成败以及生命安危，都与海潮息息相关，所以他们都热衷于从所观测到的现象中，总结出将来对他们大有裨益的规律。对沿海航行的水手来说，每天最大的问题便是涨潮时间。这一时间每天都不一样，明天可能比今天晚一小时或更久，而且涨潮时间也没有任何简单可循的规律可言。因此，水手们当然希望能从这一重要现象中找到规律。我们可以大致推测出这一规律被初次发现的情景。比如，假设在法国加来有一位水手，他正驾驶着航船向港口驶去。那晚的夜色特别迷人，一轮满月高悬于天际，他便在月亮的指引下，顺利地驶入港口。第二天上午，他发现涨潮时间出现在11点至12点之间[①]。这位水手经常重复相同的航行，但他发现有时候，早晨也会出现退潮现象。但他还发现，若前一晚航行时有月光相伴，则第二天早晨的涨潮便会发生在11点。这一现象仅发生过一两次，所以他以为只是巧合而已。但后来这一现象反复上演，他才意识到这绝非偶然。于是他将这一规律告诉了其他水手，他们也发现若前一晚出现满月，第二天涨潮永远发生在同一时间同一地点。就这样，那位水手发现了月球与潮汐之间的联系，聪明的他自然以此类推，将月球的其他相位与潮汐的时间进行一一比对。他还发现，当上弦月出现时，第二天涨潮也会在同一时间发生。最终，他得出了一套极其实用的规律，通过观察月球的相位，他可以立即说出将要驶入的港口的涨潮时间。若是热衷钻研，他必将继续深入探寻月球与潮汐之间的关系，他会发现，有些高潮的高度要高于其他高潮，而有些低潮则会比其他低潮更低。这一现象其实意义重大。在穿越危险的沙洲时，若能在高潮最高点时通过，那么水手的安全就又能多一份保障。或者，当他不得不迎着狂暴的巨浪逆流而行时，他可以选择在低潮时航行，那时水流的力度会比平时要小一些。渐渐地，他便会对高潮和低潮更加熟悉。他会发觉，高潮通常出现在满月或新月时——或者说，高潮在满月或新月时出现的数天之内，也会一直出现。

显然，正是凭借着类似的推理过程，古人才逐渐意识到月球与潮汐之间的联系。但是直到牛顿发现了伟大的万有引力定律，人们才真正能够运用物理规律，对潮汐现象进行解释。我们已经知道月球的引力是如何作用于地球以及组成地球的所有粒子的；我们还知道，组成海洋的液体粒子不同于固体粒子，它们能够在

① 具体涨潮时间因地理位置的不同而不同：法国加来为 11 点 49 分；利物浦为 11 点 23 分；斯旺西湾则为 5 点 56 分，等等。

引力作用下发生某种变化。当月球位于地球正上方时，它会将海水向上吸引，于是下方海水开始向上聚集，从而产生涨潮现象。地球另一面的海水也会受到影响，这是我们起初并未预料到的。月球对于地球上固体的引力要大于对地球另一面液体的引力。所以，地球就会被拉离海面，于是，与面向月球的那面一样，地球反面的海面也会发生涨潮现象。其他地方的海面则会发生退潮现象。

太阳也会影响地球上的潮汐运动，但由于距离地球较远，太阳对地球上海洋和陆地的引力并不存在明显差异。所以，太阳潮汐比月球潮汐要弱一些。当日月引力作用相同时，地球海面就会出现高潮；当日月引力作用相反时，则会出现退潮。

然而，当我们用这一套理论去解释某一特定潮汐现象时，还必须考虑到许多其他因素的影响。由于地理位置的不同，不同海岸的潮汐也存在巨大差异。在地中海之类的封闭海域内，潮汐的变化范围相对较小，不同地点的海潮高度从1英尺到数十英尺不等。海洋中部的海潮涨落幅度也不大，如圣赫勒拿岛的海潮涨幅就约为3英尺。但靠近内陆的海潮则会受到海岸的极大影响。我们发现，伦敦的海潮高度可达18或19英尺，但英伦三岛最壮观的海潮出现于布里斯托尔湾，在切普斯托或加地夫，涨潮时浪高可达37或38英尺，而退潮时浪高则为28或29英尺。实际上其他地区的海浪还有比这更高的，世界上最高的海潮出现在加拿大芬迪湾，那里部分港口在涨潮时的浪高超过50英尺。

潮汐的涨落势必会伴随着潮流的形成。人们对这些水流十分熟悉，在一些大河中，水流还起着至关重要的作用。若善加利用，这类潮流也可以像其他水流一样，承担重要工作。例如，我们可以将涨潮时的海水贮存在蓄水池中，当退潮时，池内封闭的水流在流回大海的过程中，就能起到水轮的作用。这样一来，我们就又拥有了一种新能源，但是，潮汐能源必须在极其特殊的条件下，才能产生经济合理的效能。这个问题一算便知，根据水轮产生的马力大小，可算出所需蓄水池的面积。经计算可得，产生100马力所需的蓄水池面积为40英亩。所以，这一问题就被简化为单纯的成本问题：建造和维护这样一个蓄水池所需的成本，是否大于一台同马力蒸汽机的制造维护成本呢？在大多数情况下，后者的成本会远低于前者，也就是说，我们无法使潮汐能源真正派上用场，所以潮汐能19世纪初还未被加以利用。不过在未来，当燃料能源的储备告急，潮汐能的成本问题就会发生深刻转变。

[今日科学说] 到了近代，德国首先于1913年在北海海岸建立了第一座潮汐发电站。第一座具有商业实用价值的潮汐电站则是1967年建成的法国郎斯电站，24台双向涡轮发电机，在涨潮、落潮时都能发电。总装机容量24万千瓦，年发电量5亿多度，输入国家电网。

虽然因为常规电站廉价电费的竞争，建成投产的商业用潮汐电站不多。然而，潮汐能蕴藏量的巨大和潮汐发电的许多优点，还是引起人们对潮汐发电研究和试验的高度重视。至2016年，世界上最大的潮汐能发电站是位于英国苏格兰的MeyGen潮汐发电站，总装机容量达398兆瓦。

即便如此，潮汐依然以这样或那样的方式在改变着地球。有时，河口处的潮水会冲刷河岸，将泥沙运往别处。这一过程即消耗了能量，又做了功，仿佛这些泥沙是由技术工人们操纵着挖土机所运走的一样。众所周知，这一过程一定会消耗能量，那么潮汐能的能量又来自何处呢？乍看之下，仿佛答案是显而易见的。我们不是说潮汐是由月球引起的吗？所以，潮汐能不就是来自月球吗？这似乎是明摆着的道理，但很遗憾，事实并非如此。这是动力学中常见的问题之一，真正的答案与表面所见总是相距甚远。我们可以用一个例子来更清晰地解释这一点。步兵在开枪的时候，扣动扳机的是他的手指。我们能否说使子弹射出的能量是来自于步兵呢？当然不能，能量显然是来自火药，而步兵所做的，就是设法将贮藏在火药中的能量释放出来。这个例子与潮汐问题确有几分相似之处，月球使贮藏在潮汐中的能量被加以利用，从而使潮汐能够对外做功。说来也怪，这种能量的储备不是来自月球，而是来源于地球。事实上更意外的是，月球反而会从潮汐中吸收地球上储存的一些能量。但这一过程并不会造成显著影响，它的出现基于某一特殊的动力学定理。

这种能量不仅使潮汐能够对外做功，还使月球能在地球的海面上不断地掀起惊涛骇浪，我们必须清楚地了解这一能量的本质。让我们来看看地球究竟是如何获得这一能量储备的。众所周知，地球每天都会绕轴自转一周。这一自转正是能量的来源。我们可以将地球的自转与蒸汽机制动轮的旋转进行比较。制动轮的旋转形成了一个能量池，引擎在活塞的每个冲程中，将能量推入能量池中。工厂中所有依靠引擎工作的机器，都是利用制动轮中储存的能量来工作的。地球仿佛是一个巨型制动轮，尽管缺少引擎的帮助，但它仍能为工厂内的机器提供能量。由于其庞大的体积和极快的旋转速度，这个巨轮积蓄了巨大的能量，且这些能量必须在其停止运转前全部消耗完毕。因此，尽管潮汐是由月球所引起的，但其消耗的能量却是来源于地球自转所产生的巨大储备能量。

但是，地球与引擎制动轮之间还有着显著区别。当制动轮中的能量被释放，工厂中的各种机器得以正常运转时，蒸汽机的运行使制动轮能够获得源源不断的能量补给，从而保持稳定的旋转速度。但地球是一个没有引擎的制动轮。当潮汐将储存的能量释放，并利用其对外做功之后，地球就无法再提供能量补给了。这就必然导致地球自转所产生的能量在不断减少，而由此产生的后果将是极为严重的。众所周知，若将引擎与制动轮分离，那么制动轮在继续旋转数周后，很快就会停下来。同理可知，地球亦是如此，但由于存量巨大，地球仍能轻松应对日常的能量消耗。潮汐运动所消耗的能量仅占储备能量很小的一部分，所以地球的能量还要历经无数个世纪，才能被完全消耗殆尽。但是，能量的消减却也是不争的事实，若能量消减，则地球自转的速度必将逐渐减慢。现在，我们可以以最直白的语言解释潮汐带来的影响了。如果地球自转速度减慢，那么昼夜的时间就会延长，这样就推出了一个最重要的推论：潮汐会使一天的时间延长。

今天的时长会比昨天长，明天又会比今天长。每天的时长差异并不大，即使经年累月，我们也无法观测到任何明显差异。我们无法确定多少个世纪之前，昼夜时长比今天的快1秒，实际上，潮汐的演化绝不是以百年为单位的。也许要追溯到100万年前，才会发现那时的昼夜时长与如今的相比，确实存在明显差异。让我们穿越时光隧道，回到遥远的古代，看看那时的潮汐会向我们透露什么讯息。如果万物的时序都不发生变化，那么我们追溯的年代越久远，昼夜的时长就越短。如今的一天是24小时，曾经它也许是20小时、10小时，甚至是6小时。我们还能继续向前追溯多远呢？6小时可以算是一个临界点。昼夜的时长越短，地球赤道的凸出就越明显，赤道凸出越明显，地球自转对地球物质所产生的离心力就越大。若自转速度过大，地球物质将无法聚合在一起，整个地球就如同砂轮一样，在极速的旋转下将被猛烈地撕扯开。所以，我们目前的讨论在往回追溯的过程中就遇到了一个障碍。地球一定有一个最大的临界速度，在这个速度以内，地球不会有发生解体的危险，但求得这一速度的具体数值绝非易事。它取决于构成地球物质的特性，取决于温度，取决于压力以及许多其他未知因素。但人们对这一临界速度进行了预估，计算结果表明，使地球不发生解体的最短自转周期约为3～4小时。至此，潮汐演化定律带给我们的结论是，在遥不可及的远古时期，地球绕轴自转的周期约为3～4小时。

由此可知，月球的作用使地球昼夜的时长从最初的数值逐渐延长至24小时。依据自然界中一条最重要的法则，地球对月球也具有反作用力，且这一作用力产生了明显可知的变化，它正在使月球逐渐远离地球。这种对月球的驱逐，仿佛是来自地球的反击，且这一反击效果明显。月球轨道如今的半径为24万英里。在潮汐的作用下，这一数值将继续增加。让我们基于这一事实，回望月球过去的历史。由于月球的距离是越来越远的，所以当我们往回追溯时，这一数值就将不断缩小。月球昨天的距离一定比今天的更近，当然这种差异在数十年、数百年甚至数千年以内，是无法观测到的，但倘若追溯到100万年以前，那时月球的距离一定比如今要近得多。最终我们会发现，月球距离从24万英里，逐渐缩短至4万英里、2万英里甚至是1万英里。再继续追溯下去，月球几乎已接近于地球表面。假如现行自然法则的历史足够悠久，且没有任何外力存在，那么毫无疑问，曾经的地球和月球一定是距离很近的。我们还能计算出月球围绕地球公转的周期。二者距离越近，月球的公转速度就越快，在二者距离很近的临界时期，月球的公转周期约为3～4小时。

这一结果使人们做出了一个天文史上最大胆的推测。我们情不自禁地想要向读者们介绍它，但请务必记住，它只是一个猜想，需谨慎对待。而且它是为了回答一个问题，即为什么月球会与地表十分接近呢？我们绝对有充足的理由相信，在很早以前，当地球还处于柔软状态时，月球是从地球中脱离出来的。

起初，我们发现，地月间的距离十分相近。地球自转的周期不是24小时，而只有几小时，而月球绕地球公转的周期与地球绕轴自转的周期完全一致，所以二者始终以同一面朝向对方。二者间的这种状态被数学家称为不稳定动态平衡。这种状态无法持续，就如一根尖头朝下倒立的细针一样，终将向某一侧倾倒。同理，月球也无法始终保持位置不变。但月球有两个方向可以选择：要么朝地球倾倒，再次被地球所吸引；要么开始逐渐远离地球。月球会选择哪一种呢？虽然我们无法得知导致月球做出决定的因素究竟是什么，但它最终的选择还是明确无疑的。月球如今的状态表明，它并未重返地球，而是选择远离。由开普勒定律可知，月球在远离地球的过程中，公转周期会逐渐增长。如此一来，它的周期就从最初的几小时一直增加到如今的656小时。当然，地球的自转也由于月球的远去而发生了改变。一旦月球开始远离地球，地球将就不再以同一面朝向月球了。当月球退至某一距离时，地球自转的周期就将小于月球公转的周期。在月球逐渐远离的过程中，月球的公转周期也会相应增加，最终，一个恒星月（月球公转一周）的时长将约等于3日或4日甚至多日（日为地球自转一周的时长）的时长。虽然一个月所对应的天数在不断增加，但这并不意味着地球自转的速度也在相应增加。事实正相反，地球的自转是在逐渐减慢的，月球的公转也是如此，但月球的减速程度大于地球。虽然地球自转的周期相较于原始数值，大大增加，但月球公转的周期增加得更多，它几乎达到了地球自转周期的数十倍。随着时光的流逝，月球渐行渐远，它的轨道不断增大，周期不断延长，直到某一时期，从某种意义上来说，月球抵达了它的极点。到那时，月球公转一周所用的时间，若用地球自转周期来衡量，将达到最大值。那时的一个月将等于29天。当然，那时的日期和月份与我们今天用钟表所记录的完全不同。它们都短于今天的日期和月份。但我们真正想说的是，那时候，当地球绕轴自转29周之后，月球才刚刚公转一周。

这一时期已经过去。我们无法用普通的时长单位来描述它究竟出现在多久以前。但可以确定的是，相较于有史料记载的年代来说，那个时期距离我们绝对要遥远得多。至于究竟是十万年前、百万年前还是千万年前，仍有待进一步探寻。

在那一历史时期过去之后，我们发现地月系统中的时序规律，逐渐以最后那个阶段的状态定型，而这一状态与初始阶段的状态存在几点相似之处。月球仍绕地球公转，尽管其轨道直径在缓慢增大，但总体还是相对稳定的。相应地，月球公转的周期也在不断延长，地球自转也仍在逐渐减缓，自转周期也在不断延长。但是，月球公转周期（恒星月）与地球自转周期（恒星日）之间的比例均发生了改变。二者间的比值逐渐增大，从最初的1逐渐增加到上述时期内的最大值——29。如今，这一比值又开始下降，我们发现月球公转一周时，地球自转的周数不是29，而是28。这一比值还会继续下降，直至27。此时，我们又将来到一个不得不提的重要时期。我们至今所介绍的，都是发生在遥远过去的现象，现在我们终于可以从过去回到现在，讨论地月系统的现状。这一时期的地球自转周期就等于现在恒星日的时长，月球公转周期也等于现在恒星月的时长。如今的一个月约等于27天，过去数千年间二者一直保持着这一比例关系。在未来的数千年间，这一比例仍将继续保持，但它不会永远恒定不变。毕竟，这仅仅只是地月系统演化的其中一个阶段，相对于人类短暂的一生来说，这一比例看似恒久不变，正如我们用瞬间的电火花照亮昆虫翅膀，却发现它似乎静止不动一样，但当我们回望漫长的历史，追溯到能满足天文研究的足够遥远的年代之后，我们就能意识到，地月系统的现状如其他演化阶段一样，都不会保持永久恒定。

接下来，我们换一种阐述方式。我们回溯了历史，探讨了现在，是否该畅想一下未来了呢？在这个问题上，我们需要再次借助潮汐的帮助。如果我们正确理解了动力学原理（如今又有谁会质疑它们呢？），就能预测出地月系统未来将发生哪些变化。在没有其他未知外力的干扰下，我们可以大致推测出月球未来的运行状况。月球将继续远离地球。它的公转轨道将以极其缓慢的速度增大，但增大趋势是一直持续的。无论如何，在地球的最后阶段来临之前，月球远离地球的运行趋势是不会发生逆转的。我们不应在中间阶段过度停留，而应试图描绘出地月系统最终的状态。在历经无数个百万年之后，那个最终阶段终将到来。前文提到的恒星月和恒星日之间的比例将继续缩小。月球公转周期将越来越长，但地球自转周期的延长速度要远大于月球公转周期。所以我们会从一个月等于27天，缩短为一个月26天，再到一个月10天，最终变为一个月1天。

让我们来详细地解释一下一个月1天的含义。我们的意思是，月球绕地球公转所需的时间等于地球绕轴自转所需的时间。那时一个恒星日的时长将远大于如今的恒星日。这些变化趋势是确定无疑的，但当我们试图准确计算有关数值时，唯一的不确定因素出现了——地月系统终将达到一个月1天的状态，这一论断似乎如动力学定理一般准确无疑。但当我们试图计算一天的时长时，我们就给研究过程带入了一个不确定因素。要知道，在估算这一时长时，我们的研究结果是含有较大容错空间的。尽管数值不会很大，但误差总是难以避免的。那漫长的一个恒星日将约等于我们的47天。换言之，在遥不可及的未来某一时刻，地球自转一周需要1400小时，而月球公转一周所需时间也与之相等。

据此，我们可以看到地月系统的初始阶段与终极阶段之间的相同点。在两个阶段中，月球公转周期与地球自转周期都相等。但在初始阶段中，一个恒星日的时长仅为如今恒星日时长的很小一部分，而在终极阶段，恒星日的时长将远大于如今恒星日的时长。但是，第一个重要时期与第二个重要时期形成了鲜明对比。如前文所述，第一个时期属于不稳定时期——它的状态无法永久保持，但第二个时期却属于动力稳定状态。一旦进入这个阶段，该状态就将保持恒久不变，在地月不受其他外力干扰的情况下，将一直持续下去。

当恒星月与恒星日时长相等时，二者的运动会出现一个特别的现象。稍做思考便会发现，此时的地球总是以同一面朝向月球。若月球公转与地球自转周期相等，那么二者就仿佛被一根无形的纽带捆绑，同步运转。无论该状态开始时，地球是以哪一面朝向月球的，只要日月等长一直持续，地球就将始终以这一面朝向月球。

说到这，我们不禁联想起月球运动的一个典型特征，这一特征早在遥远的古代就已经被前人所发现了。我们所指的，正是如今月球一直以同一面朝向地球的这个事实。

天文学家们义不容辞地开始寻找这一现象的成因。月球绕地球公转一周所需的时间是一定的。倘若它始终以同一面朝向地球，那就表明，它绕轴自转的周期与绕地球公转的周期完全相等。这绝不可能只是一个偶然的巧合，我们一定能找到个中缘由。我们很快便找到了一个解释，该现象是由月球上的潮汐所引起的。我们发现，月球如今的表面是凹凸不平的，这说明月球上曾经发生过剧烈的火山活动。如今这些火山的休眠，似乎表明月球内部的热量已完全消耗殆尽，但月球必定曾经历过高温的半熔化状态。曾经，构成月球的物质温度极高，质地柔软，极易发生形变，在地球的引力作用下，这些柔软的高温物质发生了潮汐现象。尽管缺乏有关这些潮汐现象的历史记录（这些现象的出现远早于望远镜的问世，甚至远早于人类的起源），但通过它们对月球所造成的影响，即始终以同一面面向地球，我们就能知道月球上确实曾发生过潮汐现象。地球海洋的潮起潮落与月球曾经的潮汐现象截然不同。月球上的潮汐比地球的要猛烈得多，原因在于地球的重量远大于月球，所以地球的引力也远大于月球，相比于月球在地球上所引起的潮汐，地球在月球上所引起的必然更为猛烈。

月球以同一面朝向地球，产生这一现象的条件是月球绕轴自转的周期与其绕地球公转的周期完全相等。月球潮汐不断发挥着调节作用，使这一现象得以延续至今。如果月球的自转速度慢于既定速度，那么巨大的熔岩潮汐就将带动月球，使其自转越来越快，直至达到既定速度。在那之后，它们会使月球暂时归于平静。如果月球的自转速度大于公转速度，那么猛烈的潮汐又将再度登场，但这一次，它们的任务是延缓月球的自转，直到月球的自转周期与公转周期再度吻合。

月球能否摆脱潮汐的操控呢？要回答这一问题实属不易，但似乎在遥远的未来，月球想要挣脱潮汐的束缚，也并非完全不可能。很显然，如今的潮汐已不如往昔，它们对月球的控制力也大不如前。如今，我们在月球表面已看不到任何海洋，也找不到有任何熔浆流动的火山迹象。月球表面几乎不可能有潮汐存在，但月球内部却可能存在。月球内部或许仍保持着高温①，处于某种程度的液态状态，若如此，内部潮汐就将继续控制月球的运行，但终有一天（如果这一天还未出现的话），月心将完全冷却——其温度将与宇宙温度一样。如果构成月球的物质达到了数学家所说的绝对刚性状态，那么潮汐将不复存在，月球就将摆脱潮汐的控制。我们很难预测，月球在多大程度上能满足绝对刚体的条件，但不难想象的是，潮汐的控制力终有结束的那一天。到那时，月球的自转周期与公转周期就不再始终保持一致了。这就可能为日后的天文研究投下了一丝曙光。众所周知，月球的公转周期在不断延长，只要潮汐能持续发挥作用，月球的自转周期必将同步延长。我们将要推测的是，潮汐作用终止后的情形。那时，月球的自转将不受外力作用，保持当前的运转周期，而公转周期却在不断增加。在遥远的未来，那时的天文学家将有幸看到月球的另一面，这正是他们的前辈可望而不可及的。

月球在地球上所引起的潮汐，能够减缓地球的自转速度。它们如今的作用是使地球的自转周期与月球公转周期相吻合。相较于月球27天的公转周期，地球如今的自转速度明显过快，因此，潮汐作用正试图延长地球的自转周期。月球的自转长期处于潮汐的控制之下，是因为月球质量相对较小，且地球拥有强大引力，能制造猛烈的潮汐。但地球上的情况则截然相反，地球比月球体积更大，质量更大，月球在地球上所引起的潮汐十分微弱，所以地球并未完全受制于潮汐运动。但潮汐运动从未停止，它们无时无刻不在影响着地球的自转，且正在逐渐缩短恒星日与恒星月之间的时长差距，只不过这一过程相当缓慢而已。

---

① 目前通过月球探测器的数据，科学家认为月球内部有一个基本为固态的、主要成分是铁的内核，至少有部分是熔融的液态。

潮汐理论使我们能够看到日月系统的未来，那时月球绕地球公转的周期与一个恒星日的时长将会相等，倘若潮汐作用依然能控制月球自转，那么地月将一直以同一面朝向彼此。若只考虑地月之间的相互影响，那么二者间的这一状态将恒久持续。但若将目光放宽一些，就会发现有一个外因，终将打破地月间的同步运转的平衡状态。月球在地球上所引起的潮汐运动远大于太阳对地球的潮汐，所以我们在前文中甚少提及太阳引力的作用。这显然是在处理问题时，所采用的简化方法。实际上，太阳潮汐的作用也是很可观的，而且随着地月系统逐渐接近终极阶段，太阳潮汐的作用将越发凸显，它将进一步减缓地球的自转。这样一来，在恒星日与恒星月等长之后，恒星日的时长还将继续增加。也就是说，在遥远的未来，月球绕地球公转的周期甚至短于地球绕轴自转的周期。

火星卫星的发现极为有力地证明了上述观点。火星是太阳系中较小的一颗行星，重量仅为地球的八分之一。像火星这样的体型较小的行星，其自转所受的影响明显小于像地球这类大行星所受到的影响。所以，其演化速度将远超大行星。也就是说，火星及其卫星所达到的演化阶段要远远领先于地球及其卫星的演化。

1877年，火星卫星的发现震惊了全世界，一时间，火星卫星的周期成为最令人称奇的天文发现。我们曾在第十章中提到，火卫一绕火星公转的周期为7小时39分，而火星的自转周期则为24小时37分，这一现象在太阳系中是绝无仅有的，卫星的公转竟比主星自转快3倍。显然在此例中，太阳潮汐的作用减缓了火星的自转速度。

笔者认为，上述现象在整个天文史上，都算得上是最有趣且最具指导意义的现象之一。首先，我们借助望远镜，发现了火星的数颗小卫星[①]，并且还发现其中一颗有着极其特殊的运行方式；其次，我们找到了这一现象的成因，认为它是由于潮汐演化而引起的；最后，整个火星系可以帮助我们推测出若干年后地月系统

① 目前火星的卫星仅有 2 颗。

的最终命运①。

接下来，我们不禁会问，潮汐作用对于行星轨道的形成究竟产生了多大影响呢？其他行星上的情况与我们在地月系统中所遇到的则完全不同。让我们先将这一问题阐述清楚。在太阳系中，太阳位于星系中央，其他行星都绕其公转。同时，这些行星也会绕轴自转。有些行星的周围还环绕着卫星。为便于说明，我们假设所有的行星及卫星都在同一平面运转，且行星的自转轴与轨道平面相互垂直。在潮汐演化理论的研究过程中，我们始终遵循着一条重要的动力学原理，即动量矩守恒定律②。有关该定律的论证过程，此处不做进一步解读。可以说，这一定律完全可以通过运动定律推导出来，其准确性仅次于普通的几何原理或代数原理。以大行星木星为例，它在绕日公转的过程中，每秒内都将运行一定的角度。如果我们用木星的质量乘以该角度值，再将其结果乘以木星与太阳之间距离的平方，就能求得一个固定数值。数学家将这一数值称为木星的轨道动量矩③。同样地，如果将土星的质量乘以土星每秒运行的角度，再将其结果乘以土星与太阳之间距离的平方，就能得到土星的轨道动量矩。以此类推，所有行星绕太阳公转的动量矩就都可以算出了。同时，我们还要知道行星绕轴自转的动量矩。木星在自转过程中，每秒也会运行一定的角度。我们将该数值乘以木星的质量，再乘以一段距离的平方（这段距离取决于该行星的内部结构）最终的结果就是木星的自转动量矩。我们还可以用同样的方法，测出其他行星的自转动量矩。

所有卫星在绕主星公转的过程中，每秒都会运行一定角度，因此，卫星的动量矩等于其质量乘以每秒运行的角度值，再乘以其与主星之间距离的平方。最后，我们还可以算出太阳自转的动量矩，其结果等于太阳的质量乘以其每秒自转

---

① 近代天文学家通过探测器的测量数据，估算出两颗火卫的密度约为 2000kg/m^3，令天文学家相信这两颗火卫不可能是伴随火星形成的，反而可能是早期被火星的引力捕获的。

② 文中的动量矩一词即现在的角动量，所以动量矩守恒也就是角动量守恒。

③ 我们先要确定所需质量、角度和距离的计量单位，然后仅用数字来代表质量、角度或距离。如果我们以地球的质量为单位质量，以地球每秒运行的角度为单位角度，以地日距离为单位距离，那么木星的相应数值分别为 316、0.0843 和 5.2，所以木星的轨道动量矩就等于 $316 \times 0.0843 \times (5.2)^2$。

的角度值，再乘以一段距离的平方，该距离的长短由太阳内部的具体结构所决定。

只要理解了动量矩的含义，整条定律的内容就不难理解了。首先，所有行星的动量矩都会发生变化。这一变化可能是由于行星与太阳距离的改变而引起的，也可能是由于行星自转速度的变化而造成的；其次太阳的动量矩也会发生改变，那些卫星的动量矩亦是如此。起初，太阳系拥有一个动量矩总量，它作为一个整体，无法改变或消减这一数量。无论系内天体间发生怎样的相互运动，无论它们彼此间的摄动作用多大，无论这些天体上会发生怎样的潮汐运动，甚至无论它们是否会发生大碰撞——整个太阳系的动量矩总量始终是守恒的。假如太阳系中有些星体的动量矩有所减少，那么其他星体的动量矩就会相应增加，为使动量矩总量仍保持不变。这一观点与潮汐运动间存在重大关联。在潮汐运动的作用下，动量矩在太阳系内的分布是始终在变化的，但是无论潮涨潮落，只要没有外力干扰，太阳系的动量矩总量就永远不会发生变化。

在此，我们必须指出太阳系中能量与动量矩的区别。太阳系内行星间的相互作用，会产生热量，从而消耗能量，总能量中很大一部分都是通过这种方式流失的，但是，恒星间的相互作用却无法减少动量矩。

假设太阳系的动量矩总量为100，则目前的分布情况如下：

木星的轨道动量矩	60
土星的轨道动量矩	24
天王星的轨道动量矩	6
海王星的轨道动量矩	8
太阳的自转动量矩	2
	100

其他天体的动量矩占比是极小的。那几颗带内行星的轨道动量矩总量只占太阳系总量的千分之一。所有行星及卫星的自转动量矩所占比率更低，其总量还不到太阳系总量的六万分之一。所以，在研究潮汐对行星轨道的影响时，这些因素

都可以忽略不计。但这一问题还需进一步细化，我们应对每一主要星体都进行研究。以太阳和木星为例，假设太阳系的所有其他星体都不存在，看看太阳和木星对彼此的潮汐作用会发生如何变化。

可能有人会草率地认为，正如月球从地球中脱离一样，行星也都是从太阳中脱离而出，并在潮汐的作用下逐渐远离，来到了如今的位置上。我们可以从上述数据中找到这个问题的答案。证据表明，木星或其他任何行星都不可能比现在更接近太阳。在木星和太阳的例子中，我们将总动量矩划分为三份。其中最大的那一部分是由于木星的轨道公转而产生的，其次是由于太阳的自转产生的，第三部分则是由于木星的绕轴自转产生的。它们的数值可以大致表示如下：

木星的轨道动量矩	600000
太阳的自转动量矩	20000
木星的自转动量矩	12

太阳使木星上产生潮汐运动，这些潮汐会延缓木星的自转。它们会使木星的自转速度越来越慢，所以木星的自转动量矩也会相应减少，目前的数值（12）必定还会继续下降。即使是巨大的太阳本身，也会受到潮汐作用的影响。木星使太阳上产生潮汐运动，这些潮汐也会延缓太阳的自转，所以太阳的自转动量矩也在不断减少，鉴于这两个数值的减少，木星的轨道动量矩——600000必将增加。换言之，木星的公转轨道必将增加，也就是说它一定在逐渐远离太阳。从这一点来说，日木系统与地月系统确有几分相似之处。正如地球上的潮汐在逐渐驱逐月球一样，木星和太阳上的潮汐也在使二者渐行渐远。但这两个系统又有一个明显的不同。有证据表明，太阳在木星上所引起的潮汐比木星在太阳上所引起的要猛烈得多。因此，我们可以暂时忽略太阳自转的影响，也就是说，实际上，木星轨道动量矩的增加是以消耗其自转所储存的动量矩为代价的。但是12与60万的差距太大了啊！即使将木星所有的自转动量矩以及其卫星的动量矩，全部补充给它的轨道运动，该运动也很难产生任何显著变化。的确，由于木星曾经的温度高于当

前，它曾经的自转动量矩必定也会高于当前的数值。但我们很难相信，它曾经的自转动量矩是如今的100倍。但即使是将1200单位自转动量矩补充到木星的轨道运动中，也只能使木星和太阳之间的距离产生最微小的变化。鉴于此，我们认为潮汐并未对诸如木星一类的大行星的轨道产生显著影响。

然而，随着时间的流逝，木星的自转终将在潮汐的作用下逐渐减慢。到那时，我们将会发现，太阳自转的动量矩将使行星的轨道逐渐增大，但由于这一动量矩的数值仅占总量的百分之二，所以它所产生的影响并不会十分显著。

达尔文教授的潮汐演化理论使我们了解了太阳系中许多卫星系统的历史，正如西伊博士所说，这一理论还将帮助我们解释双星系统轨道偏心率极高的原因。地月系统中的地球和月球，体积差异极大，地球的质量约为月球的80倍。但在大多数双星系统中，两个星体的质量差异不会如此悬殊。有证据表明，起初，两个星体的轨道偏心率并不高，但潮汐的摩擦作用不仅能使轨道面积增大，还能将轨道拉长。近星点（两星距离最近）处的加速力远大于远星点（两星距离最远）处的加速力。因此，近星点处的干扰力就将极大地增加远星点的距离，而远星点处的干扰力对近星点距离的增加则十分有限。这样一来，在椭圆轨道逐渐增大的过程中，其偏心率也越来越大，直到最终，自转动量矩逐渐转化为轨道动量矩，星体的自转运动也大大减弱。

虽然还有许多其他话题尚未探讨，但本章的内容即将就此结束。潮汐演化理论确实具有十分重大的意义。早期数学家们潜心钻研刚体系统的动力学问题。更值得敬佩的是，现代数学家们基于更为准确的非刚体系统研究，为我们打开了天体力学的大门。换言之，他们让我们看到了潮汐的影响。在研究过程中，计算的难度大大增加，但我们离问题的本质却越来越近，甚至还做出了一些最具影响力的现代天文发现。

这就是我们的故事。故事的开端，我们介绍了一些天文学常用的光学仪器和观测设备，而在故事的末尾，我们简单地介绍了一种巧妙的研究方法，它能够帮助我们解释那些在人类出现以前所发生的天文现象。我们按照距离的远近，先介绍了那些离我们较近的天体，然后将距离逐渐拉远，介绍了那些似乎处在宇宙尽头的遥远星云和星团。但与这浩瀚苍穹相比，我们即使是最大的望远镜所能看到的，也只是沧海一粟罢了。无论人类的设备能探测到多远的地方，在那之外仍有无尽的星空。设想一下，宇宙间有一个巨大的天体在周而复始地运转，它的体积大到不仅能容下整个太阳系，还能容下我们所能想象到的一切恒星、星云和其他所有天体。这样一个庞然大物与无垠宇宙的比例又将如何呢？可能它还远远抵不上一滴水在大西洋中所占的比例。